水利部公益性行业科研专项经费项目资助出版

黄河中下游中常洪水
水沙风险调控关键技术研究

李 勇　田 勇　张晓华
马怀宝　李小平　窦身堂　等 著

黄河水利出版社

·郑州·

内 容 提 要

本书以水沙运动基本理论为基础,引进风险理论,在系统论证"泥沙淤积对洪灾风险影响研究是致灾环境变化研究问题"的基础上,定量分析了泥沙淤积及其分布引起的黄河下游防洪系统行洪环境危险性变化及滩区洪灾损失大小变化规律,建立了中下游中常洪水水沙风险调控效果评价模型;选取典型洪水,综合分析计算了小浪底水库淤积、发电、蓄水变化以及下游滩区淹没损失、河道冲淤、平滩流量变化等方面的综合效益和风险情况,提出了不同典型洪水相对较优的风险调度模式。

本书可作为水利工程、环境水利等专业的科研和教学人员以及相关专业管理人员的参考用书。

图书在版编目(CIP)数据

黄河中下游中常洪水水沙风险调控关键技术研究/
李勇等著. —郑州:黄河水利出版社,2013.8
水利部公益性行业科研专项经费项目资助出版
ISBN 978 – 7 – 5509 – 0539 – 9

Ⅰ. 黄… Ⅱ.①李… Ⅲ.①黄河流域 – 洪水调度 –
研究 Ⅳ.①TV872

中国版本图书馆 CIP 数据核字(2013)第 208028 号

组稿编辑:岳德军 电话:0371 – 66022217 E-mail:dejunyue@163.com

出 版 社:黄河水利出版社
    地址:河南省郑州市顺河路黄委会综合楼 14 层 邮政编码:450003
发行单位:黄河水利出版社
    发行部电话:0371-66026940、66020550、66028024、66022620(传真)
    E-mail:hhslcbs@126.com
承印单位:河南省瑞光印务股份有限公司
开本:787 mm×1 092 mm 1/16
印张:22.75
字数:530 千字   印数:1—1 000
版次:2013 年 8 月第 1 版   印次:2013 年 8 月第 1 次印刷

定价:80.00 元

前　言

多沙河流水库水沙风险调度问题是世界性难题。随着社会经济的发展,黄河流域水资源短缺、水沙不协调的矛盾日益恶化,如何辩证对待水资源利用和泥沙淤积灾害的矛盾,成为水利行业迫切需要解决的重大课题,其中最关键的技术难点是如何定量计算多沙河流水库洪水调度中水库泥沙淤积风险及下游河道泥沙淤积风险。

小浪底水库于1999年10月投入运用,对提高黄河下游防洪水平和增强流域水沙优化调控能力发挥了重大作用。水库投入运行以来,通过对水沙的科学调度,下游过流能力显著提高,河槽健康指标明显恢复,工农业用水和河道不断流的目标得到了更好的保证,并减少了漫滩洪水发生的概率和滩区淹没损失,取得了巨大的发电效益和生态效益。但从总体上来看,现有调度原则主要是立足于对各项调控指标的确保,由于没有引入风险调控机制,从而在一定程度上影响了水库综合效益(如发电效益、供水效益、利用洪水排沙减淤效益、利用洪水提高下游河道冲淤效率等)的发挥。例如:①严格控制花园口流量不大于下游瓶颈河段的最小平滩流量、确保调水调沙期全河段水流不漫嫩滩,虽在一定程度上减少了滩区淹没损失,但因流量偏小而明显降低了全下游主槽的冲刷塑造效果。②水库排沙水位较高(接近汛限水位225 m)、蓄水量大,有利于拦减进入下游河道的泥沙、减小下游河道淤积,同时有利于提高供水效益和发电效益以及减小下游断流风险,但也影响了水库的排沙效果,使本可以在下游河道顺利输送(淤积比约8%)的大量细沙(粒径小于0.025 mm,约占来沙量的50%)被拦蓄在水库里,加速了库容的淤积损失,降低了水库拦沙减淤的长期效果。目前,小浪底水库近坝段约60 km范围内,床沙中值粒径均在0.015 mm以下,还有通过风险调度减少中、细沙在库区淤积的余地。③控制下游中常洪水不漫滩,减少了大量的滩区淹没损失,但也失去了发挥漫滩洪水"淤滩刷槽"作用的机会。

立足于小浪底水库拦沙运用阶段75亿 m³ 淤沙库容没有淤满、具有较大的富余防洪库容(254 m以上库容即可满足防洪要求)的前提条件,针对潼关、花园口4 000~8 000 m³/s量级的中常洪水过程,结合水利科技的发展,辩证认识防洪、减淤和水资源利用之间的矛盾,于2007年编制了任务书,提出了以小浪底水库为调度核心的黄河中下游中常洪水风险调控的初步设想,主要内容包括:①中常洪水期水库排沙(对接)水位风险调控,以减少库区泥沙尤其库区细沙的淤积。②水库出库含沙量风险调控,以提高下游河道输沙效率。③漫滩洪水出库洪峰量级风险调控,以提高下游河道"淤滩刷槽"效果。④汛前调水调沙期最大出库流量量级风险调控,以提高下游河道冲淤效率。⑤水库汛限水位风险调控,以提高水资源利用效率和发电效益。

经过三年的系统研究,通过实测资料分析、数学模型计算、实体模型试验等研究手段,取得了以下创新性成果:①构建了以小浪底排沙水位、汛限水位和进入下游河道流量、含沙量、洪峰流量为调控指标的中常洪水水沙调控风险指标体系。②深化了对黄河下游水沙运行规律的认识,建立了全面反映水沙和边界条件关键因子作用的河道冲淤效果及空间分布的计算方法。③在综合分析溯源冲刷内在机制及前人研究成果的基础上,优化耦合了非恒定流模块、溯源冲刷模块及坝前含沙分布模块,改进和完善了水库水沙运行和调度计算模型。④通过泥沙淤积对社会经济的危害机制研究,结合黄河中下游防洪环境特点,计算分析了小浪底水库和下游河道不同淤积水平条件下,黄河中下游洪水灾害的危险性和损失大小,建立了泥沙淤积风险评价模型。⑤选取典型洪水,综合分析了小浪底水库淤积、发电、蓄水变化,下游滩区淹没损失、河道冲淤、平滩流量变化等方面的综合效益和风险情况,提出了不同典型洪水相对较优的风险调度模式。

本书研究是对多沙河流水库优化调度理论创新的有益尝试,为多沙河流水库调度过程中如何辩证对待水资源利用和泥沙淤积灾害的矛盾提供了新思路,成果可为小浪底水库调度、黄河下游防洪规划以及黄河防汛方案制订等治黄实践提供参考,对其他多沙河流治理也有广泛的推广应用价值。由于多沙河流大型水库调度效益评价涉及社会、经济、环境等多个方面,特别是社会效益及环境效益的定量计算目前仍未取得广泛认同的方法,仍需要不断深入探索。限于作者认识水平和研究时间所限,书中难免存在疏漏和不妥之处,竭诚欢迎广大读者批评指正!

作 者

2013 年 4 月

目　录

1 黄河中下游中常洪水水沙调控风险指标体系研究

1.1 中常洪水定义

洪水有大小之分,按照水利部门的习惯,洪水可分为三个等级:常遇洪水(或普通洪水)、大洪水和特大洪水。这种分等尚缺乏明确的依据,习惯的概念是:对于中小河流,小于 10 年一遇的洪水为常遇洪水,10~50 年一遇的洪水为大洪水,大于 50 年一遇的洪水为特大洪水;对于大江大河的干流及主要支流,小于 20 年一遇的洪水为常遇洪水,20~100 年一遇的洪水为大洪水,大于 100 年一遇的洪水为特大洪水。

中常洪水就是常遇洪水,其洪水量级小,出现频率高,对防洪威胁相对较小。这一量级的洪水基本能够通过水库、河道等工程措施来调控,在防洪运用上不致引起太大的恐慌。不同的河流由于洪水特性、河流特性和防洪保护区不同,定量划分中常洪水级别的标准也不同。从普遍接受的频率概念上来说,中常洪水一般是指 10 年一遇或 5 年一遇以下的洪水。

在"黄河下游长远防洪形势和对策研究"中研究了黄河下游中常洪水控制流量,对黄河下游中常洪水的约定考虑了下游河道的过流能力、小浪底水库的拦蓄作用等因素,认为通过水库防洪调度基本可以控制 5 年一遇洪水黄河下游的防洪安全。在成果中以 5 年一遇洪水作为中常洪水的上限,即黄河花园口站中常洪水是 5 年一遇及其以下天然洪水,5 年一遇设计洪水的天然洪峰流量为 12 800 m³/s。但也有研究认为,花园口 5 年一遇洪水的量级约为 10 000 m³/s,因此选取中常洪水的上限流量为 10 000 m³/s。随着沿黄用水量的增加以及龙羊峡、刘家峡、小浪底、三门峡等骨干水库调节作用的增强,中常洪水出现的频次显著降低,洪量显著减少。尤其 1986 年龙羊峡水库投入运用后,只有 1988 年、1992 年、1996 年发生过 3 次较大的洪水过程,最大洪峰流量不大于 8 000 m³/s,下游编号洪水洪峰流量的标准也由 5 000 m³/s 调整为 4 000 m³/s(按设计洪水频率约为一年 3 次)。在近期黄河中下游洪水调度方案中,研究了 1980~1999 年花园口站、潼关站实测各量级洪水的变化特点,针对下游防洪要求,认为实测中常洪水洪峰流量量级范围为 3 000~8 000 m³/s。同时,国家"十五"、"十一五"科技支撑计划有关维持黄河下游河道排洪输沙关键技术和黄河环境流等方面的研究成果确定,下游河道低限过洪能力标准为主槽平滩流量 4 000 m³/s。

综合分析结果,本次研究的中常洪水主要为花园口站、潼关站实测洪峰流量在 4 000~8 000 m³/s 的洪水过程。

1.2 黄河下游防洪系统及其作用

下游防洪一直是治黄的首要任务,经过多年坚持不懈的治理,通过一系列防洪工程的修建,已初步形成了以中游干支流水库、下游堤防、河道整治、分滞洪工程为主体的"上拦下排,两岸分滞"防洪工程体系。同时,加强了防洪非工程措施建设和人防体系建设。

1.2.1　下排工程

新中国成立后,黄河由分区治理走向统一治理,首要任务是保证黄河不决口。按照各个时期河道淤积情况,对黄河下游大堤进行了4次大规模的加高培厚,自下而上开展了河道整治,并对河口进行了治理,控制洪水泥沙排泄入海。

黄河下游河道善淤多变,水流散乱,主流摆动频繁,容易产生大溜顶冲大堤的被动局面,抢护不及即导致冲决。为了控导河势,减少洪水直冲堤防的威胁,20世纪50年代以来,自泺口以下河段开始,有计划地向上进行了河道整治。在充分利用险工的基础上,修建了大量的控导工程,与险工共同控导河势,减少了"横河"、"斜河"发生的概率。经过多年的建设,黄河下游目前已建成控导工程205处,坝垛3 887道。陶城铺以下河段已成为河势得到控制的弯曲性河道,高村至陶城铺过渡性河段的河势得到了基本控制,高村以上游荡性河段布设了一部分控导工程,还需要进行大规模的整治。

1.2.2　上拦工程

为了有效地拦截洪水和泥沙,在黄土高原坚持不懈地开展了水土保持,在中游干支流上先后修建了三门峡水利枢纽、陆浑水库、故县水库和小浪底水利枢纽。本次中常洪水风险调控主要是通过对小浪底水库的风险运用来进行的。

小浪底水库已于1999年10月下闸蓄水投入运用。小浪底水利枢纽位于黄河干流最后一个峡谷的下口,上距三门峡大坝130 km,控制流域面积69.4万 km²(占黄河总流域面积的92%),控制黄河90%的水量和几乎全部的泥沙,具有承上启下的作用,是防治黄河下游水害、开发黄河水利的重大战略措施。枢纽的开发任务为:以防洪(包括防凌)减淤为主,兼顾供水、灌溉和发电,除害兴利,综合利用。小浪底水库正常蓄水位275 m,总库容126.5亿 m³,其中长期有效库容51亿 m³(防洪库容40.5亿 m³,调水调沙库容10.5亿 m³),拦沙库容75.5亿 m³。

1.2.3　两岸分滞工程

为了防御更大洪水和减轻凌汛威胁,开辟了北金堤、东平湖滞洪区及齐河、垦利展宽区、大宫分洪区,用于分滞超过河道排洪能力的洪水。根据国务院2008年批复的《黄河流域防洪规划》,东平湖滞洪区为重点滞洪区,分滞黄河设防标准以内的洪水;北金堤滞洪区为保留滞洪区,作为处理超标准特大洪水的临时分洪措施;其余三处取消。

东平湖滞洪区处于黄河与大汶河下游冲积平原的洼地上,用于削减艾山以下窄河段的洪水。滞洪区由隔堤(称为二级湖堤)隔为新、老两湖区,大汶河注入老湖区。滞洪区工程包括:围坝77.829 km,二级湖堤26.73 km;进水闸有石洼、林辛、十里堡3座;退水闸为陈山口、清河门2座,由于黄河淤积抬高,退水越来越困难。湖区总面积627 km²,容积30.5亿 m³,人口33.81万人,耕地47.7万亩❶。围坝设计分洪水位45 m,全湖区设计最

---

❶　1亩 = 1/15 hm²,全书同。

大分洪流量 7 500 m³/s,考虑老湖区底水 4 亿 m³,汶河来水 9 亿 m³,设计分蓄黄河洪水 17.5 亿 m³。

1.3 风险指标分析

黄河问题十分复杂,经过几代人的不懈努力,对黄河洪水运行及冲淤规律的研究取得了长足的进展,在小浪底水库运用方式,尤其调水调沙运用方面,积累了丰富的经验。本书在已有大量研究的基础上,系统总结并深化、细化了对小浪底水库库区和下游河道输沙特性及冲淤演变规律的认识。基于调控指标的可操作性以及调控指标对库区及下游河道冲淤演变、对漫滩洪水淹没损失、对水库发电供水灌溉等效益影响的敏感性,引入风险机制,遴选出了小浪底水库排沙水位、出库(进入下游)含沙量、下游漫滩洪水洪峰流量量级、调水调沙期流量量级以及小浪底水库主汛期汛限水位等 5 个主导因子,作为黄河中下游中常洪水的主要调控指标,初步构建了中常洪水水沙调控风险指标体系。现分述如下:①中常洪水期水库排沙水位风险调控,目标为减少库区中细沙的淤积。②水库出库含沙量风险调控,目标为提高下游河道输沙效率。③漫滩洪水出库洪峰量级风险调控,目标为提高下游河道淤滩刷槽效果。④调水调沙期最大出库流量量级风险调控,目标为提高下游河道冲淤效率。⑤水库汛限水位风险调控,目标为提高水资源利用效率和发电效益。

1.3.1 调水调沙期最大出库流量量级风险调控,提高下游河道冲淤效率

现阶段的调水调沙,按照下游河道瓶颈河段的最小平滩流量控制花园口断面的流量过程,确保了全下游滩区包括生产堤至主槽间嫩滩的安全,但大部分河段达不到平滩流量,冲淤效率较低,影响了全下游河道的冲刷效果。如果能够实施风险调度,允许所占河长权重较小的瓶颈河段部分漫滩,虽然增加了少量的嫩滩淹没损失,但可更大程度地发挥较大流量在全下游大部分河段冲刷塑槽的潜力,同时可得到瓶颈河段"淤滩刷槽"效益,提高主槽过流能力,将有利于明显提高调水调沙期的冲刷塑槽效果。

1.3.1.1 清水或低含沙水流洪水平均流量对下游河道冲淤的影响

黄河调水调沙分为汛前调水调沙和汛期调水调沙,小浪底水库拦沙运用初期库容大、蓄水水位相对较高,主要是以异重流方式排沙,出库含沙量低,泥沙级配细,泥沙含量对河道冲刷效果影响不大,因此冲刷效果主要取决于洪水平均流量。由小浪底水库拦沙前 5 年和三门峡水库拦沙期的资料可见,随着洪峰平均流量的增大,下游河道冲淤效率(单位水量冲淤量)也显著增大(见图 1-1);当流量大于 2 500 m³/s 后(不漫滩),冲淤效率随流量增大而增大的幅度则明显减小;当流量增大到 3 500 m³/s 后(不漫滩),冲淤效率基本维持在 20 kg/m³ 左右。

同时,洪水平均流量大小对小浪底水库异重流排沙或清水冲刷条件下,下游河道冲淤的沿程分布也具有决定性的影响。从小浪底运用前 5 年的实测资料来看(见图 1-2):当洪水平均流量大于 2 600 m³/s 时,全下游均发生冲刷;在平均流量为 800 m³/s 的条件下,高村以上河段发生显著冲刷,高村—艾山河段淤积最为严重(平均含沙量衰减约 2 kg/m³),艾山—利津窄河段淤积不明显;当平均流量为 1 500 m³/s 时,冲刷发展到艾山,

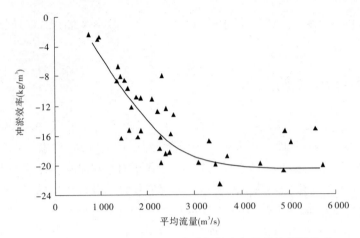

图 1-1 水库拦沙运用初期下游冲淤效率与平均流量的关系

高村—艾山河段也有一定程度的冲刷,淤积主要集中在艾山—利津窄河段(平均含沙量衰减约2 kg/m³)。

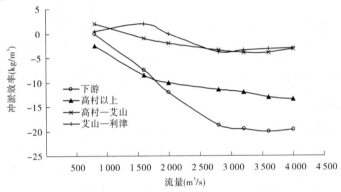

图 1-2 黄河下游低含沙冲刷前期各河段不同流量的冲淤效率

1.3.1.2 洪水平均流量与最大洪峰流量的关系

调水调沙期小浪底水库下泄流量量级的大小取决于洪水平均流量对下游冲淤效率的影响,但更主要地受制于下游河道平滩流量的大小。为了确保下游嫩滩不淹没,花园口控制最大流量应不大于下游驼峰河段(排洪能力最小的瓶颈)的最小平滩流量。

根据小浪底水库拦沙运用期洪水期洪峰流量与平均流量的关系(见图1-3)可知,洪峰流量约为1.3倍的洪水平均流量。清水冲刷条件下洪水平均流量3 500~4 000 m³/s的冲淤效率最高,所相应的洪峰流量为4 550~5 200 m³/s。

显然,这一量级的洪水在下游高村以下的大部分河段要发生漫滩。

1.3.1.3 允许局部河段嫩滩淹没的风险调控设想

黄河下游平滩流量一般具有上段偏大、下段偏小、总体沿程差异不明显的特点。部分时段也会出现平滩流量沿程差异较大的现象:例如,河口流路变化会导致近河口河段平滩流量的显著增大。小浪底投入运用以来,2002 年汛前夹河滩—艾山河段表现出了十分突

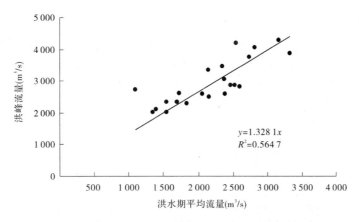

图1-3 小浪底水库拦沙运用期洪峰流量与平均流量的关系

出的、平滩流量显著偏小的"驼峰"现象,尤其高村附近河段平滩流量仅约 1 850 m³/s(见图1-4)。若以驼峰河段最小平滩流量作为花园口控制最大流量,则因为冲刷流量太小必然导致冲淤效率的显著降低,为此,设想允许驼峰河段局部、短河段的嫩滩淹没、增大调水调沙期流量,以换得全下游冲淤效率的显著提高。

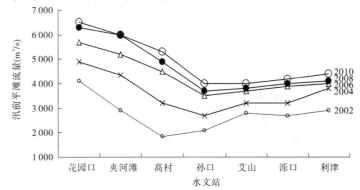

图1-4 小浪底水库运用后各水文站平滩流量变化

由上述可见,调水调沙期花园口控制流量直接关系到全下游冲刷塑槽的效果以及可能的嫩滩淹没风险。因此,设置小浪底水库调水调沙期控制流量量级为黄河中下游中常洪水风险调控的特征指标之一。

1.3.2 增大出库含沙量量级,提高下游河道输沙效率

黄河泥沙主要依靠洪水输送,尤其是随着洪水频次的减少、洪峰和洪量量级的降低,中常洪水在输沙、塑槽、维持河道排洪输沙基本功能方面的作用更加重要。现有研究表明:增大洪水期含沙量可提高下游河道输沙效率、减小输沙需水量,但同时河道淤积程度也相应增大。若要减少下游河道淤积程度,则需要小浪底水库多拦沙,这样就会面临另一个突出问题:小浪底库区淤积增大。因此,设置小浪底水库出库(进入下游)洪水的含沙量量级为黄河中下游中常洪水风险调控的特征指标之一。

1.3.2.1 下游河道冲淤效率随含沙量增大而增大

黄河下游河道洪水冲淤效率与含沙量密切相关,具有"多来、多排、多淤"的特点。由图1-5黄河下游洪水冲淤效率与平均含沙量的关系可以看出,洪水平均含沙量较低时河道发生冲刷,且随着含沙量的降低冲淤效率增大;当含沙量约大于50 kg/m³后,基本上呈淤积状态,且水流含沙量越高,冲淤效率越大。

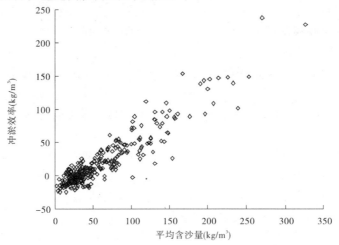

图1-5 黄河下游洪水冲淤效率与平均含沙量的关系

1.3.2.2 泥沙组成变细可有效减小下游河道的淤积比

将细沙($d \leqslant 0.025$ mm)含量按小于40%、40%~60%、60%~80%和大于80%分为4组,点绘洪水期不同细沙含量条件下冲淤效率与平均含沙量的关系(见图1-6)。可见,随着细沙含量的增大,冲淤效率有明显的降低趋势。

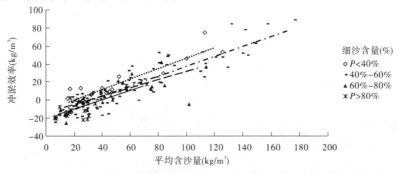

图1-6 洪水期不同细沙含量条件下冲淤效率与平均含沙量的关系

综上分析可以看出,下游河道冲淤效率随洪水平均含沙量的增大而增大,为此需要尽可能控制(减小)小浪底水库出库含沙量;但是,通过小浪底水库拦沙来实现减小下游含沙量则会增大小浪底库区淤积。为此,从细沙在河道的淤积程度小的规律出发,可以利用改变出库泥沙组成来协调水库排沙与下游河道淤积的矛盾,水库尽量多排细沙,以减少库区淤积,而细沙来量增加也不至于引起下游河道大量淤积。因此,设置小浪底水库出库

(进入下游)洪水的含沙量量级为黄河中下游中常洪水风险调控的特征指标之一。

1.3.3 调控出库洪峰流量量级,提高下游河道"淤滩刷槽"效果

黄河下游漫滩洪水具有"淤滩刷槽"的特性,洪水漫滩有利于遏制主槽淤积抬升、维持长时期滩槽同步淤积、增大平滩流量,但漫滩洪水同时又威胁到下游滩区人民生命财产的安全。为此,研究探讨不同洪峰流量量级洪水的淤滩刷槽效果和相应的滩区损失,进而探讨适宜漫滩的洪峰流量量级,对漫滩洪水风险调度具有重大的指导意义。

1.3.3.1 漫滩洪水"淤滩刷槽"效果与洪峰流量量级的关系

黄河下游大漫滩洪水实测资料点绘的花园口—利津河段滩地淤积量、主槽冲刷量与花园口洪峰流量的关系(见图1-7)表明,随着漫滩洪水洪峰流量量级的增大,滩地淤积量、主槽冲刷量均明显增大,相应平滩流量也显著增加,因此有"大水出好河"之称。

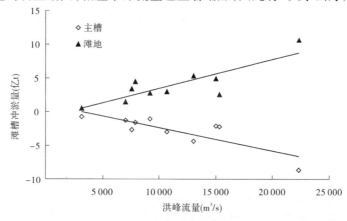

图1-7 黄河下游花园口—利津河段滩槽冲淤量与洪峰流量的关系

1.3.3.2 漫滩洪水淹没损失与洪峰流量量级的关系

基于 2004 年汛后和 2009 年汛前地形,利用黄河下游洪水演进及灾情评估模型(YRCC2D)进行了不同量级洪水的数值模拟计算,结合滩区村庄、耕地等社会经济信息,统计得出不同量级洪水滩区的直接淹没损失及其分布情况。结果表明:随着洪峰流量量级的增加,滩区直接经济损失显著增大;当洪峰流量量级超过 10 000 m^3/s 后,直接损失的增幅明显减小(见图1-8)。

对比可见,漫滩洪水洪峰流量量级的增大有利于获得更大的"淤滩刷槽"效果,但滩区经济损失也会增大。因此,非常有必要分析漫滩洪水的调控洪峰流量,探讨将小漫滩洪水量级分化处理、尽量避免 6 000 ~ 10 000 m^3/s 量级洪水漫滩的调控方式。

1.3.4 降低水库排沙水位,减少库区中细沙的淤积

目前,小浪底水库汛期蓄水水位基本稳定在 220 ~ 225 m(汛限水位)附近,即使在相对较高含沙量洪水条件下,为保障下游河道不断流、提高供水保障率,水位也基本维持在汛限水位附近,从而导致了大量泥沙,包括本可以在下游河道顺利输送的大量中、细沙在库区的淤积。统计表明:小浪底库区近坝段 60 km 范围淤积的全部为细沙,中值粒径在

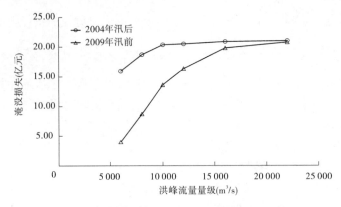

图1-8 不同量级洪水滩区淹没直接经济损失情况

0.015 mm 以下(见图1-9)。这种运用方式加快了水库的淤积速度,降低了水库拦沙及其对下游河道的减淤效益。

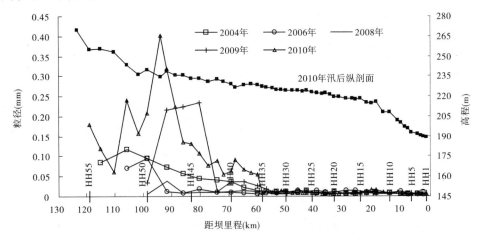

图1-9 小浪底水库淤积纵剖面及床沙中值粒径的沿程变化

　　立足于发挥下游河道输沙潜力、减小库区中细沙淤积比例,如果能够在中常洪水期较大幅度地降低坝前水位,短时间内进行明流排沙,并尽可能把前期淤积在坝前60 km 范围内的细沙冲刷出库,虽然可能导致短时段发电、灌溉效益的损失,但对小浪底水库库容的长期维持、长期发挥水库的综合效益将十分有利。实践表明:洪水期小浪底水库最低运用水位对水库排沙比具有显著的影响,随着水位的降低,排沙比迅速增大(见图1-10)。尤其是2010 年汛前调水调沙期间,运用水位低于三角洲顶点高程,引发三角洲顶点及其上游顶坡段的溯源冲刷,使得全沙排沙比高达137%,并且全沙排沙比的增大主要是细沙排沙比的大幅度增加,中、粗沙排沙比的增幅要相对小得多(见图1-11)。但同时需要指出的是,随着全沙排沙比的增大,细沙排沙比的增大幅度在减小,而中、粗沙排沙比的增大幅度在明显增大,出库泥沙组成有趋于偏粗的趋势(见图1-12)。

　　为此,设置洪水期最低排沙水位作为黄河中下游中常洪水风险调控的特征指标之一。

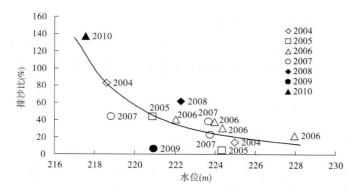

图 1-10　小浪底水库异重流排沙比与洪水期最低水位之间的关系

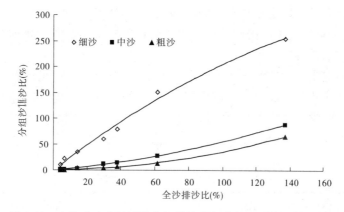

图 1-11　小浪底水库异重流分组排沙比与全沙排沙比之间的关系

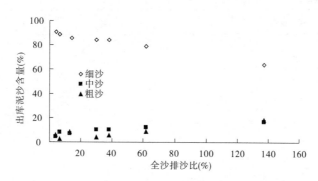

图 1-12　出库泥沙分组沙含量与全沙排沙比的关系

1.3.5　优化水库汛限水位,提高水资源利用效率和发电效益

　　前述降低中常洪水期排沙水位、增大下泄流量都是立足于显著减少水库淤积的,尤其是中、细沙的淤积。从发电的角度看,水位降低引起水头减小、过机水量减少,相应发电量相应会有所减少,考虑历时较短,影响不会很大。为弥补发电损失,设想在非洪水期适当提高汛限水位,由于历时较长,可明显增加发电效益;同时由于流量小,并以异重流排沙为主,所以对排沙效果的影响不大。两者相综合,求得在相同入库水沙条件下,水库淤积、河

道淤积、发电、漫滩淹没等正负效益的总体最优。

随着洪水预报技术的不断进步和防洪保安体系的逐步完善,防御洪水的能力在增强,小浪底水库能否通过汛限水位的风险调控,获得一定的风险效益,特别是在拦沙运用初期和拦沙运用后期,254 m 以上库容即可满足防洪要求的条件下,对中常洪水实行风险运用,可充分发挥水库较大的潜力,获得综合效益。

1.3.6 黄河中下游中常洪水水沙调控风险指标体系

通过对小浪底、三门峡水库场次洪水排沙规律分析可知,在水库调度过程中,坝前水位是决定场次洪水排沙效果的关键因素,因此排沙水位、汛限水位可作为中常洪水风险调控的“可调控指标”。同时,无论是异重流排沙还是敞泄排沙,排沙效果(或冲刷效果)都受来水来沙条件以及水库淤积状态(特别是淤积重心位置)的影响,在预报来水来沙条件下,对水库当前和可能发生的淤积作初步估计是非常关键的,因此水库淤积状态应作为中常洪水风险调控的“判断指标”。

黄河下游河道洪水期冲淤演变规律研究表明,流量、含沙量、泥沙级配以及洪峰流量是影响河道冲淤变化的关键因素,考虑到泥沙级配当前难以调控,可将流量、含沙量以及洪峰流量作为中常洪水风险调控的“可调控指标”。同时,相同的洪水在不同前期河道平滩流量条件下的冲淤规律也不相同,因此前期河道平滩流量应作为中常洪水风险调控的“判断指标”,综合得到小浪底水库中常洪水风险调控指标体系(见表1-1)。

表 1-1　小浪底水库中常洪水水沙调控风险指标体系

项目	水库		下游河道控制站		
判断指标	淤积状态		平滩流量		
调控指标	排沙水位	汛限水位	流量	含沙量	洪峰流量

2 小浪底水库单项指标风险调控方案及风险分析

2.1 水库运用方式

小浪底水利枢纽是"以防洪（包括防凌）、减淤为主，兼顾供水、灌溉和发电，除害兴利，综合利用"为开发目标的枢纽工程。小浪底水利枢纽拦沙初期运用调度的目标是：按设计确定的参数、指标及有关运用原则，考虑近期和长远利益，兼顾洪水资源化，合理利用淤沙库容，正确处理各项开发任务的需求，在确保工程安全的前提下，充分发挥枢纽以防洪减淤为主的综合利用效益。

小浪底水利枢纽运用分为三个时期，即拦沙初期、拦沙后期和正常运用期。拦沙初期指水库泥沙淤积量达到 21 亿～22 亿 m^3 以前。拦沙后期指拦沙初期之后至库区形成高滩深槽、坝前滩面高程达到 254 m 之前，254 m 相应水库泥沙淤积总量为 75.5 亿 m^3。其中，水库泥沙淤积总量达到 42 亿 m^3 以前为拦沙后期第一阶段。正常运用期指在坝前滩面高程达到 254 m 以后，水库长期保持 254 m 高程以上 40.5 亿 m^3 防洪库容的前提下，利用 254 m 高程以下 10.5 亿 m^3 的槽库容长期进行调水调沙运用。

小浪底水库正常设计水位 275 m，防洪最高运用水位 275 m，最低运用水位一般不低于 210 m。水库防洪调度期为 7 月 1 日至 10 月 31 日，其中 7 月 1 日至 8 月 31 日为前汛期，9 月 1 日至 10 月 31 日为后汛期。水库调度主要目标：7 月 1 日至 10 月 31 日为防洪、减淤，11 月 1 日至次年 2 月底为防凌、减淤，3 月 1 日至 6 月 30 日为减淤、供水和灌溉。

小浪底水库拦沙初期，前汛期（7 月 1 日至 8 月 31 日）汛限水位 225 m，后汛期（9 月 1 日至 10 月 31 日）汛限水位 248 m，从 8 月 21 日起可以向后汛期汛限水位过渡；从 10 月 21 日起可以向非汛期水位过渡，最高防洪运用水位 275.0 m，前汛期和后汛期防洪库容分别为 90.4 亿 m^3 和 58.1 亿 m^3。

小浪底水库拦沙后期第一阶段运用方式与拦沙初期基本相同，随着库区泥沙淤积变化，需要调整汛限水位时，由水库调度单位提出调整意见并报上级主管部门批准。

小浪底水库自 1999 年蓄水以来，根据运用情况，每个运用年水库调度一般分为 3 个阶段：第一阶段一般为 11 月 1 日至次年汛前调水调沙，该期间又分为防凌期、春灌蓄水期和春灌泄水期，期间水位整体变化不大；第二阶段为汛前调水调沙生产运行期，期间水位大幅度下降；第三阶段为防洪运用以及水库蓄水期，期间抬高水位蓄水。

由表 2-1 可以看出，非汛期运用水位最高为 264.30 m（2004 年），最低为 180.34 m（2000 年）；汛期运用水位变化复杂，2000～2002 年主汛期平均水位在 207.14～214.25 m 变化，2003～2010 年在 225.98～233.86 m 变化，其中 2003 年、2005 年主汛期平均水位最高达 233.86 m、230.17 m；2000 年和 2001 年汛限水位为 215 m 和 220 m，以后均

为 225 m。

表 2-1　2000~2010 年小浪底水库蓄水运用情况

时段	平均水位（m）	最高水位（m）	出现时间（年-月-日）	最低水位（m）	出现时间（年-月-日）
汛期	211.25~249.51	265.48	2003-10-15	191.72	2001-07-28
非汛期	202.87~258.44	264.30	2003-11-01	180.34	2000-04-25

注:1. 主汛期为 7 月 11 日至 9 月 30 日;

　　2. 汛期开始蓄水的日期是指汛期库水位开始超过当年汛限水位之日;

　　3. 2006 年采用陈家岭水位资料。

小浪底水库运用的前 4 年,为了减少大坝渗水,在坝前形成淤积铺盖,控制了水库排沙。从 2004 年调水调沙开始,进行了汛前调水调沙人工塑造异重流,即利用黄河中游多座水库的蓄水通过合理调度,促使三门峡库区及小浪底库区淤积三角洲产生冲刷,并在小浪底水库回水区产生异重流。

2.2　水库淤积特点

2.2.1　库区淤积物组成分析

小浪底水库运用至 2009 年汛后已经蓄水运用 10 年,库区淤积泥沙 23.87 亿 m^3。根据 1999 年 10 月至 2009 年 10 月资料(见表 2-2),淤积物中细沙、中沙、粗沙的比例分别为 38.2%、30.9% 和 30.9%,即中、粗沙占了 60% 以上;从淤积比来看,全沙为 83.1%,细沙、中沙、粗沙分别为 69.2%、93.6%、96.4%。说明水库在淤积了大部分中、粗沙的同时,也有相当一部分细沙淤积下来。

表 2-2　2000~2009 年小浪底库区淤积物组成

项目		入库沙量（亿 t）		出库沙量（亿 t）		淤积量（亿 t）		淤积比（%）	
时段	分组沙	汛期	全年	汛期	全年	汛期	全年	汛期	全年
2004	细沙	1.199	1.199	1.149	1.149	0.05	0.05	4.2	4.2
	中沙	0.799	0.799	0.239	0.239	0.56	0.56	70.1	70.1
	粗沙	0.64	0.64	0.099	0.099	0.541	0.541	84.5	84.5
	全沙	2.638	2.638	1.487	1.487	1.151	1.151	43.6	43.6
2000~2009 年	细沙	14.199	15.517	4.357	4.79	9.844	10.731	69.3	69.2
	中沙	8.23	9.291	0.547	0.596	7.682	8.7	93.3	93.6
	粗沙	7.912	9.001	0.295	0.322	7.616	8.68	96.3	96.4
	全沙	30.34	33.821	5.199	5.707	25.141	28.113	82.9	83.1

值得关注的是2004年,淤积比较小,全沙淤积比为43.6%,而细沙淤积比仅为4.2%,中、粗沙淤积比分别为70.1%、84.5%。这主要是因为2003年库区运用水位较高导致三角洲顶坡段上段大量淤积,而2004年汛前调水调沙及"04·8"洪水期间库水位较低,不仅来沙中的细沙排出水库,而且由三角洲洲面发生了强烈冲刷,前期淤积的细沙随异重流大量排沙出库造成的。前期淤积的细沙在库区相应调整大部分。

可见利用汛期洪水,降低水库运用水位,在三角洲洲面发生沿程或溯源冲刷,有利于改善小浪底库区淤积物细沙含量偏多的局面,达到调整淤积物组成的目的。

2.2.2 淤积形态的变化

小浪底水库拦沙运用初期,水库为三角洲淤积形态(见图2-1),2004年三角洲顶点位于HH41断面(距坝72.06 km),在汛前调水调沙人工塑造异重流过程及"04·8"洪水的共同作用下,处于窄深河段的三角洲洲面发生了强烈冲刷,至2005年汛前三角洲顶点已下移至河谷较宽的库段HH27断面(距坝44.53 km)。2006年以后,三角洲顶坡段在HH37断面以下基本上按照大约3‰的比降向坝前推进,2009年汛后,三角洲顶点位于HH15断面(距坝24.43 km)。2010年汛前调水调沙异重流塑造期间,水位低于三角洲顶点,三角洲顶坡段发生沿程及溯源冲刷,三角洲顶点位于HH12断面(距坝12.75 km),顶点高程为215.61 m。

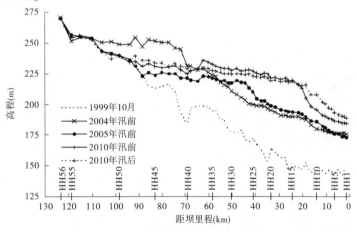

图2-1 历年汛前调水调沙小浪底水库纵剖面(深泓点)

小浪底库区干流河段上窄下宽,板涧河口(HH37断面附近)以上河道长度为60.9 km,河谷底宽仅200~300 m,河槽窄深,受水库来水来沙的影响,容易发生大幅度的淤积或冲刷调整。

在汛前调水调沙塑造异重流期间,HH37断面以上库段处于库区明流库段,受入库水沙的直接影响,该段的河床调整作为水库边界条件是异重流排沙关键影响因素之一。历年汛期前后HH37断面以上库段冲淤调整统计结果见表2-3,可以看出,库区上段调整幅度较大。HH37断面以上发生冲刷的年份,例如2006年、2008年,小浪底库区排沙比相对较大;反之发生淤积的年份,例如2005年、2009年,排沙比相对小一些。2007年汛期

HH37 断面以上也发生淤积,但异重流排沙比并不小,与 2007 年汛前调水调沙期间头道拐流量较大、洪峰持续时间长、异重流后续动力大有关。

表 2-3 小浪底库区汛期(4～10 月)分库段冲淤的变化

年份	冲淤量(亿 m³)	
	HH37 断面以上	HH37 断面以下
2004	− 1.999 1	2.09
2005	1.007 5	1.805
2006	− 0.540 6	3.076
2007	0.209 6	1.157
2008	− 0.417 6	0.977 3
2009	0.193 0	1.152
2010	− 0.112	1.403

2.2.3 淤积物沿程分布及调整

从 2004 年以来观测的小浪底库区床沙组成来看(见图 1-9),由于 HH37 断面以上容易发生大幅度的淤积或冲刷调整,其床沙相对较粗;而在 HH37 断面以下,大多是中值粒径小于 0.025 mm 的细颗粒泥沙。

2008 年、2010 年汛前调水调沙小浪底水库排沙的实测资料证实:在汛期中游发生洪水的条件下,小浪底水库适时降低库水位,使三角洲顶坡段发生沿程及溯源冲刷,将调整淤积物的分布,淤积物中的细颗粒泥沙会被冲起,在水流的作用下排沙出库(见表 2-4)。从表 2-4 中可以看出,这两年细颗粒泥沙不但没有在库区造成淤积,而且由于三角洲顶坡段的冲刷作用,还带走了前期淤积的细颗粒泥沙,两年细颗粒泥沙排沙比分别为 151.05%、254.61%,而中、粗沙仍然在库区造成淤积,淤积比都小于 100%。

以往的观测资料也证明,在水库异重流排沙时期,出库大多是细颗粒泥沙,说明小浪底水库发生沿程及溯源冲刷,将会调整三角洲洲面的淤积物组成,使水库达到增大排沙比、多排细沙、拦粗排细的目的,延长水库拦沙期使用年限。

2.2.4 分组沙排沙关系分析

异重流本身属于超饱和输沙,随着异重流的运行,泥沙沿程明显分选,中、粗颗粒泥沙淤积比大,细颗粒泥沙淤积比小。因此,在异重流塑造期间,入库沙量中细颗粒泥沙含量越高,异重流排沙比就会越大,例如 2006 年,异重流塑造的条件相对较差,但由于入库细颗粒沙的比例较高(43.04%),全沙排沙比也达到了 30%。同时,异重流前期如果来细沙多,虽然当时不排出库淤积在库区,但当发生异重流时可随着三角洲洲面冲刷大量出库,也有利于排沙比的提高,例如 2008 年和 2010 年。

表 2-4　历次汛前调水调沙期入、出库分组沙统计

年份	时段 （月-日）	全沙			细沙			中沙			粗沙		
		入库 沙量 （亿 t）	出库 沙量 （亿 t）	排沙 比 （%）	入库 沙量 （亿 t）	出库 沙量 （亿 t）	排沙 比 （%）	入库 沙量 （亿 t）	出库 沙量 （亿 t）	排沙 比 （%）	入库 沙量 （亿 t）	出库 沙量 （亿 t）	排沙 比 （%）
2004	07-07 ~ 07-14	0.385	0.055	14.29	34.55	85.45	35.34	34.29	7.27	3.03	31.17	5.45	2.50
2005	06-27 ~ 07-02	0.452	0.020	4.42	36.95	90.00	10.78	28.76	5.00	0.77	34.29	5.00	0.65
2006	06-25 ~ 06-29	0.230	0.069	30.00	43.04	85.51	59.60	25.22	10.14	12.07	31.74	4.35	4.11
2007	06-26 ~ 07-02	0.613	0.234	38.17	40.13	83.76	79.67	27.73	10.26	14.12	32.14	5.56	6.60
2008	06-27 ~ 07-03	0.741	0.458	61.81	32.25	78.82	151.05	28.07	12.45	27.40	39.68	8.73	13.61
2009	06-30 ~ 07-03	0.545	0.036	6.61	27.16	88.89	21.62	28.26	8.33	1.95	44.59	2.78	0.41
2010	07-04 ~ 07-07	0.408	0.559	137.02	34.52	64.22	254.61	26.23	16.99	88.79	39.22	18.60	65.00

根据 2004 ～ 2010 年汛前异重流排沙资料,点绘了小浪底水库分组沙排沙比与全沙排沙比的关系(见图 1-11),从图中可以看出,随着排沙比的增加,分组沙的排沙比也在增大,细颗粒泥沙增加幅度最大,但细沙增加的幅度在减缓、中沙和粗沙增加幅度在变大,因此从图 1-12 中可以看出,随着出库排沙比的增大,细沙所占全沙的含量有减小的趋势,中沙和粗沙所占比例有所增大。

2.3　水库排沙效果影响因子及估算方法

水库排沙跟水库的淤积形态、边界条件、来水来沙量的大小以及坝前泄流建筑设施高程和水库调度、运用方式等有关。对于小浪底库区目前的三角洲淤积形态而言,异重流潜入点以上三角洲洲面发生沿程冲刷、明流壅水输沙以及溯源冲刷,异重流潜入后运行到坝前,并排沙出库;而当小浪底淤积三角洲顶点运行到坝前,淤积形态转入锥体淤积后,根据水库运用方式的不同和库水位的变化,水库的排沙方式分为壅水排沙和敞泄排沙。不同的输沙(冲刷)方式和阶段采用不同的计算方法。

2.3.1　冲刷计算

冲刷强度主要取决于水流的动力条件以及水库的边界条件,明流段冲刷或敞泄排沙主要按下面公式计算。

方法一：

$$G = \psi \frac{Q^{1.6} J^{1.2}}{B^{0.6}} \times 10^3 \tag{2-1}$$

式中：G 为输沙率，kg/t；Q 为流量，m^3/s；J 为水面比降；B 为河宽，m；ψ 为系数，依据河床质抗冲性的不同取不同的值：$\psi = 650$ 代表抗冲性能最小的情况，$\psi = 300$ 代表抗冲性能中等的情况，$\psi = 180$ 代表抗冲性能最大的情况。

方法二：韩其为方法计算。

坝前不存在漏斗时：

$$J = J_2 \left[1 + Z_0/2 \sqrt{\frac{\gamma'_s}{q S_0 J_2 t}} \right] \tag{2-2}$$

$$W = \frac{B Z_0^2}{2} \frac{1}{J - J_2} \tag{2-3}$$

坝前存在漏斗时：

$$\frac{J}{J_2} = 1 + \left[\frac{4 q S_0 J_2 t}{\gamma'_s Z_0^2} + \frac{J_2^2}{(J_1 - J_2)^2} \right]^{-\frac{1}{2}} \tag{2-4}$$

$$W = \frac{B Z_0^2}{2} \frac{J_1 - J}{(J - J_2)(J_1 - J_2)} \tag{2-5}$$

式中：J 为溯源冲刷过程中溯源冲刷段河床比降；J_1 为冲刷前坝前漏斗坡降；J_2 为冲刷前淤积纵剖面比降；Z_0 为侵蚀基面降落值，即坝前水位至淤积面高程的高差，m；q 为单宽流量，$\text{m}^3/(\text{s} \cdot \text{m})$；$S_0$ 为进库含沙量，kg/m^3；t 为冲刷历时，s；γ'_s 为淤积物容重，根据实际情况取 1.2 t/m^3；W 为以体积计的冲刷量，m^3。

2.3.2 明流壅水输沙计算

方法一：

三角洲顶点附近洲面的明流壅水输沙，主要取决于水库蓄水体积以及进出库流量之间的对比关系，依据水库实测资料所建立的水库壅水排沙计算关系可以看出，随着蓄水体积的减小、出库流量的增大，明流壅水段的排沙比相应增大。计算公式为

$$\eta = a \lg Z + b \tag{2-6}$$

式中：η 为排沙比(%)；Z 为壅水指标，$Z = \frac{V Q_入}{Q_出^2}$，V 为计算时段中蓄水体积，m^3，$Q_入$、$Q_出$ 分别为进、出库流量，m^3/s；$a = -0.823\,2$；$b = 4.508\,7$。

方法二：

采用如下关系进行壅水输沙计算：

当 $\dfrac{\gamma'}{\gamma_s - \gamma'} \dfrac{Q_出}{V} \dfrac{1}{\omega_c} \leqslant 0.20$ 时，为壅水排沙，否则为敞泄排沙(冲刷)。若判断为壅水排沙，则当 $\dfrac{\gamma'}{\gamma_s - \gamma'} \dfrac{Q_出}{V} \dfrac{1}{\omega_c} \geqslant 0.005\,2$ 时，排沙关系为

$$\eta = 0.505 \lg \left(\frac{\gamma'}{\gamma_s - \gamma'} \frac{Q_{\text{出}}}{V} \frac{1}{\omega_c} \right) + 1.354 \tag{2-7}$$

当 $\dfrac{\gamma'}{\gamma_s - \gamma'} \dfrac{Q_{\text{出}}}{V} \dfrac{1}{\omega_c} < 0.005\,2$ 时,排沙关系为

$$\eta = 0.1 \lg \left(\frac{\gamma'}{\gamma_s - \gamma'} \frac{Q_{\text{出}}}{V} \frac{1}{\omega_c} \right) + 0.428\,4 \tag{2-8}$$

式中:γ_s、γ' 分别为泥沙、浑水容重,t/m^3;$Q_{\text{出}}$ 为出库流量,m^3/s;V 为水库蓄水容积,m^3;ω_c 为泥沙群体沉速,m/s,按沙玉清公式 $\dfrac{\omega_c}{\omega} = \left(1 - \dfrac{S_V}{2\sqrt{d_{50}}} \right)^3$ 计算;η 为排沙比(%)。

2.3.3 分组泥沙出库输沙率计算关系

利用三门峡水库 1963 ~ 1981 年实测资料及盐锅峡 1964 ~ 1969 年实测资料(粒径计法颗粒分析)建立的粗沙、中沙、细沙分组泥沙出库输沙率计算式。

(1)粗沙出库输沙率。

当全沙排沙比 $\left(\dfrac{Q_{s\text{出}}}{Q_{s\text{入}}} \right)_{\text{全}} \geqslant 1.0$ 时:

$$Q_{s\text{出粗}} = Q_{s\text{入粗}} \left(\frac{Q_{s\text{出}}}{Q_{s\text{入}}} \right)_{\text{全}}^{\frac{0.55}{P_{\text{入粗}}^{0.768}}} \tag{2-9}$$

当全沙排沙比 $\left(\dfrac{Q_{s\text{出}}}{Q_{s\text{入}}} \right)_{\text{全}} < 1.0$ 时:

$$Q_{s\text{出粗}} = Q_{s\text{入粗}} \left(\frac{Q_{s\text{出}}}{Q_{s\text{入}}} \right)_{\text{全}}^{\frac{0.399}{P_{\text{入粗}}^{1.78}}} \tag{2-10}$$

(2)中沙出库输沙率。

当全沙排沙比 $\left(\dfrac{Q_{s\text{出}}}{Q_{s\text{入}}} \right)_{\text{全}} \geqslant 1.0$ 时:

$$Q_{s\text{出中}} = Q_{s\text{入中}} \left(\frac{Q_{s\text{出}}}{Q_{s\text{入}}} \right)_{\text{全}}^{\frac{0.02}{P_{\text{入中}}^{3.071}}} \tag{2-11}$$

当全沙排沙比 $\left(\dfrac{Q_{s\text{出}}}{Q_{s\text{入}}} \right)_{\text{全}} < 1.0$ 时:

$$Q_{s\text{出中}} = Q_{s\text{入中}} \left(\frac{Q_{s\text{出}}}{Q_{s\text{入}}} \right)_{\text{全}}^{\frac{0.014\,5}{P_{\text{入中}}^{3.455}}} \tag{2-12}$$

(3)细沙出库输沙率。

$$Q_{s\text{出细}} = Q_{s\text{出总}} - Q_{s\text{出粗}} - Q_{s\text{出中}} \tag{2-13}$$

2.3.4 异重流潜入后的计算方法

异重流在库区内一旦满足潜入和持续运动的条件,其潜入后的输沙特性满足超饱和输沙(即不平衡输沙)规律。异重流不平衡输沙在本质上与明流一致,其含沙量及级配的

沿程变化仍可采用经小浪底水库实测资料率定后的韩其为明渠流不平衡输沙公式进行计算,即

$$S_j = S_i \sum_{l=1}^{n} P_{4,l,i} \mathrm{e}^{\left(-\frac{\alpha \omega_l L}{q}\right)} \qquad (2\text{-}14)$$

式中:S_i 为潜入断面含沙量;S_j 为出口断面含沙量;$P_{4,l,i}$ 为潜入断面级配百分数;α 为恢复饱和系数,与来水含沙量和床沙组成关系密切;l 为粒径组号;ω_l 为第 l 组粒径泥沙沉速;q 为单宽流量;L 为异重流运行距离。

出库泥沙级配采用图 1-11 回归出来的中、粗沙关系式计算,细沙出库沙量采用全沙出库沙量减中沙和粗沙沙量而得,进而计算出库分组沙含量。

2.3.5 2010 年汛前调水调沙期间排沙及验证计算

2010 年 6 月 19 日 8 时调水调沙开始(见图 2-2),7 月 3 日 18 时 36 分开始加大泄量,7 月 4 日 12 时 5 分开始排沙出库,7 月 8 日 0 时小浪底水库调水调沙过程结束。在整个异重流期间小浪底入库沙量 0.408 亿 t,出库沙量 0.559 亿 t,排沙比 137.01%。如果把三门峡水库加大泄量(7 月 3 日 18 时 36 分)到小浪底水库排沙(7 月 4 日 12 时 5 分)之间的时间作为传播时间(17.5 h),那么三门峡水库排沙之前塑造洪峰冲刷三角洲顶坡段形成的异重流出库沙量为 0.404 亿 t,则三门峡水库排沙后形成的异重流出库沙量为 0.155 亿 t,排沙比为 38.37%。

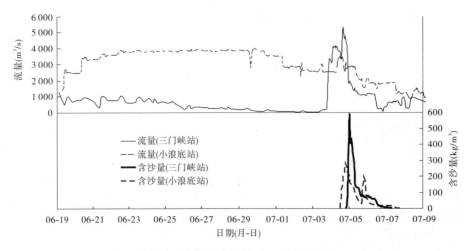

图 2-2 小浪底水库进、出库水沙过程

根据 2010 年汛前水库实际淤积形态:淤积三角洲顶点位于距坝 24.43 km 的 HH15 断面,顶点高程 219.61 m,三角洲顶坡段比降为 4.2‰,前坡段比降为 30.5‰,以及实测入库水沙过程、库水位,采用 2.3.1 部分中公式进行水库排沙计算,计算结果见表 2-5。从出库沙量上看,计算出库沙量 0.524 亿 t 与实测出库沙量 0.559 亿 t 相差不大,排沙比也比较接近,因此认为小浪底出库沙量的计算可用于小浪底水库风险调控方案的计算,用以粗略估计风险调控不同方案下的出库沙量。

表 2-5 计算方法验证结果

三门峡时间 (年-月-日 T 时:分)	入库沙量 (亿 t)	计算三角 洲冲刷量 (亿 t)	计算出 库沙量 (亿 t)	计算 排沙比 (%)	实测出 库沙量 (亿 t)	实测 排沙比 (%)
2010-07-03T18:36 ~ 07-06T22:00	0.408	0.569	0.524	128.55	0.559	137.01

2.4 不同排沙水位风险调控方案计算及风险分析

2.4.1 不同地形条件下不同排沙水位风险调控方案计算及风险分析

2.4.1.1 典型洪水过程的选取

从洪水的特点考虑选取了中下游同时来水的"96·8"洪水过程、中游高含沙洪水为主的"88·8"洪水过程和下游来水为主的"82·8"洪水过程。三场洪水入库水沙特征值统计见表 2-6。

表 2-6 三场洪水入库水沙特征值统计

洪水类型	时段 (月-日)	历时 (d)	入库流量(m³/s)		入库含沙量(kg/m³)		入库 水量 (亿 m³)	入库 沙量 (亿 t)
			平均	最大	平均	最大		
"96·8"	08-01 ~ 08-16	16	2 351	4 220	146.3	277	32.5	4.755
"88·8"	08-05 ~ 08-25	21	3 427	5 050	132	341.7	62.17	8.209
"82·8"	07-31 ~ 08-09	10	2 883	4 610	75.93	113.6	24.91	1.891

2.4.1.2 地形条件的选取

选取了三种地形条件作为风险调控计算的边界条件：

(1)现状地形条件,即 2009 年汛前(小浪底库区淤积量 23.93 亿 m³),淤积三角洲顶点位于距坝 24.43 km 的 HH15 断面,顶点高程约为 219.16 m。三角洲洲面比降约为 3.2‰。

(2)小浪底库区淤积量约 32 亿 m³。根据三角洲顶坡段比降推算,小浪底库区淤积量约 32 亿 m³ 时,三角洲顶点刚刚推进到坝前,即由三角洲淤积转变为锥体淤积。此时,坝前淤积面高程约为 210 m(见图 2-3)。

(3)小浪底水库锥体淤积形态发展到淤积量约为 42 亿 m³,坝前淤积面高程约为 220 m(见图 2-3)。

2.4.1.3 水库调度方式

(1)在现状地形条件下,按小浪底水库进出库平衡,库水位分别按 225 m、220 m、215 m、210 m 及 205 m 考虑,分别计算不同调度方式下水库的排沙量及排沙比。

(2)排沙类型分为壅水排沙和敞泄排沙两种。水位在坝前淤积面以上时进行壅水排

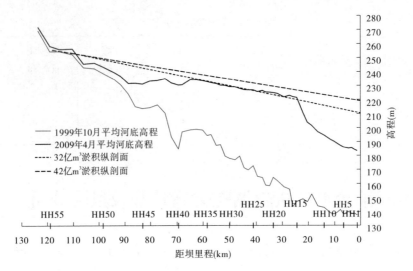

图2-3　不同地形条件淤积纵剖面

沙判断和计算，按进出库流量平衡、蓄水量不变控制。水位在淤积面以下时，对淤积32亿 m³ 方案设定210 m和205 m两级水位，对淤积42亿 m³ 方案设定220 m、215 m、210 m和 205 m四级水位，为敞泄排沙方式，按进出库平衡、库水位不变控制。

2.4.1.4　现状地形条件不同水位下风险调控方案计算及风险分析

1．现状地形下方案组合

在2009年汛前地形条件下，选取3个典型洪水，每个洪水的水库调度选用225 m、220 m、215 m、210 m、205 m五个控制水位，由此组合成15种方案，其计算结果见表2-7。

表2-7　库区冲淤量计算结果

组次（方案）	洪水类型	入库沙量（亿t）	入库分组沙含量（%）			库水位（m）	三角洲冲刷量（亿t）	出库沙量（亿t）	全沙排沙比（%）	出库分组沙含量（%）		
			细	中	粗					细	中	粗
1（96·8/225）	"96·8"	4.755	43.6	28.4	28.0	225	—	0.880	18.50	87.7	8.8	3.5
2（96·8/220）						220	—	1.314	27.63	86.4	9.8	3.8
3（96·8/215）						215	1.358	3.179	66.86	80.0	13.0	7.0
4（96·8/210）						210	2.789	4.041	84.98	77.0	14.4	8.6
5（96·8/205）						205	4.177	4.920	103.47	73.9	15.8	10.3
6（88·8/225）	"88·8"	8.209	55.3	26.2	18.5	225	—	2.672	32.55	87.8	9.4	2.8
7（88·8/220）						220	—	3.403	41.45	86.7	10.1	3.2
8（88·8/215）						215	1.786	5.546	67.56	83.3	12.1	4.6
9（88·8/210）						210	3.681	6.692	81.52	81.5	13.0	5.5
10（88·8/205）						205	5.533	7.852	95.65	79.7	14.0	6.3

组次（方案）	洪水类型	入库沙量（亿 t）	入库分组沙含量（%）			库水位（m）	三角洲冲刷量（亿 t）	出库沙量（亿 t）	全沙排沙比（%）	出库分组沙含量（%）		
			细	中	粗					细	中	粗
11（82·8/225）						225	—	0.592	31.31	88.6	8.7	2.7
12（82·8/220）						220	—	0.809	42.78	87.3	9.5	3.2
13（82·8/215）	"82·8"	1.891	57.2	24.3	18.5	215	0.850	1.412	74.67	83.3	11.7	5.0
14（82·8/210）						210	1.730	1.896	100.26	80.1	13.3	6.6
15（82·8/205）						205	2.568	2.375	125.59	76.9	15.0	8.1

2. 排沙计算

在上述方案设置的基础上，根据水库的不同运用方式，分别进行了壅水输沙（式（2-6））、溯源冲刷（式（2-1））、异重流排沙（式（2-14））及泥沙组成等计算，计算结果见表 2-7、图 2-4 和图 2-5。

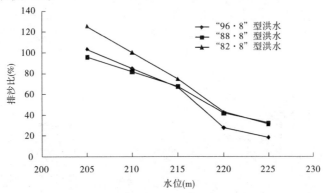

图 2-4　出库全沙排沙比与水位的关系

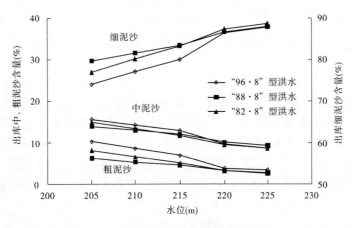

图 2-5　出库分组泥沙含量同水位的关系

现状地形条件下,通过对三种典型洪水过程不同调控方案的计算,得到如下几点认识:

(1)随着库水位的降低,排沙比增大,尤其当库水位低于三角洲顶点时,排沙比明显增大。

(2)出库细沙含量随着库水位的降低而减小,中、粗沙含量随着库水位的降低而增大。

(3)高含沙洪水,应尽可能降低库水位排沙,即使降到205 m,出库细沙含量仍为70%以上,可以减少水库淤积,达到多排细沙的目的。

2.4.1.5 拦沙后期淤积32亿 m³ 淤积形态下风险调控方案计算及风险分析

1. 壅水排沙计算结果分析

图2-6是库区淤积32亿 m³ 条件下典型洪水不同调控水位方案的排沙比、冲淤量和蓄水量的关系,可以看出,排沙比随蓄水量的减少而增大,蓄水量在2亿 m³ 以上时这种变化较慢,当蓄水量低于1亿 m³ 后,随着水量减少,排沙比幅度明显增大;在同一蓄水量下,流量和含沙量均最大的"88·8"洪水排沙比最大;流量较大,含沙量最小的"82·8"洪水排沙比次之;流量最小,含沙量较大的"96·8"洪水排沙比最小。

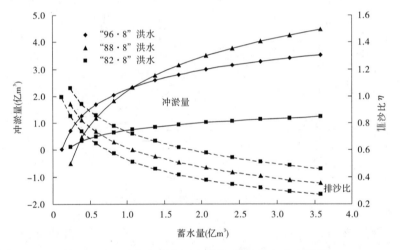

图2-6 32亿 m³ 方案库区冲淤量、排沙比与蓄水量关系

同时可以看出,随着蓄水量减少,淤积量逐渐减少;同一蓄水量下,来沙量最少的"82·8"洪水淤积量明显小于其他两场洪水;"88·8"洪水在蓄水量较大时淤积量最大,但由于其排沙比大,当蓄水量降低至一定程度时,淤积量反而低于其他两场洪水,当蓄水量在1.2亿 m³ 以下时,淤积量低于"96·8"洪水,蓄水量在0.35亿 m³ 时,淤积量低于"82·8"洪水。

图2-7～图2-9分别是三场洪水分组沙排沙比与蓄水量的关系,可以看出,随着蓄水量的减少,各分组沙排沙比增大,细沙排沙比最大,中沙次之,粗沙排沙比最小。在蓄水量较大的细沙排沙比的增幅大于中沙和粗沙,但蓄水量低于一定值后,中沙和粗沙排沙比则迅速增大,增幅明显大于细沙。当"96·8"洪水蓄水量在1亿 m³ 以上时,细沙排沙比增

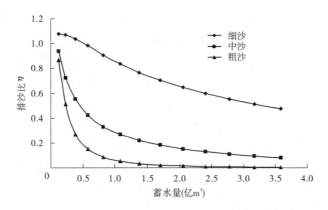

图 2-7　32 亿 m³ 方案 "96·8" 洪水分组沙排沙比与蓄水量关系

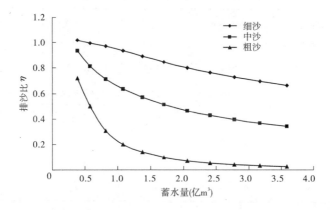

图 2-8　32 亿 m³ 方案 "88·8" 洪水分组沙排沙比与蓄水量关系

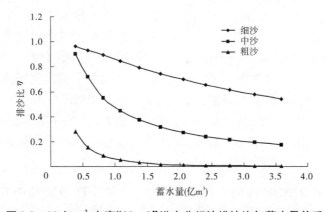

图 2-9　32 亿 m³ 方案 "82·8" 洪水分组沙排沙比与蓄水量关系

幅大于中、粗沙,当蓄水量低至 1 亿 m³ 以下时,中沙和粗沙排沙比明显大于细沙,且增幅越来越大。对于 "96·8" 洪水和 "82·8" 洪水,当蓄水量在 0.5 亿 m³ 时,细沙排沙比可达 1 和 0.95,中、粗沙排沙比分别为 0.46、0.19 和 0.8、0.2,淤粗排细的效果较好,蓄水量继续减少,粗沙排沙比大幅增加。而对于 "88·8" 洪水,当蓄水量在 1.0 亿 m³ 时,细沙排沙比约为 0.94,中沙排沙比约为 0.85,粗沙排沙比约为 0.22,淤粗排细的效果较好,蓄水量继续减小,粗沙排沙比大幅增加。可见,对"88·8"型洪水实现较好的淤粗排细效果需要的蓄水量要大于"96·8"型洪水和"82·8"型洪水。

2. 敞泄排沙计算结果分析

由表2-8可见,敞泄排沙比均大于1,且205 m水位下排沙比大于210 m水位排沙比,冲刷量较大。在同一水位下,"82·8"洪水排沙比最大,"88·8"洪水排沙比次之,"96·8"洪水排沙比最小。但从冲刷量来看,"88·8"洪水冲刷量最大,"82·8"洪水冲刷量次之,"96·8"洪水冲刷量最小。总的来看,"82·8"型洪水历时短,流量较大,含沙量低,冲淤效率高,具有较好的排沙效果;"88·8"型洪水历时长,流量和含沙量均最大,冲淤效率较大,排沙效果也较好;"96·8"洪水历时较长,流量最小,含沙量较大,冲淤效率和排沙效果也均不如其他两场洪水。

表2-8   32亿 m³ 方案敞泄排沙效果

洪水类型	坝前水位 (m)	入库沙量 (亿t)	出库沙量 (亿t)	冲淤量 (亿t)	冲淤效率 (kg/m³)	排沙比
"96·8"	210	4.755	5.562	−0.754	−23	1.17
	205	4.755	6.141	−1.332	−41	1.29
"82·8"	210	1.891	3.918	−2.008	−81	2.07
	205	1.891	5.860	−3.950	−159	3.10
"88·8"	210	8.209	10.433	−2.190	−35	1.27
	205	8.209	12.843	−4.600	−74	1.56

2.4.1.6   42亿 m³ 方案计算结果分析

忽略边界条件的影响,在相同蓄水量下,42亿 m³ 方案和32亿 m³ 方案中壅水排沙关系基本相同,因此对42亿 m³ 方案壅水排沙效果不再赘述,只对敞泄效果作分析。

42亿 m³ 方案和32亿 m³ 方案中淤积量、河床比降等边界条件有所不同,对敞泄排沙产生不同影响。42亿 m³ 方案中由于淤积面较高,故增加了两级敞泄水位,增大水位落差,计算分析其排沙效果,计算结果如表2-9所示。从表中可以得出与32亿 m³ 方案敞泄排沙相同的认识,即水位越低,排沙比越大,冲刷量越大;"82·8"型洪水冲淤效率高,排沙效果好;"88·8"型洪水冲淤效率较大,排沙效果也较好;"96·8"型洪水排沙效果不如其他两场洪水。

2.4.2   典型洪水期不同排沙水位风险调控方案计算及风险分析

2.4.2.1   水沙条件与前期地形条件

典型洪水为"96·8"洪水、"88·8"洪水和"82·8"洪水。计算地形为2009年汛前地形。基本调控方案:起调水位225 m,进出库平衡运用,洪水结束时水位仍为225 m。两种风险调控方案:①起调水位225 m,洪水过程中尽快降低库水位,水位不高于225 m(汛限水位),洪水结束时水位降低到210 m。②起调水位210 m,洪水过程中水位不低于210 m(最低发电水位),洪水结束时水位仍为210 m。

表 2-9 42 亿 m³ 方案敞泄排沙效果

洪水类型	坝前水位 （m）	入库沙量 （亿 t）	出库沙量 （亿 t）	冲淤量 （亿 t）	冲淤效率 （kg/m³）	排沙比
"96·8"	220	4.755	5.267	−0.458	−14	1.11
	215	4.755	5.811	−1.002	−31	1.22
	210	4.755	6.565	−1.757	−54	1.38
	205	4.755	8.019	−3.210	−99	1.69
"82·8"	220	1.910	3.550	−1.640	−66	1.86
	215	1.910	5.386	−3.476	−140	2.82
	210	1.910	7.344	−5.434	−218	3.85
	205	1.910	9.399	−7.489	−301	4.92
"88·8"	220	8.209	9.453	−1.210	−19	1.15
	215	8.209	11.730	−3.487	−56	1.43
	210	8.209	14.113	−5.870	−94	1.72
	205	8.209	16.581	−8.338	−134	2.02

按照对基本方案调整的程度(亦即偏离程度)和保滩运用情况,对每种工况又进一步设定为三种风险运用方案,简称一般风险、较大风险和大风险。①"96·8"洪水、"88·8"洪水一般风险方案仍然以进出库平衡运用(与基本方案)为主,只是当花园口断面流量小于 4 000 m³/s 时,小浪底水库补水,凑泄花园口断面流量至 4 000 m³/s;较大风险为控制花园口断面最大流量不超过 6 000 m³/s,控制下游漫滩范围在现有两岸生产堤(或控导工程连线)之间的嫩滩内,生产堤到大堤间滩区不漫滩;大风险为控制花园口断面最大流量不超过 4 000 m³/s,以避免漫滩。②"82·8"洪水一般风险方案为控制花园口断面流量不超过 10 000 m³/s,当花园口断面流量小于 4 000 m³/s 时,小浪底水库补水,凑泄花园口断面流量至 4 000 m³/s;较大风险方案为当花园口断面洪峰流量大于 4 000 m³/s 时小浪底水库出库按 1 000 m³/s 泄放,退水过程中小浪底水库泄放流量维持花园口断面洪峰流量直至库水位降至 210 m;大风险为若小浪底水库至花园口区间(简称小花间)出现大于 4 000 m³/s 的洪水,不控制出库流量,小浪底水库按进出库平衡方式运用,直至库水位降至 210 m 结束。洪水过程中若花园口断面流量小于 4 000 m³/s,凑泄花园口断面流量至 4 000 m³/s。总计三个水沙系列 12 个调控方案,各方案水沙特征见表 2-10。

2.4.2.2 对水库冲淤及出库泥沙组成的影响

由表 2-10 可见,三个水沙系列的现状方案,洪水开始与结束的库水位均控制在 225 m,按进出库平衡运用,由于蓄水体的存在,库区发生淤积,"96·8"洪水、"88·8"洪水和"82·8"洪水期库区分别淤积了 3.50 亿 t、4.56 亿 t 和 0.80 亿 t,水库的排沙比分别为 47%、49% 和 50%,淤积量较大,排沙比较低。

表2-10 典型洪水现状及不同风险方案小浪底水库风险调控计算结果

洪水类型	入库条件	方案	出库				水库					
			水量（亿m³）	沙量（亿t）	最大流量（m³/s）	最大含沙量（kg/m³）	库水位（m）	冲淤量（亿t）	发电量（亿kWh）	排沙比（%）	减淤量（亿t）	发电损失（亿kWh）
"96·8"	水量32.5亿m³，沙量6.54亿t，最大流量4 220m³/s，最大含沙量277 kg/m³	基本方案	32.4	3.04	5 078	104.9	225～225	3.50	4.77	47		
		一般风险	41.1	3.74	5 078	171.7	225～210	2.80	4.20	57	0.70	0.57
		较大风险	41.3	4.61	5 231	104.1	225～210	1.93	3.88	70	1.57	0.89
		大风险	38.9	3.29	3 872	92.7	225.9～221.4	3.25	4.15	50	0.25	0.62
"88·8"	水量62.2亿m³，沙量8.99亿t，最大流量5 050t，最大含沙量342 kg/m³	基本方案	62.2	4.43	5 650	124.2	225～225	4.56	7.60	49		
		一般风险	68.0	6.23	5 650	132.3	225～215.8	2.76	7.01	69	1.80	0.59
		较大风险	71.1	8.48	5 684	216.2	225～210.2	0.50	6.24	94	4.05	1.36
		大风险	56.7	4.45	3 826	91.5	225～230.3	4.53	7.43	50	0.03	0.17
"82·8"	水量24.9亿m³，沙量1.61亿t，最大流量4 598t，最大含沙量114 kg/m³	基本方案	25.1	0.80	6 350	44.4	225.3～225	0.80	2.49	50		
		一般风险	32.7	1.90	7 043	194.5	223.2～210	-0.30	2.29	119	1.10	0.19
		较大风险	32.3	1.19	6 729	128.2	223.7～210	0.42	2.33	74	0.39	0.16
		大风险	32.7	2.09	7 291	260.8	223.6～210	-0.48	2.27	130	1.28	0.21

注：减淤量大于零为减淤，发电损失大于零为发电减少。

"96·8"洪水和"88·8"洪水风险方案的水库运用方式基本一致。一般风险和大风险的水库淤积量较大,"96·8"洪水的淤积量分别为2.80亿t和3.25亿t,"88·8"洪水的淤积量分别为2.76亿t和4.53亿t;水库排沙比较低,"96·8"洪水只有57%、50%,"88·8"洪水只有69%、50%。而较大风险允许下游河道生产堤之间漫滩,控制花园口断面流量6 000 m³/s,因此洪水期间库水位能很快降到排沙水位210 m,即库水位维持在210 m的时间较长,出库沙量较大,从而使水库的淤积量最少,水库淤积量分别仅1.93亿t和0.50亿t,排沙比分别达到70%和94%。

"82·8"洪水一般风险方案和大风险方案在洪水过程中库水位不断降低,出库流量大,库区发生溯源冲刷,出库沙量大,因此库区净冲刷0.30亿t和0.48亿t,排沙比较高,分别为119%和130%;较大风险方案在洪水过程中水库发生库水位抬高,库水位降低到排沙水位210 m的时间较迟,210 m水位的持续时间较短,因此库区的淤积量较大,为0.42亿t,排沙比也较低,为74%。

由表2-11可见,各调控方案出库泥沙均以细沙为主;同时各风险方案的细沙排沙比最低81.6%、最高204.8%,均高于基本方案,说明风险方案有明显的"拦粗排细"作用。

表2-11 各方案出库分组沙组成及排沙比

水沙系列	方案	出库分组沙占全沙百分数(%)			分组沙排沙比(%)		
		细沙	中沙	粗沙	细沙	中沙	粗沙
"96·8"	现状方案	94.5	5.3	0.3	67.6	9.8	1.2
	一般风险	92.7	6.8	0.4	81.6	15.6	2.5
	较大风险	92.2	7.2	0.6	100.0	20.3	4.4
	大风险	94.1	5.6	0.3	72.8	11.3	1.4
"88·8"	现状方案	83.6	10.2	6.2	82.4	33.4	8.7
	一般风险	80.8	12.5	6.6	112.1	57.8	13.2
	较大风险	72.9	16.2	10.9	137.7	102.0	29.3
	大风险	83.0	10.6	6.4	82.3	34.9	9.1
"82·8"	现状方案	92.6	5.7	1.7	88.1	23.1	2.4
	一般风险	83.3	12.3	4.4	188.0	117.9	14.9
	较大风险	83.4	11.4	5.1	117.4	68.2	10.8
	大风险	82.8	12.7	4.5	204.8	132.9	16.7

2.4.2.3 基于减淤量与发电量损失关系的综合评价结果

库水位降低必然使发电量减小,而且当高含沙水库出库时中断发电将造成发电量进一步减小,因此由图2-10可见,各调控方案与基本方案相比的发电损失与减淤量基本成正比。

"82·8"洪水各调控方案发电损失比较稳定,随减淤量增加变化不大,故"82·8"洪水确定调控方案时主要考虑减淤效果,宜采用一般风险或大风险运用方案。

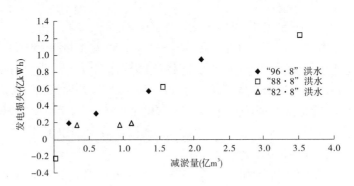

图 2-10　不同典型洪水水库发电损失和减淤量的关系

而"96·8"洪水和"88·8"洪水需要综合考虑。由表 2-12 可见,对于"96·8"洪水,每损失 1 亿 kWh 电,水库减淤 1.14 亿~2.39 亿 m^3;"88·8"洪水一般风险和较大风险:一般风险方案每损失 1 亿 kWh 电,水库减淤 2.53 亿 t,较大风险方案每损失 1 亿 kWh 电,水库减淤 2.87 亿 t,大风险方案由于将出库流量过程调匀,虽然基本方案相比发电量是增加的,但水库减淤很少,只有 0.02 亿 t,发电量增加不多,只有 0.23 亿 kWh;对于"82·8"洪水,每损失 1 亿 kWh 电,水库减淤 1.97 亿~5.87 亿 m^3。

表 2-12　单位发电损失的水库减淤量

洪水类型	减淤量(亿 m^3)			发电损失(亿 kWh)			减淤量/发电损失		
	一般风险	较大风险	大风险	一般风险	较大风险	大风险	一般风险	较大风险	大风险
"96·8"	0.61	1.36	0.22	0.31	0.57	0.19	1.96	2.39	1.14
"88·8"	1.57	3.53	0.02	0.62	1.23	-0.23	2.53	2.87	-0.10
"82·8"	0.96	0.34	1.12	0.17	0.17	0.19	5.63	1.97	5.87

单位发电损失水库减淤量(发电损失和水库减淤量比值)差别较大,"96·8"洪水最大的为较大风险,"88·8"洪水一般风险和较大风险都较大,"82·8"洪水一般风险和大风险的较大,因此这些方案是综合效益较好的水库调控方案。

2.4.3　降低冲刷水位引起的后期蓄水风险分析

小浪底水库若遇到合适的洪水进行泄空冲刷,最低冲刷水位由 220 m 降低到 210 m,水位的降低一方面增加了出库的沙量,减缓了水库库容损失,增大了防洪效益,但另一方面又增加了后期蓄不够水可能无法满足下游防断流要求的风险。因此,需要分析最低冲刷水位降低后的风险以及风险大小。

以黄河勘测规划设计有限公司在未来进入小浪底水库水沙条件研究的基础上提出的"1956~1995+1990~1999"共 50 年系列,作为小浪底水库未来的入库水沙条件。根据"八五"攻关项目《减缓黄河下游河道淤积措施》的研究,小浪底水库在入库流量 2 600~

3 000 m³/s 后,出库含沙量明显降低,排沙效果显著减弱,因此以洪水落水期出现该级流量作为冲刷结束即蓄水过程的起点。水库在降低库水位后,能否蓄水恢复至正常水位,取决于冲刷之后入库流量、水库发电需水以及下游生态、自净、主槽、景观、供水、灌溉等环境需水;下游月环境流量最大不超过 550 m³/s,小浪底水库发电流量为 1 000 m³/s;综合考虑取发电流量为洪水后的出库流量。

统计采用系列 50 年发生的洪水场次共 71 场,其中洪峰流量在 4 000 ~ 8 000 m³/s 的中常洪水 32 场;从降水冲刷至 220 m 和 210 m 两个方案,计算洪水过后直至每年汛末(10 月 31 日)的蓄水过程。结果表明,两个方案中,均有 2 场洪水过后的蓄水过程出现库水位低于冲刷水位的情况,也就是说,蓄水出现风险的概率均为 6.25%。同样计算如果小浪底水库按出库 550 m³/s(环境流量)泄放,上述两种方案均无后期蓄水风险。

2.5　汛限水位风险调度方案及风险分析

小浪底水库抬高汛限水位在增大水库发电效益和黄河下游用水保证率的同时,也增大了水库可能超过防洪最高限制水位 275 m 的防洪风险。下面计算分析了不同设计频率典型洪水过程中,汛限水位由现状 225 m 抬高到 228 m 的防洪风险。

选定潼关断面 33 型设计洪水,放大为 100 年一遇、500 年一遇和 1 000 年一遇三个重现期的洪水过程,作为三门峡水库的入库流量过程,经三门峡水库调节后,得到出库流量过程,以此流量过程作为小浪底水库的入库设计洪水流量过程,库容曲线为 2009 年汛前。

按照 2010 年黄河中下游防洪调度预案的小浪底水库运用方式进行调洪计算:

(1)当预报花园口流量大于 8 000 m³/s 且小于等于 10 000 m³/s 时,小浪底水库根据洪水预报,在洪水预见期内按控制花园口流量不大于 4 000 m³/s 预泄。洪水过程中,若入库流量不大于水库相应泄洪能力,原则上按进出库平衡方式运用;若入库流量大于水库相应泄洪能力,按敞泄滞洪运用。

(2)当预报花园口流量大于 10 000 m³/s 时,若预报小花间流量小于 9 000 m³/s,按控制花园口流量 10 000 m³/s 运用;当预报小花间流量大于等于 9 000 m³/s 时,按不大于 1 000 m³/s(发电流量)下泄。

(3)当预报花园口流量回落至 10 000 m³/s 以下时,按控制花园口流量不大于 10 000 m³/s 泄洪,直到小浪底库水位降至汛限水位。

计算结果为:100 年一遇、500 年一遇和 1 000 年一遇设计洪水时小浪底水库滞洪后的最高水位分别为 247.17 m、256.79 m 和 261.52 m。说明 1 000 年一遇设计洪水时小浪底水库的最高水位也没有超过防洪最高限制水位 275 m(见图 2-11)。

另外,还计算了风险运用汛限水位 228 m 和现状运用方案汛限水位 225 m 的发电量。结果显示,由于发电水头增加,汛限水位抬高至 228 m 比汛限水位 225 m,100 年一遇、500 年一遇和 1 000 年一遇设计洪水时发电量增加了 0.80 亿 kWh、0.88 亿 kWh 和 0.98 亿 kWh。

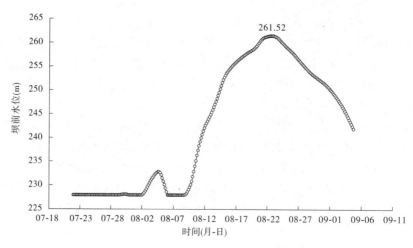

图 2-11　1 000 年一遇设计洪水小浪底库水位过程线

2.6 典型洪水适当抬高汛限水位与降低冲刷水位对冲淤和发电影响的综合分析

2.6.1 水沙条件

计算采用入库(三门峡站)水沙条件为1996年7~8月的逐日平均过程,共62 d,其中7月29日至8月15日为洪水期,历时18 d。表2-13为洪水前、洪水期和洪水后三个时段的水沙特征统计表,7~8月入库总水量为73.4亿m³,其中洪水前、洪水期和洪水后的水量分别为17.8亿m³、35.5亿m³和20.1亿m³;入库总沙量10.60亿t,其中洪水前、洪水期和洪水后的沙量分别为3.34亿t、6.76亿t和0.50亿t;洪水期的最大流量和最大含沙量分别为4 220 m³/s和514.7 kg/m³。

表 2-13　1996 年 7~8 月小浪底入库(三门峡站)水沙特征统计

时段 (月-日)	历时 (d)	入库水量 (亿 m³)	平均流量 (m³/s)	入库沙量 (亿 t)	平均含沙量 (kg/m³)	最大流量 (m³/s)	最大含沙量 (kg/m³)
洪水前(07-01~07-28)	28	17.8	737	3.34	187.3	2 240	413.0
洪水期(07-29~08-15)	18	35.5	2 281	6.76	190.6	4 220	514.7
洪水后(08-16~08-31)	16	20.1	1 454	0.50	24.9	1 990	54.8
07-01~08-31	62	73.4	1 370	10.60	144.4	4 220	514.7

表2-14为入库分组沙统计表,洪水期细沙、中沙和粗沙沙量分别为2.59亿t、1.88亿t和2.29亿t,占7~8月的相应分组沙的61%、60%和72%。洪水前和洪水期入库泥沙组成较粗,也相对均匀,细沙含量分别为40%和38%;洪水后的泥沙组成较细,细沙含量升高到72%。

表 2-14　入库分组沙统计

时段 （月-日）	沙量（亿 t）				各组沙占 7 ~ 8 月 总量的比例（%）				分组沙含量（%）			
	细沙	中沙	粗沙	合计	细沙	中沙	粗沙	合计	细沙	中沙	粗沙	合计
洪水前 （07-01 ~ 07-28）	1.32	1.19	0.82	3.33	31	38	26	31	40	36	24	100
洪水期 （07-29 ~ 08-15）	2.59	1.88	2.29	6.76	61	60	72	64	38	28	34	100
洪水后 （08-16 ~ 08-31）	0.36	0.06	0.08	0.50	8	2	2	5	72	13	15	100
07-01 ~ 08-31	4.27	3.13	3.19	10.60	100	100	100	100	40	30	30	100

2.6.2　计算方案

平水期抬高库水位能够增大发电量和提高供水的保证率,洪水期降低库水位运用可增大出库泥沙量,延缓水库淤积,增加水库有效库容。为此,共设置 1 个基本方案和 3 个风险方案。

基本方案:枯水期及 7 ~ 8 月库水位一直维持 225 m 不变。

风险方案:洪水前抬高库水位(水位抬高至 228 m、230 m 和 235 m 3 个方案);洪水来之前预泄,保证在洪水来临时将库水位降低到 210 m;洪水期库水位一直维持低水位 210 m 不变,利用洪水期的大流量冲刷库区的淤积物;洪水过后出库流量以 600 m³/s 下泄,保证下游用水,蓄水抬高库水位,同时库水位向 9 月 1 日后汛期汛限水位 248 m 过渡(见图 2-12)。

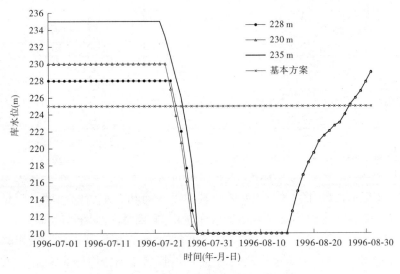

图 2-12　不同方案库水位变化过程线

2.6.3 计算结果分析

运用水文学数学模型和水动力学数学模型并行计算各方案的水库冲淤及发电情况。由表2-15可见,两套模型计算的各时段风险方案和基本方案淤积量、发电量差别不大,定性的变化特点也基本一致。

表2-15 "96·8"型洪水7~8月各方案水库淤积量和发电量统计

方案		水库淤积量(亿t)		发电量(亿kWh)
		水文学模型	水动力学模型	
洪水前	基本方案	2.63	2.77	3.71
	228 m	2.61	2.7	4.16
	230 m	2.67	2.78	4.27
	235 m	2.99	2.83	4.73
洪水期	基本方案	4.50	3.37	5.00
	228 m	1.11	0.84	4.19
	230 m	1.30	1.04	4.19
	235 m	0.90	0.71	4.20
洪水后	基本方案	0.38	0.37	3.91
	228 m	0.48	0.32	1.73
	230 m	0.48	0.31	1.59
	235 m	0.48	0.32	1.59
7~8月	基本方案	7.51	6.51	12.62
	228 m	4.19	3.86	10.08
	230 m	4.45	4.13	10.05
	235 m	4.37	3.86	10.52
与基本方案相比变化	228 m	-3.32	-2.65	-2.54
	230 m	-3.06	-2.38	-2.57
	235 m	-3.14	-2.65	-2.10

2.6.3.1 不同方案的水库淤积量

与基本方案相比,起始运用水位228 m、230 m和235 m风险方案7~8月水库总淤积量减少了3.32亿t、3.06亿t和3.14亿t,其中洪水前和洪水后的水库淤积量相差非常小,说明在平水期抬高水位不会显著增加水库淤积;主要是洪水期降低排沙水位减少淤积3.39亿t、3.20亿t和3.60亿t,显现了洪水期降低水位大幅度减少水库淤积的效果。

尽管风险方案在洪水期库水位较低,但水库的拦粗排细作用仍非常显著,洪水期出库的细沙含沙量由入库的38%提高到72%~73%,7~8月出库的细沙含沙量由入库的

40%提高到73% ~74%。

2.6.3.2 不同方案的发电量

从发电量计算结果看(见表2-15),洪水前风险方案库水位高,发电量也大,发电量较基本方案增大了12% ~27%;洪水期风险方案的水位比基本方案的低得多,加上有高含沙出库,发电量显著减少,减少了16%;洪水过后,风险方案需要一个水位逐步抬高的过程,其发电量仍比基本方案少。从7~8月的总量看,三个风险方案的发电量比基本方案偏少17% ~20%。

可见,水库在平水期适当抬高汛限水位、洪水期降低排沙水位,水库淤积量明显减小;同时进入下游的泥沙组成明显变细;但由于平水期抬高水位增加的发电量不足以抵消洪水期减少的发电量,从而使发电总量减少,大体上是每淤积1亿t泥沙发电量减少0.7亿~1.0亿kWh。从水库减淤的综合效益远大于发电的直接效益的评价角度出发,水库风险调控方案更为经济合理。

2.7 小 结

(1)小浪底水库近坝段60 km(HH35断面以下)范围内,大多是中值粒径小于0.025 mm的细颗粒泥沙,中常洪水期降低排沙水位,在三角洲洲面发生沿程或溯源冲刷,可以做到调整库区三角洲淤积物组成,达到水库拦粗排细、延长水库拦沙期使用寿命的目的。

(2)根据实测资料在分析小浪底水库运用以来水库调度、淤积形态变化、淤积物分布等的基础上,建立了小浪底水库排沙计算公式,并进行了2010年汛前调水调沙期间排沙验证。运用计算公式开展了地形条件分别为现状地形(2009年汛前地形)、预测的库区淤积32亿m³、42亿m³地形,洪水过程分别为中下游同时来水的"82·8"洪水、以中游高含沙洪水为主的"88·8"洪水和以下游来水为主的"96·8"洪水,水库运用水位分别为225 m、220 m、215 m、210 m、205 m等组合下的风险调度方案及风险分析计算,结果表明:

①在现状地形条件下,当库水位低于220 m时,库水位低于三角洲顶点,三角洲顶点附近发生沿程及溯源冲刷,排沙比增大趋势明显。随着库区运用水位的降低,库区冲刷量增大,减淤量增大。

②概化未来库区淤积32亿m³和42亿m³地形条件下计算表明,壅水排沙方式下,水库发生淤积,且壅水程度越高,排沙比越低,水库淤积量越大。不同类型洪水水沙条件对排沙效果有显著影响,"88·8"洪水排沙比最大,但淤积量也大;"82·8"洪水排沙比次之,淤积量较小;"96·8"排沙比最小,淤积量较大。敞泄排沙方式下,水位越低,排沙比越大,水库冲刷量也越大。不同类型洪水排沙效果不同,"82·8"洪水排沙比最大,冲刷量也较大;"88·8"洪水排沙比较大,冲刷量最大;"96·8"洪水排沙比和冲刷量最小。

壅水条件下随着蓄水量减少,粗、中、细各粒径组泥沙排沙比增大,细沙排沙比最大,中沙次之,粗沙最小。在蓄水量较大时细沙排沙比的增幅大于中沙和粗沙;但蓄水量低于一定值后,中沙和粗沙排沙比迅速增大,增幅明显大于细沙。对于"96·8"洪水和"82·8"洪水,当蓄水量在0.5亿m³时淤粗排细的效果较好;而对"88·8"洪水,当蓄水量在1亿m³时淤粗排细的效果较好;因此对于"88·8"型洪水要实现较好的淤粗排细效果需要的蓄水量要大于"96·8"型洪水和"82·8"型洪水。

（3）典型洪水期不同排沙水位风险调控方案计算结果表明,排沙水位的降低在减少水库淤积、增大进入下游细沙含量同时,会造成发电量减小;从相同量值水库减淤量和损失发电量比较,前者的综合效益远大于后者的角度出发,水库风险调控方案更为经济合理。多方案分析计算比较结果为:"96·8"型洪水宜采用较大风险方案,"88·8"型洪水宜采用一般风险和较大风险方案,"82·8"型洪水宜采用一般风险和大风险方案。

（4）以黄河勘测规划设计有限公司设计的"1956～1995＋1990～1999"共50年系列,作为小浪底水库未来的入库水沙条件,该系列中常洪水32场。计算排沙水位220 m和210 m两个方案调控下洪水过后直至每年的汛末（10月31日）的蓄水过程。结果表明,两个方案中,均有2场洪水过后的蓄水过程出现库水位低于冲刷水位的情况,即蓄水风险的概率均为6.25%。如果小浪底水库按出库550 m³/s（环境流量）泄放,上述两种方案均无蓄水风险。

（5）以33年洪水为典型分析计算了不同频率洪水过程抬高汛限水位的防洪风险。计算结果表明,小浪底水库汛限水位抬高至228 m后,发生1 000年一遇的设计洪水,水库的最高水位也没有超过防洪最高限制水位275 m。

（6）以1996年7～8月为典型流量过程,拟订基本方案（库水位一直维持225 m）和三个风险方案（平水期抬高库水位多发电,洪水期减低排沙水位多排沙）,综合分析适当抬高汛限水位和降低冲刷水位对冲淤和发电影响,得到如下认识:中常洪水期降低排沙水位,可有效增大水库排沙比,尤其是前期淤积在三角洲顶点附近的细颗粒泥沙通过沿程或溯源冲刷大量出库,起到了拦粗排细、延长水库拦沙期时间的作用,但对发电有一定影响;从相同量值水库减淤量和损失发电量比较,前者的综合效益远大于后者的角度出发,水库风险调控方案更为经济合理。

3 黄河下游单项指标风险调控方案及风险分析

3.1 黄河下游河道不同控制流量级及风险分析

小浪底水库初期运用阶段蓄水拦沙,相继实施了 12 次调水调沙,基本上按照下游长河道中过流能力最小河段的平滩流量控制水库下泄流量过程,以确保全下游滩区,包括生产堤至主槽间嫩滩的安全。由于下游各河段平滩流量差别较大,因此调水调沙过程中,许多河段流量未及平滩,未充分发挥水流平滩时冲刷或输沙效率最高的潜力,因而从整体考虑,全下游河道冲刷效率可能还有提高的余地。

如果改变调控流量级,增大水库下泄流量,一些河段将要平滩,冲淤效率应有所提高;一些河段将漫及嫩滩,在来水基本上为清水或低含沙的条件下,水流小漫滩是否能像高含沙水流大漫滩一样,有较好的淤滩增大平滩流量、刷槽增加冲淤效率的效果,是目前并不清楚的问题;进而从全下游角度综合考虑,增大调控流量级是否能进一步增大下游冲淤效率,更有待研究。

本部分工作主要研究小浪底水库拦沙期低含沙水流条件下调控不同流量量级,形成不发生大漫滩的洪水过程中、下游各河段主槽的冲刷和滩地的淤积规律,估算各部分量值,为进一步科学评价各流量级的调控效果提供依据。

3.1.1 典型边界选择

黄河下游河道在 20 世纪 80 年代后期以前一直维持着比较大的过流能力(见图 3-1),基本上在 3 000 m³/s 以上,同时各河段的一致性也比较好,大致保持着同步变化。其后河道发生萎缩,至 1999 年,小浪底水库运用前在 3 000 m³/s 左右。小浪底水库蓄水拦沙运用后,由于下泄流量较小,下游河道未发生普遍冲刷,上段冲刷,中、下段淤积;从 2002 年开始调水调沙后中、下段才开始冲刷,中、下段的平滩流量也开始增大,因此从分河段的平滩流量来说,2002 年汛前是下游平滩流量最小的时期,代表了已知的下游河道过流能力最不利的情况;随着调水调沙的持续进行,下游各河段平滩流量都在增加,但发展并不均衡,呈现出上下大、中间小的局面。截至 2009 年汛前,花园口、夹河滩、高村、孙口、艾山、泺口、利津流量分别为 6 500 m³/s、6 000 m³/s、5 000 m³/s、3 850 m³/s、3 900 m³/s、4 200 m³/s、4 300 m³/s,夹河滩以上河段已基本恢复到 1981 年水平,中、下段也恢复到 1991 年水平,这一状况已基本接近维持黄河下游健康生命的低限河道指标,可以用来近似表示未来河道过流能力状况。

3.1.2 不同控制流量级冲淤效果实测资料分析方法计算研究

本次主要以小浪底水库拦沙期河道的资料为主,三门峡水库运用期的资料为辅,研究

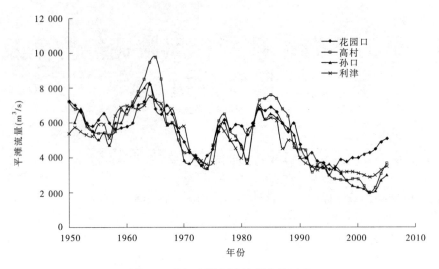

图 3-1　黄河下游平滩流量变化过程

黄河下游河道的冲淤效率变化规律。

3.1.2.1　小浪底水库拦沙运用期冲淤效率变化规律

1. 花园口以上河段

由图 3-2 花园口以上河段冲淤效率随流量和前期累计冲淤量的变化情况可见,首先当洪水期平均流量在 2 000 m³/s 以下时,冲淤效率随流量的增大而增大;而当流量大于 2 000 m³/s 以后,冲淤效率随流量的变化幅度明显减小,基本在 2 ~ 4 kg/m³。其次冲淤效率与前期累计冲淤量密切相关,随着累计冲刷量的增大,同流量条件下冲淤效率明显降低。

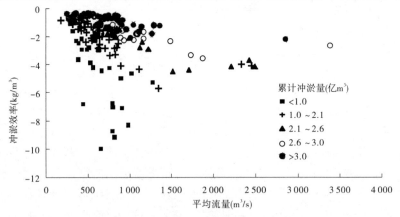

图 3-2　花园口以上河段冲淤效率随流量和前期累计冲淤量的变化

2. 花园口—高村河段

花园口—高村河段冲淤效率受流量和持续冲刷的影响仍比较明显(见图 3-3),在同样流量情况下,累计冲淤量越大,则河道的冲淤效率越小。另外,流量不同,冲淤效率的变化规律也不相同。当流量小于 2 000 m³/s 时,冲淤效率随流量的增大而增大;而当流量大于 2 000 m³/s 时,基本在 1 ~ 4 kg/m³。

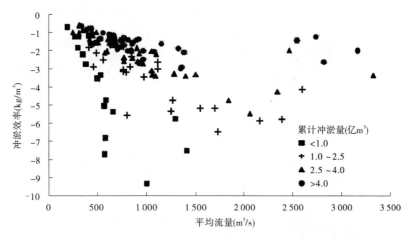

图 3-3 花园口—高村河段冲淤效率与各影响因素关系

3.高村—艾山河段

与高村以上河段相比,同样河道冲刷发展状态的影响也比较明显(见图3-4),同样洪水流量时,累计冲淤量小的洪水冲淤效率高于冲刷发展一定时间后累计冲淤量大的洪水。该河段冲刷量较小,还有较大的冲刷余地,因此累计冲淤量的影响幅度较花园口以上河段小。当流量大于 2 500 m³/s 以后,冲淤效率随着流量的增加,变化幅度明显减小。

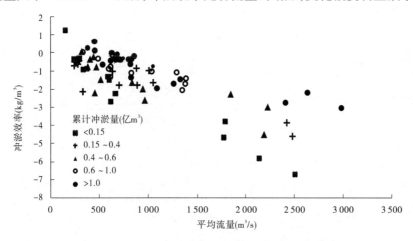

图 3-4 高村—艾山河段冲淤效率与各影响因素关系

4.艾山—利津河段

艾山—利津河段的冲淤规律较复杂(见图3-5)。当清水下泄时,下游河道冲刷自上往下发展,当冲刷发展到艾山—利津河段时,泥沙从沿程河床中得到补给,含沙量有所恢复,因此该河段不是单纯的冲刷,无法用累计冲淤量代表河道状况。该河段在小浪底水库清水冲刷期,最大冲淤效率约 4 kg/m³,最小冲淤效率约 2 kg/m³。

3.1.2.2 计算公式的建立及计算结果

采用多元回归分析方法,在小浪底水库拦沙运用初期资料的基础上,建立了花园口—

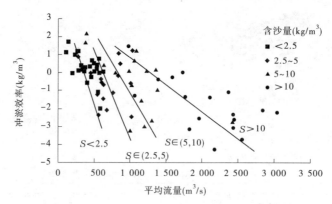

图 3-5 艾山—利津河段冲淤效率与各影响因素关系

艾山各河段冲淤效率的计算公式,详见表 3-1,资料范围见表 3-2。公式计算值与原型实际值的对比见图 3-6 ~ 图 3-8,可以看出,大部分点据都围绕在 45°线周围,公式可用于冲淤效率的估算。

表 3-1　典型河段冲淤效率计算公式

河段	公式	相关系数
花园口以上	$\Delta S = -0.005Q^{0.953}(-\Delta W_{s累计})^{-0.714}$	$R^2 = 0.83$
花园口—高村	$\Delta S = -0.008\,73Q^{0.884}(-\Delta W_{s累计})^{-0.425}$	$R^2 = 0.79$
高村—艾山	$\Delta S = -0.677 - 0.001\,85Q - 0.59\Delta W_{s累计}$	$R^2 = 0.77$

注:ΔS 为冲淤效率,kg/m^3;Q 为洪水期平均流量,m^3/s;$\Delta W_{s累计}$ 为前期累计冲淤量,亿 t。

表 3-2　各公式的资料范围

河段	资料范围
花园口以上	$\Delta S \in (-9.96, -0.3)$,$Q \in (176,2\,496)$,$\Delta W_{s累计} \in (-4.83, -0.04)$
花园口—高村	$\Delta S \in (-7.71, -0.6)$,$Q \in (190,2\,459)$,$\Delta W_{s累计} \in (-5.09, -0.23)$
高村—艾山	$\Delta S \in (-6.71,1.31)$,$Q \in (152,2\,497)$,$\Delta W_{s累计} \in (-2.87, -0.1)$

注:ΔS 为冲淤效率,kg/m^3;Q 为洪水期平均流量,m^3/s;$\Delta W_{s累计}$ 为前期累计冲淤量,亿 t。

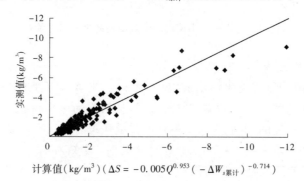

图 3-6　花园口以上河段冲淤效率计算值与实测值对比

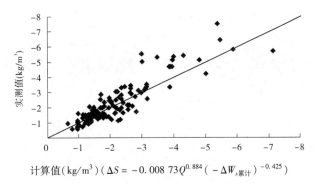

图 3-7　花园口—高村河段冲淤效率计算值与实测值对比

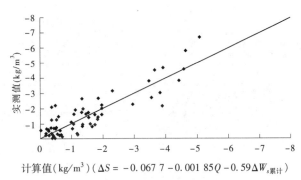

图 3-8　高村—艾山河段冲淤效率计算值与实测值对比

3.1.2.3　三门峡水库清水冲刷期冲淤效率研究

三门峡水库拦沙期 1960 年 9 月至 1964 年 10 月各河段冲淤效率变化规律如图 3-9 ～图 3-12 所示。整体来看,河道冲淤效率与小浪底水库拦沙期相似,均受流量和累计冲淤量的影响较大。

对比小浪底水库拦沙运用期和三门峡水库拦沙运用期的花园口以上、花园口—高村河段冲淤效率变化特点可以发现,小浪底水库拦沙期冲淤效率变化随累计冲淤量变化的幅度要大于三门峡水库拦沙期,反映出:①随着冲刷发展、冲刷历时的增长,冲淤效率衰减较快;②冲刷后期中大流量的冲淤效率较低。

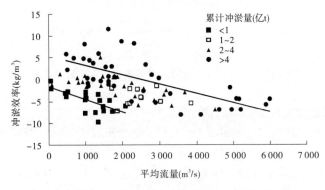

图 3-9　花园口以上河段冲淤效率与各影响因素关系

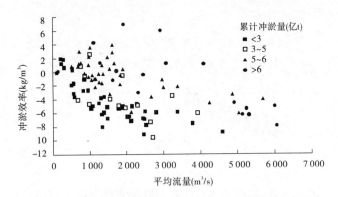

图 3-10　花园口—高村河段冲淤效率与各影响因素关系

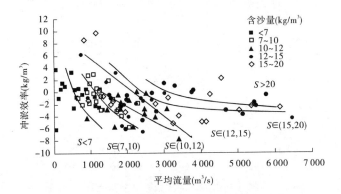

图 3-11　高村—艾山河段冲淤效率与各影响因素关系

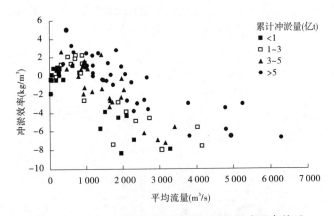

图 3-12　艾山—利津河段冲淤效率与各影响因素关系

3.1.2.4　不同量级洪水冲淤效率计算

根据水库拦沙运用期河道的冲淤效率计算公式和规律,得出 2002 年和 2009 年汛前地形条件下各典型流量级下的冲淤效率(见表 3-3 和表 3-4)。

从表中可以看出,2009 年汛前地形条件下,当流量小于 3 000 m³/s 时,不同河段的冲淤效率差别较小,仅花园口—高村河段略高些。但当流量大于 3 000 m³/s 时,高村以上河段的冲淤效率要明显大于高村以下河段。高村以上河段冲淤效率在 4 ~ 7.9 kg/m³,而高

村以下则在 $0 \sim 4.8 \ kg/m^3$。

表 3-3   2002 年地形条件下不同量级洪水各河段的冲淤效率 （单位：kg/m^3）

流量级（m^3/s）	花园口以上	花园口—高村	高村—艾山	艾山—利津
2 000	−5.1	−6.2	−4.4	−1.4 ~ −3.2
3 000	−5.2	−6.9	0 ~ −4.0	−3.4
4 000		−8.0		−5.3
5 000	−4.4 ~ −7.9	−9.0	0 ~ −4.8	−6.8
6 000		−10.0		−6.8 ~ −7.8

表 3-4   2009 年地形条件下不同量级洪水各河段的冲淤效率 （单位：kg/m^3）

流量级（m^3/s）	花园口以上	花园口—高村	高村—艾山	艾山—利津
2 000	−2.3	−3.4	−2.7	−1.4
3 000	−2.3	−3.4	−2.7	−2.2
4 000	−6.3	−4.0	0 ~ −4.8	−2.6
5 000	−4 ~ −7.9	−6.0	0 ~ −4.8	−3.0
6 000	−4 ~ −7.9	−7.6	0 ~ −4.8	−1.0 ~ −3.6

3.1.3   不同控制流量级河道冲淤效果数学模型计算方案分析

3.1.3.1   计算方案

为了研究小漫滩洪水不同流量过程下的滩槽冲淤情况，以 2002 年调水调沙实测水沙过程为基础，在保持总水量约 30 亿 m^3 不变的条件下，将小浪底水库下泄流量分别概化为 2 000 m^3/s、4 000 m^3/s 和 6 000 m^3/s 三个平头水流过程，下泄时间分别为 18 d、9 d 和 6 d，含沙量设置为零，即清水下泄。

3.1.3.2   水文学模型计算

1. 模型建立

黄河下游河道水文学模型是根据黄河下游特点对河床变形的三个基本方程进行简化和经验处理后得到的，主要包括六个部分：河床边界概化、沿程流量计算、滩槽水力学计算、滩地挟沙力计算、出口断面输沙率计算及滩槽冲淤变形计算。

1) 河床边界概化

黄河下游铁谢—花园口河段为由山区峡谷河流到平原冲积河流的过渡段，花园口—高村为游荡型河道，高村—艾山河段滩地较宽，滩槽由上而下收缩，主槽较高村以上窄深稳定，艾山—利津河段主槽又较艾山以上窄深稳定。据此，可将黄河下游河道分为铁谢—花园口、花园口—高村、高村—艾山和艾山—利津等 4 个河段，并根据黄河下游的断面形态特征对河道横断面进行概化，概化后的河床计算断面见图 3-13。

2) 沿程流量计算

当来水流量小于河段平滩流量时，出口断面流量等于进口断面流量扣除沿程引水，当

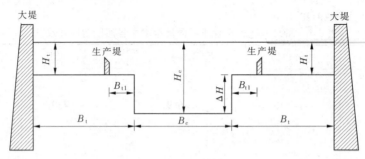

H_t—滩地水深;H_c—主槽水深;B_t—滩地宽度;B_c—主槽宽度;B_{t1}—生产堤内滩地宽度;ΔH—滩槽高差

图 3-13 河道计算断面概化图

来水流量大于平滩流量时,根据水流连续性方程,利用马斯京根法进行出口断面流量计算。

3)滩槽水力学计算

根据流量是否漫滩决定是否利用马斯京根法进行洪水演进。滩槽分流计算通过假设滩地水深,采用曼宁公式进行滩槽流量计算,然后与总流量进行对比,期间不断调整滩地水深,直到滩槽流量之和与总流量接近。黄河下游河道具有藕节状的外形,收缩段与扩散段相间分布,水流在节点出口扩散入滩,在下一个收缩段归槽,一般滩槽交换一次河长在20 km 左右。采用漫滩洪水实测资料分析各河段主槽含沙量与入滩水流含沙量之比,以确定滩槽输沙分配。

4)滩地挟沙力计算

经过漫滩淤积后,由滩地返回主槽的水流含沙量直接采用黄河干支流挟沙力公式 $S = 0.22 \left[V_n^3 / (g H_t \omega) \right]^{0.76}$ 计算。其中,V_n 为滩地流速,H_t 为滩地水深,ω 为滩地泥沙平均沉速。由此求得滩地返回主槽的输沙率。

5)出口断面输沙率计算

根据黄河下游历年实测资料,得到本站主槽输沙率和本站流量、上站含沙量、小于0.05 mm 颗粒泥沙含量百分比以及前期累计冲淤量之间的关系式,据此可求得出口断面的主槽输沙率与全断面输沙率。

6)滩槽冲淤变形计算

根据进出口断面的输沙率可求得河段的主槽和滩地总冲淤量,将其平铺在整个主槽和滩地上可得主槽和滩地的冲淤厚度。滩槽冲淤变形后,形成新的断面,利用新的滩槽高差计算得到下一时段的河段平滩流量。

2. 模型验证

利用模型对 2002 年和 2009 年的水沙过程进行验证,2002 年调水调沙起止时间为 7 月 4~17 日,历时 13 d,总水量约 30 亿 m^3,总输沙约 0.365 亿 t。2009 年调水调沙日期为 6 月 18 日至 7 月 5 日,历时 18 d,水量约 45 亿 m^3,基本为清水。

验证结果见表 3-5。2002 年艾山—利津河段模型计算和实测值有所偏差,但根据2002 年沙量平衡法计算结果,艾山—利津河段的冲淤量为 -0.079 亿 t,计算值与此比较接近,因此认为模型的验证结果可信。

表 3-5 2002 年和 2009 年调水调沙实测值和计算值 （单位：亿 t）

年份	河段	小浪底—花园口	花园口—高村	高村—艾山	艾山—利津	全下游
2002	实测	− 0.136	− 0.099	− 0.102	− 0.197	− 0.534
	计算	− 0.177	− 0.097	− 0.112	− 0.073	− 0.459
2009	实测	− 0.093	− 0.101	− 0.114	− 0.079	− 0.387
	计算	− 0.107	− 0.112	− 0.093	− 0.073	− 0.385

3. 方案计算

分别以 2002 年和 2009 年地形为基础计算各河段及全下游的冲淤情况，见表 3-6 和表 3-7。

表 3-6 2002 年地形概化洪水过程冲淤量 （单位：亿 t）

方案	部位	小浪底—花园口	花园口—高村	高村—艾山	艾山—利津	全下游
$Q = 2\,000 \text{ m}^3/\text{s}$	滩地	0	0	0	0	0
	主槽	− 0.210	− 0.083	− 0.022	− 0.014	− 0.329
	全断面	− 0.210	− 0.083	− 0.022	− 0.014	− 0.329
$Q = 4\,000 \text{ m}^3/\text{s}$	滩地	0	0.021	0.012	0.001	0.034
	主槽	− 0.270	− 0.140	− 0.057	− 0.050	− 0.517
	全断面	− 0.270	− 0.119	− 0.045	− 0.049	− 0.483
$Q = 6\,000 \text{ m}^3/\text{s}$	滩地	− 0.001	0.078	0.021	0.003	0.101
	主槽	− 0.306	− 0.160	− 0.077	− 0.072	− 0.615
	全断面	− 0.307	− 0.082	− 0.056	− 0.069	− 0.514

注："−"表示冲刷。

表 3-7 2009 年地形概化洪水过程冲淤量 （单位：亿 t）

方案	部位	小浪底—花园口	花园口—高村	高村—艾山	艾山—利津	总冲淤
$Q = 2\,000 \text{ m}^3/\text{s}$	滩地	0	0	0	0	0
	主槽	− 0.164	− 0.069	− 0.032	− 0.012	− 0.277
	全断面	− 0.164	− 0.069	− 0.032	− 0.012	− 0.277
$Q = 4\,000 \text{ m}^3/\text{s}$	滩地	0	0	0	0	0
	主槽	− 0.211	− 0.116	− 0.060	− 0.044	− 0.431
	全断面	− 0.211	− 0.116	− 0.060	− 0.044	− 0.431
$Q = 6\,000 \text{ m}^3/\text{s}$	滩地	0	0.001	0.008	0.001	0.010
	主槽	− 0.245	− 0.154	− 0.088	− 0.076	− 0.563
	全断面	− 0.245	− 0.153	− 0.080	− 0.075	− 0.553

注："−"表示冲刷。

在相同的地形基础上,随着流量级的增加,主槽冲刷量和全断面冲刷量均增加,说明在相同的水量下,流量过程越集中,其冲刷效果越好。无论是2002年还是2009年,冲刷都主要集中在高村以上,尤其是小浪底—花园口河段。

对于不同的地形,从全下游来看,2002年的主槽冲刷量均高于2009年。从各河段来看,在流量为2 000 m³/s各河段均不发生漫滩的情况下,2009年高村以上河段的冲刷量显著小于2002年,而高村以下河段二者相差不大。当流量为4 000 m³/s时,2002年和2009年小浪底—花园口河段都不发生漫滩,2002年该河段的冲刷量大于2009年;花园口—高村河段在2002年发生漫滩,即便如此,其冲刷量仍大于2009年不漫滩时的冲刷量;高村以下河段二者差别不大。当流量为6 000 m³/s时,小浪底—花园口河段2002年发生漫滩,2009年未漫滩,但其2002年的冲刷量大于2009年;花园口—高村河段在2002年和2009年均发生漫滩,其2002年的冲刷量大于2009年;高村以下河段二者差别不大。说明随着累计冲淤量的增加,2009年全下游的冲刷能力较2002年有所减小,主要表现在高村以上河段,而高村以下河段仍具有一定的冲刷潜力。

3.1.3.3 水动力学模型计算

1. 模型建立

黄河下游一维非恒定流水沙演进数学模型吸收了国内外最新的建模思路和理论,对模型设计进行了标准化设计,注重了泥沙成果的集成,引入最新的悬移质挟沙级配理论等研究成果,通过对已有一维模型的调研,在继承优势模块和水沙关键问题处理方法等的基础上,增加了近年来黄河基础研究的最新成果。

该模型建立后,利用2006年黄河下游调水调沙资料对水流泥沙模块中的参数进行较为详细的率定,利用已建立的模型对黄河下游历史洪水"82·8"、"96·8"及2007年、2008年、2009年、2010年的实际调水调沙进行了跟踪计算,同时对黄河下游长系列2002年7月1日至2008年6月30日期间洪水演进及河道冲淤进行了验证计算,结果表明,该模型能较好地模拟水沙演进及河床冲淤变化过程。

2. 方案计算

同样以小浪底下泄流量分别为2 000 m³/s、4 000 m³/s和6 000 m³/s三个恒定过程,在2002年和2009年地形基础上计算清水下泄方案,计算各河段及全下游的冲淤情况,见表3-8和表3-9。

表3-8　2002年地形概化洪水过程冲淤量　（单位:亿 t）

方案	部位	小浪底—花园口	花园口—高村	高村—艾山	艾山—利津	全下游
Q = 2 000 m³/s	滩地	0	0.009	0.008	0.002	0.019
	主槽	−0.143	−0.121	−0.085	−0.052	−0.401
	全断面	−0.143	−0.112	−0.077	−0.050	−0.382
Q = 4 000 m³/s	滩地	0.002	0.026	0.013	0.018	0.059
	主槽	−0.177	−0.162	−0.079	−0.089	−0.507
	全断面	−0.175	−0.136	−0.066	−0.071	−0.448

方案	部位	小浪底—花园口	花园口—高村	高村—艾山	艾山—利津	全下游
$Q = 6\ 000\ \mathrm{m^3/s}$	滩地	0.008	0.033	0.023	0.029	0.093
	主槽	−0.180	−0.170	−0.095	−0.103	−0.548
	全断面	−0.172	−0.137	−0.072	−0.074	−0.456

注:" − "表示冲刷。

表 3-9　2009 年地形概化洪水过程冲淤量　　（单位:亿 t）

方案	部位	小浪底—花园口	花园口—高村	高村—艾山	艾山—利津	全下游
$Q = 2\ 000\ \mathrm{m^3/s}$	滩地	0	0	0	0	0
	主槽	−0.074	−0.098	−0.126	−0.054	−0.351
	全断面	−0.074	−0.098	−0.126	−0.054	−0.351
$Q = 4\ 000\ \mathrm{m^3/s}$	滩地	0	0.002	0.007	0.008	0.018
	主槽	−0.097	−0.120	−0.153	−0.072	−0.441
	全断面	−0.097	−0.118	−0.145	−0.063	−0.423
$Q = 6\ 000\ \mathrm{m^3/s}$	滩地	0	0.011	0.014	0.014	0.038
	主槽	−0.110	−0.125	−0.137	−0.114	−0.486
	全断面	−0.110	−0.115	−0.124	−0.100	−0.448

注:" − "表示冲刷。

从全下游的冲刷来看,2009 年地形基础上的总冲刷量明显小于 2002 年。从各河段来看,2009 年高村以上河段冲刷量比 2002 年降低最多,而高村以下河段还有所增加。水动力学模型计算结果和水文学模型计算结果一致,都表明在持续冲刷作用下,下游河道的冲刷能力有所减小,且主要表现在高村以上河段,高村—利津河段仍具有一定的冲刷潜力。

3.1.4　不同控制流量级滩地淹没风险

从以上分析可以看到,随着流量过程的集中和流量级的增加,黄河下游冲刷量也随之增大,对减轻黄河下游的淤积十分有利。但由于黄河下游各河段的平滩流量不同,历年的调水调沙需要考虑瓶颈河段的限制,小浪底水库下泄流量均以最小平滩流量控制,一方面避免了淹没损失,另一方面也阻碍了冲刷效益最大化的实现。因此,黄河下游存在这样一组矛盾:增加下泄流量、提高冲刷量、增大平滩流量和造成滩地淹没损失之间的矛盾。如何能求得一个最佳流量,使冲刷量和平滩流量增加引起的正效益与滩地淹没损失引起的负效益之差达到最大,是当前黄河下游治理所面临的新任务。依据实测资料计算出在2002 年和 2009 年汛前地形基础上,花园口—利津河段不同流量的滩地淹没面积和范围见图 3-14 ~ 图 3-16。

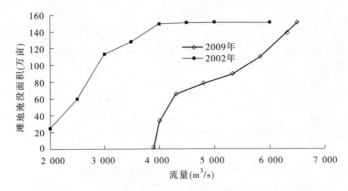

图 3-14　不同地形条件下滩地淹没面积随流量变化

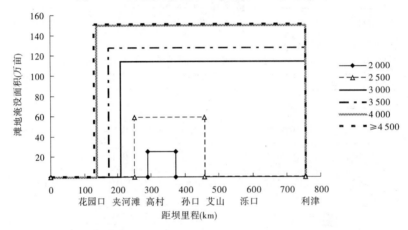

图 3-15　2002 年地形条件下不同流量(m^3/s)滩地淹没面积和范围

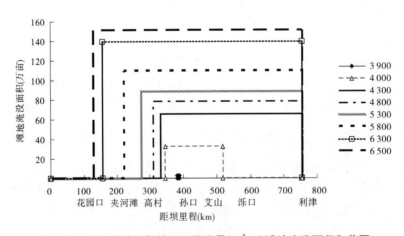

图 3-16　2009 年地形条件下不同流量(m^3/s)滩地淹没面积和范围

由图 3-15 可见,若在 2002 年地形基础上,随着流量的增大,滩地淹没面积不断增大,直到流量增大为 4 000 m^3/s 时,花园口以下滩地全部被淹没,其面积为 150 万亩。若在 2009 年地形基础上,同样随着流量的增大,滩地淹没面积不断增大,但流量为 4 000 m^3/s

时仅在彭楼断面附近有少量滩地被淹没,淹没面积为 32.5 万亩;当流量增大为 6 500 m³/s时,花园口以下滩地全部受淹,面积为 150 万亩。

3.2 黄河下游河道不同量级洪水控制含沙量级及风险分析

黄河下游河道的洪水冲淤具有"多来、多排、多淤"的特点,而多排沙需要的水量较大,需要小浪底水库泄放较多的水量。如何实现淤积程度小和输沙用水少两种需求的协调,是本节研究的主要目的。

3.2.1 洪水期分河段冲淤效率计算方法

大量的研究表明,洪水期黄河下游河道的冲淤调整是与洪水流量、含沙量及来沙组成密切相关的(见图 3-17),相同含沙量条件下平均流量大的冲淤效率小(即淤积少);当洪水的平均流量在 2 000 ~ 5 000 m³/s 范围内时,洪水流量级大小的影响相对较小。相同含沙量条件下细沙含量对冲淤效率也有一定影响,但影响程度较流量小(见图 3-18)。

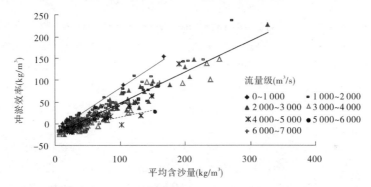

图 3-17 洪水冲淤效率随平均含沙量的变化

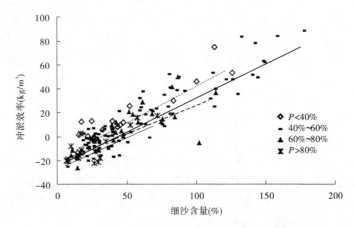

图 3-18 不同细沙含量对全沙冲淤效率的影响

为此,选取平均含沙量 S、平均流量 Q 和细颗粒泥沙含量 P 为主要因子,同时将洪水

历时 T 也作为影响因子,将黄河下游分为花园口以上、花园口—高村、高村—艾山和艾山—利津 4 个河段来建立冲淤关系式。

花园口以上河道宽浅游荡,河道流势平缓,具有"多来、多排、多淤"的输沙特性,且泥沙淤积严重,是下游泥沙淤积的最主要河段。花园口以上河段的冲淤效率与来沙条件关系为

$$dS_{s-h} = \frac{35.9 S_{shw}^{0.65}}{Q_{shw}^{0.35} P_{shw}^{0.55} T^{0.1}} - 25 \tag{3-1}$$

式中:脚标 s-h 指三门峡—花园口河段;脚标 shw 指三门峡、黑石关和武陟(或小董)三站之和;dS 为冲淤效率;S、Q、P 和 T 分别为脚标所指站的平均含沙量、平均流量、粒径小于 0.025 mm 的泥沙比例(P 以小数计,下同)和洪水历时,如 S_{shw} 为三站平均含沙量。

花园口—高村河段亦为游荡型河道,河道较宽浅,亦具有"多来、多排、多淤"的输沙特性;随来水来沙变化呈现大淤大冲调整,具有明显的调沙作用,也是泥沙淤积的主要河段。河段冲淤强度与水沙因子的关系式为

$$dS_{h-g} = 3.53 \frac{S_{hyk}^{1.62}}{Q_{hyk}^{0.83} P_{hyk}^{0.4}} + 16.93 \frac{S_{hyk}^{0.82}}{Q_{hyk}^{0.41} P_{hyk}^{0.2} T^{0.05}} - 13.5 \tag{3-2}$$

式中:脚标 h-g 指花园口—高村河段;脚标 hyk 指花园口站;其他参数含义同前。

高村—艾山河段主要是(高村—陶城铺段)游荡型河道向弯曲型河道之间的过渡型河道,尾段(陶城铺—艾山段)为弯曲型河道。该段河道河槽较稳定,具有"多来、多排、少淤"的输沙特性。进入该河段的水沙经高村以上宽河道的调整,已相对和谐,因此泥沙在河段的落淤明显较前两个河段小。河段的冲淤强度与进口高村站的水沙因子关系为

$$dS_{g-a} = 2 \frac{S_{gc}^{0.58} T^{(S/Q-0.015)}}{(Q_{gc}/B)^{0.35} P_{gc}^{0.36}} - 15 \tag{3-3}$$

式中:脚标 g-a 指高村—艾山河段;脚标 gc 指高村站。

艾山—利津河段是河势比较归顺稳定的弯曲型河段,具有"多来、多排"的输沙特性。由于堤距及河槽较窄,比降平缓,在冲淤量相同时,该河段的河床升降幅度要比高村以上河段大得多。艾山—利津河段的冲淤不完全取决于来自流域的水沙条件,还与艾山以上河段的河床调整有关。河段具有"大水冲、小水淤"的基本特性,受流量的影响较明显,大流量的冲刷作用非常显著,"涨冲落淤"基本规律表现明显。洪水期河段冲淤强度与水沙因子关系为

$$dS_{a-l} = 3 S_{as}^{0.48} - 0.013 Q^{0.8} - 3 T^{0.25} - 6 P_{as}^{0.08} + 2.5 \tag{3-4}$$

式中:脚标 a-l 指艾山—利津河段;脚标 as 指艾山站。

全下游河道(水沙条件为三门峡(或小浪底)黑石关和武陟(或)三站之和):

$$dS_{s-l} = (0.00032S - 0.00002Q + 0.65)S - 0.004Q - 0.2P - 10 \tag{3-5}$$

式中:脚标 s-l 指三门峡—利津河段。

式(3-1)~式(3-5)的适用范围为:平均含沙量 40~300 kg/m³、平均流量 2 000~7 000 m³/s,若外延,则会出现不同程度的偏差。

3.2.2　高效输沙洪水特征

图 3-19 表明了黄河下游洪水期不同来沙条件下输沙水量与排沙比的变化关系,可以

看到在高含沙量条件下排沙比和输沙水量都相对高于低含沙量条件。同时重要的一点是,含沙量相同条件下输沙水量与排沙比成反比关系,即随着排沙比的增大,输沙水量逐渐减小。

利用排沙比等于80%和输沙水量等于25 m³/s的两条线,可以把图3-19划分为4个区域:区域 I 为低效区,落在该区域内的洪水不仅排沙比不高,且输沙水量大;区域 II 为高排沙区,落在该区域内的洪水具有很高的排沙比,但输沙水量也很大;区域 III 为低耗水区,落在该区域内的洪水的输沙水量较小,但是排沙比也较小;区域 IV 为高效输沙区,落在该区域内的洪水不仅具有较高的排沙比,同时输沙水量也较小,满足高效输沙的要求。因此,落在区域 IV 内的洪水正是我们所要寻找的高效输沙洪水。

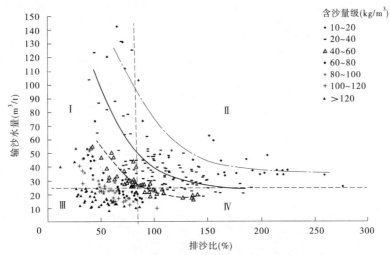

图 3-19　不同含沙量级洪水的输沙水量与排沙比的关系

挑选出区域 IV 内 20 场高效输沙洪水,其平均含沙量均大于 40 kg/m³,90% 的高效输沙洪水的含沙量为 40 ~ 80 kg/m³,50% 的洪水的平均流量为 2 000 ~ 4 000 m³/s。可见,洪水平均流量为 2 000 ~ 4 000 m³/s、平均含沙量为 40 ~ 80 kg/m³ 是高效输沙洪水的主要流量和含沙量范围。研究成果与已有成果基本一致,但给定的水沙范围更为缩小。

3.2.3　适宜含沙量计算

以黄河下游历次洪水的平均情况作为适宜的排沙控制指标(冲淤量、淤积比和输沙水量),用淤积比控制含沙量的上限、输沙水量控制含沙量的下限,提出下游的适宜的淤积控制指标见表3-10。

表 3-10　不同流量级条件下的淤积控制指标

流量级 (m³/s)	淤积比ξ(%)					输沙水量 $W_{输}$(m³/t)
	花园口以上	花园口—高村	高村—艾山	艾山—利津	全下游	
4 000	12	8	3	2	22	22
6 000	11	7	3	2	22	20

依据冲淤与水沙关系的计算公式,进行不同方案下河段的冲淤计算。计算方案概化为 2 个流量级:4 000 m^3/s、6 000 m^3/s,7 个含沙量级:40 kg/m^3、100 kg/m^3、150 kg/m^3、200 kg/m^3、250 kg/m^3、300 kg/m^3、350 kg/m^3。计算中进入下游的水量设定为 50 亿 m^3,因此各流量级的洪水历时不同,沙量则随着含沙量级的增加而增加。沿程各河段的流量损失按 1%计,全下游流量损失共 4%。根据实测资料洪水期泥沙组成,随含沙量的变化情况给定不同含沙量条件下的细沙含量,结果见表 3-11、表 3-12。

表 3-11　流量级 4 000 m^3/s 条件下下游分河段计算结果

进入下游		三门峡—花园口		花园口—高村		高村—艾山		艾山—利津		全下游		
S_{pj}	W_s	dW_s	ξ	dW_s	ξ	dW_s	ξ	dW_s	ξ	dW_s	ξ	$W_{输}$
40	2.0	−0.195	−9.7	0.041	1.9	−0.176	−8.2	0.023	1.0	−0.307	−15.3	21.7
100	5.0	0.903	18.1	0.661	16.1	0.029	0.8	0.210	6.2	1.803	36.1	15.6
150	7.5	1.754	23.4	1.268	22.1	0.211	4.7	0.340	8.0	3.573	47.6	12.7
200	10.0	2.526	25.3	1.941	26.0	0.381	6.9	0.460	8.9	5.308	53.1	10.7
250	12.5	3.197	25.6	2.677	28.8	0.538	8.1	0.574	9.4	6.986	55.9	9.1
300	15.0	3.780	25.2	3.472	30.9	0.685	8.8	0.684	9.7	8.621	57.5	7.8
350	17.5	4.321	24.7	4.321	32.8	0.826	9.3	0.785	9.8	10.253	58.6	6.9

注:S_{pj} 为平均含沙量,kg/m^3;W_s 为沙量,亿 t;dW_s 为冲淤量,亿 t,正为淤积,负为冲刷;ξ 为淤积比(%),正为淤积,负为冲刷;$W_{输}$ 为输沙水量,m^3/t。

表 3-12　流量级 6 000 m^3/s 条件下下游分河段计算结果

进入下游		三门峡—花园口		花园口—高村		高村—艾山		艾山—利津		全下游		
S_{pj}	W_s	dW_s	ξ	dW_s	ξ	dW_s	ξ	dW_s	ξ	dW_s	ξ	$W_{输}$
40	2.0	−0.297	−14.8	−0.046	−2	−0.22	−9.4	−0.085	−3.3	−0.648	−32.4	18.9
100	5.0	0.695	13.9	0.491	11.4	−0.028	−0.7	0.125	3.2	1.283	25.7	13.5
150	7.5	1.464	19.5	1.006	16.7	0.142	2.8	0.272	5.6	2.884	38.5	10.8
200	10.0	2.162	21.6	1.569	20.0	0.299	4.8	0.408	6.8	4.438	44.4	9.0
250	12.5	2.769	22.1	2.175	22.4	0.444	5.9	0.537	7.5	5.924	47.4	7.6
300	15.0	3.295	22.0	2.821	24.1	0.577	6.5	0.66	8.0	7.354	49.0	6.5
350	17.5	3.784	21.6	3.505	25.6	0.704	6.9	0.776	8.2	8.769	50.1	5.7

注:S_{pj} 为平均含沙量,kg/m^3;W_s 为沙量,亿 t;dW_s 为冲淤量,亿 t,正为淤积,负为冲刷;ξ 为淤积比(%),正为淤积,负为冲刷;$W_{输}$ 为输沙水量,m^3/t。

3.2.3.1　淤积比

根据计算结果可得到各流量级的河段淤积比与进入下游的平均含沙量的关系，图 3-20 为洪水期平均流量为 4 000 m³/s 时的关系图。由图 3-20 可见，随着平均含沙量的增加，下游各河段及全下游的淤积比均增加，但增加的幅度不断减小。计算得到的不同淤积比条件下所对应的含沙量见表 3-13。按照表 3-10 中的淤积控制指标，得出各流量级的适宜含沙量见表 3-14。

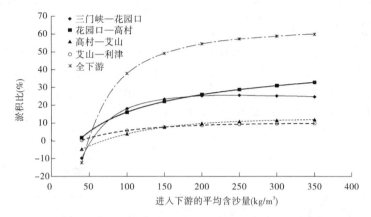

图 3-20　4 000 m³/s 下游各河段淤积比与进入下游平均含沙量的关系

表 3-13　黄河下游不同流量级洪水各河段不同淤积比所对应的含沙量计算结果

流量级 (m³/s)	全下游		花园口以上		花园口—高村		高村—艾山		艾山—利津	
	$S(kg/m^3)$	$\xi(\%)$	$S(kg/m^3)$	$\xi(\%)$	$S(kg/m^3)$	$\xi(\%)$	$S(kg/m^3)$	$\xi(\%)$	$S(kg/m^3)$	$\xi(\%)$
4 000	74.6	25	86.4	15	67.8	10	111.4	5	73.2	4
	70.4	22	76.7	12	63.7	9	100.7	4	62.2	3
	67.9	20	73.9	11	59.8	8	91.2	3	52.8	2
	65.5	18	71.4	10	56.1	7	82.6	2	44.5	1
	62.1	15	69.0	9	52.7	6	74.8	1	37.2	0
6 000	94.8	25	106.0	15	90.6	10	142.3	5	118.1	4
	88.9	22	91.6	12	84.5	9	125.9	4	101.7	3
	85.5	20	87.8	11	79.0	8	112.3	3	88.5	2
	82.3	18	84.4	10	73.8	7	100.8	2	77.5	1
	77.9	15	81.2	9	69.1	6	90.6	1	68.1	0

注: S 为进入下游的平均含沙量，ξ 为河段淤积比。

表 3-14　不同流量级洪水满足淤积控制指标的含沙量　　　　　　（单位:kg/m³）

流量级（m³/s）	满足淤积比要求					满足输沙水量要求
	花园口以上	花园口—高村	高村—艾山	艾山—利津	全下游	
4 000	76.7	59.8	91.2	52.8	70.4	41
6 000	87.8	73.8	112.3	88.5	88.9	35

3.2.3.2　输沙水量

由图 3-21（实测洪水期输沙水量与平均含沙量及流量的关系）可以看出,在相同流量条件下,随着含沙量的增加,输沙水量不断减小,减小的幅度也不断减小,即随着含沙量的增加,增加相同的含沙量时减小的输沙水量变小。利用前述公式计算得到的输沙水量与含沙量的关系（见图 3-22）与实测的规律基本一致。

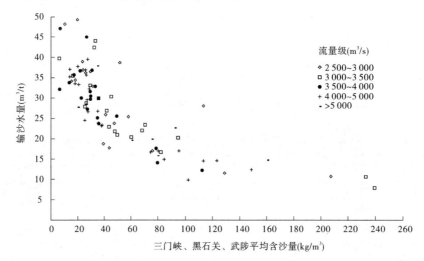

图 3-21　洪水期输沙水量与平均含沙量及流量的关系（实测）

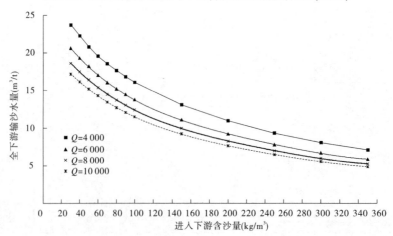

图 3-22　不同流量级条件下的输沙水量与含沙量关系（计算）

根据表 3-10 得出满足输沙水量要求的适宜含沙量,见表 3-14,4 000 m³/s 和 6 000 m³/s 流量下满足输沙水量要求的适宜含沙量分别为 41 kg/m³ 和 35 kg/m³。

根据满足全下游输沙水量要求的含沙量为适宜含沙量的下限,满足各河段和全下游淤积比要求的含沙量为适宜含沙量的上限的原则,确定适宜含沙量的范围为:当发生 4 000 m³/s 和 6 000 m³/s 量级洪水时的适宜含沙量分别为 41 ~ 53 kg/m³ 和 35 ~ 74 kg/m³。

随着流量级的增加,进入下游的适宜含沙量的范围扩大,说明大流量的输沙能力强,其适宜的含沙量范围较宽。当进入下游的平均含沙量在适宜含沙量范围内,随着含沙量的增加,一方面下游的输沙水量不断减小,另一方面淤积比不断增加,但均满足输沙水量和淤积比要求。在这种情况下,应选取同时满足两个要求的含沙量的上限作为最优含沙量,以达到在满足淤积比的条件下,以小的输沙水量输送到下游河道的泥沙量最大的目的。因此,发生 4 000 m³/s 和 6 000 m³/s 量级洪水的最优含沙量(同时满足输沙水量条件和河道淤积比条件)分别为 53 kg/m³ 和 74 kg/m³。

3.2.4 高含沙中小洪水调度及对下游冲淤影响研究

为了研究高含沙中小洪水小浪底水库运用方式,不同排沙水位条件下水库淤积和下游冲淤的表现,选取"92·8"、"94·8"和"98·7"三场洪水作为典型高含沙中小洪水。各场洪水的平均含沙量分别为 245 kg/m³、199 kg/m³ 和 161 kg/m³,平均流量分别为 2 686 m³/s、2 565 m³/s 和 1 858 m³/s。考虑相同时段内伊洛河和沁河加水,三场洪水的平均含沙量为 233 kg/m³、192 kg/m³ 和 135 kg/m³,平均流量增加为 2 819 m³/s、2 653 m³/s 和 2 225 m³/s。

为了对比相同流量级下较低含沙量洪水在不同排沙水位条件下排沙及下游冲淤情况,将"92·8"洪水的含沙量分别乘以系数 0.41、0.25 和 0.125,得到出库平均含沙量分别为 100 kg/m³、61 kg/m³ 和 30 kg/m³ 的三场不同含沙量级洪水,平均流量不变。

上述 6 个类型洪水水沙条件下,水库不同排沙水位下的排沙效果及下游冲淤效果见表 3-15 和表 3-16。

计算结果表明,随着水库排沙水位的降低,全沙排沙比不断增大(见图 3-23);随着全沙排沙比的增加,细沙排沙比明显增大,中、粗沙,尤其粗沙排沙比增幅不大(见图 3-24),水库具有显著的淤粗排细的效果。随着排沙水位降低,出库泥沙中、细沙占全沙的比例有所降低,但降低幅度不大,出库泥沙仍以细颗粒泥沙为主(见图 3-25)。

当"92·8"洪水排沙水位从 225 m 降低到 210 m 时,全沙排沙比从 25.08% 提高到 88.37%,出库沙量从 1.424 亿 t 增加到 5.016 亿 t,出库沙量增加 3.592 亿 t;其中,细颗粒泥沙排沙比从 46.5% 提高到 145.5%,细沙量从 1.242 亿 t 增加到 3.889 亿 t,增加了 2.647 亿 t,为多出库全沙量的 73%;中颗粒泥沙排沙比从 8.4% 提高到 45.6%,中沙量从 0.136 亿 t 增加到 0.737 亿 t,增加了 0.601 亿 t,为多出库全沙量的 16.7%;粗沙排沙比仅从 3.3% 提高到 28.1%,粗沙量从 0.046 亿 t 增加到 0.390 亿 t,增加了 0.344 亿 t,仅为多出库全沙量的 9.6%。当排沙水位从 225 m 降低到 210 m 时,出库沙量中细沙比例虽然有所降低,但降低幅度很小,从 87.2% 降低到 77.5%;粗颗粒泥沙占比例略有提高,但仍然很小,仅为 7.8%。其他几场典型洪水情况均如此。

表3-15 不同类型高含沙中小洪水不同排沙水位水库出库沙量和下游冲淤量统计

洪水类型	入库沙量（亿t）	小浪底水库				出库分组沙量（亿t）			进入下游		冲淤量（亿t）			
		排沙水位（m）	排沙比（%）	出库沙量（亿t）	细沙比例（%）	细	中	粗	平均流量（m³/s）	平均含沙量（kg/m³）	细	中	粗	全沙
"92·8"	5.676	225	25.08	1.424	87.2	1.242	0.136	0.046	2 819	58.6	0.384	-0.025	-0.003	0.356
		220	34.88	1.979	85.8	1.698	0.207	0.074	2 819	81.4	0.586	0.024	0.021	0.631
		215	70.93	4.026	80.3	3.231	0.538	0.257	2 819	165.4	1.262	0.254	0.172	1.688
		210	88.37	5.016	77.5	3.889	0.737	0.390	2 819	206.0	1.552	0.393	0.282	2.227
		205	106.09	6.021	74.8	4.502	0.965	0.554	2 819	247.3	1.822	0.552	0.418	2.792
"94·8"	5.730	225	23.25	1.332	87.6	1.167	0.126	0.039	2 653	44.7	0.315	-0.059	-0.018	0.238
		220	33.18	1.901	86.2	1.639	0.198	0.064	2 653	63.8	0.523	-0.009	0.003	0.517
		215	68.15	3.904	81.0	3.163	0.518	0.223	2 653	131.1	1.195	0.214	0.135	1.544
		210	85.25	4.885	78.4	3.831	0.713	0.341	2 653	163.9	1.490	0.349	0.232	2.071
		205	102.55	5.876	75.8	4.455	0.935	0.486	2 653	197.2	1.765	0.504	0.352	2.621
"98·7"	3.617	225	16.71	0.605	87.8	0.531	0.053	0.021	2 225	22.9	0.053	-0.096	-0.028	-0.071
		220	26.39	0.954	86.5	0.825	0.094	0.035	2 225	35.9	0.183	-0.067	-0.016	0.100
		215	67.77	2.452	79.7	1.954	0.328	0.170	2 225	91.5	0.681	0.095	0.096	0.872
		210	88.23	3.192	76.3	2.434	0.478	0.280	2 225	119.0	0.893	0.200	0.186	1.279
		205	108.97	3.942	72.8	2.869	0.653	0.420	2 225	146.9	1.085	0.322	0.302	1.709

表 3-16 "92·8"型高含沙洪水含沙量同比减小后不同排沙水位水库出库沙量和下游冲淤量统计

洪水类型	入库沙量 (亿t)	排沙水位 (m)	排沙比 (%)	出库沙量 (亿t)	细沙比例 (%)	出库分组沙量 (亿t) 细	中	粗	平均流量 (m³/s)	平均含沙量 (kg/m³)	冲淤量 (亿t) 细	中	粗	全沙
"92·8" 含沙量×0.41	2.327	225	24.04	0.559	0.874	0.489	0.053	0.018	2 819	23.1	0.052	-0.083	-0.026	-0.057
		220	33.05	0.769	0.861	0.662	0.079	0.028	2 819	31.7	0.128	-0.065	-0.018	0.045
		215	74.00	1.722	0.798	1.374	0.234	0.114	2 819	70.8	0.442	0.043	0.054	0.539
		210	97.69	2.273	0.761	1.730	0.350	0.194	2 819	93.4	0.599	0.123	0.119	0.841
		205	121.21	2.821	0.724	2.042	0.484	0.294	2 819	115.9	0.737	0.217	0.203	1.157
"92·8" 含沙量×0.25	1.419	225	23.78	0.337	0.874	0.295	0.032	0.011	2 819	14.0	-0.033	-0.098	-0.032	-0.163
		220	32.58	0.462	0.861	0.398	0.047	0.017	2 819	19.1	0.012	-0.087	-0.027	-0.102
		215	78.20	1.110	0.791	0.878	0.154	0.077	2 819	45.7	0.224	-0.013	0.023	0.234
		210	106.84	1.516	0.747	1.132	0.244	0.140	2 819	62.4	0.336	0.050	0.075	0.461
		205	134.74	1.912	0.703	1.344	0.347	0.221	2 819	78.6	0.429	0.122	0.142	0.693
"92·8" 含沙量×0.125	0.709	225	23.57	0.167	0.874	0.146	0.016	0.005	2 819	7.0	-0.099	-0.109	-0.037	-0.245
		220	32.23	0.229	0.862	0.197	0.023	0.008	2 819	9.5	-0.077	-0.104	-0.034	-0.215
		215	87.25	0.619	0.777	0.481	0.090	0.048	2 819	25.5	0.049	-0.057	-0.002	-0.010
		210	125.08	0.887	0.718	0.637	0.155	0.095	2 819	36.5	0.118	-0.012	0.038	0.144
		205	160.81	1.141	0.662	0.755	0.230	0.156	2 819	47.0	0.170	0.040	0.088	0.298

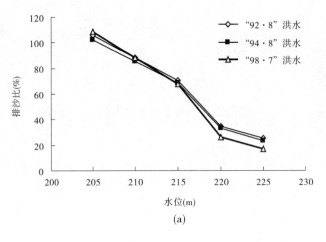

(a)

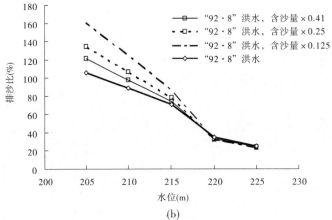

(b)

图 3-23　不同洪水、不同水位下排沙效果

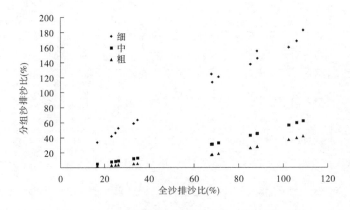

图 3-24　水库分组沙排沙比与全沙排沙比关系

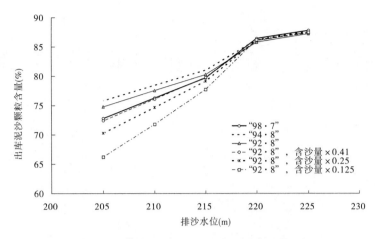

图 3-25　不同类型洪水出库泥沙细颗粒含量与排沙水位关系

另外,图 3-23 还表明在相同流量级下("92·8"系列洪水),含沙量越低,水库排沙比越高。

为了分析多排沙对下游河道的冲淤影响,将其他排沙水位条件下的水库排沙和下游冲淤情况与排沙水位为 225 m 条件下进行对比,对比结果见表 3-17。计算结果显示,随着水库排沙水位降低、出库泥沙量的增加(出库水量不变),下游河道的淤积量也相应增大(或冲刷量减小),见图 3-26。但由于多出库沙量中主要为细颗粒泥沙,占到 70% 以上,下游淤积量的增加也以细颗粒泥沙为主。

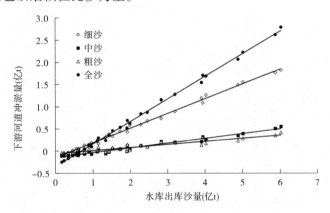

图 3-26　下游全沙和分组沙冲淤量与水库排沙量的关系

例如,当"92·8"洪水排沙水位从 225 m 降低到 210 m 时,出库沙量从 1.424 亿 t 增加到 5.016 亿 t,出库沙量增加了 3.592 亿 t。下游河道的淤积量从 0.356 亿 t 增加到 2.226 亿 t,淤积量增加了 1.870 亿 t,占出库沙量增加值的 52%。细沙淤积量从 0.384 亿 t 增加到 1.552 亿 t,增加了 1.168 亿 t,占全沙多淤积量的 62%;中沙淤积量从微冲 0.025 亿 t 转为淤积 0.393 亿 t,淤积量增加了 0.418 亿 t,占全沙多淤积量的 22%;粗沙多淤积了 0.285 亿 t,仅占全沙多淤积量的 15%。

表3-17　不同类型洪水各排沙水位与225 m排沙水位相比排沙和下游多淤积（或少冲刷）量统计

洪水类型	排沙水位（m）	多出库沙量（亿t）				细沙比例（%）	多淤积（或少冲刷）量（亿t）				多排沙量的淤积比（%）	后期可带走（亿t）	年度调节后多淤积量（亿t）	年度调节后多排沙量淤积比（%）
		全沙	细	中	粗		全沙	细	中	粗				
"92·8"含沙量×0.41	220	0.209	0.173	0.026	0.010	82.78	0.076	0.018	0.008	0.102	49.2	0.080	0.023	11.2
	215	1.162	0.885	0.181	0.096	76.16	0.390	0.126	0.080	0.596	51.3	0.427	0.169	14.6
	210	1.714	1.241	0.297	0.176	72.40	0.547	0.207	0.146	0.900	52.5	0.617	0.283	16.5
	205	2.261	1.554	0.431	0.276	68.73	0.685	0.300	0.229	1.214	53.7	0.797	0.417	18.5
"92·8"含沙量×0.25	220	0.125	0.103	0.016	0.006	82.40	0.046	0.011	0.005	0.062	49.2	0.048	0.014	11.1
	215	0.773	0.583	0.123	0.067	75.42	0.257	0.085	0.055	0.397	51.5	0.283	0.115	14.9
	210	1.179	0.837	0.212	0.130	70.99	0.369	0.148	0.107	0.624	52.9	0.421	0.203	17.3
	205	1.575	1.049	0.316	0.210	66.60	0.463	0.220	0.174	0.857	54.4	0.548	0.308	19.6
"92·8"含沙量×0.125	220	0.062	0.051	0.008	0.003	82.26	0.022	0.005	0.002	0.029	49.1	0.023	0.007	11.1
	215	0.452	0.335	0.075	0.042	74.12	0.148	0.052	0.035	0.235	51.9	0.164	0.071	15.6
	210	0.720	0.491	0.139	0.090	68.19	0.217	0.097	0.075	0.389	53.9	0.253	0.135	18.7
	205	0.974	0.609	0.214	0.151	62.53	0.269	0.149	0.125	0.543	55.7	0.331	0.211	21.7
"92·8"	220	0.557	0.457	0.071	0.029	82.05	0.201	0.049	0.024	0.274	49.3	0.211	0.064	11.4
	215	2.603	1.990	0.402	0.211	76.45	0.877	0.279	0.175	1.331	51.2	0.957	0.375	14.4
	210	3.593	2.648	0.601	0.344	73.70	1.168	0.418	0.285	1.871	52.1	1.302	0.569	15.8
	205	4.598	3.261	0.829	0.508	70.92	1.438	0.577	0.421	2.436	53.0	1.640	0.795	17.3
"94·8"	220	0.570	0.472	0.072	0.026	82.81	0.208	0.050	0.021	0.279	49.1	0.217	0.062	10.9
	215	2.573	1.996	0.392	0.185	77.57	0.880	0.273	0.153	1.306	50.8	0.956	0.350	13.6
	210	3.553	2.664	0.587	0.302	74.98	1.175	0.408	0.250	1.833	51.6	1.302	0.531	14.9
	205	4.544	3.288	0.809	0.447	72.36	1.450	0.563	0.370	2.383	52.4	1.643	0.740	16.3
"98·7"	220	0.350	0.294	0.041	0.015	84.00	0.130	0.029	0.012	0.171	48.7	0.134	0.037	10.5
	215	1.847	1.423	0.275	0.149	77.04	0.628	0.191	0.124	0.943	51.0	0.679	0.263	14.2
	210	2.587	1.904	0.424	0.259	73.60	0.839	0.295	0.214	1.348	52.2	0.933	0.416	16.1
	205	3.337	2.338	0.600	0.399	70.06	1.031	0.417	0.330	1.778	53.3	1.179	0.600	18.0

由此可见,随着排沙水位的降低,水库排沙比增加,进入下游河道的泥沙量增加,在下游河道产生的淤积量也增大。但是,由于多排沙量中细沙占到70%以上,多淤积量以细沙为主,粗沙较少。

对以往的场次洪水冲淤分析研究表明,细沙的冲淤表现与细沙的含沙量关系密切,随着细沙含沙量的增加,细沙在下游河道中也是发生淤积的(见图3-27)。

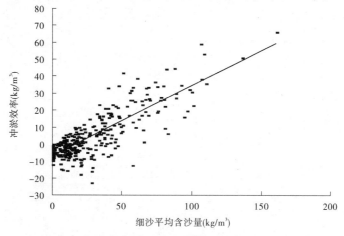

图3-27　场次洪水细沙的冲淤效率与细沙含沙量关系

已有研究表明,黄河下游河道床沙组成中,较粗沙和特粗沙占80%左右,中沙约占10%,细沙极少,也就是说,造成黄河下游河道淤积的主要是粒径大于0.025 mm的中、粗沙。为什么细沙在场次洪水过程中,随着其含沙量的增加也会发生淤积,而床沙中却很少呢?

初步分析表明,在场次洪水过程中,由于细沙也存在挟沙力的问题,当细沙的含沙量超过其挟沙力后,细沙就会发生淤积。但是,一方面,在平水期水库处于蓄水拦沙状态,以下泄清水为主;另一方面,由于细沙很容易被水流冲刷带走,中沙也能够被部分冲刷带走。因此,在清水下泄条件下,细沙和中沙将作为平水期清水水流的泥沙补给源,被冲刷带走(见图3-28)。

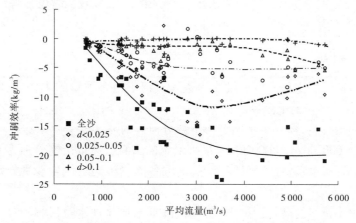

图3-28　黄河下游低含沙洪水期分组泥沙冲淤效率与平均流量关系

由此,我们可以假定场次洪水下游淤积的泥沙中,90%的细沙和60%的中沙在高含沙洪水的后续阶段将被水流冲刷带走,洪水过程中淤积的泥沙量与后续将被冲刷带走的泥沙量的差值作为该洪水在下游河道中产生影响的淤积量,见表3-17。不同排沙水位条件下与225 m条件对比,随着多进入下游的泥沙量的增加,下游河道多淤积量也增加,但考虑后续的冲刷后,在下游河道产生的多淤积量显著减小,见图3-29。从表3-17可以看出,经过后续清水水流的冲刷调整,高含沙中小洪水在下游河道中的淤积比不超过20%。

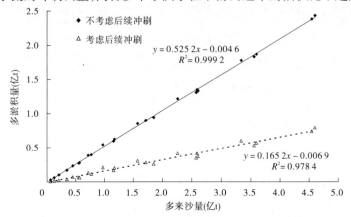

图 3-29   下游河道多淤积量与多来沙量的关系

综上所述,对于高含沙中小量级的洪水,降低水库排沙水位时可以显著增大出库沙量。虽然在洪水过程中下游河道将发生较大淤积,但考虑淤积物中细颗粒泥沙比例最大,其次为中颗粒泥沙,在后续水库下泄清水过程中,可以将绝大部分细颗粒泥沙和部分中颗粒泥沙冲刷带走。因此,从全年时段来看,水库排泄的泥沙在下游河道中产生的淤积量并不大。

因此,对于中小量级高含沙洪水,可以通过降低水库排沙水位、提高水库排沙比实现减少水库淤积的效果。在降低排沙水位时排入下游河道的泥沙量增加,场次洪水过程中在下游河道中产生的淤积量也增大。但由于水库具有淤粗排细的作用,使得进入下游的泥沙较天然情况下显著变细,水库多排沙量中细颗粒泥沙占主体,下游淤积量中也是以细沙为主。由于细沙很容易被后续的清水水流冲刷带走,故从较长时段来讲,在下游河道中产生的淤积量并不大。

3.2.5   主要认识

(1)选取河道淤积比和输沙水量作为进入黄河下游含沙量的主要控制指标,其中淤积比指标为适宜含沙量的上限控制指标,输沙水量为其下限控制指标。

(2)依据实测资料,建立洪水期黄河下游分河段的冲淤效率计算公式,结合含沙量控制指标计算出4 000 m^3/s、6 000 m^3/s 量级洪水的适宜含沙量范围分别为41~53 kg/m^3和35~74 kg/m^3;从水库多排沙角度考虑,选取各流量级的最优含沙量分别为53 kg/m^3和74 kg/m^3。

(3)对于中小量级的高含沙洪水:①通过降低水库排沙水位,提高水库排沙比,达到减少水库淤积的效果;②在降低排沙水位时排入下游河道的泥沙量增加,场次洪水过程中在下游河道中产生的淤积量将会增大;③在后续水库下泄清水过程中,可以将洪水过程中淤积的绝大部分细沙和部分中沙冲刷带走,即从全年时段来看,在下游河道中产生的淤积量并不大。

3.3 黄河下游漫滩洪水淤滩刷槽效果及风险分析

大漫滩洪水是黄河下游河道演变中重要的一部分,在长时期河道淤积抬高的过程中,通过大漫滩洪水淤高滩地来实现滩槽同步抬高,维持一定的河槽过流能力,保证行洪的安全。

3.3.1 漫滩洪水水沙交换规律

3.3.1.1 滩槽水沙交换模式

黄河下游河道为主槽与滩地组成的复式断面,在平面上有宽窄相间的藕节状外形,收缩段与开阔段交替出现,开阔段有宽广的滩地,滩地面积占河道面积的84%左右。当洪水漫滩后,在滩槽水流交换过程中也产生泥沙交换,对滩槽冲淤变化有着重大作用。滩槽水流泥沙横向交换一般通过以下三个途径:

(1)涨水时,由于两岸阻力较大,河心的水面高于两岸水面,形成由河心流向两岸的水流,把一部分泥沙自主槽搬上滩地。

(2)由于滩面上有串沟、汊河,水流漫滩后,主槽的泥沙通过串沟、汊河送至滩地。

(3)由于河道宽窄相间,当水流从窄段进入宽段时,一部分水流由主槽分入滩地,滩地水浅流缓,进入滩地的泥沙在滩地大量淤积;而当水流从宽段进入下一个窄段时,来自滩地的较清水流与主槽水流发生混掺,使进入下一河段的水流含沙量相对降低,主槽发生冲刷。由于这种水流泥沙的不断交换,全断面含沙量虽然沿程衰减,但造成了滩淤槽冲,影响距离可达几百千米。

具体到现状河道边界条件下漫滩水沙的交换过程可分为两种交换模式(见图3-30):①长条形滩区(二滩)交换模式,二滩一般具有接近矩形的外形,滩槽水沙交换长度一般相当三处同岸控导工程的河道长度,约为20 km;②三角形滩区(嫩滩)交换模式。嫩滩水流流速较大,滩槽水沙交换频繁,同岸控导工程河道长度范围内(即左右岸两个三角形滩区),即可完成一次完整的滩槽水沙交换过程,滩槽水沙交换长度约10 km。

3.3.1.2 上滩泥沙变化规律

洪水漫滩后,滩地阻力较大,糙率一般在0.03~0.04,而主槽阻力较小,糙率甚至小于0.01,据"96·8"洪水实测资料,主槽、嫩滩、滩地综合糙率分别为0.01、0.02和0.06;同时滩地水深小;二者共同造成滩地流速较低。1982年和1996年两场大漫滩洪水期间高村的实测流速表明,主槽平均流速一般在2~3 m/s,而滩地平均流速在0.3 m/s以下,因此漫滩水流的挟沙力非常低。

分别计算漫滩洪水过程中滩槽的水流挟沙力,采用张瑞瑾的挟沙力计算公式:

$$S_* = 0.22\left(\frac{v^3}{gH\omega}\right)^{0.76} \tag{3-6}$$

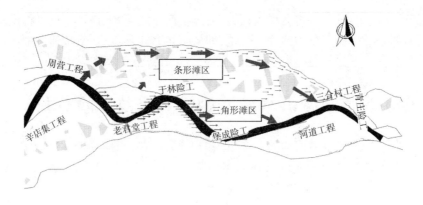

图 3-30 滩槽水沙交换模式

根据实测流量成果分别计算滩槽的平均流速 $v(\text{m/s})$、水深 $H(\text{m})$。悬沙平均沉速 $\omega = 0.000\ 25\ \text{m/s}$，主槽采用清水斯托克斯公式(式(3-7))和沙玉清浑水公式(式(3-8))：

$$\omega_0 = \frac{1}{18} \frac{\gamma_s - \gamma}{\gamma} \frac{g D_{50}^2}{\nu} \tag{3-7}$$

$$\frac{\omega}{\omega_0} = \left(1 - \frac{S_V}{2\sqrt{D_{50}}}\right)^m \tag{3-8}$$

式中：γ、γ_s 分别为清水、浑水容重；S_V 为体积含沙量；D_{50} 为悬沙中值粒径，mm；ν 为黏滞系数；m 为指数，取为 3。

由图 3-31 可见，在同一个测次时(相同全断面流量)，滩地挟沙力只有 $0.2 \sim 5.7$ kg/m^3，因此上滩泥沙绝大部分淤积下来。此时主槽的挟沙力在 $19.1 \sim 152.8\ \text{kg/m}^3$，远高于滩地的挟沙力。若来水含沙量低，则主槽发生冲刷；若来水含沙量高，则仍发生淤积，而当卸去泥沙荷载的漫滩水流退入主槽后，又会增大主槽水流的挟沙力，起到增进冲刷或减少淤积的作用。

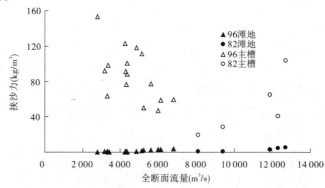

图 3-31 高村水文站断面同时间滩槽平均水深对比

由模型试验资料中上滩水流含沙量的衰减过程可见(见图 3-32 和图 3-33)，上滩泥沙在滩地运行中大量淤积。三角形滩区(嫩滩)刚入滩含沙量与主槽基本一致，但当水流在滩面运行 4 km 时，无论漫滩流量大小，含沙量衰减幅度最大，基本达到 35% 左右，之后衰减率变化不大，入主槽时含沙量基本保持在入滩时含沙量的 40% 左右。二滩入滩水流含

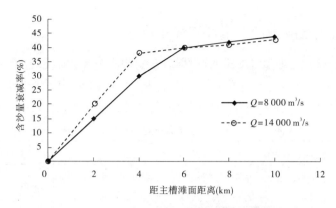

图 3-32　三角形滩区(嫩滩)含沙量沿程衰减情况

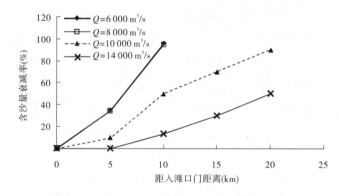

图 3-33　条形滩区(二滩)含沙量沿程衰减情况

沙量的衰减率与洪峰流量有关,洪峰流量越小,入滩水量也越小,其含沙量衰减就越快;洪峰流量越大,入滩水量也越多,水流在滩面运行距离就越长,同等距离条件下,含沙量的衰减率就越小。试验资料显示最大衰减率接近 100%。

　　同时,由图 3-34 试验中滩地各部位悬沙级配变化也可看出,刚出槽的泥沙中值粒径为 0.023 mm,4 km 处泥沙中值粒径就细化为 0.017 mm,说明泥沙漫滩后分选作用较强。

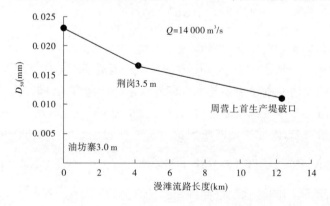

图 3-34　条形滩区(二滩)泥沙沿程级配

3.3.2 大漫滩洪水滩槽冲淤量计算演变建立

由表3-18黄河下游典型漫滩洪水具体情况可见,在这12场漫滩洪水中,除含沙量分别为97.7 kg/m³和126.4 kg/m³的两场洪水主槽发生淤积外,其他场次都出现淤滩刷槽。以下分析主要以主槽发生冲刷的洪水为主,研究淤滩刷槽的规律。

表3-18 黄河下游河道漫滩洪水滩槽冲淤量

日期 (年-月-日)	花园口					花园口—利津冲淤量(亿t)		
	洪峰流量 (m³/s)	水量 (亿m³)	沙量 (亿t)	含沙量 (kg/m³)	平均来沙系数 (kg·s/m⁶)	主槽	滩地	全断面
1953-07-26~08-14	10 700	68.0	3.01	44.2	0.011	−3.00	3.03	0.03
1953-08-15~09-01	11 700	45.8	5.79	126.4	0.043	1.49	1.03	2.52
1954-08-02~08-25	15 000	123.2	5.90	47.9	0.010	−2.08	4.90	2.82
1954-08-28~09-09	12 300	64.7	6.32	97.7	0.017			
1957-07-12~08-04	13 000	90.2	4.66	51.7	0.012	−4.33	5.27	0.94
1958-07-13~07-23	22 300	73.3	5.60	76.5	0.010	−8.60	10.69	2.09
1975-09-29~10-05	7 580	37.7	1.48	39.4	0.006	−2.68	3.39	0.71
1976-08-25~09-06	9 210	80.8	2.86	35.4	0.005	−1.06	2.81	1.75
1982-07-30~08-09	15 300	61.1	1.99	32.6	0.005	−2.27	2.56	0.29
1988-08-11~08-26	7 000	65.1	5.00	76.7	0.016	−1.30	1.53	0.23
1996-08-03~08-15	7 860	44.6	3.39	76.0	0.019	−1.61	4.45	2.84
2002-07-04~07-15	3 170	27.5	0.36	13.5	0.005	−0.766	0.564	−0.202

大漫滩洪水中滩地的淤积量与上滩水量和含沙量以及洪水的漫滩程度密切相关,因此以这三个因素为主,利用实测资料建立计算黄河下游滩地淤积量的经验关系式:

$$C_{sn} = 0.103 W_0^{0.25} S^{0.4} \left(\frac{Q_{\max}}{Q_0}\right)^{1.13} \tag{3-9}$$

式中:C_{sn}为滩地淤积量,亿t;S为含沙量,kg/m³;W_0为大于平滩流量的水量,亿m³;$Q_{\max}/Q_0$为漫滩系数,反映漫滩程度,其中$Q_{\max}$为洪峰流量,m³/s,Q_0为平滩流量,m³/s。

大漫滩洪水的主槽冲刷量主要与洪水期的水量和沙量有关,同时由前述分析可知,漫滩洪水上滩水流搬运泥沙淤积在滩地后较低含沙水流回归主槽,增加主槽水流的冲刷能力。存在淤滩刷槽关系,因此滩地的淤积量对主槽冲刷量也有一定的影响。为反映这一影响因素,将滩地淤积因子用式(3-9)中的$W_0^{0.25} S^{0.4} \left(\frac{Q_{\max}}{Q_0}\right)^{1.13}$表示,综合洪水的水沙量和滩地淤积这三个因子,回归得到主槽冲刷量的计算公式:

$$C_{sp} = -0.054 - 0.003W + 0.248W_s - 0.103 W_0^{0.25} S^{0.4} \left(\frac{Q_{\max}}{Q_0}\right)^{1.13} \tag{3-10}$$

式中:C_{sp} 为主槽冲刷量,亿 t;W 为洪水期水量,亿 m^3;W_s 为洪水期沙量,亿 t。

　　式(3-9)和式(3-10)的实测值与计算值对比如图 3-35 和图 3-36 所示。可以看出,计算值与实测值比较相差较小,两个公式均能较好地计算主槽冲刷量与滩地淤积量。

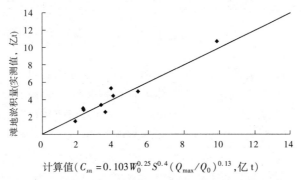

计算值($C_{sn} = 0.103 W_0^{0.25} S^{0.4} (Q_{max}/Q_0)^{0.13}$,亿 t)

图 3-35　滩地淤积量计算式(3-9)实测值与计算值对比

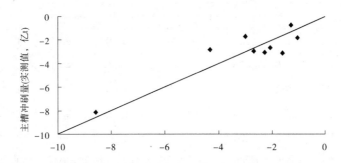

计算值($C_{sp} = -0.054 - 0.003 W + 0.248 W_s - 0.103 W_0^{0.25} S^{0.4} (Q_{max}/Q_0)^{1.13}$,亿 t)

图 3-36　主槽冲刷量计算式(3-10)实测值与计算值对比

　　为了分析这种非高含沙量漫滩洪水淤滩刷槽效果,以 1982 年洪水为例,假定漫滩系数不断变化,利用式(3-9)和式(3-10)计算出滩地淤积量和主槽冲刷量的变化示意图,如图 3-37 所示。可以看出,随着漫滩系数的增大,滩地淤积量和主槽冲刷量都在不断地增大,当漫滩系数从 2 增大到 4 时,滩地淤积量增加了 3.58 亿 t,主槽冲刷量增加了 3.35 亿 t。可见,在一定漫滩系数范围内,当洪水水沙量和历时相差不大时,漫滩程度越大,淤滩刷槽效果越好。

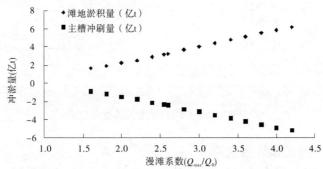

图 3-37　"82·8"型洪水不同漫滩程度下滩槽冲淤量变化

3.3.3 实体模型试验成果分析

3.3.3.1 试验河段及边界、水沙条件

模型试验选择黄河下游滩区最宽的夹河滩—高村(约72 km)河段。模型平面比尺为1 200,垂直比尺为75。采用2006年汛前地形作为初始边界条件,相应平滩流量约5 000 m³/s。

水沙条件选择1982年实际发生的大漫滩洪水,洪水总量约为60亿m³,沙量2.4亿t(见表3-19)。在洪量和沙量不变的情况下,将洪峰流量概化为6 000 m³/s、8 000 m³/s、10 000 m³/s和14 000 m³/s 4个方案,含沙量均为40 kg/m³,其流量概化过程如图3-38所示。

表3-19 进口控制水沙过程

方案1 ($Q_{max}=6\,000$ m³/s)			方案2 ($Q_{max}=8\,000$ m³/s)			方案3 ($Q_{max}=10\,000$ m³/s)			方案4 ($Q_{max}=14\,000$ m³/s)		
历时 (d)	流量 (m³/s)	含沙量 (kg/m³)	历时 (d)	流量 (m³/s)	含沙量 (kg/m³)	历时 (d)	流量 (m³/s)	含沙量 (kg/m³)	历时 (d)	流量 (m³/s)	含沙量 (kg/m³)
1	1 500	20	1.0	1 500	20	1	1 500	20	1	1 500	20
1	4 000	40	1.0	4 000	40	1	4 000	40	1	4 000	40
9	6 000	40	4.5	8 000	40	1	8 000	40	1	8 000	40
3	4 000	40	3.0	6 000	40	3.1	10 000	40	2	14 000	40
1	1 500	20	3.0	4 000	40	3.0	6 000	40	3	6 000	40
			1.0	1 500	20	2.2	4 000	40	3	4 000	40
						1	1 500	20	1	1 500	20

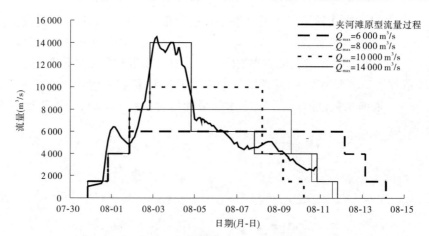

图3-38 "82·8"型洪水试验概化过程

3.3.3.2 主槽冲刷量与洪峰流量关系

根据试验得出各方案主槽和滩地(包括嫩滩和二滩)的冲淤结果(见表3-20),建立主

槽冲刷量、滩地淤积量随流量的变化关系(见图3-39)。可以看出,在洪量、沙量相同条件下,不同方案主槽冲淤效率也不尽相同。方案2、方案3、方案4较方案1的主槽冲刷量增幅分别为8%、49%和167%。显然,在试验的水沙量相同条件下,方案4的主槽冲淤效率最大。

表3-20 试验方案冲淤量统计

方案名称	洪峰流量 (m³/s)	漫滩系数	来沙量 (亿t)	冲淤量(亿t)					主槽冲刷量增幅 (%)	全滩地淤积比 (%)	嫩滩淤积比 (%)
				全断面	主槽	全滩地	嫩滩	二滩			
方案1	6 000	1.2	2.4	−0.57	−0.85	0.28	0.28	0		8	12
方案2	8 000	1.6	2.4	0.10	−0.92	1.02	0.57	0.45	8	30	24
方案3	10 000	2.0	2.4	0.47	−1.27	1.74	0.41	1.33	49	52	17
方案4	14 000	2.8	2.4	0.07	−2.28	2.35	0.69	1.67	167	70	29

注:主槽冲刷量增幅表示各方案的主槽冲刷量均相对于方案1而言。

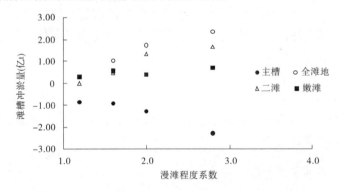

图3-39 夹河滩—高村漫滩程度系数与滩槽冲淤量关系

由图3-39可以看出,滩地淤积量(嫩滩与二滩之和)随漫滩系数的增大而呈明显增加趋势,但是嫩滩和二滩的淤积规律不完全相同:

(1)嫩滩淤积量随洪峰流量的增加不明显,淤积量在0.28亿~0.69亿t;在二滩也发生淤积后,嫩滩的淤积比基本保持在20%~30%。

(2)二滩淤积量随洪峰流量的增加而增大,当洪峰流量达到10 000 m³/s时,二滩才发生较大的淤积。

(3)当洪峰流量达到10 000 m³/s时,主槽才发生明显的冲刷。

通过实测资料分析、实体模型试验和二维水动力学模型计算,对大漫滩洪水的水沙运行模式、淤滩刷槽机制、滩槽冲淤规律、漫滩风险进行了系统分析,得到主要认识如下:

(1)滩槽水沙交换是漫滩洪水冲淤特点的产生原因,挟沙水流通过三种形式进入滩地,由于滩地水流挟沙力非常低(实测资料表明在5 kg/m³以下),因此挟带泥沙大量淤积在滩地,清水回归主槽引起主槽多冲或少淤,在非高含沙量洪水时即发生淤滩刷槽。

(2)黄河下游滩槽水沙交换有长方形滩区(二滩)和三角形滩区(嫩滩)两种模式,变换长度分别约为30 km和20 km,含沙量的衰减率约为40%,二滩在90%以上。

（3）通过实测资料研究了洪水期平均含沙量在 100 kg/m³ 以下的大漫滩洪水的冲淤规律,建立了滩地淤积量、主槽冲刷量与水沙条件的关系。

滩地淤积量:

$$C_{sn} = 0.103 W_0^{0.25} S^{0.4} \left(\frac{Q_{max}}{Q_0}\right)^{1.13}$$

主槽冲刷量:

$$C_{sp} = -0.054 - 0.003W + 0.248 W_s - 0.103 W_0^{0.25} S^{0.4} \left(\frac{Q_{max}}{Q_0}\right)^{1.13}$$

利用公式计算"82·8"型洪水不同平滩流量条件下的滩槽冲淤状况表明,在一定漫滩程度下,漫滩程度越大,滩地淤积越多,主槽冲刷越大。

（4）夹河滩—高村的实体模型试验成果表明,在前期地形平滩流量约为 4 000 m³/s 条件下,"82·8"型洪水洪峰流量 10 000 m³/s 以下时淤积以嫩滩为主,二滩淤积量不大;洪峰流量超过 10 000 m³/s 以后嫩滩淤积量变化不大,二滩淤积量和主槽冲刷量大幅增加。

（5）二维水动力学数学模型方案计算结果和实体模型试验结果表明,淹没面积、受灾人口、直接损失都随洪峰流量的增大而增大,但同时与河道前期条件密切相关。在平滩流量较小的 2004 年地形条件下,洪峰流量为 6 000 ~ 10 000 m³/s 时滩地淹没面积、受灾人口增幅较大,其中尤以 6 000 ~ 8 000 m³/s 增幅最大,6 000 m³/s 时直接损失已经较高;而超过 10 000 m³/s 以后上述三因素变化都较小。在平滩流量较大的 2009 年地形条件下,洪峰流量在 15 000 m³/s 以下淹没面积、受灾人口和直接损失随洪峰流量逐渐增加,但增加比较均匀,增加幅度逐渐变缓。

3.3.4 大漫滩洪水淹没风险分析

分析大漫滩洪水淹没风险主要从滩区淹没面积、受灾人口、直接损失等方面进行。

利用黄河下游洪水演进及灾情评估模型（YRCC2D）,分别在 2004 年汛前、2009 年汛前地形基础上,计算了花园口站洪峰流量为 6 000 m³/s、8 000 m³/s、10 000 m³/s、12 500 m³/s、16 500 m³/s 和 22 000 m³/s 的 6 个洪水过程计算方案（见表 3-21）。

表 3-21 不同量级洪水花园口站洪峰流量

序号	设计洪水（m³/s）	对应洪水时间（年-月-日）	洪量（亿 m³）	重现期	漫滩系数	说明
1	6 000	1965-08-12 ~ 08-23	37.3	常遇洪水	1.5	
2	8 000	1996-07-28 ~ 08-09	47.2	常遇洪水	2.0	
3	10 000	1977-08-04 ~ 08-13	38.0	5 年一遇洪水	2.5	
4	12 500	1957-07-14 ~ 07-24	48.5	20 年一遇洪水	3.1	
5	16 500	1982-07-30 ~ 08-09	65.5	100 年一遇洪水	4.1	东平湖分洪
6	22 000	1958-07-14 ~ 07-24	74.1	1 000 年一遇洪水	5.5	东平湖分洪

依据计算的淹没范围、淹没历时信息,结合滩区村庄、耕地等社会经济信息,统计得出滩区不同量级洪水、不同河段的滩区淹没面积(见图 3-40)和受灾人口及直接经济损失(见图 3-41)。

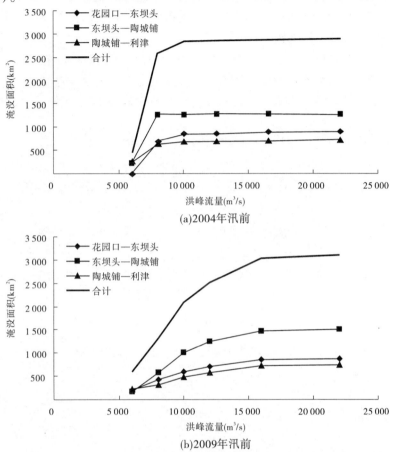

图 3-40　不同时期地形下花园口不同量级洪水对应的滩区淹没面积

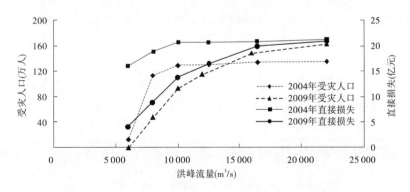

图 3-41　花园口不同量级洪水对应的受灾人口和直接损失

由图 3-40 可以看出,两种前期地形条件下的基本特点为:洪峰流量越大,滩区淹没面积越大,但滩区淹没面积随洪峰流量的变化过程与河道前期条件关系较大。在河道过流能力较小的2004年,淹没面积变化分为特点鲜明的两个阶段,从6 000 m³/s到8 000 m³/s时淹没面积快速增加,其后基本稳定,变化很小;而过流能力较大的2009年变化幅度较2004年明显缓和,在15 000 m³/s以下淹没面积增加幅度都比较均匀,但仍是6 000 m³/s到8 000 m³/s增加幅度较大。

由图3-41可以看出,受灾人口情况基本与滩地淹没面积近似,在2004年时6 000 m³/s到8 000 m³/s增加最多,2009年变幅均匀;而直接损失有所不同,2004年6 000 m³/s时已很大,6 000 m³/s到10 000 m³/s均匀增加,10 000 m³/s以后变化不大,而2009年基本是逐流量级增加,增幅越来越小。

同时,由上述夹河滩—高村实体模型试验得到的不同量级洪水的滩地淹没面积过程(见图3-42)可以看出,在前期地形平滩流量为5 000 m³/s条件下,滩区淹没面积在10 000 m³/s以下增幅较大,10 000 m³/s以后变化不大。变化趋势与数学模型计算结果一致。

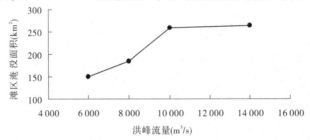

图3-42 实体模型试验淹没面积随洪峰流量的变化

3.4 小 结

3.4.1 黄河下游河道不同控制流量级及风险分析

(1)相对2002年地形,2009年地形基础上的各方案计算得到的全下游主槽冲刷量明显降低,但高村以下河段的冲刷量降低较少。说明在持续冲刷作用下,黄河下游河道的冲刷能力相对减弱,但主要表现在高村以上河段,而高村以下河段仍然具有一定的冲刷潜力。

(2)在各计算方案中,流量级越大,主槽冲刷量越大。说明在相同水量下,流量越集中,对河道的冲刷越有利。随着流量的增大,下游漫滩范围也相应增大,增加了滩地淹没风险和损失。

3.4.2 黄河下游河道不同量级洪水控制含沙量及风险分析

(1)选取河道淤积比和输沙水量作为进入黄河下游含沙量的主要控制指标,其中淤积比指标为适宜含沙量的上限控制指标,输沙水量为下限控制指标。

(2)依据实测资料,建立洪水期黄河下游分河段的冲淤效率计算公式,结合含沙量控制指标计算出4 000 m³/s、6 000 m³/s量级洪水的适宜含沙量范围分别为41~53 kg/m³

和 35 ~ 74 kg/m³;从水库多排沙角度考虑,选取各流量级的最优含沙量分别为 53 kg/m³ 和 74 kg/m³。

(3)对于中小量级的高含沙洪水:①通过降低水库排沙水位,提高水库排沙比,达到减少水库淤积的效果;②在降低排沙水位时排入下游河道的泥沙量增加,场次洪水过程中在下游河道中产生的淤积量将会增大;③在后续水库下泄清水过程中,可以将洪水过程中淤积的绝大部分细颗粒泥沙和部分中颗粒泥沙冲刷带走,即从全年时段来看,在下游河道中产生的淤积量并不大。

3.4.3 黄河下游漫滩洪水淤滩刷槽效果及风险分析

通过实测资料分析、实体模型试验和二维水动力学模型计算,对大漫滩洪水的水沙运行模式、淤滩刷槽机制、滩槽冲淤规律、漫滩风险进行了系统分析,得到主要认识如下:

(1)滩槽水沙交换是漫滩洪水冲淤特点的产生原因,挟沙水流通过三种形式进入滩地,由于滩地水流挟沙力非常低(实测资料表明在 5 kg/m³ 以下),因此挟带泥沙大量淤积在滩地,清水回归主槽引起主槽多冲或少淤,在非高含沙量洪水时即发生淤滩刷槽。

(2)黄河下游滩槽水沙交换有长条形滩区(二滩)和三角形滩区(嫩滩)两种模式,交换长度分别约为 30 km 和 20 km,含沙量的衰减率约为 40% 以上和 90% 以上。

(3)通过实测资料研究了洪水期平均含沙量在 100 kg/m³ 以下的大漫滩洪水的冲淤规律,建立了滩地淤积量、主槽冲刷量与水沙条件的关系如下。

滩地淤积量:

$$C_{sn} = 0.103 W_0^{0.25} S^{0.4} \left(\frac{Q_{\max}}{Q_0} \right)^{1.13}$$

主槽冲刷量:

$$C_{sp} = -0.054 - 0.003W + 0.248W_s - 0.103W_0^{0.25} S^{0.4} \left(\frac{Q_{\max}}{Q_0} \right)^{1.13}$$

利用公式计算"82·8"型洪水不同平滩流量条件下的滩槽冲淤状况,结果表明,在一定漫滩程度下,漫滩程度越大,滩地淤积越多,主槽冲刷越大。

(4)夹河滩—高村的实体模型试验成果表明,在前期地形平滩流量约为 4 000 m³/s 条件下,"82·8"型洪水洪峰流量 10 000 m³/s 以下时淤积以嫩滩为主,二滩淤积量不大;洪峰流量超过 10 000 m³/s 以后嫩滩淤积量变化不大,二滩淤积量和主槽冲刷量大幅增加。

(5)二维水动力学数学模型方案计算结果和实体模型试验结果表明,淹没面积、受灾人口、直接损失都随洪峰流量的增大而增大,但同时与河道前期条件密切相关。在平滩流量较小的 2004 年地形条件下,洪峰流量从 6 000 ~ 10 000 m³/s 时滩地淹没面积、受灾人口增幅较大,其中尤以 6 000 ~ 8 000 m³/s 增幅最大,6 000 m³/s 时直接损失已经较高;而超过 10 000 m³/s 以后上述三因素变化都较小。在平滩流量较大的 2009 年地形条件下,洪峰流量在 15 000 m³/s 以下淹没面积、受灾人口和直接损失随洪峰流量逐渐增加,但增加比较均匀,增加幅度逐渐变缓。

4 黄河中下游中常洪水水沙风险调控
效果评价模型

黄河中下游中常洪水水沙风险调控效果评价模型由三部分组成:洪灾损失评价、水资源利用效益评价、泥沙冲淤风险评价,如表4-1所示。其中,洪灾损失评价模块主要用于计算中常洪水调度中洪水在下游河道演进过程中造成的滩区淹没损失大小;水资源利用效益评价模块主要用于评估洪水调度过程中发电量效益差异;泥沙冲淤风险评价模块主要用于评估调度结束后泥沙不同分布情况对防洪体系防洪能力的影响。

表4-1　黄河中下游中常洪水水沙风险调控效果评价模型框架

	项目	指标层
评价模型	洪灾损失	滩区淹没面积 淹没损失
	水资源利用效益	发电量 经济效益
	泥沙冲淤风险	蓄滞洪区、滩区超蓄量 期望损失

4.1　洪灾损失评价

黄河下游漫滩洪水具有"淤滩刷槽"的特性,洪水漫滩有利于遏制主槽的淤积抬升和长时期滩槽同步淤积,但漫滩洪水同时又导致下游广大滩区巨大的人民生命财产损失。因此,评价小浪底水库中常洪水调度时洪水在下游河道演进过程中导致的滩区淹没损失风险是非常重要的。黄河下游滩区淹没损失的计算主要是确定洪水过程中的淹没范围及受灾体的损失率。其中,淹没面积通过黄河下游水动力学模型计算给出,受灾体的损失率通过调查分析给出。

对于黄河下游滩区耕地损失率的确定,本书将"96·8"洪水、2002年调水调沙和2003年黄河秋汛这三次淹没当季损失率算术平均后得到"黄河下游滩区耕地淹没损失率",用于耕地淹没损失估算,见表4-2。

对于黄河下游滩区房屋损失估算主要包括房屋价值和损失率两方面,考虑到滩区被调查对象可能会夸大房屋本身价值和淹没损失程度以及降低或隐瞒残值回收等因素使得调查结果失真,从而影响到损失率的计算和损失的估算。因此,根据典型调查得到的"96·8"洪水、2002年调水调沙和2003年黄河秋汛三次房屋淹没和倒塌面积用算术平均的方法来计算"黄河下游滩区房屋淹没损失率"(见表4-3),用于淹没损失估算。

表4-2　黄河下游滩区典型调查年耕地淹没损失情况

淹没时间	花园口流量（m³/s）	调查户数（户）	淹没户数（户）	总面积（亩）	淹没情况				
					面积（亩）	当季正常收入（元）	淹没后收入（元）	损失（元）	损失率（%）
"96·8"洪水	7 860	446	446	3 017.5	2 983.1	1 283 930	3 577	1 280 353	99.72
2002年调水调沙	3 170	460	54	524.6	421.6	148 750	5 710	143 040	96.16
2003年黄河秋汛	2 780	460	81	675.8	652.1	212 650	6 625	206 025	96.88
合计				4 217.9	4 056.8	1 645 330	15 912	1 629 418	99.03

注:滩区耕地淹没损失率 = $\sum$ 淹没当季损失／$\sum$ 淹没面积当季正常收入 × 100% = （$\sum$ 淹没面积当季正常收入 − $\sum$ 淹没面积当季收入）÷ $\sum$ 淹没面积正常年收入×100%。

表4-3　黄河下游滩区典型年房屋淹没情况调查

淹没时间	花园口流量（m³/s）	调查户数（户）	淹没户数（户）	淹没		倒塌		损失率（%）
				数量（间）	面积（m²）	数量（间）	面积（m²）	
"96·8"洪水	7 860	446	213	1 398	21 460	608	10 497	48.92
2002年调水调沙	3 170	460						
2003年黄河秋汛	2 780	460	16	64	1 007	13	236	23.44
合计				1 462	22 467	621	10 733	47.77

注:黄河下游滩区房屋淹没损失率（%）= 房屋淹没倒塌面积÷房屋淹没面积×100%。

根据对黄河下游滩区1949～2003年的受灾情况统计,56年间共遭受31次不同程度的漫滩,累计受灾人口887.16万人次,受灾村庄13 275个次,受淹耕地面积2 619.77万亩,倒塌房屋数157.4万间,详见表4-4。

表4-4　黄河下游滩区历年受灾情况统计

序号	年份	花园口最大流量（m³/s）	淹没耕地面积（万亩）	倒塌房屋数（万间）
1	1949	12 300	44.76	0.77
2	1950	7 250	14.00	0.03
3	1951	9 220	25.18	0.09
4	1953	10 700	69.96	0.32
5	1954	15 000	76.74	0.46
6	1955	6 800	3.55	0.24
7	1956	8 360	27.17	0.09
8	1957	13 000	197.79	6.07
9	1958	22 300	304.79	29.53

序号	年份	花园口最大流量(m^3/s)	淹没耕地面积(万亩)	倒塌房屋数(万间)
10	1961	6 300	24.80	0.26
11	1964	9 430	72.30	0.32
12	1967	7 280	30.00	0.30
13	1973	5 890	57.90	0.26
14	1975	7 580	114.10	13.00
15	1976	9 210	225.00	30.80
16	1977	10 800	83.77	0.29
17	1978	5 640	7.50	0.18
18	1981	8 060	152.77	2.27
19	1982	15 300	217.44	40.08
20	1983	8 180	42.72	0.13
21	1984	6 990	38.02	0.02
22	1985	8 260	15.60	1.41
23	1988	7 000	102.41	0.04
24	1992	6 430	95.09	
25	1993	4 300	75.28	0.02
26	1994	6 300	68.82	
27	1996	7 860	247.60	26.54
28	1997	3 860	33.03	
29	1998	4 700	92.20	
30	2002	3 170	29.25	
31	2003	2 780	30.23	3.88
合计			2 619.77	157.4

　　滩区补偿政策使用了评价防洪工程减灾效益普遍使用的"亩均水灾综合损失"指标,利用1949~2003年黄河下游滩区耕地、房屋淹没损失统计资料,根据典型调查资料计算出滩区农作物单位面积产值和不同结构房屋重置价以及淹没耕地、房屋的损失率,估算出黄河下游滩区亩均水灾综合损失为680元/亩。

4.2　水资源利用效益评价

　　本书不同方案水资源利用效益差主要是由于洪水期水库水位差异较大,加之出库含沙量的不同导致发电量有所区别。水电站发电机组的发电量取决于发电水头、过机流量以及发电系统的效率系数,小浪底水库发电量的计算公式为

$$P = 8.2QH \qquad\qquad (4-1)$$

式中：P 为功率，kW；Q 为过机流量，m^3/s；H 为发电水头，m，发电水头为水库坝前水位和水库尾水位的差值，而尾水位由出库流量在尾水位曲线上查得。

小浪底水电站每台机组的发电流量为 300 m^3/s，考虑有一台备用机组，投入发电的机组最多不超过 5 台；电站机组最低发电水位为 210 m，因此计算过程中规定，当坝前水位低于 210 m 时，不计算发电量；当过机含沙量大于 200 kg/m^3 时，暂停发电，避开沙峰。

4.3 泥沙冲淤风险评价

4.3.1 泥沙淤积灾害评价研究现状

泥沙研究领域重点是对挟沙水流运动规律、泥沙灾害防治措施等方面开展工作，关于如何定量评估泥沙淤积造成的社会经济损失，尚处于起步阶段。

向立云全面分析了河流泥沙灾害，有河道、水库淤积、土地沙化等表现形式。关于河道泥沙淤积损失，作者依据"减淤投入成本"思路，计算分析认为黄河下游由于泥沙淤积导致加高大堤费用按 2002 年价格估计损失为年均 6 亿元；加上加高大堤增加的土地占用，则年均损失增加 0.5 亿元；若考虑小浪底水库建设的目的之一是减缓黄河下游淤积，加入这部分投资，认为黄河泥沙淤积每年造成的损失就更大了。关于水库淤积损失，作者认为水库淤积损失估计相对比较困难，水库淤积一方面降低了水库利用效率，另一方面却减轻了下游河道的淤积，但作为粗略的方法，其推荐按水库没有淤积可能产生的年均效益与水库淤积实际产生的年均效益之差估算水库泥沙淤积的年均损失。

从向立云关于河道泥沙淤积的评估方法看出，该方法比较客观地估计了由于泥沙淤积导致每年必须的大量投入。但是众所周知，在洪泛区受灾体易损性相同的条件下，洪水淹没损失大小的决定因素是淹没范围、水深、流速。因此，由于大堤加高与河道同步抬升导致大堤外洪泛区与河道洪水位高差的不断拉大，洪泛区洪灾损失风险也不断增大的危害，作者并没有充分考虑。同时作者对于水库淤积减轻了下游河道的淤积方面的正面效益的评估也未给出满意的解决方案。

李义天、张为、孙昭华等依据泥沙淤积与洪水的灾害损失增加风险关系对泥沙淤积进行了评估，建立了考虑泥沙淤积的洪灾风险估计的一般模式，并以螺山站为例，定量分析了泥沙淤积对洪水频率和洪灾风险的影响。结果表明，考虑泥沙淤积对水位频率会产生影响，在相同水位下，泥沙淤积会缩短洪水的重现期，水位越低，频率变化越大。对于相同频率的洪水，泥沙的淤积使水位抬升，且频率越小，水位变化越小。另外，泥沙淤积使洪灾风险增加，加重了洪灾的损失。螺山下游的洪灾风险率从 6% 增加到 22.5%，水位超高期望值从 0.114 m 增加到 0.233 m。该评价方法颇具参考意义，但由于仅给出风险损失指标的相对值，因而与洪水调度决策需求还有一定差距。同时，在现状条件下，重要河段防洪体系一般包含水库、分滞洪区、堤防工程等，当泥沙在河道淤积时，防洪体系调度方案可能会相应调整，这就导致仅仅评价河道淤积导致防洪风险增加了多少可能不全面，还应分析在系统其他工程发挥调节作用下，整个系统防洪损失风险增加值。再则，对于多沙河流而言,当泥沙淤积不可避免时,决策者更关心泥沙在系统内的淤积分布问题,例如:水库和河道淤积比例如何?主槽与滩地淤积比例如何?该方法都未考虑,本项目将针对这些问题开展更为深入的研究。

4.3.2 泥沙淤积对社会经济的危害机制

洪水灾害历来是威胁我国人民生存发展的心腹之患。中国工程院重大咨询项目"中国防洪减灾对策研究"分析指出:新中国成立以前,我国主要江河多次发生大洪水和特大洪水。1915年珠江洪水,1931年长江、淮河大水,1933年黄河大水,1939年海河北系大水,1949年长江、珠江、淮河、黄河同年发生较大洪水。历次大洪水的受灾农田都在1亿亩以上,受灾人口数千万。1990年以来,我国的水灾损失更是达到8 000亿~10 000亿元,按年分布情况(见表4-5),可以看出,随着经济社会的发展,近年我国洪水灾害损失有逐年大幅度增加的趋势。

表4-5 1990年以来我国水灾损失统计

年份	1991	1994	1995	1996	1998
经济损失(亿元)	780	1 740	1 650	2 200	2 500~3 000

师长兴、章典通过研究中国洪涝灾害与气候、泥沙淤积以及人类活动的关系发现:泥沙在河湖及水库的淤积可能是我国洪涝灾害增加的主要原因,并研究了泥沙作用于洪涝灾害的形式主要是湖库淤积、河道泥沙淤积以及河口泥沙淤积三方面。

倪晋仁、李秀霞、薛安等根据泥沙灾害的链式特征,提出了泥沙灾害链的定义、特征、类型,并对黄河、长江两大流域泥沙灾害链特征进行了分析,给出了泥沙淤积导致洪水灾害加重的泥沙灾害链关系,如图4-1所示。

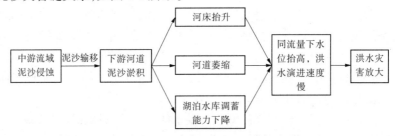

图4-1 黄河流域典型泥沙灾害链

从上述分析可以看出,河库泥沙淤积作用于社会经济的媒介是洪水,其危害主要是加重了该地区洪水灾害的损失。

4.3.3 泥沙淤积风险评价指标体系

泥沙淤积风险评价属于自然灾害风险评价。关于自然灾害评价研究,高庆华、马宗晋、张业成等认为该学科目前仍处于发展中,尚无成熟的技术方法,在综合已有成果的基础上,提出单类灾害风险评估主要通过未来可能出现的灾害活动程度分析、受灾体承灾能力分析和防灾有效度分析来实现。

由泥沙淤积对社会经济的危害机制分析可知,泥沙淤积风险主要是增大洪灾损失风险,是致灾环境变化研究问题。结合泥沙淤积致灾机制及已有关于自然灾害风险评估成果,得到了泥沙淤积风险的评价的总体思路:通过计算泥沙淤积量及其分布对防洪系统洪水风险的影响程度,以此作为泥沙淤积风险的大小。具体评价主要分为两个方面:一是对泥沙淤积危险性进行分析,二是分析灾害损失的大小。泥沙淤积风险评估指标体系构成见表4-6。

表4-6 泥沙淤积风险评估指标体系构成

	环境影响	危险性指标	损失大小指标
泥沙淤积风险评估	大洪水行洪环境影响	发生洪灾洪水频率	年均损失
	中小洪水行洪环境影响	年均发生灾害次数	年均损失

4.3.4 泥沙淤积对系统防洪效益的影响

洪水风险是某地区的固有风险,依据前述分析,泥沙淤积主要是导致洪水损失的频率和大小发生了变化,因此泥沙淤积风险主要是定量计算泥沙淤积前后面临洪水随机事件可能造成的洪灾损失差值。借鉴工程防洪效益计算方法,泥沙淤积损失计算基本公式如下:

$$S_{yu} = \int_{P=0}^{P=1.0} [S_1(P) - S_2(P)] dP \qquad (4-2)$$

式中:S_{yu} 为泥沙淤积导致的多年平均防洪损失变化值;P 为频率;$S_1(P)$、$S_2(P)$ 分别为 P 频率下淤积前后两种条件下黄河下游洪灾损失。

结合黄河下游防洪工程现状,系统防洪效益主要体现在两个方面:一是防御大洪水,减小洪灾损失;二是考虑黄河下游滩区实际情况,在中小洪水发生时,合理利用干、支流水库调蓄洪水,充分利用主槽排泄洪水,减小滩区人民生命财产损失。

4.3.4.1 泥沙淤积对系统防御大洪水效益的影响

黄河下游河道安全泄量以艾山站安全泄量为代表,据此以花园口站预报流量调控水库出库流量。黄河下游河道铁谢至利津河道长 753 km,洪峰沿程变化规律复杂,一般情况下,由于滩区滞洪作用,花园口—艾山洪峰沿程坦化;三门峡、小浪底水库投入运用后,大洪水经水库调控,历时都比较长,从防洪安全考虑,黄河调度方案一般考虑最不利情况,即花园口洪峰流量沿程传播到艾山站不考虑坦化。综合考虑上述两方面因素,遵循黄河下游洪峰沿程变化规律,结合现状防洪方案制定思路,本次计算中依据1952~2005年洪峰沿程坦化统计域值,取坦化程度较小的情况,即花园口—艾山洪峰坦化系数取0.9。

泥沙淤积导致防洪系统水库防洪库容减小、河道过流能力降低,从而增大了系统洪灾损失。为全面评估水库和河道不同淤积水平条件下发生不同频率洪水系统的洪灾损失风险变化,需通过设置不同方案进行计算分析。

1. 边界条件

设定小浪底水库 275 m 以下剩余库容分别为 103.54 亿 m³(接近2009年水平)、92.5

亿 m^3、82.5 亿 m^3、72.5 亿 m^3、62.5 亿 m^3、52.5 亿 m^3（接近拦沙期结束）共 6 种工况。为全面反映泥沙不同淤积分布（水库和下游）条件下黄河下游防洪系统洪灾损失风险，对于每一种水库淤积工况，都考虑黄河下游安全泄量变化取值为 7 000 m^3/s、7 500 m^3/s、8 000 m^3/s、8 500 m^3/s、9 000 m^3/s、9 500 m^3/s、10 000 m^3/s、10 500 m^3/s、11 000 m^3/s、11 500 m^3/s、12 000 m^3/s。水库和河道行洪条件组合见表 4-7。

表 4-7　小浪底水库及黄河下游河道系统行洪条件组合

小浪底库容 （亿 m^3）	黄河下游安全泄量 （m^3/s）										
103.54	7 000	7 500	8 000	8 500	9 000	9 500	10 000	10 500	11 000	11 500	12 000
92.5	7 000	7 500	8 000	8 500	9 000	9 500	10 000	10 500	11 000	11 500	12 000
82.5	7 000	7 500	8 000	8 500	9 000	9 500	10 000	10 500	11 000	11 500	12 000
72.5	7 000	7 500	8 000	8 500	9 000	9 500	10 000	10 500	11 000	11 500	12 000
62.5	7 000	7 500	8 000	8 500	9 000	9 500	10 000	10 500	11 000	11 500	12 000
52.5	7 000	7 500	8 000	8 500	9 000	9 500	10 000	10 500	11 000	11 500	12 000

2. 洪水条件及小浪底调控原则

依据式（4-2），选用小浪底入库洪水重现期为 10 年、50 年、100 年、200 年、300 年、500 年、1 000 年、10 000 年一遇洪水，典型洪水按 1933 年型控制，考虑了洪水经三门峡水库自然滞洪调蓄后作为小浪底水库入库条件。

小浪底流量调控原则是：预报花园口流量小于下游安全泄量时，若入库流量小于汛限水位相应的泄量，按入库流量泄洪；若入库流量大于汛限水位相应的泄量，按敞泄泄洪。预报花园口流量超过下游河道安全泄量时，按控制花园口流量等于安全泄量调节小浪底出库流量。当预报小花间洪水流量大于下游河道安全泄量时，小浪底按控泄 1 000 m^3/s 发电流量泄流。

3. 关键问题处理

水库和河道不同淤积水平条件下，发生不同频率洪水，计算过程主要变量是调洪计算得到的小浪底超蓄量，如何将这部分水量转化成可能造成的社会经济损失风险，是本模型损失评估的关键问题。

当河道泥沙淤积导致防洪能力降低后，一般有如下应对措施：在保证"大堤不决口"前提下，上游控制性水库多蓄水、"分滞洪区"分洪量增加、大堤加高。

当水库淤积导致防洪能力降低后，一般应对措施有建设增大水库防洪库容、"分滞洪区"分洪量增加。

综合上述对水库和河道淤积应对思路中可以找到泥沙淤积对系统防洪影响的转化计算思路：需要"分滞洪区"分洪量增加的风险。此外，从防洪系统的整体性看，水库、分滞洪区、河道分析系统本身也说明借助"分滞洪区"分洪量变化大小用于衡量泥沙淤积对防洪体系的影响是可行的。

通过东平湖分洪量—水位—面积关系（见图 4-2、图 4-3），由计算出的小浪底水库超蓄量变化确定湖区淹没面积,从而可以实现洪灾损失风险计算。考虑到东平湖蓄滞洪区社会经济分类资料的缺乏,损失率计算公式尚难率定,本次研究主要参照与东平湖蓄滞洪区社会经济相近的黄河下游滩区亩均综合损失计算方法进行评估。

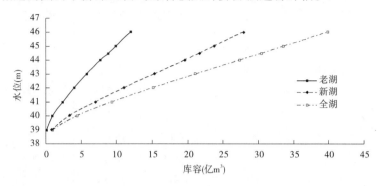

图 4-2 东平湖库容(分洪量)—水位关系曲线

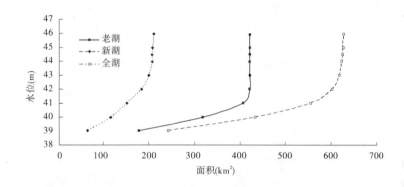

图 4-3 东平湖水位—面积关系曲线

4. 计算结果分析

根据黄河下游大洪水调度原则,计算得到小浪底水库和黄河下游不同淤积水平条件下发生不同频率洪水小浪底超蓄危险性变化(见表 4-8)和期望损失变化(见表 4-9)。从表中可以看出,当小浪底水库 275 m 以下库容较大时,黄河下游防洪系统防洪标准比较高。例如,小浪底水库 275 m 以下库容为 102.5 亿 m^3,当黄河下游安全泄量为 7 000 m^3/s 时,发生 1 000 年一遇的洪水小浪底水库才发生超蓄风险;当黄河下游安全泄量为 7 500 ~ 8 500 m^3/s 时,发生 10 000 年一遇的洪水小浪底水库才发生超蓄风险;当黄河下游安全泄量超过 9 000 m^3/s 时,发生 10 000 年一遇洪水小浪底水库也不发生超蓄。

当小浪底 275 m 以下库容较小时,黄河下游防洪系统防洪标准降低明显。例如,小浪底 275 m 以下库容为 52.5 亿 m^3,当黄河下游安全泄量为 7 000 m^3/s 时,发生 100 年一遇洪水小浪底水库就会发生超蓄风险;当黄河下游安全泄量为 7 500 ~ 9 000 m^3/s 时,发生 200 年一遇洪水小浪底水库就会发生超蓄风险;当黄河下游安全泄量为 10 000 m^3/s 时,发生 500 年一遇洪水小浪底水库就会发生超蓄风险。

表 4-8　不同库容及下游安全泄量组合对应超蓄洪水重现期变化

下游安全泄量 (m³/s)	小浪底 275 m 以下库容(亿 m³)条件下重现期变化(年)					
	52.5	62.5	72.5	82.5	92.5	102.5
7 000	100	200	200	300	500	1 000
7 500	200	200	300	500	1 000	10 000
8 000	200	200	300	1 000	1 000	10 000
8 500	200	300	500	1 000	10 000	10 000
9 000	200	500	1 000	10 000	10 000	
9 500	300	500	1 000	10 000	10 000	
10 000	500	1 000	10 000	10 000	10 000	
10 500	1 000	10 000	10 000	10 000		
11 000	1 000	10 000	10 000			
11 500	10 000	10 000	10 000			
12 000	10 000	10 000	10 000			

表 4-9　不同库容及下游安全泄量组合对应年均期望损失变化

下游安全泄量 (m³/s)	小浪底 275 m 以下库容(亿 m³)条件下期望损失(亿元)					
	52.5	62.5	72.5	82.5	92.5	102.5
7 000	17.484	9.993	5.294	2.352	0.841	0.375
7 500	9.764	5.133	2.154	1.172	0.461	0.155
8 000	8.087	4.141	1.632	0.618	0.160	0.102
8 500	7.138	2.890	0.998	0.303	0.108	0.061
9 000	4.306	1.465	0.476	0.113	0.074	0.029
9 500	2.390	0.698	0.186	0.080	0.041	0
10 000	1.265	0.347	0.087	0.048	0.010	0
10 500	0.530	0.096	0.057	0.017	0	0
11 000	0.272	0.062	0.024	0	0	0
11 500	0.074	0.032	0	0	0	0
12 000	0.045	0.003	0	0	0	0

　　可见,无论是小浪底水库防洪库容的减小还是黄河下游安全泄量的减小,都会极大地增大洪水超蓄风险。

　　从不同库容及下游安全泄量组合对应年均期望损失变化(见表 4-9、图 4-4)可以看出,在相同小浪底 275 m 以下库容条件下,随着下游安全泄量的减小,小浪底水库超蓄损失逐渐增大。例如库容为 52.5 亿 m³,当黄河下游安全泄量为 7 000 m³/s 时,防洪系统年均期望损失为 17.484 亿元;当黄河下游安全泄量增大到 9 000 m³/s 时,防洪系统年均期望损失降低为 4.306 亿元;当黄河下游安全泄量增大到 10 000 m³/s 时,防洪系统年均期望损失进一步降低为 1.265 亿元;当黄河下游安全泄量增大到 12 000 m³/s 时,则防洪系统年均期望损失仅为 0.045 亿元。

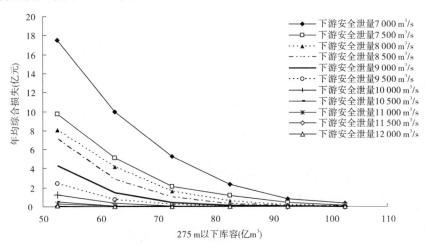

图 4-4　不同库容及下游安全泄量组合对应年均期望损失

在黄河下游安全泄量相同的条件下,随着小浪底水库库容的增大,水库超蓄损失逐渐减小。例如,若黄河下游安全泄量为 10 000 m³/s,当水库库容为 52.5 亿 m³ 时,防洪系统年均期望损失为 1.265 亿元;当水库库容为 62.5 亿 m³ 时,防洪系统年均期望损失为 0.347 亿元;当水库库容增大到 102.5 亿 m³ 时,防洪系统将不会发生超蓄损失。

4.3.4.2　泥沙淤积对系统防御中小洪水效益的影响

黄河下游滩区既是行洪区,又是滩区人民生产生活的重要场所,滩区现有耕地 374.6 万亩,村庄 2 071 个,人口近 190 万人,涉及河南、山东两省 15 个地(市)共 43 个县(区)。近年来,滩区水利建设有了长足发展,滩区农业生产条件得到了很大改善,滩区安全建设成效也很显著,至 2000 年,下游滩区已建村台、避水台、房台等避洪设施 5 277.5 万 m²。滩区经济是典型的农业经济,除少量的油井外,基本上无工业,滩区农作物夏粮以小麦为主,秋粮以大豆、玉米、花生为主。受汛期洪水漫滩的影响,秋作物种不保收,产量低而不稳,滩区群众主要依靠一季夏粮来维持全年生计。受自然地理条件的限制,滩区社会经济发展受到严重制约,滩区群众还十分贫困。

鉴于滩区现实情况和黄河防洪系统条件,为减小滩区中常洪水淹没损失,可在分析水库库容和下游平滩流量的基础上,制订相应的中小洪水减灾调度方案,以实现系统防御中小洪水效益。对于泥沙淤积对系统防御中小洪水效益的影响,则可设置水库不同库容情况和下游河道不同平滩流量情况进行组合分析。

1.边界条件

小浪底水库对中小洪水进行减灾调控前提是首先要保证 40.5 亿 m³ 大洪水防洪库容,由此可知中小洪水调蓄主要是拦沙库容的有效利用。设置不同的小浪底调控流量方案,利用 $p = 5\%$ 一遇洪水调洪计算,可得不同调控流量运用需要库容(见图 4-5)。

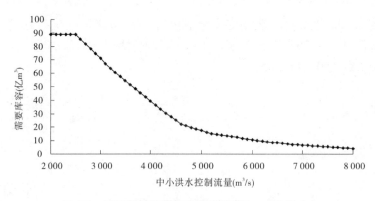

图 4-5　不同调控流量运用需要库容（$p=5\%$ 洪水）

设小浪底水库调控流量从 3 000 m³/s 变化到 8 000 m³/s,每一个控制流量对应黄河下游河道平滩流量变化取值范围为 2 000～6 000 m³/s,水库和河道系统过流边界组合如表 4-10 所示。

表 4-10　水库及河道系统过流情况组合

剩余拦沙库容 （亿 m³）	控制流量 （m³/s）	下游平滩流量 （m³/s）								
70. 99	3 000	2 000	2 500	3 000	3 500	4 000	4 500	5 000	5 500	6 000
54. 43	3 500	2 000	2 500	3 000	3 500	4 000	4 500	5 000	5 500	6 000
39. 23	4 000	2 000	2 500	3 000	3 500	4 000	4 500	5 000	5 500	6 000
25. 11	4 500	2 000	2 500	3 000	3 500	4 000	4 500	5 000	5 500	6 000
17. 46	5 000	2 000	2 500	3 000	3 500	4 000	4 500	5 000	5 500	6 000
13. 51	5 500	2 000	2 500	3 000	3 500	4 000	4 500	5 000	5 500	6 000
10. 76	6 000	2 000	2 500	3 000	3 500	4 000	4 500	5 000	5 500	6 000
8. 37	6 500	2 000	2 500	3 000	3 500	4 000	4 500	5 000	5 500	6 000
6. 68	7 000	2 000	2 500	3 000	3 500	4 000	4 500	5 000	5 500	6 000
5. 38	7 500	2 000	2 500	3 000	3 500	4 000	4 500	5 000	5 500	6 000
4. 24	8 000	2 000	2 500	3 000	3 500	4 000	4 500	5 000	5 500	6 000

2. 洪水条件及水库调控原则

选用 1990～1999+1956～1995 系列（简称 90 系列）共 50 年洪水要素资料,按照洪峰流量不超过 $p=5\%$ 一遇洪水要求划分场次洪水,计算洪水期不同水库和河道系统过流边界组合条件下滩区漫滩损失,各级洪水发生次数统计见表 4-11。

中小洪水期小浪底水库根据当前剩余拦沙库容可以分析出水库减灾调度的控制流量,据此开展洪水调节运用,对于预报花园口洪峰流量超过控制流量的洪峰进行削峰滞洪。

表 4-11　各级洪水发生次数统计

洪峰量级（m³/s）	总次数	年均次数	洪峰量级（m³/s）	总次数	年均次数
2 000～2 500	57	1.14	6 500～7 000	1	0.02
2 500～3 000	43	0.86	7 000～7 500	2	0.04
3 000～3 500	51	1.02	7 500～8 000	3	0.06
3 500～4 000	31	0.62	8 000～8 500	3	0.06
4 000～4 500	35	0.7	8 500～9 000	4	0.08
4 500～5 000	19	0.38	9 000～9 500	0	0
5 000～5 500	15	0.3	9 500～10 000	0	0
5 500～6 000	11	0.22	10 000～10 500	1	0.02
6 000～6 500	9	0.18			

3. 计算结果分析

表 4-12 给出了 90 系列不同水库和河道系统过流边界组合条件下，黄河下游滩区年平均发生漫滩损失的次数。从表中可以看出，当水库剩余拦沙库容较大时，水库可以在洪峰较小条件下就开始进行滞洪运用，例如剩余拦沙库容为 70.99 亿 m³，可以对花园口超过 3 000 m³/s 的洪水进行控制。在该运用条件下，当黄河下游平滩流量为 2 000 m³/s 时，给定的水沙系列里滩区平均每年发生漫滩损失的次数是 5.820 次；当黄河下游平滩流量为 2 500 m³/s 时，给定的水沙系列里滩区平均每年发生漫滩损失的次数减少为 4.680 次；当黄河下游平滩流量增加到 3 000 m³/s 时，给定的水沙系列里滩区将可以通过防洪系统调控中小洪水下游发生漫滩损失的次数很少，仅为平均每年 0.120 次。

表 4-12　不同剩余拦沙库容平滩流量组合对应漫滩损失危险性

剩余拦沙库容（亿 m³）	调控流量（m³/s）	下游平滩流量（m³/s）组合下漫滩损失危险性（次/年）								
		2 000	2 500	3 000	3 500	4 000	4 500	5 000	5 500	6 000
70.99	3 000	5.820	4.680	0.120	0.120	0.100	0.100	0.100	0.080	0.040
54.43	3 500	5.820	4.680	3.820	0.120	0.100	0.100	0.100	0.080	0.040
39.23	4 000	5.820	4.680	3.820	2.800	0.100	0.100	0.100	0.080	0.040
25.11	4 500	5.820	4.680	3.820	2.800	2.180	0.100	0.100	0.080	0.040
17.46	5 000	5.820	4.680	3.820	2.800	2.180	0.100	0.100	0.080	0.040
13.51	5 500	5.820	4.680	3.820	2.800	2.180	2.180	1.080	0.080	0.040
10.76	6 000	5.820	4.680	3.820	2.800	2.180	2.180	1.080	1.080	0.040
8.37	6 500	5.820	4.680	3.820	2.800	2.180	2.180	1.080	1.080	0.560
6.68	7 000	5.820	4.680	3.820	2.800	2.180	2.180	1.080	1.080	0.560
5.38	7 500	5.820	4.680	3.820	2.800	2.180	2.180	1.080	1.080	0.560
4.24	8 000	5.820	4.680	3.820	2.800	2.180	2.180	1.080	1.080	0.560

当剩余拦沙库容减小到 17.46 亿 m^3 时,可对花园口超过 5 000 m^3/s 的洪水进行控制。在该运用条件下,当黄河下游平滩流量为 2 000 m^3/s 时,给定的水沙系列中滩区平均每年发生漫滩损失的次数是 5.820 次;随着黄河下游平滩流量的增大,给定的水沙系列中滩区平均每年发生漫滩损失的次数也相应减少,当黄河下游平滩流量增加到 5 000 m^3/s 时,给定的水沙系列中滩区将可以通过防洪系统调控将中小洪水发生漫滩损失的次数减小为平均每年 0.100 次。

当剩余拦沙库容减小到 4.24 亿 m^3,仅能对花园口超过 8 000 m^3/s 的洪水进行控制。在该运用条件下,对应于方案给出的黄河下游各种平滩流量条件下,给定的水沙系列里滩区都将发生漫滩损失。但从表 4-12 可以看出,随着下游平滩流量的增大,年平均发生损失次数也是不断减小的,当下游平滩流量为 6 000 m^3/s 时,年平均发生损失次数为 0.560 次。

上述分析表明,水库淤积和下游河道淤积都导致了黄河滩区淹没损失的危险性增加。

表 4-13 给出了 90 系列不同水库和河道系统过流边界组合条件下,黄河下游滩区发生漫滩损失的年平均值,依据表 4-13 中数据,得到图 4-6。结合表 4-13 和图 4-6 对滩区损失情况分析如下。

表 4-13　不同剩余拦沙库容平滩流量组合对应年均损失

剩余拦沙库容（亿 m^3）	调控流量（m^3/s）	下游平滩流量（m^3/s）组合对应年均损失（亿元）								
		2 000	2 500	3 000	3 500	4 000	4 500	5 000	5 500	6 000
70.99	3 000	6.618	3.220	0.382	0.292	0.220	0.160	0.115	0.085	0.066
54.43	3 500	8.135	4.964	2.385	0.292	0.220	0.160	0.115	0.085	0.066
39.23	4 000	8.857	5.778	3.419	1.567	0.220	0.160	0.115	0.085	0.066
25.11	4 500	9.481	6.433	4.128	2.373	1.126	0.160	0.115	0.085	0.066
17.46	5 000	9.807	6.744	4.464	2.773	1.627	0.776	0.115	0.085	0.066
13.51	5 500	10.116	7.052	4.769	3.104	2.006	1.208	0.602	0.085	0.066
10.76	6 000	10.304	7.244	4.954	3.291	2.212	1.445	0.886	0.429	0.066
8.37	6 500	10.369	7.309	5.014	3.355	2.298	1.550	1.020	0.609	0.292
6.68	7 000	10.402	7.342	5.052	3.396	2.337	1.603	1.089	0.691	0.397
5.38	7 500	10.438	7.378	5.081	3.432	2.373	1.643	1.139	0.755	0.479
4.24	8 000	10.468	7.404	5.107	3.458	2.400	1.670	1.168	0.793	0.520

在相同的调控流量条件下,随着下游平滩流量的减小,滩区淹没损失逐渐增大。例如剩余拦沙库容为 70.99 亿 m^3,可以对花园口超过 3 000 m^3/s 的洪水进行控制。当黄河下游平滩流量大于 3 000 m^3/s 时,给定的水沙系列中滩区通过防洪系统调控使得中小洪水发生漫滩损失为年均 0.382 亿元;当黄河下游平滩流量小于 2 500 m^3/s 时,给定的水沙系列中滩区平均每年发生漫滩损失的达 3.220 亿元;当黄河下游平滩流量小于 2 000 m^3/s 时,给定的水沙系列中滩区平均每年发生漫滩损失更是达到了 6.618 亿元。

在相同平滩流量条件下,随着拦沙库容的减小,滩区淹没损失逐渐增大。当平滩流量为 3 000 m^3/s 时,若水库调控流量为 3 000 m^3/s,则年均损失为 0.382 亿元;若水库调控

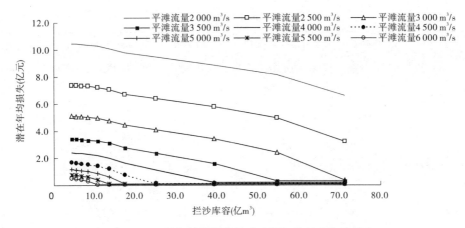

图 4-6 不同剩余拦沙库容平滩流量组合对应年均损失

流量为 4 000 m³/s,则年均损失为 3.419 亿元;若水库调控流量为 5 000 m³/s,则年均损失为 4.464 亿元;若水库调控流量为 6 000 m³/s 以上,则年均损失增加不明显。

当平滩流量为 4 000 m³/s 时,若水库调控流量为 3 000 m³/s,则年均损失为 0.220 亿元;若水库调控流量为 4 000 m³/s,则年均损失没有增加,仍为 0.220 亿元;若水库调控流量为 5 000 m³/s,则年均损失为 1.627 亿元;若水库调控流量为 6 000 m³/s 以上,则年均损失增加也不明显。

当平滩流量为 5 000 m³/s 时,若水库调控流量小于等于 5 000 m³/s,则年均损失为 0.115 亿元;若水库调控流量为 6 000 m³/s,则年均损失为 0.886 亿元;若水库调控流量为 6 000 m³/s 以上,则年均损失增加也不明显,详见图 4-6。

4.3.5 泥沙淤积风险评价模型计算原理

表 4-14 给出了不同时期黄河下游年平均冲淤量及其分布,各时段泥沙分布特点如下。

表 4-14 不同时期黄河下游年平均冲淤量及其分布统计 （单位:亿 t）

时段(年-月)	冲淤部位	三门峡—花园口	花园口—高村	高村—艾山	艾山—利津	全下游
1950-07 ~ 1960-06	主槽	0.318	0.298	0.189	0.01	0.815
	滩地	0.298	1.062	0.973	0.437	2.77
	全断面	0.616	1.36	1.162	0.447	3.585
1960-07 ~ 1965-06	主槽	− 0.757	− 1.237	− 0.801	− 0.186	− 2.981
	滩地	− 0.728	− 0.558	− 0.059	0	− 1.345
	全断面	− 1.485	− 1.795	− 0.86	− 0.186	− 4.326
1965-07 ~ 1973-06	主槽	0.461	1.226	0.569	0.628	2.884
	滩地	0.471	0.755	0.157	0.039	1.422
	全断面	0.932	1.981	0.726	0.667	4.306

时段	冲淤部位	三门峡—花园口	花园口—高村	高村—艾山	艾山—利津	全下游
1973-07～1986-06	主槽	-0.169	-0.103	0.073	0.004	-0.195
	滩地	-0.002	0.453	0.56	0.222	1.233
	全断面	-0.171	0.35	0.633	0.226	1.038
1986-07～1999-06	主槽	0.282	0.857	0.261	0.282	1.682
	滩地	0.157	0.366	0.115	0.01	0.648
	全断面	0.439	1.223	0.376	0.292	2.33
1999-07～2005-06	主槽	-0.464	-0.62	-0.105	-0.24	-1.429
	滩地	0.028	0.078	0.052	0.002	0.16
	全断面	-0.436	-0.542	-0.053	-0.238	-1.269

4.3.5.1 1950年7月至1960年6月

下游淤积3.585亿t,主要淤积在滩地,占总量的77%。三门峡—花园口、花园口—高村、高村—艾山、艾山—利津全断面分别淤积0.616亿t、1.36亿t、1.162亿t和0.477亿t,滩地淤积量分别占河段全断面淤积量的48%、78%、84%和98%。

4.3.5.2 1960年7月至1965年6月

该时期黄河下游发生冲刷,总冲刷量4.326亿t,主槽冲刷量占69%。其中,三门峡—花园口、花园口—高村、高村—艾山、艾山—利津河段主槽冲刷量分别为-0.757亿t、-1.237亿t、-0.801亿t和-0.186亿t,分别占各河段全断面冲刷量的51%、69%、93%和100%。

4.3.5.3 1965年7月至1973年6月

下游以淤积为主,年均淤积4.306亿t,67%淤积在主槽。其中,三门峡—花园口、花园口—高村、高村—艾山、艾山—利津河段淤积量分别为0.932亿t、1.981亿t、0.726亿t和0.667亿t,主槽淤积量分别达到全断面的49%、62%、78%和94%。

4.3.5.4 1973年7月至1986年6月

全下游以淤积为主,年均淤积1.038亿t,主槽微冲-0.195亿t,滩地淤积1.233亿t。但各河段与前时期不同,三门峡—花园口河段以冲刷为主,几乎全部冲在主槽;花园口—高村河段表现为滩淤槽冲;主槽冲刷-0.103亿t,滩地淤积0.453亿t,高村—艾山和艾山—利津河段长期为滩槽同淤,分别淤积0.633亿t和0.226亿t,滩地淤积较多,分别占断面的88%和98%。

4.3.5.5 1986年7月至1999年6月

全下游发生淤积,年均淤积2.33亿t,因72%淤积在主槽,其中三门峡—花园口、花园口—高村、高村—艾山、艾山—利津全断面分别淤积0.439亿t、1.223亿t、0.376亿t和0.292亿t,主槽淤积量分别占到河段淤积量的64%、70%、69%和97%。

4.3.5.6 1999年7月至2005年6月

小浪底水库运用后至2004年下游年均冲刷1.269亿t,三门峡—花园口、花园口—高村、高村—艾山、艾山—利津分别冲刷 -0.436 亿 t、-0.542 亿 t、-0.053 亿 t 和 -0.238 亿 t,几乎全部冲刷在主槽。黄河下游河道主槽得到冲刷扩大。

综上所述,黄河下游泥沙分布不同时期受上游来水来沙过程及边界条件的综合影响表现出不同的特点,因此评价水库泥沙淤积量和下游河道泥沙淤积量分配方案哪个较优,不是简单地对比水库淤积 1 m³ 与下游河道淤积 1 m³ 的关系,而需要在深入分析水沙运动基本规律和泥沙淤积致灾机制的基础上,首先借助水动力学模型计算得到黄河中下游行洪环境变化情况,其主要变量是小浪底水库库容、下游平滩流量、安全泄量,其次将上述计算结果代入泥沙淤积风险模型进行评估,是一个复杂的系统分析过程。

结合图 4-7 和图 4-8 对泥沙淤积风险模型计算原理简述如下:设黄河中下游防洪系统初始行洪环境为 A,对应小浪底水库库容、黄河下游平滩流量、黄河下游安全泄量在洪水调度前情况,当洪水调度结束后,黄河中下游防洪系统行洪环境变为 B。由图 4-7 和图 4-8 可以计算出洪水调度前后黄河中下游防洪系统大洪水年均期望损失和中小洪水年均

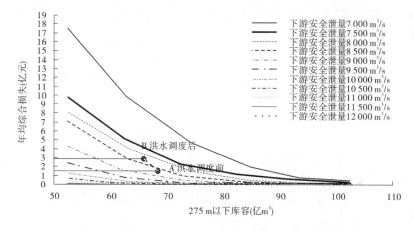

图 4-7　泥沙淤积对大洪水年均期望损失影响评价原理

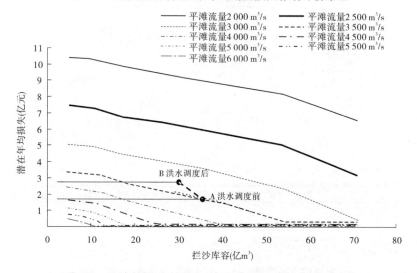

图 4-8　泥沙淤积对中小洪水年均漫滩损失影响评价原理

漫滩损失变化量,该变化量即为泥沙淤积造成的综合经济损失。

从泥沙淤积风险模型计算原理图运用举例可以看出,由于本模型数据库包含了黄河中下游防洪系统行洪环境变量的可能组合区间,无论洪水调度方案如何变化,其调度结果都体现为小浪底水库库容变化、下游河道安全泄量及平滩流量变化。通过插值运算,模型数据库中都能找到唯一的点与该调度结果对应,输出该点的纵坐标值,即可得出由于泥沙淤积导致的损失值。可见,本模型是一个非常全面的系统分析工具,有利于在洪水调度决策前对多个方案进行量化对比。同时,本模型还可作为长期规划运用工具,对未来泥沙淤积及分布状况造成的影响趋势和损失大小有所估计。

4.4 黄河中下游中常洪水水沙风险调控效果评价模型计算流程

小浪底水库中常洪水水沙风险调控效果评价模型计算主要包括如下几个步骤(见图4-9):

(1)设定初始边界条件、进口水沙过程,计算控制条件。

(2)通过水库水动力学模型计算水库发电效益、水库冲淤积量,同时输出水库出库水沙过程,作为下游计算进口条件。

(3)通过河道水动力学模型计算漫滩淹没损失值、河道冲淤积量、主槽平滩流量、下游安全泄量。

(4)将水库库容变化、下游主槽平滩流量、安全泄量变化等指标输入泥沙淤积风险评价模块,得出泥沙淤积及分布造成的综合经济损失值。

(5)综合发电效益、漫滩损失值、泥沙淤积损失值,得到洪水调度总效益。

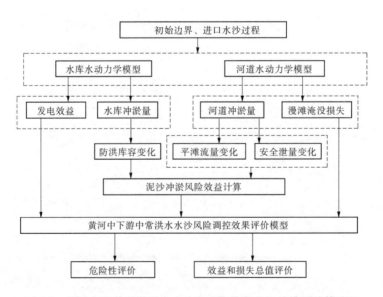

图4-9 黄河中下游中常洪水水沙风险调控效果评价模型计算流程

5 中常洪水风险调控典型方案及综合效果分析

5.1 中常洪水变化趋势及典型洪水水沙过程的选取

黄河流域各地区的洪水特性各不相同,本节主要选择中游的花园口、潼关说明黄河不同河段洪水的特点及变化情况。以往的工作侧重对大洪水的研究,随着水资源,尤其是上游水资源的大量开发利用,特别是龙羊峡、刘家峡水库汛期大量拦蓄洪水,使得黄河中下游洪水的基流明显减小。1986 年以前 3 000 m³/s 以下的水流过程均称为平水期,5 000 m³/s 以上的流量才称为编号洪峰,而 1986 年以后,平水期流量一般在 1 000 m³/s 以下,3 000 m³/s 以上即认为是洪水过程,4 000 m³/s 以上为编号洪峰。同时,由于清水基流的大幅度减少,中常洪水含沙量增高。峰值降低、历时缩短、洪量减小、高含沙洪水发生概率提高、含沙量显著增大代表着中常洪水的总体变化趋势。

5.1.1 实测中常洪水变化

5.1.1.1 洪水频次和洪量变化

统计潼关站和花园口站不同时期各流量级洪水的发生次数与频次见表 5-1 和图 5-1。

表 5-1 实测各站不同时期各流量级洪水频次统计

站点	时段（年）	各流量级(m³/s)洪水频次（次/年）								
		>4 000	>6 000	>8 000	>10 000	>15 000	4 000 ~ 6 000	6 000 ~ 8 000	8 000 ~ 10 000	4 000 ~ 8 000
潼关	1950 ~ 1968	4.5	1.9	0.9	0.5		2.6	1.0	0.4	3.6
	1969 ~ 1986	3.0	1.0	0.5	0.3	0.1	2.0	0.5	0.2	2.5
	1987 ~ 1999	1.6	0.3	0.1			1.3	0.2	0.1	1.5
	2000 ~ 2009	0.2					0.2			0.2
	1950 ~ 2009	2.7	1.0	0.5	0.3		1.8	0.5	0.2	2.3
花园口	1950 ~ 1960	4.3	2.6	1.1	0.6	0.2	1.7	1.5	0.5	3.2
	1961 ~ 1973	3.3	0.9	0.2			2.4	0.7	0.2	3.1
	1974 ~ 1986	3.8	1.2	0.5	0.2	0.1	2.6	0.7	0.3	3.3
	1987 ~ 1999	1.0	0.4				0.6	0.4		1.0
	2000 ~ 2009	0.4					0.4			0.4
	1950 ~ 2009	2.4	1.0	0.3	0.2	0.1	1.5	0.6	0.2	2.1

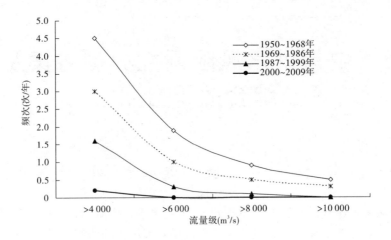

图 5-1   不同时期潼关站各流量级洪水频次

从图 5-1 和表 5-1 可见,随着刘家峡水库、龙羊峡水库、小浪底水库相继投入,黄河中下游洪水频次明显减小。中常洪水(4 000 ~ 8 000 m³/s)潼关站 1968 年以前为 3.6 次/年,1986 年以后洪水次数较少(见表 5-1),1987 ~ 1999 年仅 1.5 次/年;花园口站 1986 年以前为 3 次/年,1987 ~ 1999 年减少到 1 次/年。潼关站、花园口站 1987 年以后没有出现流量大于 10 000 m³/s 的大洪水,6 000 ~ 8 000 m³/s 出现频次也由过去的每年 1 次以上减少到每年不到 0.5 次。同时,场次洪水的水量也在减少,1987 年以后相同历时条件下,洪量明显减小,如图 5-2 所示。

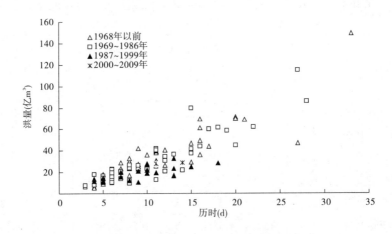

图 5-2   潼关站不同时段不同洪水历时的洪量

5.1.1.2   含沙量变化

中常洪水(4 000 ~ 8 000 m³/s)潼关站和花园口站不同时期各含沙量级洪水的发生次数与频次见表 5-2,从中可以看出 1986 年以后大于 150 kg/m³ 的高含沙量洪水明显增加,1987 ~ 1999 年分别为 0.5 次/年和 0.2 次/年。

表 5-2　实测各站不同时期各含沙量级洪水频次统计

站名	时段（年）	各含沙量（kg/m³）级洪水频次（次/年）							
		<30	>30	>40	>60	>80	>100	>150	>200
潼关	1960～1968	0.8	3.4	2.6	1.8	1.2	0.8	0.2	0.1
	1969～1986	0.9	1.6	1.3	0.7	0.6	0.3	0.2	0.2
	1987～1999	0.2	1.4	1.4	1.2	0.9	0.8	0.5	0.2
	2000～2006	0.3							
	1960～2006	0.6	1.7	1.4	1.0	0.7	0.5	0.3	0.1
花园口	1950～1960	0.7	2.5	1.6	1.3	0.7	0.5	0.1	
	1961～1973	1.0	1.4	1.1	0.8	0.4	0.3	0.1	0.1
	1974～1986	1.8	1.5	0.7	0.4	0.2	0.1		
	1987～1999		1.0	0.9	0.9	0.5	0.4	0.2	0.1
	2000～2009	0.4							
	1950～2009	0.8	1.3	0.9	0.7	0.4	0.3	0.1	

5.1.2　大型水库对洪水频次及量级的影响

从 1960 年起，黄河上中游干支流陆续修建了三门峡、陆浑、刘家峡、龙羊峡、故县、小浪底等多座大型水库，这些水库的运用改变了其下游各站的天然洪水过程。为了扣除大型水库调蓄作用影响，说明天然洪水情况，需要对受大型水库影响年份的资料进行还原。水库调蓄量的计算方法采用进出库流量相减法进行计算。洪水还原计算包括洪峰还原和洪量还原。

5.1.2.1　大型水库对洪水频次影响

根据干流龙羊峡、刘家峡、三门峡、小浪底水库的蓄水运用时间，分别统计各水库运用后实测和还原洪水的发生次数与频次，见表 5-3。从表 5-3 中看出，潼关站刘家峡水库单库作用时，减小的频次为 0.7 次/年，龙羊峡水库运用后，减小的频次为 0.5 次/年。

表 5-3　潼关和花园口站实测、还原洪水次数与频次对比

站名	时段（年）	年数（年）	次数（次）			频次（次/年）		
			实测	还原	差值	实测	还原	差值
潼关	1969～1986	18	66	78	-12	3.7	4.3	-0.7
	1987～2005	19	37	47	-10	1.9	2.5	-0.5
花园口	1960～1968	9	36	53	-17	4	5.9	-1.9
	1969～1986	18	77	92	-15	4.3	5.1	-0.8
	1987～1999	13	33	51	-18	2.5	3.9	-1.4
	2000～2005	6	4	13	-9	0.7	2.2	-1.5

花园口站除受上游水库影响外,还受中游水库运用方式变化的影响,1960~1968年三门峡水库运用初期,花园口的洪水频次平均减小1.9次/年;1969~1986年三门峡水库汛期泄水排沙,花园口洪水频次变化主要受三门峡水库和刘家峡水库影响,频次减小0.8次/年;龙羊峡水库运用后、小浪底水库运用前,花园口洪水平均减小1.4次/年;小浪底水库运用后,在6个水库的影响下,花园口洪水平均减小1.5次/年。

5.1.2.2 大型水库对洪水量级影响

统计不同时期刘家峡、龙羊峡水库对潼关站洪峰流量及时段洪量的影响如下:1967~1986年刘家峡水库单库影响,洪峰流量平均减小8%,各时段洪量平均减小9%~19%;1987~2005年增加了龙羊峡水库的影响,使得洪峰、流量减小程度更为明显,洪峰流量平均减小18%,各时段洪量平均减小22%~25%,刘家峡水库调蓄影响还原后,潼关站年最大洪峰流量平均增加386 m^3/s,龙、刘两库还原后潼关站年最大洪峰流量平均增加611 m^3/s。

统计花园口站1960~1968年受三门峡、陆浑水库影响,此后的1969~1986年、1987~1991年和1992~1999年,陆续增加了刘家峡、龙羊峡和故县水库,以上各时期对洪峰流量影响大多在20%~25%,其中对于个别时期(1969~1986年),增加刘家峡水库后,反而对洪峰流量的影响减小到14%左右。2000~2005年增加小浪底水库后,对花园口洪峰流量影响平均减小程度高达57%。对洪量影响在无小浪底情况,大多平均减小10%~30%,增加小浪底后影响程度进一步增加达60%左右。

花园口站洪峰流量受三门峡、小浪底水库运用的影响较大,不同时期由于水库运用方式和上游来水来沙条件的不同,水库运用对花园口站洪峰流量的影响也差别较大,对花园口站洪峰流量影响较大的时期是三门峡水库和小浪底水库运用初期,对花园口站洪峰流量的影响平均超过了1 000 m^3/s,1960~2005年多年平均各水库削减花园口年最大洪峰流量的均值为1 029 m^3/s。

5.1.3 小浪底水库中常洪水的变化趋势及未来典型洪水过程

还原大型水库影响后,统计各站不同时期各流量洪水的发生次数和频次见表5-4,从表中可以看出,大于4 000 m^3/s洪水潼关站和花园口站20世纪50~60年代频次变化不大,潼关站和花园口站1950~1969年平均发生洪水均在4次以上,90年代以后洪水频次明显减小,年平均不到2次。

从表5-4同时看出,潼关站、花园口站1990年以后没有一次大于10 000 m^3/s的洪水。6 000~8 000 m^3/s的洪水在20世纪90年代年潼关站和花园口站平均分别为0.3次/年和0.2次/年,而50年代分别达到0.7次/年和1.2次/年。

5.1.3.1 平均洪峰流量变化趋势

根据花园口站1950~2005年洪水系列资料,按每5场洪水平均洪峰流量作为反映洪水变化趋势指标,点绘花园口站平均洪峰流量(天然)变化趋势图(见图5-3),可以看出,花园口站平均洪峰流量变化趋势是逐年递减的,年平均洪峰流量已由20世纪50~60年代的6 000 m^3/s左右流量减少为90年代以来的4 500 m^3/s左右。

表 5-4　各站不同时期流量级还原后各级洪水频次统计

站名	时段(年)	流量级(m³/s)还原后各级洪水频次(次/年)									
		>3 000	>4 000	>6 000	>8 000	>10 000	>15 000	4 000~6 000	6 000~8 000	8 000~10 000	4 000~8 000
潼关	1950~1959	5.6	4.4	2	1.3	0.8		2.4	0.7	0.5	3.1
	1960~1969	5.1	4	1.6	0.4	0.1		2.4	1.2	0.3	3.6
	1970~1979	4.2	2.9	1.5	0.8	0.5	0.2	1.4	0.7	0.3	2.1
	1980~1989	4.4	3.3	0.8	0.2			2.5	0.6	0.2	3.1
	1990~1999	2.6	1.9	0.4	0.1			1.5	0.3	0.1	1.8
	2000~2005	1.3	0.8					0.8			0.8
	1950~2005	4.1	3	1.1	0.5	0.3	0	1.9	0.6	0.2	2.5
花园口	1950~1959	6.1	4.8	2.4	1.2	0.7	0.2	2.4	1.2	0.5	3.6
	1960~1969	5.7	4.2	1.9	0.5	0.2		2.3	1.4	0.3	3.7
	1970~1979	5.1	2.8	1.1	0.5	0.3		1.7	0.6	0.2	2.3
	1980~1989	5.5	3.7	1.2	0.5	0.2	0.1	2.5	0.7	0.3	3.2
	1990~1999	3.3	1.4	0.3	0.1			1.1	0.2	0.1	1.3
	2000~2005	2.2	1.2	0.5				0.7	0.5		1.2
	1950~2005	4.8	3.1	1.3	0.5	0.3	0.1	1.8	0.8	0.2	2.6

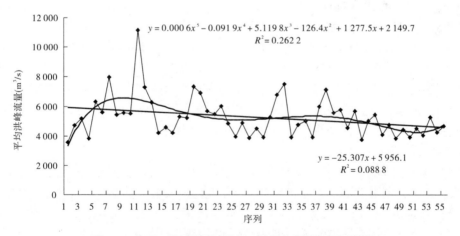

$$y = 0.000\ 6x^5 - 0.091\ 9x^4 + 5.119\ 8x^3 - 126.4x^2 + 1\ 277.5x + 2\ 149.7$$
$$R^2 = 0.262\ 2$$

$$y = -25.307x + 5\ 956.1$$
$$R^2 = 0.088\ 8$$

图 5-3　花园口洪峰流量(按每 5 场洪水平均)变化趋势

　　从多元回归方程拟定的曲线来看(经检验,该回归方程显著),具有明显的周期性,其变化周期大概 25~30 年或 50 年。洪峰流量变化过程虽有周期性波动,但总体趋势是逐渐向下的。仅从流量随时间变化的趋势和周期性波动规律预测,未来 30~50 年,假定下垫面条件能够维持现状水平,在降雨变化趋势不显著的情况下,花园口站平均洪峰流量仍将主要在 4 000～8 000 m³/s 区域波动。

采用同样方法,选取潼关站 1950～2005 年洪水系列资料,按每 4 场洪水平均洪峰流量作为反映洪水变化趋势指标,点绘潼关站平均洪峰流量(天然)变化趋势(见图 5-4)。

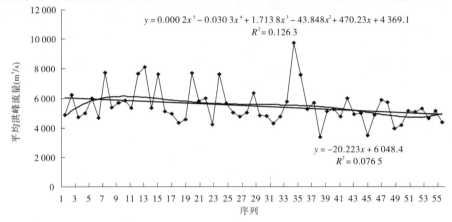

$$y = 0.000\,2x^5 - 0.030\,3x^4 + 1.713\,8x^3 - 43.848x^2 + 470.23x + 4\,369.1$$
$$R^2 = 0.126\,3$$

$$y = -20.223x + 6\,048.4$$
$$R^2 = 0.076\,5$$

图 5-4　潼关站洪峰流量(按每 4 场洪水平均)变化趋势

由此分析可知,潼关站平均洪峰流量变化趋势也是逐年递减的,年平均洪峰流量已由 20 世纪 50 年代的 6 000 m³/s 左右减少为 90 年代以来的 5 000 m³/s 左右。洪峰流量变化过程也有周期性波动,波动周期大概 25～30 年或 50 年。未来 30～50 年,假定下垫面条件能够维持现状水平,在降雨变化趋势不显著的情况下,潼关站平均洪峰流量也将主要在 4 000～8 000 m³/s 区域波动。

5.1.3.2　未来典型洪水过程

1986 年以来,黄河下游中常洪水明显减少,根据实测中常洪水变化,以及对未来洪水变化趋势的认识,潼关站和花园口站洪峰流量在 4 000～8 000 m³/s 区域波动,且含沙量较高。因此,从实测洪水中选取了以中游高含沙量为主的"88·8"洪水和"92·8"洪水,以及中下游同时来水的"96·8"洪水作为典型中常洪水进行分析。同时,考虑可能出现中游为中常洪水、三门峡—花园口区间(简称三花间)加水后形成下游大洪水过程的情况,又选取了"82·8"大漫滩洪水进行分析,以下分别介绍。

1. "88·8"洪水

1988 年 8 月 5～26 日,黄河下游四次洪水过程主要来自中游,潼关站最大洪峰流量和最大含沙量分别为 7 930 m³/s 和 363 kg/m³,花园口站最大洪峰流量和最大含沙量分别为 7 000 m³/s 和 197 kg/m³(见图 5-5),花园口站相应的最大日均流量为 5 490～6 380 m³/s。尤其 8 月 5～14 日的两场洪水,来沙系数均在 0.045 左右,是整个汛期对下游影响最大的两次洪水,二场洪水水沙条件的剧烈变化引起了下游河床的强烈调整,在历时 6 d 和 4 d 内下游淤积泥沙分别达 1.235 亿 t 和 1.534 亿 t(见表 5-5),分别占相应来沙量的 55% 和 49%,淤积主要集中于高村以上,分别占全下游淤积量的 91% 和 89%。

但 8 月中下旬发生了两场花园口洪峰流量为 6 800 m³/s、7 000 m³/s 的洪水,来沙系数较低,约为 0.012,下游河道略有冲刷,说明洪峰流量较大、含沙量较低的洪水对抑制河道的淤积可起到较好的作用。

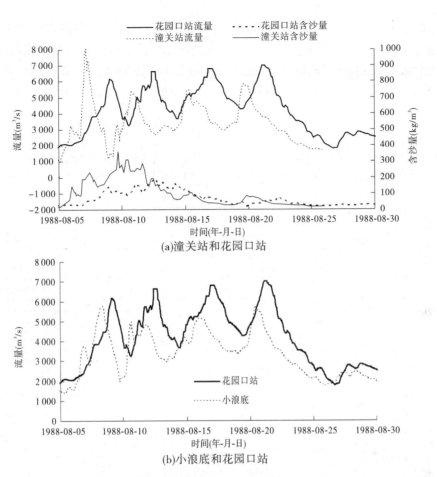

图例：
花园口站流量 —— 花园口站含沙量 ……
潼关站流量 ……… 潼关站含沙量 ——

(a)潼关站和花园口站

花园口站 ——
小浪底 ……

(b)小浪底和花园口站

图 5-5 "88·8"洪水洪水过程线

表 5-5 "88·8"洪水特征

花园口时间（月-日）	洪峰流量（m³/s）		下游		冲淤量（亿t）			
	潼关	花园口	水量（亿m³）	沙量（亿t）	三门峡—高村	高村—艾山	艾山—利津	三门峡—利津
08-05～08-10	7 930	6 150	16.2	2.27	1.135	0.027	0.121	1.235
08-11～08-14	5 220	6 640	16.0	3.13	1.365	0.237	-0.068	1.534
08-15～08-19	5 500	6 800	21.2	1.4	-0.20	0.02	-0.05	-0.23
08-20～08-26	5 870	7 000	23.3	1.11	-0.07	0.01	0.02	-0.04

2. "96·8"洪水

1996 年 8 月 5 日、13 日黄河下游花园口站出现了洪峰流量为 7 860 m³/s 和 5 560 m³/s（见表 5-6）的两次洪峰（简称"96·8"洪水），这场洪水是由中下游同时来水形成的，潼关最大洪峰流量和最大含沙量分别为 7 400 m³/s 和 263 kg/m³（见图 5-6），黑石关和武陟最大洪峰流量分别为 1 980 m³/s 和 1 500 m³/s（见表 5-6）。由于洪水水位高，演进速度慢，洪峰变形异常，不少河段水位超过历史最高记录，造成多处控导工程漫顶，堤防工程出险,滩区大部分漫滩,上百万人受灾,141 年未曾上水的河南原阳高滩亦发生漫滩。这场洪水的最大含沙量只有 126 kg/m³,不属于高含沙洪水,洪水量级也只属中常洪水,但黄河下游抗洪抢险出现了十分紧张的局面。"96·8"洪水是 1986 年以来河道严重淤积萎缩条件下发生的最大洪水,在洪水传播和河道演变方面表现出的特点充分体现了河道萎缩的影响。"96·8"洪水期下游河道冲淤量见表 5-7。

表 5-6 "96·8"洪水特征

编号	站名	最大流量 (m³/s)	相应水位 (m)	出现时间 (日T时:分)	最大含沙量 (kg/m³)	出现时间 (日T时:分)	水量 (亿m³)	沙量 (亿t)
1号 洪峰	三门峡	4 130	278.32	03T08:00	328		35.73	4.91
	小浪底	5 020	136.31	04T00:00	268			
	黑石关	1 980	113.32	04T09:00			6.97	0.03
	武陟	1 500	7.35	05T08:00			6.41	0.04
	花园口	7 860	94.73	05T15:30	126	04T20:00	53.49	4
	夹河滩	7 150	78.34	06T17:30	43.9	06T17:30	53.28	3.1
	高村	6 810	63.87	09T23:00	12.3	09T05:48	53.56	1.59
	孙口	5 800	49.66	15T00:00	4.45	15T18:00	49.22	0.95
	艾山	5 030	42.75	17T04:30	13.7	17T12:00	52.37	1.18
	泺口	4 700	32.34	18T05:48	14.1	18T00:00	49.72	0.99
	利津	4 130	14.70	20T22:48	22.7	20T20:00	47.74	1.17
2号 洪峰	三门峡	5 100	279.01	11T18:30	355	13T04:00		
	小浪底	5 090	136.65	12T04:00	319	13T16:00		
	花园口	5 560	94.11	13T03:30	155	14T20:00		
	夹河滩	4 390	77.84	14T04:00	119	16T00:00		
	高村	4 360	63.34	15T02:00	69.1	16T16:30		

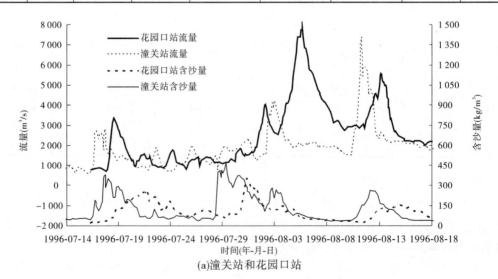

(a)潼关站和花园口站

图 5-6 "96·8"洪水洪水过程线

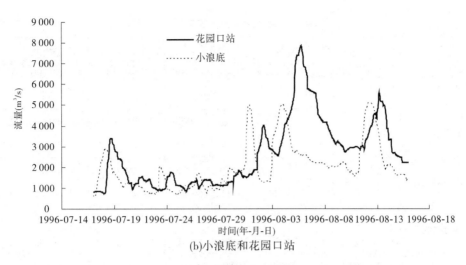

(b)小浪底和花园口站

续图 5-6

表 5-7 "96·8"洪水期下游河道冲淤量 （单位：亿 t）

河段	全断面	滩地	主槽
花园口以上	0.71	0.88	−0.17
花园口—夹河滩	0.79	1.33	−0.54
夹河滩—高村	1.53	1.66	−0.13
高村—孙口	0.54	1.33	−0.79
孙口—艾山	0.04	0.08	−0.04
艾山—泺口	0.07	−0.03	0.10
泺口—利津	−0.13	0.08	−0.21
全下游	3.55	5.33	−1.78

第一个特点是下游河道淤积严重,而且淤积主要集中在高村以上。由表 5-7 可见,全下游洪水期共淤积 3.55 亿 t,占来沙量 4.98 亿 t 的 71%。其中,高村以上淤积量达 3.03 亿 t,占全下游淤积量的 85%。

第二个特点是淤滩刷槽效果显著。洪水期间下游全断面淤积达 3.55 亿 t,但主槽冲刷 1.78 亿 t,滩地淤积 5.33 亿 t,滩地淤积量是洪水期来沙量的 1.2 倍。孙口以上淤滩刷槽的作用最为显著,滩地淤积达 5.2 亿 t,主槽冲刷 1.63 亿 t。根据对下游水文站断面"96·8"洪水期的变化分析,大部分河段主槽涨水冲刷、落水淤积,洪水过后主槽平均河底高程降低,增加了河道的排洪能力,花园口、高村、艾山站断面分别冲深 0.45 m、0.2 m 和 0.29 m。

第三个特点是水位表现高,漫滩范围广。"96·8"洪水在下游河段演进过程中,花园口和夹河滩、孙口、泺口均出现了有记录的历史最高水位(见表 5-8)。

表 5-8　黄河下游主要水文站洪水比较

洪水	项目	花园口	夹河滩	高村	孙口	艾山	泺口	利津
1958 年洪水	流量(m³/s)	22 300	20 500	17 900	15 900	12 600	11 900	10 400
	水位(m)	93.82	74.31	62.87	49.28	43.13	32.09	13.76
1976 年洪水	流量(m³/s)	9 210	9 010	9 060	9 100	9 100	8 000	8 020
	水位(m)	93.42	75.65	62.86	49.19	42.64	32.14	14.71
1982 年洪水	流量(m³/s)	15 300	14 500	13 000	10 100	7 430	6 010	5 810
	水位(m)	93.99	75.62	64.13	49.6	42.7	31.69	13.98
1992 年洪水	流量(m³/s)	6 410	4 510	4 100	3 480	3 310	3 150	3 080
	水位(m)	94.33	74.88	63.12	48.24	41.1	30.45	13.48
1996 年洪水	流量(m³/s)	7 860	7 150	6 810	5 800	5 030	4 700	4 130
	水位(m)	94.73	76.44	63.87	49.66	42.75	32.24	14.7
2002 年洪水	流量(m³/s)	3 170	3 150	2 980	2 800	2 670	2 550	2 500
	水位(m)	93.65	75.67	63.75	49	41.76	31.03	13.8

第四个特点是洪峰传播时间长,洪峰沿程变形剧烈。"96·8"洪水 1 号洪峰花园口—孙口传播历时 224.5 h,仅次于历史上传播时间最长的 2002 年调水调沙 271.7 h,孙口—利津的传播时间为 142.8 h,比历史上传播时间最长 1975 年的(136 h)还要长 6.8 h(见表 5-9)。

表 5-9　"96·8"洪水传播时间、速度比较

项目	花园口—夹河滩	夹河滩—高村	高村—孙口	孙口—艾山	艾山—泺口	泺口—利津	花园口—利津
距离(km)	105	83	130	63	108	174	663
历次同流量平均传播时间(h)	14	14	20	12	16	20	96
"75·8"洪水传播时间(h)	26	28	36	12	78	46	226
"96·8"洪水传播时间(h)	30	73.5	121	52.5	25.3	65	367.3
2002 年洪水传播时间(h)	16.5	108.7	146.5	13	14.7	13.6	313
历次同流量平均传播速度(m/s)	2.08	1.65	1.8	1.46	1.88	2.42	1.92
"75·8"洪水传播速度(m/s)	1.12	0.82	1	1.46	0.38	1.05	0.81
"96·8"洪水传播速度(m/s)	0.97	0.31	0.3	0.33	1.19	0.74	0.5
2002 年洪水传播速度(m/s)	1.77	0.21	0.25	1.35	2.04	3.55	0.59

注:夹河滩断面指夹河滩(二)站。

"96·8"洪水花园口站洪峰流量 7 860 m³/s,到利津站洪峰流量仅 4 100 m³/s,洪峰削减了 47.8%,但洪峰流量削减程度沿程变化不一,从花园口到夹河滩、高村、孙口、艾

山、泺口、利津各站洪峰依次削减 8.8% 、5.0% 、16% 、10.9% 、5.5% 和 14.2% ,削峰最大的在高村—孙口河段。分析与"96·8"洪水洪峰流量相近的洪水可见(见表 5-10),1981年、1985 年和 1996 年洪水,花园口站洪峰流量均在 8 000 m³/s 左右,但由于河床边界条件的不同,洪峰流量沿程削减也不同。

表 5-10　典型洪峰削减情况统计

站名	洪峰流量(m³/s)					削峰率(%)				
	同流量级年份		大漫滩年份			同流量级年份		大漫滩年份		
	1981 年	1985 年	1958 年	1982 年	1996 年	1981 年	1985 年	1958 年	1982 年	1996 年
花园口	8 060	8 260	22 300	15 300	7 860					
夹河滩	7 730	8 320	20 500	14 500	7 150	4.1	-0.7	8.1	5.2	9.0
高村	7 390	7 500	17 800	13 000	6 810	4.4	9.8	13.2	10.3	4.8
孙口	6 500	7 100	15 900	10 100	5 800	12.0	5.3	10.7	22.3	14.8
花园口—孙口						19.4	14.0	28.7	34.0	26.2

注:1958 年、1982 年东平湖滞洪。

3."82·8"洪水

1982 年 8 月 2 日受 9 号台风影响,三花间、山西—陕西区间及泾河、渭河、北洛河、汾河普降暴雨,局部地区降特大暴雨,各支流普遍涨水出现洪水过程,潼关站洪峰流量为 4 670 m³/s,沁河武陟站和伊洛河黑石关站洪峰流量分别为 4 110 m³/s 和 4 130 m³/s(见图 5-7),分别是有记载以来的第 1 大洪水和第 6 大洪水。各区间来水演进后形成了新中国成立以来花园口最大洪峰流量 15 300 m³/s 的第二大洪水。因洪水主要来自三门峡以下,含沙量较低,洪峰尖瘦,第一次三门峡—黑石关—武陟历时 11 d(表 5-11),洪量为 46.1 亿 m³,来沙量为 2.095 亿 t,平均含沙量为 45 kg/m³。"82·8"洪水的特点是伊洛黄沁并涨且涨势猛,洪水量大峰高,泥沙少,持续时间长,传播速度慢,漫滩范围大。

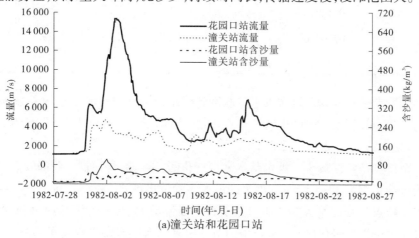

(a)潼关站和花园口站

图 5-7　"82·8"洪水洪水过程线

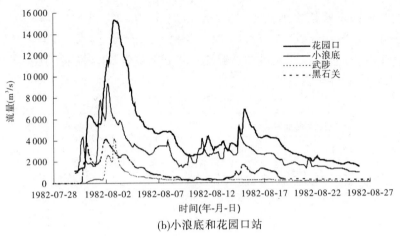

(b)小浪底和花园口站

续图 5-7

表 5-11　"82·8"洪水主要洪水特征

站名	最大流量 （m³/s）	相应流量 时间 （日 T 时：分）	最大含沙量 （kg/m³）	7 月 30 日至 8 月 9 日		8 月 10 日至 8 月 22 日	
				水量 （亿 m³）	沙量 （亿 t）	水量 （亿 m³）	沙量 （亿 t）
潼关	4 760	01T20：00	103				
三门峡	4 840	01T12：00	114				
小浪底	9 340	02T04：30	120				
黑石关	4 110	02T00：00	54.4				
武陟	4 130	02T19：00	48.2				
下游				46.1	2.095	31.4	1.058
花园口	15 300	02T22：00	66.6	61.1	1.994	38.8	1.119
高村	13 000	05T02：00	66.9	61	1.945	37.5	1.106
艾山	7 430	07T03：00	59.1	49.6	1.410	39	1.046
利津	5 810	09T23：30	78.1	45	1.664	38.2	1.174

　　第一个特点是涨势猛。这次洪水自起涨到峰顶，总计历时，水位为 29 h，流量为 32 h，水位升高 0.88 m，流量增加 10 000 m³/s，其平均增长率，水位为 0.03 m/h，流量 313 m³/s，泺口站不到 20 h 水位上涨 3 m。

　　第二个特点是含沙量小。洪水基本来自三花间，洪水的含沙量一般都较小，花园口站洪水平均含沙量仅为 32.5 kg/m³，洪水的最大含沙量也仅达 63.4 kg/m³。

　　第三个特点是峰高量大。花园口站最大洪峰流量 15 300 m³/s，其 4 d 洪量为 35.67 亿 m³、10 d 洪量为 59.80 亿 m³，是新中国成立以来历次洪水中洪水总量和最大洪峰流量都仅次于 1958 年 7 月的大洪水。

第四个特点是洪峰持续时间长。花园口站这次大洪水流量在 10 000 m^3/s 以上的历时达 52 h,流量在 8 000 m^3/s 以上的历时达 63 h,仅次于"58·7"洪水("58·7"大洪水,流量在 10 000 m^3/s 以上的历时为 75 h,流量在 8 000 m^3/s 以上的历时为 92 h)。

第五个特点是洪峰传播慢。"82·8"洪水洪峰从花园口站经历了 108 h 才到达孙口站,洪峰传播的平均速度为 3.15 km/h,相应的洪水平均流速为 0.87 m/s,而 1954 年 8 月大洪水的洪峰传播也是较慢的,花园口—孙口洪峰传播的平均速度为 3.38 km/h,相应的洪水平均流速为 0.94 m/s。

第六个特点是漫滩范围大。这场洪水下游除泺口以下河段外,滩区普遍进水,是多年来漫滩最严重的一次(见表 5-12)。洪水总计淹没滩地 25 块,淹没面积达 1 477.8 km^2,最大滞洪量 25.23 亿 m^3。漫滩主要集中在孙口以上,淹没面积和最大滞洪量分别是全下游的 82% 和 88%,其中最严重的高村—孙口河段滩区最大滞洪量达 11.5 亿 m^3,占全下游的 46%。这次洪水期间,下游生产堤各种破口口门 156 处,大多数口门宽 100 m,最大达 500~600 m,过流量一般为 100~2 000 m^3/s。

表 5-12　1982 年洪水期黄河下游淹没滩地情况统计

河段	淹没面积(km^2)	淹没平均水深(m)	最大滞洪量(亿 m^3)
花园口—夹河滩	245.6	1.4	3.45
夹河滩—高村	464.9	1.6	7.22
高村—孙口	504.6	2.3	11.5
孙口—艾山	139.8	1.42	1.98
艾山—泺口	47.5	1.17	0.55
泺口—利津	75.4	0.7	0.53
合计	1 477.8		25.23
高村以上占下游比例(%)	48		42
孙口以上占下游比例(%)	82		88

第七个特点是淤滩刷槽效果减弱。由于生产堤的阻水作用,槽滩水体得不到充分交换,淤滩刷槽作用明显较 1958 年洪水减弱。花园口—艾山河段主槽冲刷 1.54 亿 t,滩地淤积 2.17 亿 t,全断面淤积 0.63 亿 t,艾山以下主槽冲刷 0.73 亿 t,滩地淤积 0.39 亿 t,全断面冲刷 0.34 亿 t,花园口—利津主槽冲刷 2.27 亿 t,滩地淤积 2.56 亿 t,全淤积 0.34 亿 t。可见,黄河下游洪水的作用是很大的。

4."92·8"洪水

1992 年 8 月上中旬,黄河中游地区连续出现 3 次降水过程,相应黄河下游相继出现 4 场洪水过程,持续时间为 8~9 d,其中第 4 场洪水洪峰流量最大、含沙量最高,花园口站洪峰流量达到 6 430 m^3/s(见图 5-8),最大含沙量达到 454 kg/m^3,而三门峡含沙量大于 300 kg/m^3 的持续时间长达 67 h,为近年来进入黄河下游洪水中高含沙量持续时间最长者。"92·8"洪水有以下主要特点:

一是淤积量大且淤积集中在高村以上。1992 年 8 月洪水历时 9 d(见表 5-13),全下游来水量为 23.84 亿 m^3,来沙量为 5.692 亿 t,全下游淤积量达 3.889 亿 t,占来沙量的

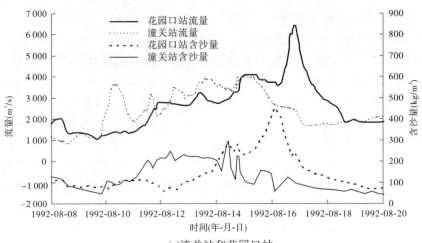

(a)潼关站和花园口站

(b)小浪底站和花园口站

图 5-8 "92·8"洪水过程线

68%。从淤积的河段分布看,淤积主要集中在高村以上,淤积量 3.582 亿 t,占全下游淤积量的 92.1%。高村—艾山河段淤积量仅为 0.198 亿 t,只占全下游淤积量的 5.1%。艾山以下淤积量 0.109 亿 t,仅占全下游淤积量的 2.8%。

表 5-13　1992 年 8 月 10 日至 8 月 19 日洪水特征

花园口最大流量(m³/s)		6 430		三门峡—花园口	0.955
三门峡最大含沙量(kg/m³)		488		花园口—夹河滩	1.858
三门峡—黑石关—武陟	水量(亿 m³)	23.84	冲淤量(亿 t)	夹河滩—高村	0.769
	沙量(亿 t)	5.692		高村—孙口	0.296
	平均流量(m³/s)	3 035		孙口—艾山	−0.098
	平均含沙量(kg/m³)	236		艾山—利津	0.109
	来沙系数	0.078		全下游	3.889

二是水位表现比较高。从表 5-14 给出铁谢—夹河滩河段的"92·8"最高洪水位与 1982 年 8 月花园口站最大洪峰流量 15 300 m^3/s 洪水,1973 年 8 月高含沙洪水及 1977 年 7 月、8 月两场高含沙洪水,在夹河滩以上河段沿程的最高洪水位的比较可知,花园口—赵口 60 多 km 河段内"92·8"洪水位最高,其中花园口站达 94.33 m。

表 5-14　"92·8"洪水位与"82·8"、"73·8"及"77·7"洪水位比较　　　（单位:m）

站名	"92·8"洪水	"82·8"洪水	"73·8"洪水	"77·8"洪水	"77·7"洪水
铁谢	118.21		120.01	117.63	117.66
逯村	116.97	115.45	118.4		
赵沟	113.35			112.36	112.29
化工	111.89			112.29	111.79
裴峪	110.64	109.83	110.68	109.61	109.82
大玉兰	109.56				
驾部	103.68	103.1	103.08	103.76	103.19
官庄峪	100.83	100.8	100.94	100.4	100.05
马庄	94.94	94.78	95.55	94.85	94.38
花园口	94.33	93.99	94.18	93.19	92.92
双井	93.09	92.72		91.62	92.03
马渡	91.84	91.7			
赵口	89.24	88.91		88.77	88.22
黑岗口	82.82	83.39	82.38	83.08	83.06
柳园口	81.49	82.47		81.62	81.65
古城	78.45	79.09	78.03		
府君寺	77.52	78.15			
夹河滩	74.88	75.62	74.22	75.46	75.53

三是洪水传播异常。"92·8"洪水在小浪底—花园口河段的演进过程中,除水位表现高外,还有两点异常:其一是在区间加水很少的情况下,洪峰流量异常增加,花园口洪峰流量 6 430 m^3/s,较上站小浪底洪峰流量 4 570 m^3/s 增加 30%(见图 5-8(b));其二是洪水演进速度较一般同流量洪水慢一半,一般流量 4 000 ~ 5 000 m^3/s 洪水从小浪底传播至花园口约需 15 h,而"92·8"洪水传播时间长达 28 h(小浪底最大洪峰流量时间为 15 日 16 时,花园口最大洪峰流量为 16 日 20 时)。此外,漫滩洪水回归主槽,造成花园口最大洪峰出现在沙峰之后。

四是河道淤积面积的大小与洪水漫滩宽度有关。从图 5-9 给出的高村以上河段 5 月底至 8 月底河道大断面的测量结果可知,全河段均发生严重淤积,淤积面积沿程分布特征呈中间大两头小,淤积最严重的河段位于来童寨—黑岗口河段,一般淤积面积 3 000 ~

5 000 m²,最大淤积发生在韦城断面,达 7 300 m²,平均淤厚 0.85 m。其他河段的淤积面积在 1 000~3 000 m²。河道淤积面积的大小与洪水漫滩宽度的大小有关。其中,黑石、韦城两断面的漫水宽度最大,达 8~10 km,淤积也最为严重。其次是孤柏嘴—秦厂河段,漫水宽度在 5.5~6.1 km,相应的淤积量也较大,淤积面积一般在 2 000 m² 以上,而漫水宽度在 2~3 km 范围内时,河槽的淤积面积在 1 000~2 000 m²。

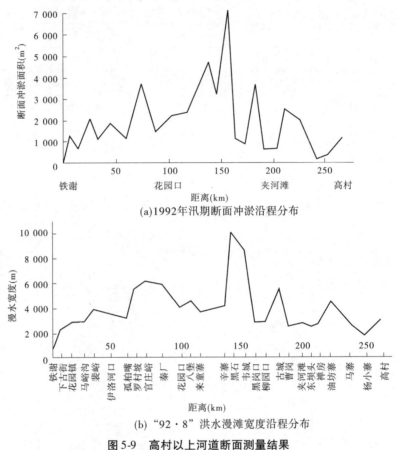

(a)1992年汛期断面冲淤沿程分布

(b)"92·8"洪水漫滩宽度沿程分布

图 5-9　高村以上河道断面测量结果

5.2　小浪底水库、下游河道冲淤数学模型的改进和完善

5.2.1　小浪底水库一维水动力模型改进与完善

近期,在全面分析已有一维水沙模型的基础上,对主要构件或模块择优整合,加入非恒定流模块、溯源冲刷模块及坝前含沙分布模块,优化耦合形成一维非恒定流水流泥沙水动力学数学模型。模型可用于计算库区水沙输移、干流倒灌淤积支流形态、库区异重流产生及输移、河床形态变化与调整、出库水流、含沙量及级配过程等,并通过小浪底水库物理模型试验资料,三门峡水库 1964 年、1972 年实测资料进行验证分析,最后选用 2010 年汛前调水调沙资料进行验证计算,均表明其计算结果可靠,性能良好。

5.2.1.1 水流非恒定计算模块

在河道非恒定流求解的基础上,考虑水库非恒定水流边界特征,引入特殊处理方法,进行非恒定模块的构建。水流构件设计中整合了已有模型的水流计算构件的 Preissmann 四点隐格式模块,扩充了近年来实用性较好的 MC 算法及侧向通量算法模块。这些模块可以根据实际情况加以调用。

1. 非恒定流基本方程

水流连续及动量方程组采用守恒变量(A,Q)形式:

$$
\left.
\begin{aligned}
&\frac{\partial A}{\partial t} + \frac{\partial Q}{\partial x} = q_L \\[2mm]
&\frac{\partial Q}{\partial t} + \frac{\partial \left(\dfrac{Q^2}{A} \right)}{\partial x} = -gA\left(\frac{\partial Z}{\partial x} + S_f \right) + u_l \cdot q_l
\end{aligned}
\right\}
\tag{5-1}
$$

式中:Z 为水位,m;Q 为流量,$\mathrm{m^3/s}$;A 为面积,$\mathrm{m^2}$;g 为重力加速度,$\mathrm{m/s^2}$;S_f 为摩阻坡度;t 为时间,s;x 为流程,m。

2. 控制方程离散及求解

采用 MacCormack 格式求解控制方程,本格式分以下两步实现:

(1)预测步用空间后差。

$$
\widetilde{u}_i = U_i^n - \frac{\Delta t}{\Delta x}(f_i^n - f_{i-1}^n) + \widetilde{Sou_i}\Delta t
\tag{5-2}
$$

(2)校正步对平均解按通量前差校正。

$$
U_i^{n+1} = \frac{U_i^n + \widetilde{U}_i}{2} - \frac{\Delta t}{2\Delta x}(\mathring{f}_{i+1} - \mathring{f}_i) + \widetilde{Sou_i}\Delta t
\tag{5-3}
$$

也可预测步用前差而校正步用后差,或者奇偶时间步轮流执行以上两种方案。分析表明,虽然每一步采用一阶单侧差分,但两步各自的截断误差的主部抵消,只剩下三阶截断误差。

3. 进出口边界处理

差分格式采用黎曼不变量的特征边界格式,即联立求解沿外边界处的输入特征线成立的相容关系和已知的流动变量过程,可得外边界断面的未知变量过程。进口边界处理如图 5-10 所示,具体计算步骤如下:

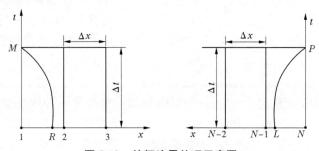

图 5-10 特征边界处理示意图

(1)估计特征线起点 R 的位置、水力参数及黎曼不变量。

$$x_R = x_M - (u - c)_1^n \Delta x \tag{5-4}$$

$$Q_R = Q_2^n - (Q_2^n - Q_1^n) \frac{x_2 - x_R}{\Delta x} \tag{5-5}$$

$$A_R = A_2^n - (A_2^n - A_1^n) \frac{x_2 - x_R}{\Delta x} \tag{5-6}$$

（2）根据特征方程推求 M 点水力参数。

$$A_M = A_R + \frac{Q_M - Q_R - \Delta t [ga(S_0 - S_f)]_R}{(u + c)_R} \tag{5-7}$$

（3）为了能够更为精确地推求 M 点水力参数，通过差值重新估计特征线起点 R 的位置，进行迭代求解 M 点水力参数。

$$x_R = x_M - \frac{\Delta t}{2} [(u - c)_M - (u - c)_R] \tag{5-8}$$

$$A_M = A_R + \frac{2Q_M - 2Q_R - \Delta t [(ga(S_0 - S_f))_R + (ga(S_0 - S_f))_M]}{(u + c)_R + (u + c)_M} \tag{5-9}$$

同样可以处理出口边界。

5.2.1.2 溯源冲刷模块构建

1. 溯源冲刷的研究方法

当水库坝前水位较低或连续降低坝前水位时，坝前淤积面下切，产生自下而上的侵蚀现象，称为溯源冲刷。通过理论分析并结合原型资料、水槽试验可认为，溯源冲刷强度主要与侵蚀基点、水面比降、淤积面形态、泥沙抗冲指标等因素有关，衡量溯源冲刷的指标主要包括冲刷长度、冲刷量、冲刷后的淤积面形态等。

对溯源冲刷研究可分为以下 4 类：

（1）进行一些试验，了解冲刷图形和机制，收集一些基本资料。但其内在机制、主要参量的关系尚需进一步揭示。

（2）经过简化提出对冲刷面的概化，建立冲刷量、冲刷长度等变化过程关系式。M. A. 穆哈米多夫针对低水头降水冲刷试验提出层状冲刷图形，与张跟广提出的"全程剥蚀"类型基本相当。此外，张跟广通过溯源冲刷水槽试验认为，溯源冲刷除一般的全程剥蚀外，还存在有局部跌坎冲刷，主要以颗粒粗细、淤积物干容重来判别二者发生的可能性。彭泽润提出了扇形剖面以放射状与三角洲坡顶相交，给出了进库水沙以及坝前水位等均随时间变化的条件下，溯源冲刷输沙率、冲刷量以及冲刷河槽纵剖面变化过程的计算公式，并探讨了不同水位下降方式对冲刷强度的影响。韩其为根据溯源冲刷物理图形，假设纵剖面为直线、二次曲线等，分别研究了坝前水位突然下降的溯源冲刷模式，并建立了溯源冲刷计算公式。清华大学与陕西水科所从沙量平衡出发，建立了河段冲刷量与河段输沙量之间的关系式，可用来计算出库输沙率过程。

这些研究都具有关系式的特征，只能对全河段在整个溯源冲刷发生期间给出冲淤量估算值，借助于平衡比降确定溯源冲刷的上延长度，无法提供任意时刻沿程各断面处的冲刷特征输沙率情况，尚难以直接应用于数学模型（天然水库地形复杂，见图 5-11）。

（3）做一些假定直接求解偏微分方程，做法为使河床变形方程变为二阶常系数偏微分方程再求解。

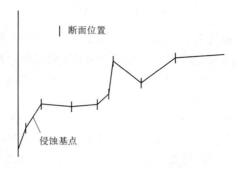

图 5-11　水库可能淤积面形态

从沙量连续基本方程着手：

$$\gamma' \frac{\partial z_b}{\partial t} = \frac{\partial qs}{\partial x} \qquad (5\text{-}10)$$

假定在溯源冲刷情况下，冲刷剧烈含沙量得到瞬时满足，等于挟沙力 S^*，因为 $S^* \propto J$，假定 $J \approx J_b = \dfrac{\partial z_b}{\partial x}$，代入上式得：

$$\gamma' \frac{\partial z_b}{\partial t} = a \frac{\partial^2 z_b}{\partial x^2} \qquad (5\text{-}11)$$

为使方程可解，式(5-11)中 a 需为常系数，a 的难以确定及过程的假定较强，引入了不可靠的因素，难以真正解决问题。

（4）直接从河床演变学的数学模型来反映溯源冲刷。

尽管有时也可作出预测，但从演变学的角度来看问题，因果关系难以确定。

2. 本模型的处理方法及参数选取

本模型的处理方法为，将水库自上而下沿程分为三段，即沿程冲刷段、溯源冲刷段、壅水排沙段分别处理，见图 5-12。

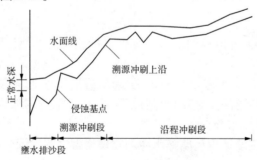

图 5-12　分段处理示意图

1）沿程冲刷段

沿程冲刷段采用原水库—维水沙模型计算方法。模型计算中按照物质输移的一般原则，自上游计算至下游，由于此时尚不确定溯源冲刷的上沿断面位置，先将整个河段按沿程冲刷（淤积）计算，待溯源冲刷河段确定后，沿程冲刷计算段为溯源冲刷段提供进口条件(含沙量或输沙率、级配等)。

2）溯源冲刷段

溯源冲刷段主要包括侵蚀基点、溯源冲刷上沿位置、冲刷量、断面含沙量（输沙率）及级配、断面冲刷深度（淤积面形态变化）等要素。其中，侵蚀基点取为坝前水位减去正常水深。冲刷量、溯源冲刷上沿位置及断面冲刷深度采用试算法耦合求解，具体做法如下：

（1）初步确定溯源冲刷上沿位置及冲刷量。

按照扇形剖面以放射状与三角洲坡顶相交，假定中 CS_i 为溯源冲刷上沿断面，该断面的流量 Q_0（求解水流时已提供各断面流量）、含沙量 S_0（按沿程冲刷计算时已求出）、侵蚀基点断面处流量 Q_1（求解水流时已提供各断面流量）、含沙量 S_1（待求），假定溯源冲刷中含沙量瞬间得到满足，即 $S_1 = S_1^* = K'\dfrac{v^3}{gh\omega}$，再引入曼宁公式 $v = \dfrac{1}{n}h^{2/3}J^{1/2}$，$J = \theta \cdot J_1 + (1 - \theta) \cdot J_2$，流量式 $Q = vhB$ 断面输沙率为

$$(QS)_1 = Q_1S_1 = BqS_1 = \Psi\frac{Q^{1.6}J^{1.2}}{B^{0.6}} \tag{5-12}$$

输沙率变化：

$$\Delta I = (Q_1S_1 - Q_0S_0)DT \tag{5-13}$$

河段冲刷量：

$$D_W = \sum_{冲刷段}(A_1 + A_2)L/2 \tag{5-14}$$

若选取断面恰为问题的解，则 $\Delta I = D_W$。

由于自然断面的形态复杂，问题可能存在多解，即并不仅有一个断面满足上述关系，考虑到模型计算的时间步长一般不大（最大步长为 1 d），再考虑时段冲刷量与计算体（区域）的尺度比较，模型中采用自侵蚀基点向上游断面试算，第一个满足要求的断面即为正解。

（2）精确确定溯源冲刷上沿位置及冲刷量。

天然水库模型计算中，很难出现溯源冲刷上沿位置恰好落在断面处的情形，多数情况下是位于两断面之间，按上述第（1）步确定上沿位置在 i 到 $i+1$ 之间，再通过二分法试算进行精确求解。

3）壅水排沙段

壅水排沙段按照溯源冲刷后的地形计算壅水排沙段的平衡比降，按照平衡比降计算该段淤积面形态。

利用改进后的模型，对小浪底水库拦沙运用后期降水冲刷物理模型试验、三门峡1964 年汛后至 1965 年汛前畅泄排沙实测过程、2010 年汛前调水调沙溯源冲刷及异重流排沙实测过程进行了测试与验证。

5.2.1.3　小浪底水库拦沙运用后期降水冲刷物理模型试验验证分析

1．计算条件

（1）地形条件（物理模型提供）：初始地形相当于库区累计淤积量达到 32 亿 m³。初始地形塑造采用 1978～1982 年水沙系列及拟定的水库调节方式，在 2006 年汛后地形的基础上淤积形成。相应的水库淤积纵剖面见图 5-13。淤积后横断面形态均为平行抬高处理。

（2）水沙条件（物理模型提供）：分别采用 16 d 和 12 d 洪水过程，相应水沙量及水沙过程见表 5-15 和图 5-14。可知 16 d 过程为大水小沙过程，洪水过程峰高量大，含沙量小，历时长，对冲刷有利。12 d 过程为小水大沙过程，洪水过程流量较小且水流含沙量较高。

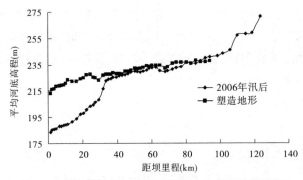

图 5-13　自然塑造初始地形平均河底高程沿程变化

表 5-15　入库水沙量统计

组次	水量（亿 m³）	沙量（亿 t）	平均含沙量（kg/m³）
1（16 d）	40.95	4.23	103.3
2（12 d）	22.91	4.12	179.8

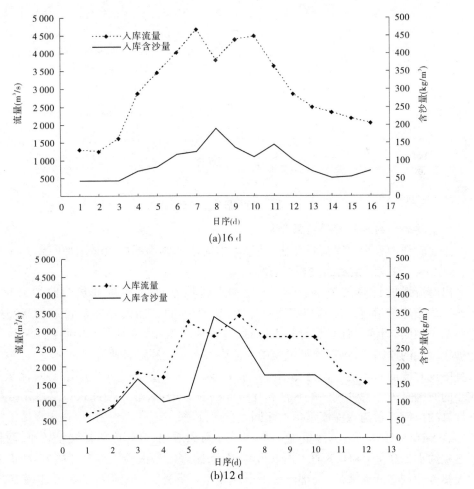

(a)16 d

(b)12 d

图 5-14　降水冲刷试验入库水沙过程

（3）坝前水位（物理模型提供）：从水工安全的最大降水速率考虑，当库水位非连续下降时，允许日最大下降幅度 6 m；当库水位连续下降时，一周内最大下降幅度不大于 25 m，且最大消落速率不大于 5 m/d，控制最低水位不低于 210 m。水位过程见图 5-15。

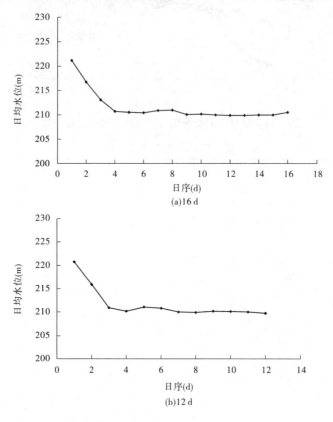

图 5-15　日均水位过程

2. 主要验证内容及计算结果分析

主要验证内容为出库流量变化（适当考虑库区冲刷引起的流量增加问题）、出库含沙量、水库干（支）流纵横断面淤积形态等。

出库流量的计算方法为：入库水量加上时段水库蓄水量变化与时段长度之比。图 5-16 为出库流量过程计算与实测对比图，从图中可以看出，整个流量过程与实测过程趋势基本相同，但前段计算流量较大，后段计算流量偏小，流量泄空期间（前 3 d）计算较物理模型大的原因是，物理模型试验中支流中蓄水量受拦门沙阻止无法泄空，而数学模型计算中按时段前后坝前水位计算水库蓄水量，未考虑水量是否可以流出；计算流量后半段较小的原因是未考虑冲刷中的水沙相变引起的流量增加，故在坝前水位基本不变的情况下计算的出库流量与入库流量基本相同。

表 5-16 为计算与实测沙量统计表，从表中可以看出，计算库区冲淤量较小，两种方案下分别约小 1.0 亿 t 和 0.8 亿 t，分析其原因为，物理模型试验中溯源冲刷后，滩面随河槽的大幅度冲刷降低而滑塌，局部河段上出现塌岸。另外，干流河床下降，引起库区支流河口拦门沙破口，支流蓄水汇入干流，使得干流流量突然增大，加速了支流以下库段冲刷。上

述因素在数学模型中暂时无法全面考虑或准确考虑,导致数学模型计算冲刷量相对较小。

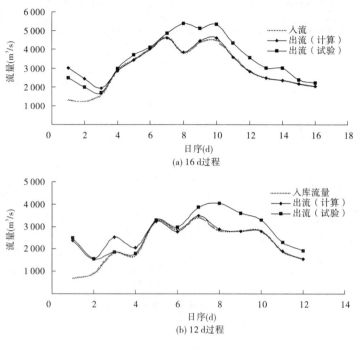

图 5-16　出库流量验证分析

表 5-16　计算与实测沙量统计

组次	入库沙量(亿 t)	出库沙量(亿 t)	库区冲淤量(亿 t)
计算(16 d)	4.22	8.12	−3.90
试验(16 d)	4.22	9.12	−4.90
计算(12 d)	4.12	5.94	−1.82
试验(12 d)	4.12	6.74	−2.62

图 5-17 为计算出库含沙量与试验对比图,从图中可以看出,计算含沙量过程与实测含沙量基本趋势相同、峰值相当,但仍存在一定差别。基于输沙率公式 $Q_s = \Psi \dfrac{Q^{1.6} J^{1.2}}{B^{0.6}}$ 所求的含沙量过程并非基于断面间变量连续差分求解,特别是在库区断面形态复杂、深泓起伏多变的情形,所求含沙量一般较为突变,不够光滑平顺。

图 5-18、图 5-19 分别为两种方案下数学模型计算河底高程变化图和河底高程对比图(37 断面以下),从图中可以看出,计算河段整个冲刷过程及最终淤积面形态与物理模型基本相同,物理模型试验结果断面河底高程沿程有所起伏,计算河底高程则沿程近似为固定坡降,尚需改进。

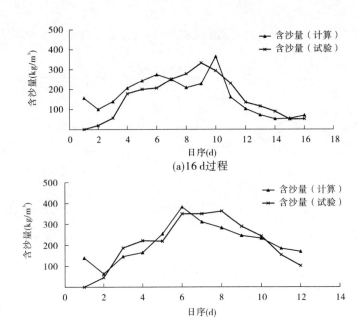

(a)16 d过程

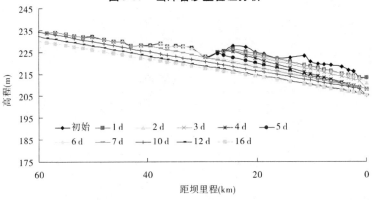

(b)12 d过程

图5-17　出库含沙量验证分析

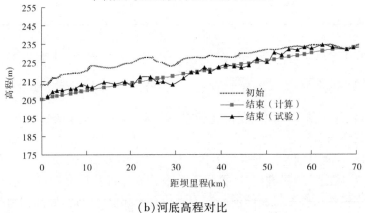

（a）数学模型计算库段河底高程变化

（b）河底高程对比

图5-18　16 d过程数学模型计算河底高程变化及对比

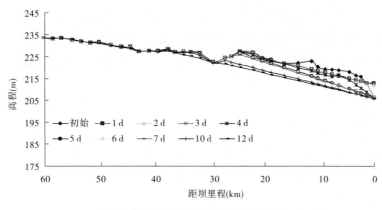

（a）数学模型计算库段河底高程变化

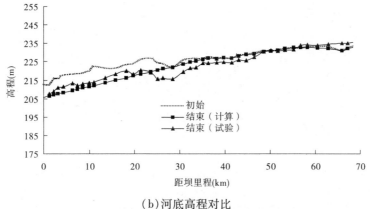

（b）河底高程对比

图 5-19　12 d 过程数学模型计算库段河底高程变化及对比

5.2.1.4　三门峡 1964 年汛后至 1965 年汛前敞泄排沙实测过程验证分析

1. 计算条件

计算利用三门峡水库 1964 年 10 月 25 日至 1965 年 4 月 30 日实测资料。

地形条件：采用 1964 年 10 月 25 日实测地形进行断面概化，见图 5-20。

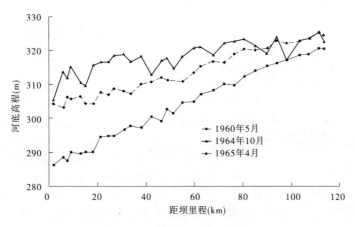

图 5-20　三门峡水库淤积纵剖面

水沙条件:采用过程实测资料,进口提供入库流量、含沙量及级配;出口提供水位和泄流量。相应水沙量及水沙过程见表 5-17 和图 5-21,可知整个过程平均含沙量较小,为 10.51 kg/m³。

表 5-17　入库水沙量统计

水量(亿 m³)	沙量(亿 t)	平均含沙量(kg/m³)
196	2.06	10.51

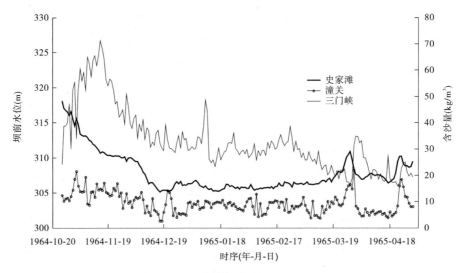

图 5-21　三门峡出入库水沙过程

2. 方案计算结果分析

图 5-22 为计算河底高程变化图,从图中可以看出,溯源冲刷在上游逐步向上游发展,至计算时段末基本与实测符合。

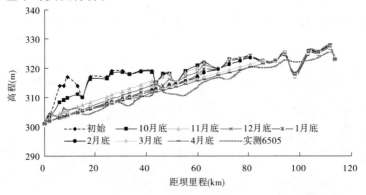

图 5-22　计算河底高程变化过程

表 5-18 为计算与实测沙量统计结果,从表中可以看出,计算库区冲淤量均与实测比较接近,误差为 0.06 亿 t。

表 5-18　计算与实测沙量统计

组次	入库沙量(亿 t)	出库沙量(亿 t)	库区冲淤量(亿 t)
计算	2.06	7.14	−5.08
实测	2.06	7.18	−5.12

　　为便于分析计算结果的合理性,图 5-23 进一步给出了出库含沙量过程对比图。从图 5-23可以看出,计算出库含沙量与实测出库含沙量过程变化趋势基本符合,除个别点外,定量误差不大,能基本模拟出溯源冲刷过程含沙量的变化情况。

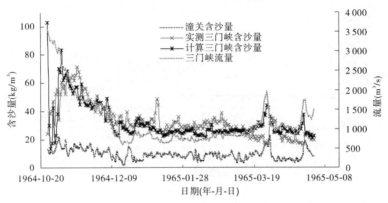

图 5-23　含沙量过程对比

5.2.1.5　2010 年汛前调水调沙溯源冲刷及异重流排沙实测过程验证分析

1. 计算条件

本次计算时段为 2010 年 6 月 19 日至 2010 年 7 月 7 日,计算成果主要包括计算时段出库含沙量、排沙分析及断面形态变化等。

图 5-24 为调水调沙期进出库流量过程及坝前水位变化图,从图中可以看出,入库流量前期较小,一般在 1 000 m³/s,直至排沙期(7 月 4 日)流量迅速增大,达 4 000 m³/s 以上;出库流量较大,整个调水调沙过程基本维持在 4 000 m³/s 左右。

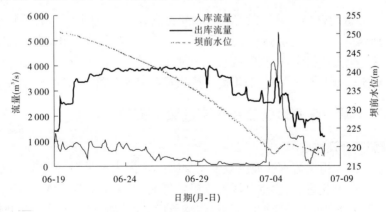

图 5-24　调水调沙期流量、水位过程

2. 方案计算结果分析

为分析计算结果的合理性,对调水调沙期出库含沙量过程作了分析。图 5-25 为排沙期出库含沙量过程对比图,从图中可以看出,计算出库含沙量过程与实测出库含沙量过程基本符合,峰值相当,反映出了前期由于坝前水位较低溯源冲刷形成高含沙出库、后期三门峡排沙异重流输移至坝前排沙出库的两个沙峰的典型过程。

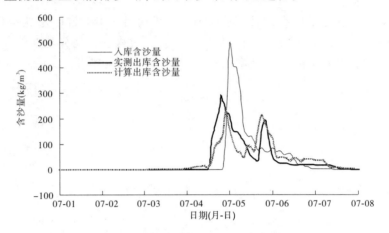

图 5-25 调水调沙期出、入库含沙量过程

表 5-19 为 2010 年调水调沙期间出、入库泥沙统计结果。结合出、入库含沙量过程图可以看出,计算出库含沙量较实测含沙量基本相当,与之相应计算出库泥沙量为 0.374 亿 m³,比实测小 0.009 亿 m³;相应排沙比则分别为 131.16% 和 128.08%,计算值偏小,但基本反映出 2010 年调水调沙期间排沙比较大的基本特性。

表 5-19 调水调沙期间沙量统计

组次	入沙量(亿 m³)	出沙量(亿 m³)	淤积量(亿 m³)	排沙比(%)
实测	0.292	0.383	-0.091	131.16
计算	0.292	0.374	-0.082	128.08

注:容重为 1.3 t/m³。

图 5-26 为库区内模型计算河段河底高程变化图,由于 7 月 10 日无实测(汛前调水调沙结束后)地形资料,汛前调水调沙结束至汛后地形又发生很大变化,这里只能给出计算后的河底高程变化图进行定性分析,无法对比验证。从图 5-26 中可以看出,计算能够基本模拟三角洲顶点以上发生冲刷,而坝前发生淤积的基本特性。

5.2.2 黄河下游一维非恒定流水沙演进数学模型

5.2.2.1 模型简介及改进

黄河下游一维非恒定流水沙演进数学模型吸收了国内外最新的建模思路和理论,对模型设计进行了标准化设计,注重了泥沙成果的集成,引入了最新的悬移质挟沙级配理论等研究成果,通过对已有一维模型的调研,在继承优势模块和水沙关键问题处理方法等的基础上,增加了近年来黄河基础研究的最新成果。

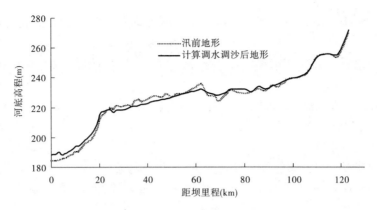

图 5-26 模型计算河底高程变化

5.2.2.2 模型中关键问题处理

1. 非均匀沙沉速

单颗粒泥沙自由沉降公式一般采用水电部 1975 年水文测验规范中推荐的沉速公式:

$$\omega_{0k} = \begin{cases} \dfrac{\gamma_s - \gamma_0}{18\mu_0}d_k^2 & (d_k < 0.1 \text{ mm}) \\[2mm] (\lg S_a + 3.79)^2 + (\lg\varphi_a - 5.777)^2 = 39 & (0.1 \text{ mm} \leqslant d_k < 1.5 \text{ mm}) \end{cases}$$

(5-15)

式中:粒径判数 $\varphi_a = \dfrac{g^{1/3}\left(\dfrac{\gamma_s - \gamma_0}{\gamma_0}\right)^{1/3} d_k}{\nu_0^{2/3}}$;沉速判数 $S_a = \dfrac{\omega_{0k}}{g^{1/3}\left(\dfrac{\gamma_s - \gamma_0}{\gamma_0}\right)^{1/3}\nu_0^{1/3}}$;$\gamma_s$、$\gamma_0$ 分别为泥

沙、水的容重,取值为 2.65 t/m³、1.0 t/m³,μ_0、ν_0 分别为清水动力黏滞性系数,kg·s/m²,运动黏滞性系数,m²/s。

2. 挟沙水流单颗粒沉速

考虑到黄河水流含沙量高、细沙含量多,颗粒间的相互影响大,浑水黏性作用较强,故需对单颗粒泥沙的自由沉降速度作修正。代表性的相应修正公式如下:

$$\omega_s = \omega_0(1 - 1.25S_V)\left(1 - \frac{S_V}{2.25\sqrt{d_{50}}}\right)^{3.5}$$

(5-16)

式中:d_{50} 的单位为 mm。

3. 非均匀沙混合沉速

非均匀沙代表沉速采用下式进行计算:

$$\omega = \sum_{k=1}^{NFS} p_k\omega_{sk}$$

(5-17)

式中:NFS 为泥沙粒径组数,模型中取为 8;p_k 为悬移质泥沙级配。

4. 水流挟沙力及挟沙力级配

水流挟沙力是反映河床处于冲淤平衡状态下,水流挟带泥沙能力的综合性指标。模型中先计算全沙挟沙力,然后乘以挟沙力级配,求得分组挟沙力。

对于全沙挟沙力,模型中选用有一定理论基础和较好实用性的张红武公式:

$$S_* = 2.5 \left[\frac{(0.0022 + S_V)U^3}{\kappa \dfrac{\gamma_s - \gamma_m}{\gamma_m} gh\omega_s} \ln\left(\frac{h}{6D_{50}}\right) \right]^{0.62} \tag{5-18}$$

式中:D_{50} 为床沙中值粒径,m;κ 为浑水卡门常数,$\kappa = 0.4[1 - 4.2\sqrt{S_V}(0.365 - S_V)]$。

挟沙力级配计算主要采用韩其为公式。

5. 泥沙非饱和系数

泥沙非饱和系数与河床底部平均含沙量、饱和平衡条件下的河底含沙量有关,该系数随着水力泥沙因子的变化而变化,结合含沙量分布公式,经归纳分析后,可将 f_s 表示如下:

$$f_s = \left(\frac{S}{S_*}\right)^{\left[\frac{0.1}{\arctan\left(\frac{S}{S_*}\right)}\right]} \tag{5-19}$$

式中:S 为含沙量;S_* 为挟沙力。

当 $\dfrac{S}{S_*} > 1$ 时,河床处于淤积状态,$f_s > 1$,一般不会超过 1.5。

当 $\dfrac{S}{S_*} < 1$ 时,河床处于冲刷状态,$f_s < 1$。当含沙量小、挟沙力大时,f_s 是一个较小的数。

6. 动床阻力变化

动床阻力是反映水流条件和河床形态的综合系数,取值的合理与否直接影响到水沙演变的计算精度。通过比较国内目前的研究成果,采用以下黄河水利委员会(简称黄委)计算公式进行计算:

$$n = \frac{c_n \delta_*}{\sqrt{g}h^{5/6}} \left\{ 0.49\left(\frac{\delta_*}{h}\right)^{0.77} + \frac{3\pi}{8}\left(1 - \frac{\delta_*}{h}\right)\left[\sin\left(\frac{\delta_*}{h}\right)^{0.2}\right]^5 \right\}^{-1} \tag{5-20}$$

式中:δ_* 为摩阻高度,$\delta_* = d_{50}10^{10[1 - \sqrt{\sin(\pi Fr)}]}$;$Fr$ 为弗劳德数,$Fr = \sqrt{u^2 + v^2}/gh$;c_n 为涡团参数,$c_n = 0.375\kappa$。

5.2.2.3 2007 年调水调沙数学模型验证计算分析

1. 计算边界及水沙条件

计算地形以 2007 年汛前实测大断面资料进行概化而成,计算河段为花园口—利津,利津水位流量关系采用实测值。

2007 年 7 月 29 日至 8 月 13 日调水调沙期间花园口站实测流量、含沙量过程见图 5-27。从图中可以看出,花园口站最大流量 4 160 m³/s 出现在 7 月 31 日 21 时,此时含沙为 27.2 kg/m³,最大含沙量 47.3 kg/m³ 出现在 8 月 1 日 8 时,此时花园口流量为 3 290 m³/s,因此沙峰稍滞后于洪峰,7 月 31 日 18 时至 8 月 7 日 0 时,花园口流量均大于 3 000 m³/s。经统计,该计算时段的水量为 31.87 亿 m³,沙量为 0.375 亿 t。

2. 计算结果分析

1)洪水传播过程计算结果分析

黄河下游花园口—利津河段洪水传播过程模型计算值见图 5-28,花园口、夹河滩、高

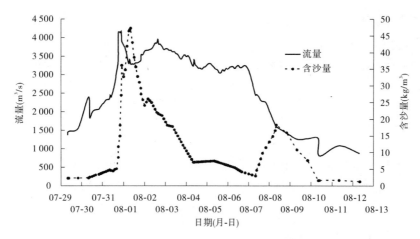

图 5-27 花园口站实测流量、含沙量过程

村、孙口、艾山、泺口、利津 7 个典型水位站的洪峰流量分别为 4 160 m³/s、3 778 m³/s、3 737 m³/s、3 687 m³/s、3 658 m³/s、3 587 m³/s、3 509 m³/s,而实测洪峰值分别为 4 160 m³/s、4 080 m³/s、3 720 m³/s、3 740 m³/s、3 720 m³/s、3 690 m³/s、3 710 m³/s(见表 5-20)。除夹河滩、泺口、利津计算值分别偏大 302 m³/s、103 m³/s、201 m³/s 外,其他站均和实测值符合较好,从沿程各水文站洪峰出现的时机(各河段洪水传播时间)来看,花园口—利津河段洪水传播时间实测值为 82 h,而模型计算值为 82 h,因此该模型计算结果基本反映了黄河的实际情况。

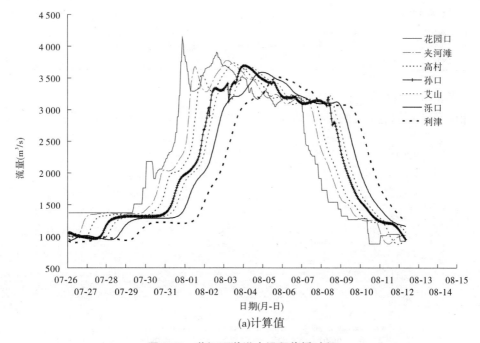

(a)计算值

图 5-28 黄河下游洪水沿程传播过程

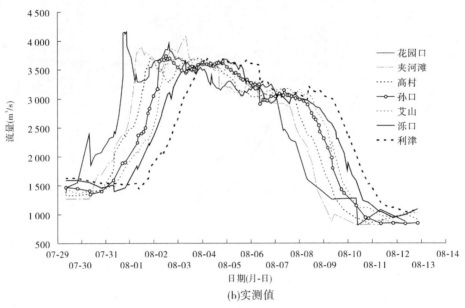

(b)实测值

续图 5-28

表 5-20　2007 年汛期调水调沙过程实测与模型计算值统计

组次	特征值	花园口	夹河滩	高村	孙口	艾山	泺口	利津
实测	洪峰流量(m^3/s)	4 160	4 080	3 720	3 740	3 720	3 690	3 710
	传播时间(h)		14	9	15	12	8	24
计算	洪峰流量(m^3/s)	4 160	3 778	3 737	3 687	3 658	3 587	3 509
	传播时间(h)		13	10	13	10	10	25

2)典型水文站流量、水位变化计算结果分析

计算河段内典型水文站流量、水位变化过程见图 5-29 ~ 图 5-34，从图中可以看出：当

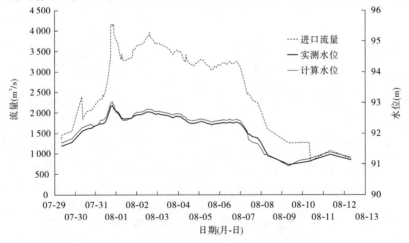

图 5-29　花园口站流量、水位过程计算与实测对比

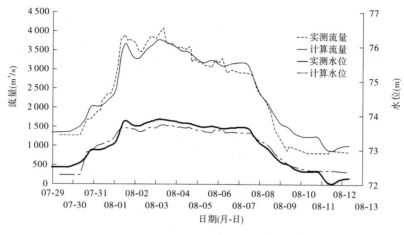

图 5-30　夹河滩站流量、水位过程计算与实测对比

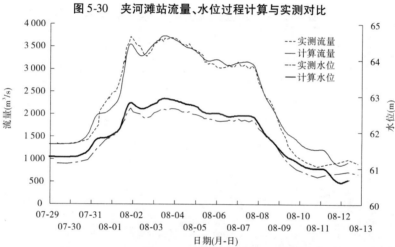

图 5-31　高村站流量、水位过程计算与实测对比

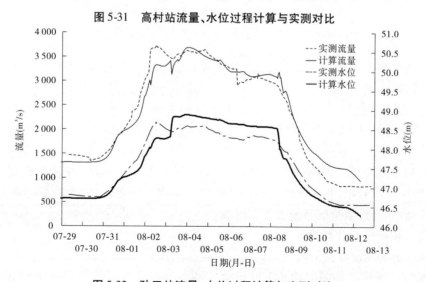

图 5-32　孙口站流量、水位过程计算与实测对比

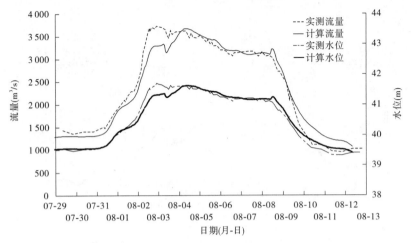

图 5-33　艾山站流量、水位过程计算与实测对比

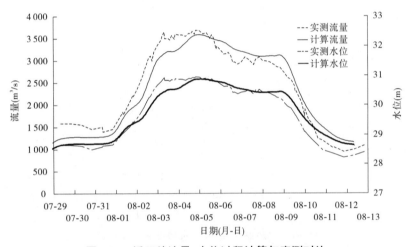

图 5-34　泺口站流量、水位过程计算与实测对比

花园口站流量在 1 500 m³/s 以下时,模型计算值稍偏大于实测值,基本上在 0.163 m 以内;夹河滩、高村、孙口、艾山水文站流量均与实测值符合较好,只有泺口、利津两站洪峰流量计算值与实测值相比偏小 100 ~ 160 m³/s;沿程水位变化:夹河滩、高村、孙口三站流量大于 3 000 m³/s 的水位,与实测值相比偏高 0.15 m 左右,艾山站、泺口站基本与实测值一致。

3)各河段含沙量计算分析

图 5-35 ~ 图 5-38 分别为夹河滩、高村、艾山、利津站模型计算含沙量与实测含沙量比较图,从图中可以看出,各站含沙量模型计算值与实测值符合较好,含沙量峰值出现时间与实测值基本一致,但量值稍偏大于实测值。

4)各河段冲淤量计算分析

黄河下游各河段冲淤量模型计算值与实测值比较见表5-21、图5-39,花园口—利津整个河段模型计算值共冲刷泥沙 947 万 t,而实测值为 602 万 t,计算值比实测值偏少 345 万 t;分河段计算值除花园口—夹河滩淤积外,其他河段均呈冲刷状态,夹河滩—高村、高

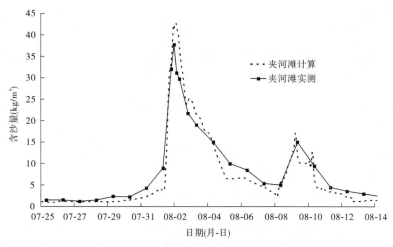

图 5-35　夹河滩站计算含沙量与实测值比较

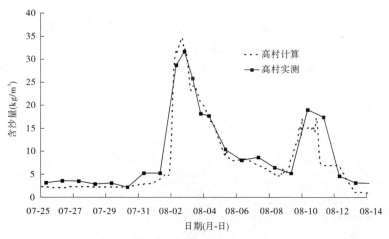

图 5-36　高村站计算含沙量与实测值比较

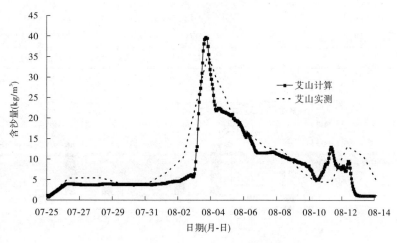

图 5-37　艾山站计算含沙量与实测值比较

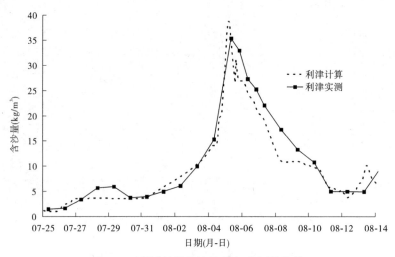

图 5-38　利津站计算含沙量与实测值比较

村—孙口、孙口—艾山、艾山—泺口、泺口—利津模型计算值分别冲刷了 32 万 t、627 万 t、129 万 t、61 万 t、260 万 t;而实测值是花园口—夹河滩、夹河滩—高村、艾山—泺口淤积,淤积量分别为 201 万 t、36 万 t、26 万 t,高村—孙口、孙口—艾山、泺口—利津冲刷,冲刷量分别为 589 万 t、138 万 t、138 万 t,见图 5-39,从图中看出:除高村—孙口计算值偏小、泺口—利津计算值偏大外,其他河段均符合黄河的实际情况。

表 5-21　各河段计算和实测冲淤量对比　　　　　　　　　　　　　（单位:万 t）

河段	冲淤量	
	计算值	实测值
花园口—夹河滩	162	201
夹河滩—高村	−32	36
高村—孙口	−627	−589
孙口—艾山	−129	−138
艾山—泺口	−61	26
泺口—利津	−260	−138
合计	−947	−602

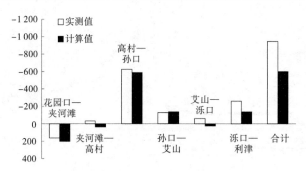

图 5-39　黄河下游各河段冲淤量比较

5.3 典型洪水基本调控方案及风险调控方案

5.3.1 典型漫滩(较大)中常洪水基本调控方案

根据对未来中常洪水发展趋势的预测,针对前述推荐的中下游同时来水的"96·8"型、以中游高含沙为主的"88·8"型两种类型的中常洪水,以下游为主的"82·8"型较大洪水(经小浪底调控后、演进到花园口为中常洪水过程)等分别进行风险调控。三种类型的洪水现有调控方式起始水位均为汛限水位 225 m,出库流量分别按如下原则控制:

(1)"96·8"中常洪水属于上下较大型,潼关日均含沙量 228 kg/m³(相应日均流量 3 140 m³/s),小浪底水库运用前,花园口最大洪峰流量为 7 860 m³/s,属于 4 000 ~ 8 000 m³/s 量级的中常洪水。基本调控方案为:小浪底水库起调水位为 225 m,洪水过程中,按进出库平衡方式运用,调控过程中库水位不低于 225 m,洪水结束时库水位为 225 m。

以上称为 225 m、漫滩方案,简称基本方案(方案1)。

(2)"88·8"上大型高含沙中常洪水,来水以河龙区间、龙三区间为主,潼关含沙量大于 200 kg/m³,小浪底水库运用前,花园口最大洪峰流量为 7 000 m³/s,属于 4 000 ~ 8 000 m³/s 量级的高含沙洪水。基本调控方案为洪水期允许小浪底水库下泄较高含沙量过程,允许下游漫滩。

以上称为 225 m、漫滩方案,简称基本方案(方案1)。

(3)"82·8"下大型洪水,来水以下游为主,小浪底水库运用前,花园口最大洪峰流量 15 300 m³/s,属于流量超过 10 000 m³/s 的洪水(小花间最大流量小于 9 000 m³/s)。基本调控方案为:小浪底水库起调水位为 225 m,洪水过程中,若小花间流量小于 4 000 m³/s,按凑泄花园口 4 000 m³/s 下泄;若小花间流量大于 4 000 m³/s,按凑泄花园口不超过 10 000 m³/s 下泄,调控过程中库水位不低于 225 m,洪水结束时库水位为 225 m。

以上称为 225 m、凑泄 10 000 m³/s 流量方案,简称基本方案(方案1)。

5.3.2 典型漫滩(较大)中常洪水风险调控原则

5.3.2.1 水库风险调控原则

根据前述对小浪底水库排沙规律的认识,立足于小浪底水库多排沙、多排细颗粒泥沙,并尽可能将前期淤积在水库近坝段 60 km 范围内的细沙能够多冲刷出库,在基本调控方案的基础上,风险方案的设置主要体现如下:

(1)降低中常洪水期排沙水位,起调水位(排沙水位)从目前基本方案的汛限水位 225 m(汛限水位)降低到 210 m,在不显著影响发电工况、保证下游不断流的前提下,使得水库多排沙、多排细沙,增大出库含沙量。

(2)因为多排出的主要是细颗粒泥沙,也不会显著增加下游河道的淤积量。这一方案的主要影响在于出库含沙量的提高,对中常洪水的洪峰、洪量均没有明显影响,简称小风险方案。

5.3.2.2　下游风险调控原则

下游风险调控包括含沙量量级及漫滩洪水洪峰流量量级两个方面的风险调控内容。

1. 含沙量量级风险调控原则

与前述水库风险调控相对应,通过降低中常洪水小浪底排沙水位,增大含沙量,充分发挥下游河道的输沙潜力。

2. 下游漫滩洪水风险调控原则

根据前述黄河下游河道漫滩洪水"淤滩刷槽"规律及下游河道漫滩淹没损失随洪峰流量量级的变化特点,按照洪峰流量量级的大小,具体划分为三种工况:自然漫滩,相应为一般风险;控制漫滩淹没在两岸生产堤之间的嫩滩(控制生产堤 6 000 m³/s 不决口),相应为较大风险;不漫滩,相应为大风险。风险因子主要包括漫滩淹没和淤滩刷槽两个方面:

(1)立足于尽可能减少漫滩淹没损失,在基本调控方案的基础上,风险设置主要体现为:①尽量控制洪水不漫滩;在漫滩不可避免的情况下,尽量控制洪峰流量在 6 000 m³/s 以下,漫滩淹没控制在两岸生产堤(控导工程)之间的嫩滩范围内,主要表现为农作物的淹没损失;避免生产堤到大堤之间广大滩区的村庄、房屋以及交通道路、引水渠道等基础设施方面的损失。②为减少下游淹没损失,控制小浪底水库下泄流量、水库壅水将导致库区多淤积,影响水库拦沙效益。

(2)立足于充分发挥漫滩洪水"淤滩刷槽"的作用,在基本调控方案的基础上,风险设置主要体现为:①洪峰流量尽量控制在 10 000 m³/s 以上,在生产堤到大堤间广大滩区发生重大淹没损失的同时,保证滩槽水沙的充分交换,取得较好的"淤滩刷槽"、增大平滩流量的效果。②尽可能避免出现 6 000 ~ 10 000 m³/s 量级的洪峰,该量级洪峰既造成了广大滩区巨大的淹没损失,同时因滩槽水沙交换微弱,难以获得显著的淤滩刷槽效果。为此,需要对风险调控效益及风险损失进行综合评估。

按照以上基本原则,从 225 m 起调逐步降低到 210 m,设置一般风险、较大风险、大风险 3 种工况,分别对 3 场典型洪水过程设置 9 个风险方案,包括 3 个基本方案,共 12 个方案。

按照这一基本原则,区分 225 m 和 210 m 两个起调水位,每个起调水位设置一般风险、较大风险、大风险 3 种工况,分别对 3 场典型洪水过程、两个起调水位共设置 18 个风险调控方案;加上 3 场典型洪水分别对应 1 个基本方案,共 21 个方案。

5.3.3　典型漫滩中常洪水风险调控方案

5.3.3.1　"96·8"上下较大型中常洪水风险调控方案

(1)一般风险调控方案(方案 2)。在基本方案(进出库平衡、不削峰)的基础上,维持汛限水位 225 m 起调,洪水期最低运用水位降低到 210 m 排沙,花园口最大流量与基本方案相同,并尽量凑泄花园口 4 000 m³/s 流量。本方案较小风险方案的洪量有所增大(简称降低水位 210 m、漫滩方案)。

(2)较大风险调控方案(方案 3)。在一般风险方案的基础上,进一步控制花园口洪峰流量不超过 6 000 m³/s,并尽量维持较长时间的大流量过程。配合加固生产堤、控制漫滩范围在两岸生产之间的嫩滩范围内、减少淹没损失;同时不至于显著影响"淤滩刷槽"效果(简称降低水位 210 m、漫嫩滩方案)。

(3)大风险调控方案(方案 4)。在一般风险方案的基础上,进一步控制花园口流量不大于 4 000 m³/s,尝试下游河道不漫滩。但水库运用水位相应较高,不利于排沙,泥沙拦蓄在水库里的风险较大;同时没有发挥漫滩洪水"淤滩刷槽"的作用(简称降低水位 210 m、不漫滩方案)。

210 m 起调的各相应方案各项控制指标相同,只是起调水位降低为 210 m,相应洪水水量与基本方案相同,比 225 m 起调逐步降低到 210 m 方案少了 8.4 亿 m³(225 ~ 210 m 的库容)。简称:①低水位、一般风险方案(方案 02),降低水位 210 m 起调、漫滩方案;②低水位、较大风险方案(方案 03),降低水位 210 m 起调、漫嫩滩方案;③低水位、大风险调控方案(方案 04),降低水位 210 m 起调、不漫滩方案。

5.3.3.2 "88·8"上大型高含沙中常洪水风险调控方案

水库调度方式同"96·8"上下较大型中常洪水风险调控方案。"96·8"、"88·8"典型高含沙中常洪水风险调控方案特点见表 5-22。

5.3.3.3 "82·8"下大型洪水风险调控方案

(1)一般风险调控方案(方案 2)。在基本方案(控制花园口洪峰流量不大于 10 000 m³/s)的基础上,若小花间流量小于 4 000 m³/s,小浪底按凑泄花园口 4 000 m³/s 下泄。花园口最大洪峰流量与基本方案相同(简称降低水位 210 m、凑泄 10 000 m³/s 流量方案)。

(2)较大风险调控方案(方案 3)。在一般风险方案的基础上,进一步减小花园口洪峰流量:若小花间流量大于 4 000 m³/s,在小花间洪峰时段,小浪底按不大于 1 000 m³/s 的发电流量下泄;小花间退水段按控制花园口站不大于洪峰流量泄放,直至库水位降至 210 m 结束(简称降低水位 210 m、小花间洪峰加小浪底控泄 1 000 m³/s 流量方案)。

(3)大风险调控方案(方案 4)。小浪底水库按进出库平衡(不削峰)运用,若小花间流量小于 4 000 m³/s,小浪底按凑泄花园口 4 000 m³/s 下泄,直至库水位降至 210 m 结束(简称降低水位 210 m、进出库平衡、下游大漫滩方案)。

210 m 起调的各相应方案,各项控制指标相同,只是起调水位降低为 210 m,相应洪水水量与基本方案相同,比 225 m 起调逐步降低到 210 m 方案少了 8.4 亿 m³(225 ~ 210 m 的库容)。简称:①低水位、一般风险方案(方案 02),降低水位 210 m 起调、凑泄 10 000 m³/s 流量方案;②低水位、较大风险方案(方案 03),降低水位 210 m 起调、小花间洪峰加小浪底控泄 1 000 m³/s 流量方案;③低水位、大风险调控方案(方案 04),降低水位 210 m 起调、进出库平衡方案。

"82·8"典型高含沙中常洪水风险调控方案特点见表 5-23。

表 5-22　"96·8"、"88·8"典型高含沙中常洪水风险调控方案特点

项目		方案编号	简称	水库调控风险	下游调控风险	
					允许漫滩情况	花园口洪峰流量
基本方案		96·8(或88·8)-1	基本方案	225 m起调,进出库平衡(水库不削峰),库水位不变	允许漫滩	水库不削峰
风险方案	225 m起调,逐步降低排沙水位到210 m	96·8(或88·8)-2	一般风险	花园口流量不足4 000 m³/s,小浪底尽量补水泄泄花园口4 000 m³/s;其他同基本方案	同基本方案	同基本方案
		96·8(或88·8)-3	较大风险	花园口洪峰流量不超过6 000 m³/s,并尽量维持较长时间的大流量过程	漫嫩滩	不大于6 000 m³/s
		96·8(或88·8)-4	大风险	花园口洪峰流量不超过4 000 m³/s,并尽量维持较长时间的大流量过程	不漫滩	不大于4 000 m³/s
	洪水前预泄,210 m(低)起调水位起调	96·8(或88·8)-02	一般风险	同225 m起调风险方案		
		96·8(或88·8)-03	较大风险			
		96·8(或88·8)-04	大风险			

表 5-23 "82·8"典型大洪水风险调控方案特点

项目		方案编号	简称	水库调控风险	下游调控风险	
					允许漫滩情况	花园口洪峰流量
基本方案		82·8-1	基本方案	225 m 起调,控制花园口最大洪峰流量在10 000 m³/s 以下,洪水结束时库水位恢复到起调水位225 m	允许漫滩	不大于10 000 m³/s
风险方案	225 m 起调,逐步降低排沙水位到210 m	82·8-2	一般风险	花园口流量不足4 000 m³/s,小浪底尽量补水漤泄花园口4 000 m³/s;其他同基本方案	同基本方案	同基本方案
		82·8-3	较大风险	小花间流量大于4 000 m³/s时段,小浪底按不大于1 000 m³/s 的发电流量下泄;小花间退水段按控制花园口不大于4 000 m³/s 洪峰流量泄放,直至库水位降至210 m 结束	漫滩（程度最小）	不大于小花间洪峰流量"加"1 000 m³/s
		82·8-4	大风险	进出库平衡（水库不削峰）,库水位不变	漫滩（不削峰）	水库不削峰
	洪水前预泄,210 m（低）排沙水位起调	82·8-02	一般风险	同225 m 起调风险方案		
		82·8-03	较大风险			
		82·8-04	大风险			

5.4 典型风险调控方案的效果和风险损失计算

5.4.1 小浪底库区方案计算分析

以"96·8"、"88·8"、"82·8"三场洪水为对象,基于2009年汛前地形,对正常运用方案及风险调控方案进行计算,分析不同风险调控方案出库流量过程、坝前水位(水库蓄水)过程、库区冲淤量、出库含沙量过程及含沙级配等要素。

5.4.1.1 "96·8"洪水

基本方案、一般风险、较大风险、大风险风险调控方案调算的小浪底水库进出库流量、库水位及黑武流量、花园口流量详见图5-40~图5-43。

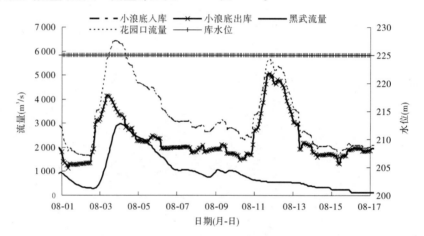

图 5-40 "96·8"洪水正常运用进出库流量及坝前水位过程

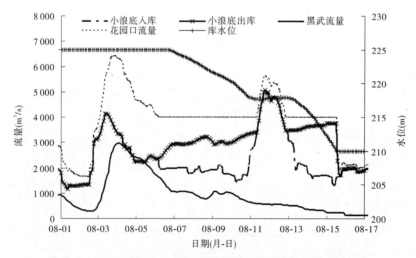

图 5-41 "96·8"洪水一般风险方案进出库流量及坝前水位过程

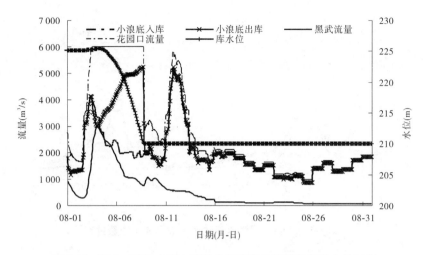

图 5-42 "96·8"洪水较大风险方案进出库流量及坝前水位过程

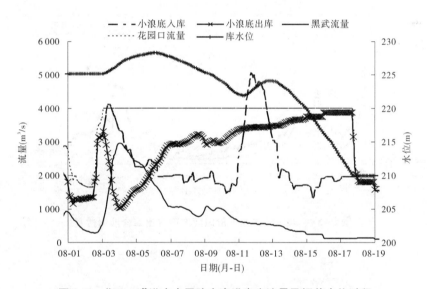

图 5-43 "96·8"洪水大风险方案进出库流量及坝前水位过程

图 5-44～图 5-47 为"96·8"正常运用及风险运用下进出库含沙量过程图。从图中可以看出,计算含沙量过程受来沙过程影响明显,但两方案下出库过程存在明显差别,主要是受出库流量过程及坝前水位影响。

5.4.1.2 "88·8"洪水

基本方案、一般风险、较大风险、大风险风险调控方案调算的小浪底水库进出库流量、库水位及黑武流量、花园口流量详见图 5-48～图 5-51。

图 5-52～图 5-55 为正常运用及风险运用下进出库含沙量过程图。从图中可以看出,计算含沙量过程受来沙过程影响明显,但两方案下出库过程存在明显差别,主要是受出库流量过程及坝前水位影响。

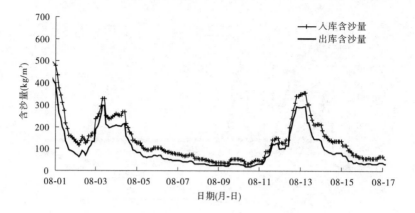

图 5-44 "96·8"洪水正常运用进出库含沙量过程

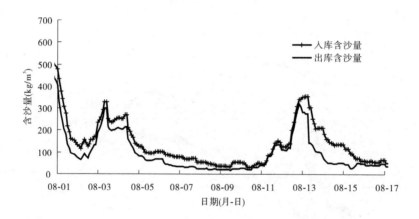

图 5-45 "96·8"洪水一般风险方案进出库含沙量过程

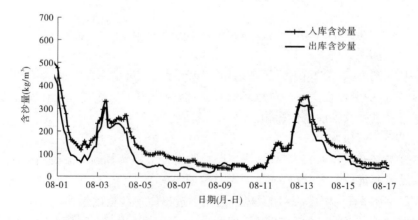

图 5-46 "96·8"洪水较大风险方案进出库含沙量过程

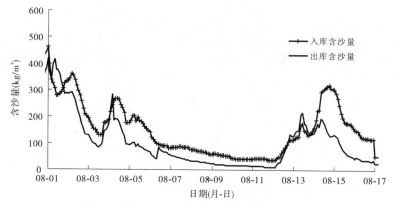

图 5-47 "96·8"洪水大风险方案进出库含沙量过程

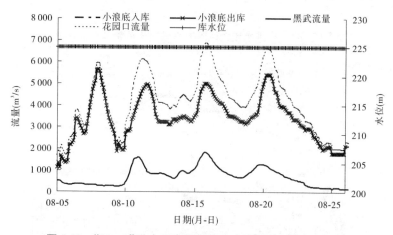

图 5-48 "88·8"洪水正常运用进出库流量及坝前水位过程

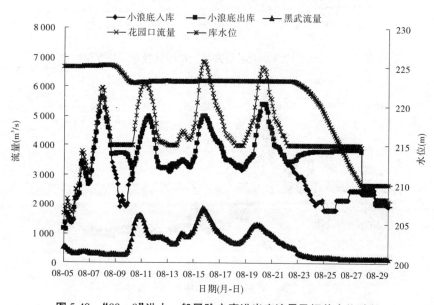

图 5-49 "88·8"洪水一般风险方案进出库流量及坝前水位过程

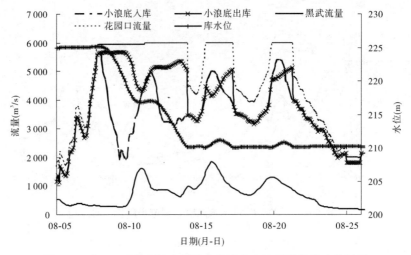

图 5-50   "88·8"洪水较大风险方案进出库流量及坝前水位过程

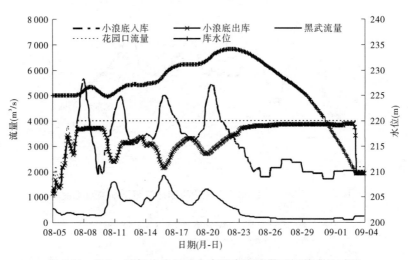

图 5-51   "88·8"洪水大风险方案进出库流量及坝前水位过程

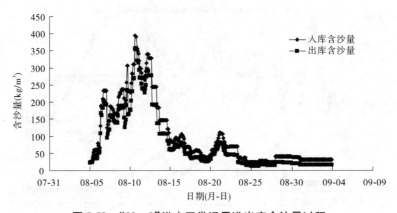

图 5-52   "88·8"洪水正常运用进出库含沙量过程

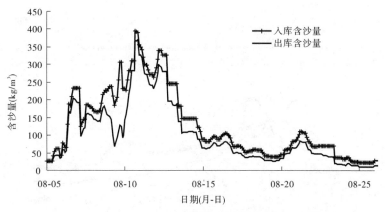

图 5-53　"88·8"洪水一般风险调度方案进出库含沙量过程

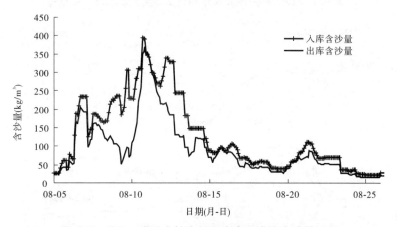

图 5-54　"88·8"洪水较大风险方案进出库含沙量过程

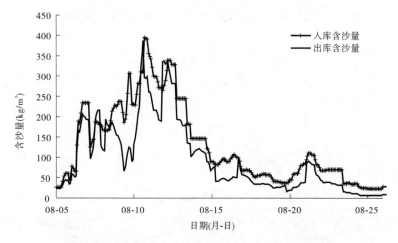

图 5-55　"88·8"洪水大风险方案进出库含沙量过程

5.4.1.3　"82·8"洪水

　　基本方案、一般风险、较大风险、大风险风险调控方案调算的小浪底水库进出库流量、库水位及黑武流量、花园口流量详见图 5-56~图 5-59。

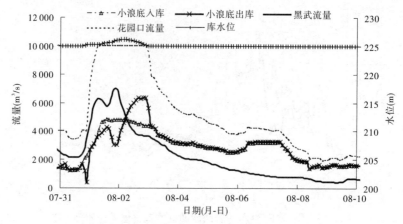

图 5-56 "82·8"洪水正常运用进出库流量及坝前水位过程

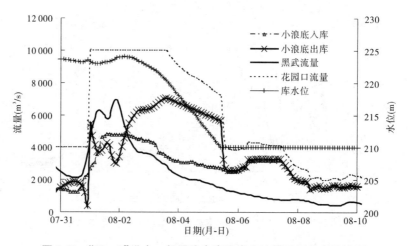

图 5-57 "82·8"洪水一般风险方案进出库流量及坝前水位过程

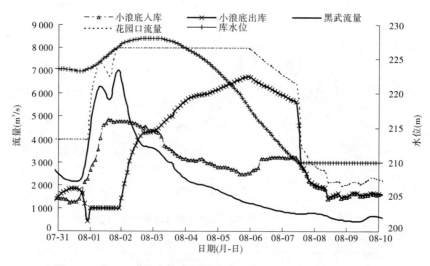

图 5-58 "82·8"洪水较大风险方案进出库流量及坝前水位过程

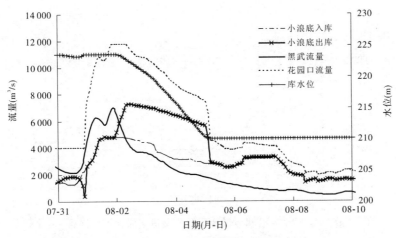

图 5-59 "82·8"洪水大风险方案进出库流量及坝前水位过程

图 5-60 ~ 图 5-63 为正常运用及风险运用下进出库含沙量过程图。从图中可以看出,计算含沙量过程受来沙过程影响明显,但两方案下出库过程存在明显差别,主要是受出库流量过程及坝前水位影响。

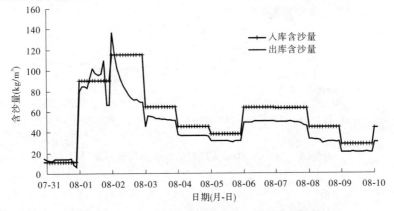

图 5-60 "82·8"洪水正常运用进出库含沙量过程

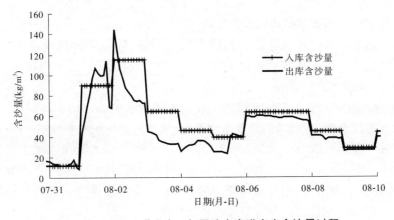

图 5-61 "82·8"洪水一般风险方案进出库含沙量过程

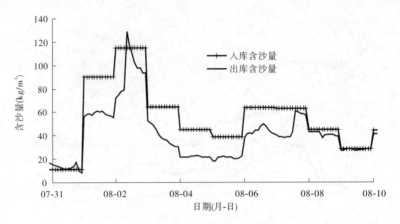

图 5-62 "82·8"洪水较大风险方案进出库含沙量过程

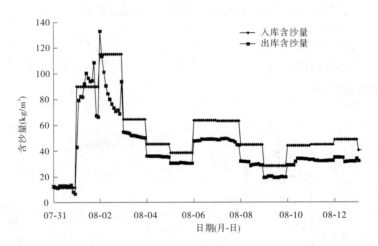

图 5-63 "82·8"洪水大风险方案进出库含沙量过程

5.4.1.4 计算结果分析

表 5-24 ~ 表 5-26 分别为 "96·8" 洪水、"88·8" 洪水和 "82·8" 洪水各方案下的出入库泥沙统计结果。

1. 不同起调水位与全排沙比的关系分析

为分析不同坝前水位对水库排沙比的影响,针对三场洪水分别设计 225 m 起调和 210 m 起调两组情形,每组中包括进出平衡允许漫滩、控制花园口流量漫嫩滩和控制花园口流量不漫滩三种方案。

图 5-64 为三场洪水基于 225 m 和 210 m 两种起调水位的全排沙比对比图。结合表 5-24 ~ 表 5-26 可以看出,在同样的调度原则下,三场洪水 210 m 起调方案下排沙比均有所增大,其中 "96·8" 洪水和 "88·8" 洪水增大 30% ~ 40%,"82·8" 洪水增大最为明显,增大 100% 左右。对于含沙量较大的 "96·8" 洪水和 "88·8" 洪水,在同一起调水位下,较大风险方案(空泄流量漫嫩滩)引起洪峰流量较大、历时较长且排沙效果最好;对于含沙量较小的 "82·8" 洪水,则是大风险方案排沙效果最好。

表 5-24　小浪底库区"96·8"洪水不同风险方案分组沙冲淤及排沙比

方案		项目	分组沙冲淤及排沙比			
			全沙	细沙	中沙	粗沙
方案及编号	基本特点	入库沙量（亿 t）	6.54	4.25	1.64	0.65
		占全沙比例（%）		65	25	10
基本方案　96·8-1	225 m 起调、进出库平衡、漫滩	出库沙量（亿 t）	3.05	2.88	0.16	0.01
		占全沙（%）		94.43	5.25	0.32
		排沙比（%）	46.50	67.60	9.77	1.23
225 m 起调、降低排沙水位到210 m 的风险方案	96·8-2 一般风险 / 降低水位、漫滩	出库沙量（亿 t）	3.75	3.47	0.26	0.02
		占全沙（%）		92.75	6.82	0.43
		排沙比（%）	57.17	81.58	15.61	2.46
	96·8-3 较大风险 / 降低水位、漫嫩滩	出库沙量（亿 t）	4.61	4.25	0.33	0.03
		占全沙（%）		92.19	7.16	0.65
		排沙比（%）	70.47	100.00	20.25	4.39
	96·8-4 大风险 / 降低水位、不漫滩	出库沙量（亿 t）	3.29	3.10	0.18	0.01
		占全沙（%）		94.22	5.47	0.31
		排沙比（%）	50.30	72.82	11.25	1.41
210 m 起调、低水位排沙的风险方案	96·8-02 一般风险 / 预泄 210 m、漫滩	出库沙量（亿 t）	5.47	4.95	0.47	0.05
		占全沙（%）		90.49	8.59	0.92
		排沙比（%）	83.57	116.36	28.76	7.38
	96·8-03 较大风险 / 预泄 210 m、漫嫩滩	出库沙量（亿 t）	5.47	4.95	0.47	0.05
		占全沙（%）		90.49	8.59	0.92
		排沙比（%）	83.62	116.33	29.04	7.56
	96·8-04 大风险 / 预泄 210 m、不漫滩	出库沙量（亿 t）	4.98	4.53	0.41	0.04
		占全沙（%）		90.96	8.23	0.81
		排沙比（%）	76.12	106.57	25.18	5.62

表 5-25　小浪底库区"88·8"洪水不同风险方案分组沙冲淤及排沙比

方案			项目	分组沙冲淤及排沙比			
				全沙	细沙	中沙	粗沙
方案及编号		基本特点	入库沙量(亿 t)	8.99	5.48	2.07	1.44
			占全沙比例(%)		61	23	16
基本方案	88·8-1	225 m 起调、进出库平衡、漫滩	出库沙量(亿 t)	4.43	4.17	0.24	0.02
			占全沙(%)		94.13	5.42	0.45
			排沙比(%)	49.28	76.03	11.59	1.67
225 m 起调、降低排沙水位到 210 m 的风险方案	88·8-2 一般风险	降低水位、漫滩	出库沙量(亿 t)	6.23	5.83	0.36	0.04
			占全沙(%)		93.58	5.78	0.64
			排沙比(%)	69.32	106.29	17.53	2.81
	88·8-3 较大风险	降低水位、漫嫩滩	出库沙量(亿 t)	8.48	7.52	0.81	0.15
			占全沙(%)		88.68	9.55	1.77
			排沙比(%)	94.41	137.12	39.00	10.42
	88·8-4 大风险	降低水位、不漫滩	出库沙量(亿 t)	4.46	4.18	0.25	0.03
			占全沙(%)		93.72	5.61	0.67
			排沙比(%)	49.56	76.13	12.00	1.82
210 m 起调、低水位排沙的风险方案	88·8-02 一般风险	预泄 210 m、漫滩	出库沙量(亿 t)	8.39	7.39	0.84	0.16
			占全沙(%)		88.08	10.01	1.91
			排沙比(%)	93.48	134.77	40.79	11.15
	88·8-03 较大风险	预泄 210 m、漫嫩滩	出库沙量(亿 t)	9.14	7.97	0.97	0.20
			占全沙(%)		87.20	10.61	2.19
			排沙比(%)	101.71	145.27	46.67	14.21
	88·8-04 大风险	预泄 210 m、不漫滩	出库沙量(亿 t)	6.57	5.95	0.53	0.09
			占全沙(%)		90.56	8.07	1.37
			排沙比(%)	73.16	108.43	25.83	6.01

表 5-26 小浪底库区"82·8"洪水不同风险方案分组沙冲淤及排沙比

方案		项目	分组沙冲淤及排沙比			
			全沙	细沙	中沙	粗沙
方案及编号	基本特点	入库沙量(亿 t)	1.60	1.12	0.26	0.22
		占全沙比例(%)		70	16	14
基本方案	82·8−1	225 m 起调、控制花园口洪峰流量 10 000 m³/s	出库沙量(亿 t)	0.80	0.74	0.05	0.01
			占全沙(%)		92.50	6.25	1.25
			排沙比(%)	50.04	66.43	17.97	6.16
225 m 起调、降低排沙水位到 210 m 的风险方案	82·8−2 一般风险	降低水位、控制花园口洪峰流量 10 000 m³/s	出库沙量(亿 t)	1.90	1.59	0.23	0.08
			占全沙(%)		83.68	12.11	4.21
			排沙比(%)	118.54	141.70	91.64	37.48
	82·8−3 (含沙量控制方案) 较大风险	降低水位、黑武洪峰加小浪底控泄流量 1 000 m³/s	出库沙量(亿 t)	1.20	1.06	0.10	0.04
			占全沙(%)		89.14	8.41	3.44
			排沙比(%)	74.02	94.64	39.06	18.28
	82·8−4 大风险	降低水位、延长洪峰历时、不削峰	出库沙量(亿 t)	2.08	1.73	0.26	0.09
			占全沙(%)		83.17	12.50	4.33
			排沙比(%)	129.92	154.33	103.32	42.10
210 m 起调、低水位排沙的风险方案	82·8−02 一般风险	预泄 210 m、控制花园口洪峰 10 000 m³/s	出库沙量(亿 t)	3.27	2.52	0.54	0.21
			占全沙(%)		77.06	16.52	6.42
			排沙比(%)	203.65	298.64	272.83	36.73
	82·8−03 较大风险	预泄 210 m、黑武洪峰加小浪底控制流量 1 000 m³/s	出库沙量(亿 t)	3.03	2.33	0.50	0.20
			占全沙(%)		76.90	16.50	6.60
			排沙比(%)	188.83	275.89	253.18	35.71
	82·8−04 大风险	预泄 210 m、不削峰	出库沙量(亿 t)	3.34	2.58	0.56	0.20
			占全沙(%)		77.25	16.77	5.98
			排沙比(%)	208.49	306.09	281.86	36.19

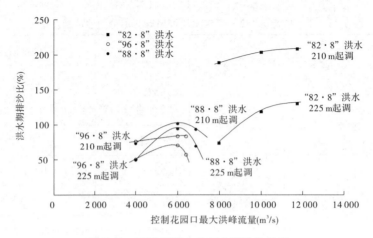

图 5-64　不同起调水位与全排沙比关系

2. 凑泄花园口不同流量与全排沙比的关系分析

利用图 5-64 还可分析三场洪水在不同的出库过程(黑武过程确定的情况下,等同于花园口过程)下的排沙比变化情况。

以"96·8"洪水为例,并非花园口洪峰流量最大的漫滩方案最好,而是控泄流量仅漫嫩滩的较大风险方案排沙比最大,其在 225 m 起调时排沙比为 70%,210 m 起调时排沙比为 83%。分析原因为排沙比不仅与最大洪峰有关,还受大流量历时影响,较大风险方案在其最大流量略有降低的情况下,大流量历时明显增长,所以其排沙效果明显好于其他两组方案。"88·8"洪水也具有此特性。

"82·8"洪水洪峰流量偏大,三种方案下其花园口流量分别为 8 000 m³/s、10 000 m³/s、12 000 m³/s,均为大漫滩流量。在此情况下,出库流量越大,其排沙比越大,排沙效果越好。

3. 出库泥沙分组沙含量与全排沙比关系分析

图 5-65 为出库细沙含量与全沙排沙比的关系图。结合表 5-24 ~ 表 5-26 可以看出,随着全沙排沙比的增大,出库泥沙中细颗粒的含量逐渐减少。"96·8"洪水细沙含量从 94.43% 下降至 90.49%,"88·8"洪水细沙含量从 94.13% 下降至 87.20%,而"82·8"洪水细沙含量下降最为明显,从 92.50% 下降至 76.90%。这是因为全排沙增加一般是水流强度的增大产生的,随着水流强度的增大,水流挟带泥沙颗粒的能力增强,中粗颗粒更多地被输移至坝前,或是将河床粗颗粒泥沙冲起排沙出库。实测资料也表明随着全沙排沙比的增大,细沙排沙比的增大幅度在减小,而中、粗沙排沙比的增大幅度在明显增大,出库泥沙组成有偏粗的趋势。

4. 出库泥沙分组沙排沙比与全排沙比关系分析

图 5-66 为出库分组沙排沙比与全沙排沙比的关系图,结合表 5-24 ~ 表 5-26,整体来看细沙排沙比最大,中沙排沙比次之,粗沙排沙比最小。就"96·8"洪水各方案而言,其全沙排沙比从 46.50% 增加到 83.62%,与之相应的其细沙排沙比从 67.60% 增加到 116.33%,而中、粗沙排沙比分别从 9.77% 和 1.23% 增加到 29.04% 和 7.56%,也即在此过程中增加的出库泥沙主要为细沙,中、粗沙仅有少量增加。"88·8"洪水亦具有相同特性。

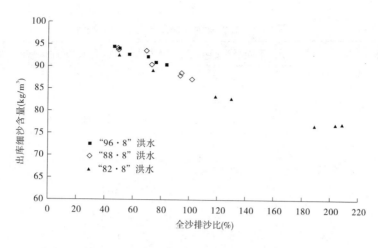

图 5-65　出库细沙含量与全沙排沙比关系

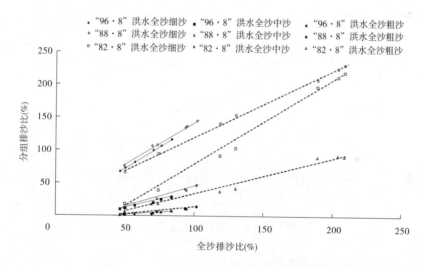

图 5-66　出库分组沙排沙比与全沙排沙比关系

对于"82·8"洪水而言,由于其入库泥沙较少,大量泥沙是由库区河床补给出库的,随着全沙排沙比增加,其细、中沙均有明显提高,但出库泥沙中粗沙含量仍然不高。

5. 库区泥沙冲淤量与发电损失关系分析

表 5-27 和图 5-67 给出了各方案下水库减淤与电能损失统计结果和关系图。从中可以看出,与基本方案相比,各优化方案下水库淤积均有所减少,其中"88·8"洪水较大风险方案减少最为明显,达 4 亿 m³ 以上;与之相应的是,在优化方案下电能均有所损失(个别方案例外),最大损失电量在 1 亿 kWh 左右。从减淤效益比可以看出,其值均大于 1,即水库每减少 1 亿 m³ 淤积,其损失电能少于 1 亿 kWh,从表中可以看出,减淤效益最好的为"88·8"洪水较大风险方案,该方案下水库减少淤积 4.05 亿 m³,而损失电能仅为 1.30 亿 kWh。由于坝前有效库容得到保持,本次洪水损失电能可在后期的运用中得到补偿。

表 5-27　各方案泥沙减淤与电能损失统计

洪水类型	方案	水库减淤（亿 m^3）	发电量损失（亿 kWh）	减淤/电量损失（%）
"96·8"洪水	一般风险	0.54	0.40	1.35
	较大风险	1.21	0.64	1.89
	大风险	0.19	0.18	1.06
"88·8"洪水	一般风险	1.80	0.66	2.73
	较大风险	4.05	1.30	3.12
	大风险	0.03	-0.24	
"82·8"洪水	一般风险	1.10	0.27	4.07
	较大风险	0.39	0.18	2.17
	大风险	1.28	0.29	4.41

注:泥沙密度为 1.3 t/m^3。

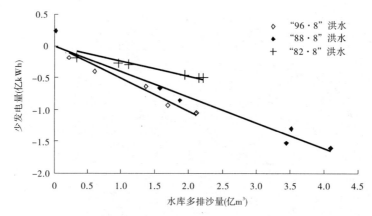

图 5-67　水库减淤与电能损失关系

6. 综合分析

综合上述各方面分析,可得结论如下:

(1)对于入库含沙量较高的"96·8"型及"88·8"型洪水,较大风险方案排沙效果最好,一般风险方案次之,大风险方案排沙效果最差。较大风险方案下洪峰的流量并未被明显削弱的情况下大流量历时明显增长,同时由于水库补水过程坝前水位从 225 m 下降至 210 m,使得三角洲顶点出漏,发生强烈溯源冲刷,将前期近坝段淤积泥沙冲泄出库;对于入库含沙量相对较低的"82·8"型洪水,大风险方案排沙效果最好,一般风险方案次之。

(2)对比表中各方案间的冲淤量和排沙比变化可发现,一般风险方案下细沙的出库增量和排沙比增量都最为明显,中沙次之,粗沙基本不变,说明河床补给物主要为中、细沙,适当降低坝前水位有利于泥沙出库,出库泥沙多为细沙不至于对下游造成明显不利影响。

(3)洪水经优化调度后,对水库库容存在明显效益。在同样的优化措施下,"96·8"较大风险较基本方案多出库泥沙 1.57 亿 t,而"88·8"较大风险较基本方案多出库泥沙 4.05 亿 t。同时,针对不同入库洪水和泥沙特征,需制定不同的调控措施和优化指令,关于洪水特征和水库应对措施仍需深入研究。

（4）通过对比分析水库减淤与电能损失可知，通过优化调度水库减淤效益明显。水库每减少 1 亿 m³ 淤积，其损失电能少于 1 亿 kWh，且由于坝前有效库容得到保持，场次洪水损失电能可在后期运用中得到补偿。

5.4.2　黄河下游方案计算分析

5.4.2.1　计算条件

计算河段为小浪底—利津，地形边界由 2009 年汛前实测断面数据生成，出口边界条件采用利津站水位—流量关系曲线，进口水沙采用小浪底、黑石关、武陟站流量、含沙量过程，见表 5-28。

表 5-28　各方案分组沙统计

洪水类型	方案		水动力学模型			
			全沙	细沙	中沙	粗沙
"96·8"洪水	入库沙量		6.54	4.25	1.64	0.65
	现状	出库沙量（亿 t）	3.05	2.88	0.16	0.01
		占全沙（%）		94.43	5.25	0.32
		排沙比（%）	46.50	67.60	9.77	1.23
	一般风险	出库沙量（亿 t）	3.75	3.47	0.26	0.02
		占全沙（%）		92.54	6.93	0.53
		排沙比（%）	57.17	81.58	15.61	2.46
	较大风险	出库沙量（亿 t）	4.61	4.25	0.33	0.03
		占全沙（%）		92.19	7.16	0.65
		排沙比（%）	70.47	100.00	20.25	4.39
	大风险	出库沙量（亿 t）	3.29	3.10	0.18	0.01
		占全沙（%）		94.22	5.47	0.31
		排沙比（%）	50.30	72.82	11.25	1.41
"88·8"洪水	入库沙量		8.99	5.48	2.07	1.44
	现状	出库沙量（亿 t）	4.43	4.17	0.24	0.02
		占全沙（%）		94.13	5.42	0.45
		排沙比（%）	49.28	76.03	11.59	1.67
	一般风险	出库沙量（亿 t）	6.23	5.83	0.36	0.04
		占全沙（%）		93.58	5.78	0.64
		排沙比（%）	69.32	106.29	17.53	2.81
	较大风险	出库沙量（亿 t）	8.48	7.52	0.81	0.15
		占全沙（%）		88.68	9.55	1.77
		排沙比（%）	94.41	137.12	39.00	10.42
	大风险	出库沙量（亿 t）	4.46	4.18	0.25	0.03
		占全沙（%）		93.72	5.61	0.67
		排沙比（%）	49.56	76.13	12.00	1.82

洪水类型	方案		水动力模型			
			全沙	细沙	中沙	粗沙
"82·8"洪水	入库沙量		1.60	1.12	0.26	0.22
	现状	出库沙量(亿 t)	0.80	0.74	0.05	0.01
		占全沙(%)		92.50	6.25	1.25
		排沙比(%)	50.04	66.43	17.97	6.16
	一般风险	出库沙量(亿 t)	1.90	1.59	0.23	0.08
		占全沙(%)		83.68	12.11	4.21
		排沙比(%)	118.54	141.70	91.64	37.48
	较大风险	出库沙量(亿 t)	1.20	1.06	0.10	0.04
		占全沙(%)		88.33	8.33	3.34
		排沙比(%)	74.02	94.64	39.06	18.28
	大风险	出库沙量(亿 t)	2.08	1.73	0.26	0.09
		占全沙(%)		83.17	12.50	4.33
		排沙比(%)	129.92	154.33	103.32	42.10

5.4.2.2 计算方案

本次计算主要对"96·8"、"88·8"、"82·8"洪水设计过程进行计算与分析。

1. "96·8"洪水设计过程

该设计过程分为 4 个计算方案,分别为小浪底水库调控水位 225 m 基本方案、小浪底水库调控水位 210 m 条件下进出库平衡方案、小浪底水库调控水位 210 m 方案的控泄 6 000 m³/s 方案、小浪底水库调控水位 210 m 控泄 4 000 m³/s 方案,详见图 5-68 ~ 图 5-71。

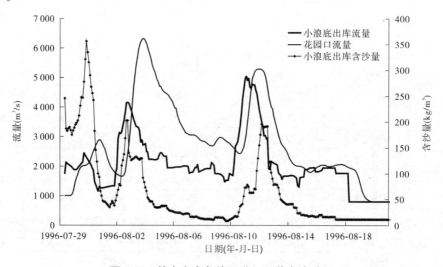

图 5-68 基本方案条件下进入下游水沙过程

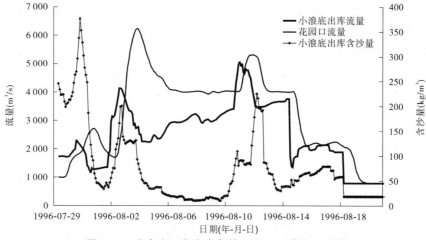

图 5-69　进出库平衡方案条件下进入下游水沙过程

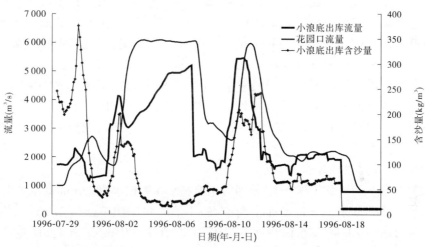

图 5-70　小浪底调控水位 210 m 方案条件下(控泄 6 000 m³/s)下游水沙过程

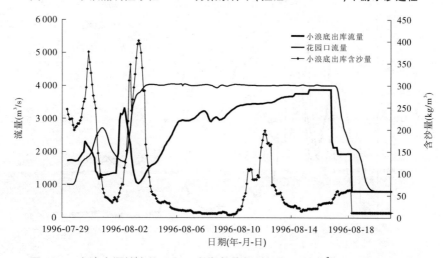

图 5-71　小浪底调控水位 210 m 方案条件下(控泄 4 000 m³/s)下游水沙过程

各方案水沙量统计见表 5-29。从表中可以看出,不同设计方案小浪底出库水量分别为 20.48 亿 m³、24.60 亿 m³、25.11 亿 m³、24.26 亿 m³,出库沙量分别为 1.53 亿 t、1.88 亿 t、2.30 亿 t、1.63 亿 t。

表 5-29   "96·8"洪水各设计方案进入下游水沙量统计

设计方案	小浪底水量(亿 m³)	小浪底沙量(亿 t)	花园口水量(亿 m³)
225 m – 现状	20.48	1.53	27.49
210 m – 进出库平衡	24.60	1.88	31.59
210 m – 控泄 6 000 m³/s	25.11	2.30	32.11
210 m – 控泄 4 000 m³/s	24.26	1.63	31.26

各方案黄河下游各河段冲淤量见表 5-30。全下游前三个方案主槽冲刷、滩地淤积,控泄 4 000 m³/s 方案由于水流基本上不漫滩,高含沙水流在主槽通过,所以主槽呈淤积状态。前三个方案小浪底—利津主槽淤积量分别为 1 527 万 m³、1 015 万 m³、1 555 万 m³,控泄 4 000 m³/s 方案淤积 10 784 万 m³。4 个方案滩地淤积量分别为 12 759 万 m³、14 392 万 m³、13 472 万 m³、0 万 m³。

4 个方案计算结果综合分析可知,对于"96·8"型洪水,在小浪底水库调控水位 210 m 条件下进出库平衡方案条件下,全下游主槽淤积量最少,艾山—利津河段冲刷量最多,从分河段主槽冲淤量来看,该方案计算结果也是最优,但滩地淤积量比其他方案相对较多,在 920 万 m³ 以上。

2."88·8"洪水设计过程

该设计过程分为 4 个计算方案,分别为小浪底水库调控水位 225 m 基本方案、小浪底水库调控水位 210 m 条件下进出库平衡方案、小浪底水库调控水位 210 m 方案的控泄 6 000 m³/s 方案、小浪底水库调控水位 210 m 控泄 4 000 m³/s 方案,详见图 5-72 ~ 图 5-75。

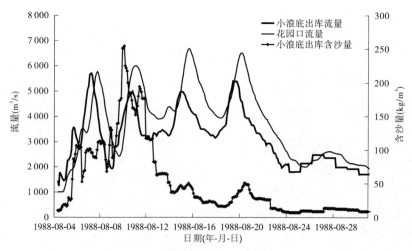

图 5-72   基本方案条件下进入下游水沙过程

表 5-30 "96·8"洪水各方案黄河下游各河段冲淤量统计

（单位：万 m³）

河段	主槽				滩地				全断面			
	96·8-1	96·8-2	96·8-3	96·8-4	96·8-1	96·8-2	96·8-3	96·8-4	96·8-1	96·8-2	96·8-3	96·8-4
	225 m，进出库平衡，不削峰	210 m，不削峰，花园口流量不够4 000 m³/s则补够4 000 m³/s	210 m，控泄花园口洪峰6 000 m³/s	210 m，控泄花园口洪峰4 000 m³/s	225 m，进出库平衡，不削峰	210 m，不削峰，花园口流量不够4 000 m³/s则补够4 000 m³/s	210 m，控泄花园口洪峰6 000 m³/s	210 m，控泄花园口洪峰4 000 m³/s	225 m，进出库平衡，不削峰	210 m，不削峰，花园口流量不够4 000 m³/s则补够4 000 m³/s	210 m，控泄花园口洪峰6 000 m³/s	210 m，控泄花园口洪峰4 000 m³/s
小浪底—花园口	514	421	446	1 010	992	1 105	1 020	0	1 506	1 526	1 466	1 010
花园口—夹河滩	1 214	1 102	1 302	3 821	3 024	3 504	3 215	0	4 238	4 606	4 517	3 821
夹河滩—高村	545	485	609	3 129	2 717	3 042	2 794	0	3 262	3 527	3 403	3 129
高村—孙口	-291	-294	-332	1 184	2 506	2 777	2 556	0	2 215	2 483	2 224	1 184
孙口—艾山	-308	-369	-299	1 025	1 570	1 718	1 731	0	1 262	1 349	1 432	1 025
艾山—泺口	511	521	497	816	1 049	1 219	1 104	0	1 560	1 740	1 601	816
泺口—利津	-658	-851	-668	-201	901	1 027	1 052	0	243	176	384	-201
全下游	1 527	1 015	1 555	10 784	12 759	14 392	13 472	0	14 286	15 407	15 027	10 784

· 149 ·

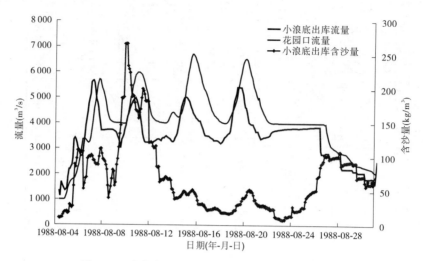

图 5-73　进出库平衡方案条件下进入下游水沙过程

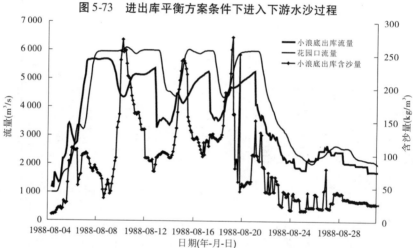

图 5-74　小浪底调控水位 210 m 方案条件下(控泄 6 000 m³/s) 下游水沙过程

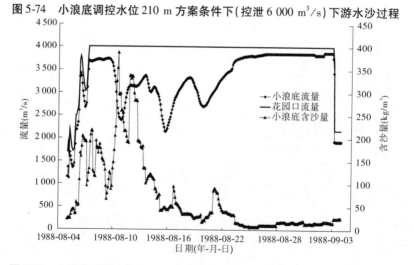

图 5-75　小浪底调控水位 210 m 方案条件下(控泄 4 000 m³/s) 下游水沙过程

各方案水沙量统计见表 5-31。从表中可以看出,不同设计方案小浪底出库水量分别为 39.50 亿 m³、44.43 亿 m³、45.06 亿 m³、41.33 亿 m³,出库沙量分别为 2.22 亿 t、3.12 亿 t、4.24 亿 t、2.09 亿 t。

表 5-31   "88·8"洪水各设计方案进入下游水沙量统计

设计方案	小浪底水量 （亿 m³）	小浪底沙量 （亿 t）	花园口水量 （亿 m³）
225 m - 现状	39.50	2.22	46.52
210 m - 进出库平衡	44.43	3.12	51.15
210 m - 控泄 6 000 m³/s	45.06	4.24	52.11
210 m - 控泄 4 000 m³/s	41.33	2.09	48.23

各方案黄河下游各河段冲淤量见表 5-32。全下游前三个方案小浪底—利津主槽冲刷、滩地淤积,全下游呈淤积状态,主槽冲刷量分别为 4 126 万 m³、4 359 万 m³、4 286 万 m³,滩地淤积量分别为 11 221 万 m³、12 562 万 m³、13 223 万 m³;方案 4 主槽淤积 8 692 万 m³,滩地基本没有发生淤积。

4 个方案数学模型计算结果表明,对于"88·8"型洪水,在小浪底水库调控水位 210 m 条件下进出库平衡方案条件下,全下游主槽冲刷量相对最多,从分河段主槽冲淤量来看,花园口—夹河滩、夹河滩—高村、艾山—泺口三河段冲刷量较多,因此该方案对恢复下游河道的平滩流量比较有利。

3. "82·8"洪水设计过程

该设计过程分为 4 个计算方案,分别为基本方案小浪底水库调控水位 225 m 方案的控泄 10 000 m³/s 方案、小浪底水库调控水位 210 m 方案的控泄 10 000 m³/s 方案、小浪底水库调控水位 210 m 方案的控泄 8 000 m³/s 方案、小浪底水库调控水位 210 m 方案的进出库平衡方案,详见图 5-76 ~ 图 5-79。

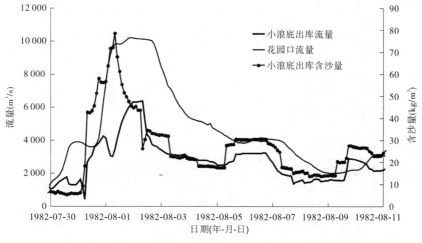

图 5-76   基本方案条件下(控泄 10 000 m³/s)下游水沙过程

表 5-32 "88·8" 洪水各方案黄河下游各河段冲淤量统计

（单位：万 m³）

河段	主槽				滩地				全断面			
	88·8-1	88·8-2	88·8-3	88·8-4	88·8-1	88·8-2	88·8-3	88·8-4	88·8-1	88·8-2	88·8-3	88·8-4
	225 m，进出库平衡，不削峰	210 m，不削峰，花园口流量不够 4 000 m³/s 则补峰 4 000 m³/s	210 m，控泄花园口洪峰 6 000 m³/s	210 m，控泄花园口洪峰 4 000 m³/s	225 m，进出库平衡，不削峰	210 m，不削峰，花园口流量不够 4 000 m³/s 则补峰 4 000 m³/s	210 m，控泄花园口洪峰 6 000 m³/s	210 m，控泄花园口洪峰 4 000 m³/s	225 m，进出库平衡，不削峰	210 m，不削峰，花园口流量不够 4 000 m³/s 则补峰 4 000 m³/s	210 m，控泄花园口洪峰 6 000 m³/s	210 m，控泄花园口洪峰 4 000 m³/s
小浪底—花园口	365	381	481	662	788	883	954	0	1 153	1 264	1 435	662
花园口—夹河滩	-821	-1 011	-880	3 210	2 941	3 390	3 440	0	2 120	2 379	2 560	3 210
夹河滩—高村	-601	-698	-678	2 890	2 511	2 815	2 981	0	1 910	2 117	2 303	2 890
高村—孙口	-756	-808	-774	1 050	1 844	1 952	2 223	0	1 088	1 144	1 449	1 050
孙口—艾山	-925	-735	-895	810	1 053	1 310	1 212	0	128	575	317	810
艾山—泺口	-789	-880	-839	1 021	1 083	1 145	1 257	0	294	265	418	1 021
泺口—利津	-599	-608	-701	-951	1 001	1 067	1 156	0	402	459	455	-951
全下游	-4 126	-4 359	-4 286	8 692	11 221	12 562	13 223	0	7 095	8 203	8 937	8 692

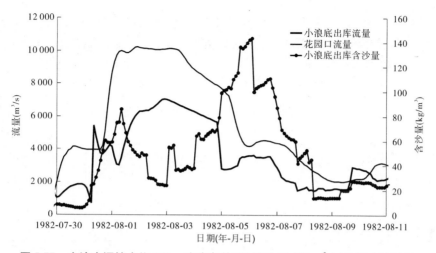

图 5-77　小浪底调控水位 210 m 方案条件下 (控泄 10 000 m³/s) 下游水沙过程

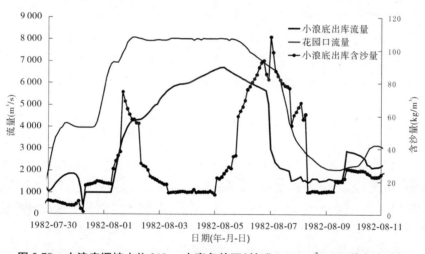

图 5-78　小浪底调控水位 210 m 方案条件下 (控泄 8 000 m³/s) 下游水沙过程

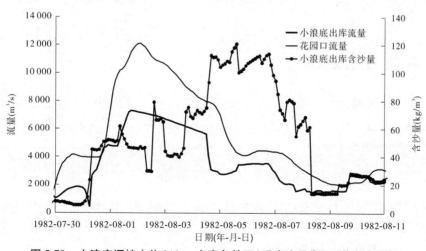

图 5-79　小浪底调控水位 210 m 方案条件下 (进出库平衡) 下游水沙过程

各方案水沙量统计见表5-33。从表中可以看出,不同设计方案小浪底出库水量分别为22.88亿 m³、27.50亿 m³、27.05亿 m³、27.60亿 m³,出库沙量分别为0.62亿 t、1.18亿 t、0.82亿 t、1.27亿 t。

表5-33 "82·8"洪水各设计方案进入下游水沙量统计

设计方案	小浪底水量 (亿 m³)	小浪底沙量 (亿 t)	花园口水量 (亿 m³)
225 m – 现状	22.88	0.62	36.57
210 m – 控泄 10 000 m³/s	27.50	1.18	41.23
210 m – 控泄 8 000 m³/s	27.05	0.82	40.74
210 m – 进出库平衡	27.60	1.27	41.28

各方案黄河下游各河段冲淤量见表5-34。全下游主槽冲刷、滩地淤积,全断面呈冲刷状态,小浪底—利津主槽冲刷量分别为6 847万 m³、8 379万 m³、9 102万 m³、7 684万 m³,滩地淤积量分别为9 440万 m³、11 165万 m³、12 519万 m³、11 674万 m³。

4个方案计算结果表明,对于"82·8"型洪水,小浪底水库调控水位210 m方案的控泄8 000 m³/s方案,全下游主槽冲刷量相对最多为9 102万 m³,从分河段主槽冲淤量来看,小浪底—花园口、花园口—夹河滩、夹河滩—高村、高村—孙口、孙口—艾山、艾山—泺口、泺口 – 利津7个河段冲刷量也相对较多,因此该方案对恢复下游河道的平滩流量比较有利。

总之,从以上各方案计算结果来看,"82·8"型洪水设计过程,从主槽冲刷效果来看,方案3最佳,但随着漫滩流量的增加,滩地淤积量也在加大,因此综合考虑全断面的冲刷效果,方案3控泄8 000 m³/s效果最好;"96·8"型和"88·8"型两个设计洪水过程,从主槽冲刷效果来看,方案2控泄6 000 m³/s效果最好,方案4控泄4 000 m³/s,全下游小浪底—利津河段主槽均呈淤积状态,主要是因为该流量在2009年地形条件下,水流均在主槽内流动,使得高含沙洪水在河道内淤积较严重,但主槽淤积基本上发生在夹河滩以上河段。

5.5 调控方案效果评价

利用第4章研发的水沙风险调控评价模型,从水库冲淤及相应库容变化、下游河道淤积及相应过流条件变化、发电效益变化、下游滩区淹没损失变化等方面,对前述不同风险方案计算结果进行综合分析。

5.5.1 "96·8"型洪水不同调度方案效果评价

"96·8"型洪水属上下较大型,表5-35给出了"96·8"型洪水不同调度方案风险评价结果,表5-36给出了小浪底水库淤积42亿 m³和62亿 m³条件下"96·8"型洪水调控结果,结合表5-35和表5-36分析如下。

表 5-34　"82·8"洪水各方案黄河下游各河段冲淤量统计

（单位：万 m³）

河段	主槽				滩地				全断面			
	82·8-1	82·8-2	82·8-3	82·8-4	82·8-1	82·8-2	82·8-3	82·8-4	82·8-1	82·8-2	82·8-3	82·8-4
	225 m,控泄10 000 m³/s	210 m,控泄10 000 m³/s、不够4 000 m³/s则补够4 000 m³/s	210 m,控泄8 000 m³/s	210 m,进出库平衡	225 m,控泄10 000 m³/s	210 m,控泄10 000 m³/s、不够4 000 m³/s则补够4 000 m³/s	210 m,控泄8 000 m³/s	210 m,进出库平衡	225 m,控泄10 000 m³/s	210 m,控泄10 000 m³/s、不够4 000 m³/s则补够4 000 m³/s	210 m,控泄8 000 m³/s	210 m,进出库平衡
小浪底—花园口	-971	-1 056	-1 135	-932	724	842	1 019	877	-247	-214	-116	-55
花园口—夹河滩	-1 356	-1 721	-1 905	-1 598	1 100	1 315	1 490	1 405	-256	-406	-415	-193
夹河滩—高村	-1 598	-2 059	-2 231	-1 823	2 187	2 606	2 807	2 647	589	547	576	824
高村—孙口	-769	-932	-987	-856	1 393	1 733	1 936	1 779	624	801	949	923
孙口—艾山	-512	-601	-687	-588	1 557	1 808	2 010	1 917	1 045	1 207	1 323	1 329
艾山—泺口	-620	-732	-801	-698	1 103	1 291	1 486	1 403	483	559	685	705
泺口—利津	-1 021	-1 278	-1 356	-1 189	1 376	1 570	1 771	1 646	355	292	415	457
全下游	-6 847	-8 379	-9 102	-7 684	9 440	11 165	12 519	11 674	2 593	2 786	3 417	3 990

表 5-35 "96·8"洪水调控结果评价

方案及编号		基本特点	水库					下游			风险效益计算（亿元）			
			冲淤量（亿m³）	275 m以下库容（亿m³）	剩余拦沙库容（亿m³）	全断面冲淤量（万m³）	主槽冲淤量（万m³）	孙口断面安全泄量（m³/s）	艾山—泺口平滩流量（m³/s）	花园口洪峰（m³/s）	发电效益	滩区淹没损失	泥沙淤积期望损失	综合值
基本方案	96·8－1	225 m起调,进出库平衡	3.50	98.57	47.57	14 286	1 527	10 036	3 939	6 392	1.193	−1.221	−0.323	−0.351
225 m起调降低排沙水位到210 m的风险方案	96·8－2	降低水位、一般风险、漫滩	2.80	99.27	48.27	15 407	1 015	10 049	3 943	6 405	1.050	−1.228	−0.312	−0.490
	96·8－3	降低水位、漫嫩滩、较大风险	1.93	100.14	49.14	15 027	1 555	10 027	4 039	6 000	0.970	−0.588	−0.227	0.154
	96·8－4	降低水位、不漫滩、大风险	3.25	98.82	47.82	10 784	10 784	9 691	3 848	4 000	1.038	0	−0.455	0.583
210 m起调低水位排沙的风险方案	96.8－02	预泄210 m、一般风险、漫滩	1.08	100.99	49.99	15 896	1 187	10 041	3 940	6 405	0.878	−1.228	−0.286	−0.637
	96.8－03	预泄210 m、漫嫩滩、较大风险	1.07	101.00	50.00	14 890	1 822	10 037	4 028	6 000	0.883	−0.588	−0.225	0.070
	96·8－04	预泄210 m、不漫滩、大风险	1.56	100.51	49.51	11 958	11 888	9 674	3 834	4 000	0.832	0	−0.429	0.403

表 5-36 小浪底水库淤积 42 亿 m³ 和 62 亿 m³ 条件下"96·8"洪水调控结果

方案边界条件	方案及编号	基本特点	水库			下游					风险效益计算（亿元）				方案优劣排序
			冲淤量（亿 m³）	275 m 以下库容（亿 m³）	剩余拦沙库容（亿 m³）	全断面冲淤量（万 m³）	主槽冲淤（万 m³）	孙口断面安全泄量（m³/s）	艾山-泺口平滩流量（m³/s）	花园口洪峰（m³/s）	发电效益	滩区淹没损失	泥沙淤积期望损失	综合值	
小浪底淤积 42 亿 m³	基本方案 96·8-1（42 亿 m³）	225 m 起调，进出库平衡	3.50	80.57	29.57	14 286	1 527	10 036	3 939	6 392	1.193	-1.221	-1.278	-1.306	3
225 m 起调、降低排沙水位到 210 m 的	96·8-2（42 亿 m³）	降低水位、漫滩	2.80	81.27	30.27	15 407	1 015	10 049	3 943	6 405	1.050	-1.228	-1.208	-1.385	4
	96·8-3（42 亿 m³）	降低水位、漫嫩滩	1.93	82.14	31.14	15 027	1 555	10 027	4 039	6 000	0.970	-0.588	-0.949	-0.567	2
	风险方案 96·8-4（42 亿 m³）	降低水位、不漫滩	3.25	80.82	29.82	10 784	10 784	9 691	3 848	4 000	1.038	0	-1.598	-0.560	1
小浪底淤积 62 亿 m³	基本方案 96·8-1（62 亿 m³）	225 m 起调，进出库平衡	3.50	60.57	9.57	14 286	1 527	10 036	3 939	6 392	1.193	-1.221	-2.652	-2.680	3
225 m 起调、降低排沙水位到 210 m 的	96·8-2（62 亿 m³）	降低水位、漫滩	2.80	61.27	10.27	15 407	1 015	10 049	3 943	6 405	1.050	-1.228	-2.603	-2.781	4
	96·8-3（62 亿 m³）	降低水位、漫嫩滩	1.93	62.14	11.14	15 027	1 555	10 027	4 039	6 000	0.970	-0.588	-2.381	-2.000	1
	风险方案 96·8-4（62 亿 m³）	降低水位、不漫滩	3.25	60.82	9.82	10 784	10 784	9 691	3 848	4 000	1.038	0	-3.341	-2.303	2

5.5.1.1 小浪底水库不同起调水位方案分析

（1）泥沙冲淤分布方面。从表5-35可以看出,风险方案相同,小浪底水库起调水位不同,210 m起调方案排沙比均较225 m方案大,210 m起调方案泥沙淤积年均期望损失比225 m方案小,210 m起调方案对下游防洪体系泥沙冲淤分布有利。以一般风险方案为例,225 m起调方案小浪底水库淤积量为2.80亿m^3,210 m起调方案淤积量为1.08亿m^3,210 m起调方案较225 m起调方案少淤1.72亿m^3;225 m起调方案泥沙淤积年均期望损失为0.312亿元,210 m起调方案为0.286亿元,210 m起调方案较225 m起调方案年均损失少0.026亿元。

（2）水库发电效益方面。从表5-35可以看出,风险方案相同,小浪底水库起调水位不同,210 m起调方案对洪水期发电不利。以一般风险方案为例,225 m起调方案小浪底水库发电效益为1.050亿元,210 m起调方案发电效益为0.878亿元,210 m起调方案较225 m起调方案少0.172亿元。

（3）滩区淹没损失方面。从表5-35可以看出,风险方案相同,小浪底水库起调水位不同,由于对进入下游的洪峰控制一致,两种起调水位下游滩区洪灾损失大小相同。以一般风险方案为例,225 m起调方案和210 m起调方案下游滩区淹没损失均为1.228亿元。

5.5.1.2 不同风险方案效果分析(以225 m起调方案为例)

4个调控方案小浪底水库淤积量和下游冲淤量差异较大,调度结束后现状方案小浪底275 m以下库容为98.57亿m^3,一般风险方案为99.27亿m^3,较大风险方案为100.14亿m^3,大风险方案为98.82亿m^3,较大风险方案为较优,大风险方案较差;下游安全泄量及平滩流量现状方案分别为10 036 m^3/s和3 939 m^3/s,一般风险方案分别为10 049 m^3/s和3 943 m^3/s,较大风险方案分别为10 027 m^3/s和4 039 m^3/s,大风险方案分别为9 691 m^3/s和3 848 m^3/s,较大风险方案为较优,大风险方案较差。

洪水调度结束后泥沙淤积分布不同从而对下游防洪系统洪水风险的影响程度也不同,其中现状方案下游行洪环境变化后对应各种频率洪水年均期望损失为0.323亿元,一般风险方案为0.312亿元,较大风险方案为0.227亿元,大风险方案为0.455亿元。大风险方案下游平滩流量减小幅度大,导致下游防洪系统各种频率洪水年均期望损失比其他方案明显增大。从泥沙冲淤分布角度讲,较大风险方案为较优,大风险方案较差。洪水调度前后现状方案洪水期发电年均期望效益为1.193亿元,一般风险方案为1.050亿元,较大风险方案为0.970亿元,大风险方案为1.038亿元。从发电效益角度讲,基本方案最好,较大风险方案较差。

4个调控方案花园口站洪峰流量差异较大,下游滩区淹没损失差异也较大,其中现状方案滩区淹没年均期望损失为1.221亿元,一般风险方案为1.228亿元,较大风险方案为0.588亿元,大风险方案滩区基本没有产生淹没损失。从洪水灾害损失角度讲,大风险方案最优,较大风险方案次之。

较大风险方案库区淤积少、下游平滩流量增幅大、滩区淹没损失小,综合效益为0.154亿元,明显好于基本方案和一般风险方案;洪水过后、下游艾山—泺口瓶颈河段平滩流量增大到4 039 m^3/s。由于大风险方案主槽淤积严重、平滩流量减小幅度大,洪水过后,下游艾山—泺口瓶颈河段平滩流量仅 3 848 m³/s,为此,在下游瓶颈河段平滩流量较小(不足 4 000 m³/s)的条件下,可将较大风险方案作为现状条件下的推荐方案。

5.5.1.3 小浪底水库不同淤积水平方案分析(以 225 m 起调方案为例)

为分析未来黄河中下游边界条件下各种风险调度方案效果差异,假设通过中游水库调水调沙运用保持了黄河下游河道过流条件不变,小浪底水库淤积量分别为 42 亿 m³ 和 62 亿 m³。

从表 5-35 和表 5-36 可以看出,对于同一种风险调度方案,由于小浪底水库淤积水平不同,调度后泥沙淤积年均期望损失差异明显。以基本方案为例,2009 年水平、淤积量 42 亿 m³ 和 62 亿 m³ 条件下,水库淤积量、下游安全泄量和平滩流量计算结果均相同,但小浪底水库 275 m 以下库容分别为 98.57 亿 m³、80.57 亿 m³、60.57 亿 m³,对应泥沙淤积年均期望损失分别为 0.323 亿元、1.278 亿元、2.652 亿元。可见,随着水库不断淤积,单方泥沙淤积造成的年均期望损失大幅增加。

对比分析不同风险方案调度效果,小浪底水库淤积量为 2009 年水平、42 亿 m³ 条件下,风险效益计算综合值均是大风险方案最优;当小浪底水库淤积 62 亿 m³ 时,较大风险方案风险效益计算综合值为 -2.000 亿元,大风险方案风险效益计算综合值为 -2.303 亿元。可见,风险调度方案的优劣,是随着下游防洪体系边界条件变化而改变的。

5.5.2 "88·8"型洪水不同调度方案效果评价

"88·8"型洪水属上大型高含沙量洪水,表 5-37 给出了"88·8"型洪水不同调度方案风险评价结果,表 5-38 给出了小浪底水库淤积 42 亿 m³ 和 62 亿 m³ 条件下"88·8"型洪水调控结果,结合表 5-37 和表 5-38 分析如下。

5.5.2.1 小浪底水库不同起调水位方案分析

(1)泥沙冲淤分布方面。从表 5-37 可以看出,风险方案相同,小浪底水库起调水位不同,210 m 起调方案排沙比均较 225 m 方案大,210 m 起调方案泥沙淤积年均期望损失比 225 m 方案小,210 m 起调方案对下游防洪体系泥沙冲淤分布有利。以一般风险方案为例,225 m 起调方案小浪底水库淤积量为 2.76 亿 m³,210 m 起调方案淤积量为 0.59 亿 m³,210 m 起调方案较 225 m 起调方案少淤 2.17 亿 m³;225 m 起调方案泥沙淤积年均期望损失为 0.207 亿元,210 m 起调方案为 0.201 亿元,210 m 起调方案较 225 m 起调方案年均损失少 0.006 亿元。

(2)水库发电效益方面。从表 5-37 可以看出,风险方案相同,小浪底水库起调水位不同,210 m 起调方案对发电不利。以一般风险方案为例,225 m 起调方案小浪底水库发电效益为 2.337 亿元,210 m 起调方案发电效益为 1.910 亿元,210 m 起调方案较 225 m 起调方案少 0.427 亿元。

(3)滩区淹没损失方面。从表 5-37 可以看出,风险方案相同,小浪底水库起调水位不同,由于对进入下游的洪峰控制一致,两种起调水位下游滩区洪灾损失大小相同。以一般风险方案为例,225 m 起调方案和 210 m 起调方案下游滩区淹没损失均为 1.962 亿元。

表 5-37 "88·8" 洪水调控结果评价

方案及编号	基本特点	水库 冲淤量（亿m³）	水库 275 m以下库容（亿m³）	水库 剩余拦沙库容（亿m³）	下游 全断面冲淤量（万m³）	下游 主槽冲淤量（万m³）	下游 孙口断面安全泄量（m³/s）	下游 艾山—泺口平滩流量（m³/s）	下游 花园口洪峰（m³/s）	风险效益计算（亿元） 发电效益	风险效益计算（亿元） 滩区淹没损失	风险效益计算（亿元） 泥沙淤积期望损失	风险效益计算（亿元） 综合值
基本方案 88·8-1	225 m 起调、进出库平衡	4.56	97.51	46.51	7 095	-4 126	1 0240	4 182	6 838	2.533	-1.962	-0.211	0.360
225 m 起调、降低排沙到210 m 的风险方案 88·8-2 一般风险	降低水位、漫滩	2.76	99.31	48.31	8 203	-4 359	10 174	4 201	6 838	2.337	-1.962	-0.207	0.168
88·8-3 较大风险	降低水位、漫嫩滩	0.50	101.57	50.57	8 937	-4 286	10 226	4 197	6 000	2.080	-0.784	-0.200	1.096
88·8-4 大风险	降低水位、不漫滩	4.53	97.54	46.54	8 692	8 692	9 756	3 810	4 000	2.477	0	-0.578	1.898
210 m 起调、低水位排沙的风险方案 88·8-02 一般风险	预泄210 m、漫滩	0.59	102.17	51.17	8 730	-4 230	10 169	4 199	6 838	1.910	-1.962	-0.201	-0.253
88·8-03 较大风险	预泄210 m、漫嫩滩	-0.15	102.22	51.22	6 959	-2 351	10 157	4 139	6 000	1.900	-0.784	-0.205	0.915
88·8-04 大风险	预泄210 m、不漫滩	2.41	99.66	48.66	9 976	9 976	9 716	3 791	4 000	2.070	0	-0.514	1.551

表 5-38　小浪底水库淤积 42 亿 m³ 和 62 亿 m³ 条件下"88·8"洪水调控结果

方案边界条件	方案及编号	基本特点	水库			下游					风险效益计算（亿元）				方案优劣排序
			冲淤量（亿 m³）	275 m 以下库容（亿 m³）	剩余拦沙库容（亿 m³）	全断面冲淤量（万 m³）	主槽冲淤（万 m³）	孙口断面安全泄量（m³/s）	艾山—泺口平滩流量（m³/s）	花园口洪峰（m³/s）	发电效益	滩区淹没损失	泥沙淤积期望损失	综合值	
小浪底淤积 42 亿 m³	基本方案 88·8-1（42 亿 m³）	225 m 起调，进出库平衡	4.56	79.51	28.51	7 095	-4 126	10 240	4 182	6 838	2.533	-1.962	-0.868	-0.297	3
225 m 起调，降低排沙水位到 210 m 的	88·8-2（42 亿 m³）	降低水位、漫滩	2.76	81.31	30.31	8 203	-4 359	10 174	4 201	6 838	2.337	-1.962	-0.756	-0.381	4
	88·8-3（42 亿 m³）	降低水位、漫嫩滩	0.50	83.57	32.57	8 937	-4 286	10 226	4 197	6 000	2.080	-0.784	-0.620	-0.675	2
	88·8-4（42 亿 m³）风险方案	降低水位、不漫滩	4.53	79.54	28.54	8 692	8 692	9 756	3 810	4 000	2.477	0	-1.780	-0.697	1
小浪底淤积 62 亿 m³	基本方案 88·8-1（62 亿 m³）	225 m 起调，进出库平衡	4.56	59.71	8.51	7 095	-4 126	10 240	4 182	6 838	2.533	-1.962	-2.903	-2.332	3
225 m 起调，降低排沙水位到 210 m 的	88·8-2（62 亿 m³）	降低水位、漫滩	2.76	61.31	10.31	8 203	-4 359	10 174	4 201	6 838	2.337	-1.962	-2.730	-2.355	4
	88·8-3（62 亿 m³）	降低水位、漫嫩滩	0.50	63.57	12.57	8 937	-4 286	10 226	4 197	6 000	2.080	-0.784	-2.417	-1.121	1
	88·8-4（62 亿 m³）风险方案	降低水位、不漫滩	4.53	59.54	8.54	8 692	8 692	9 756	3 810	4 000	2.477	0	-4.069	-1.593	2

5.5.2.2 不同风险方案效果分析(以225 m起调方案为例)

4个调控方案小浪底水库淤积量和下游冲淤量差异较大,调度结束后现状方案小浪底275 m以下库容为97.51亿 m^3,一般风险方案为99.31亿 m^3,较大风险方案为101.57亿 m^3,大风险方案为97.54亿 m^3,较大风险方案为较优,大风险方案较差;下游安全泄量及平滩流量现状方案分别为10 240 m^3/s 和4 182 m^3/s,一般风险方案分别为10 174 m^3/s 和4 201 m^3/s,较大风险方案分别为10 226 m^3/s 和4 197 m^3/s,大风险方案分别为9 756 m^3/s 和3 810 m^3/s,较大风险方案为较优,大风险方案较差。

洪水调度结束后泥沙淤积分布不同,从而对下游防洪系统洪水风险的影响程度也不同,其中现状方案下游行洪环境变化后对应各种频率洪水年均期望损失为0.211亿元,一般风险方案为0.207亿元,较大风险方案为0.200亿元,大风险方案为0.578亿元。大风险方案下游平滩流量减小幅度大,导致下游防洪系统各种频率洪水年均期望损失比其他方案明显增大。从泥沙冲淤分布角度讲,较大风险方案为较优,大风险方案较差。

洪水调度前后现状方案洪水期发电年均期望效益为2.533亿元,一般风险方案为2.337亿元,较大风险方案为2.080亿元,大风险方案为2.477亿元。从发电效益角度讲,基本方案较优,较大风险方案较差。

下游滩区淹没损失差异也较大,其中现状方案滩区淹没年均期望损失为1.962亿元,一般风险方案为1.962亿元,较大风险方案为0.784亿元,大风险方案滩区基本没有产生淹没损失。从洪水灾害损失角度讲,大风险方案最优,较大风险方案次之。

较大风险方案库区淤积少、下游平滩流量增幅大、滩区淹没损失小,综合效益为1.096亿元,明显好于基本方案和一般风险方案;洪水过后、下游艾山—泺口瓶颈河段平滩流量增大到4 197 m^3/s。由于大风险方案主槽淤积严重、平滩流量减小幅度大,洪水过后,下游艾山—泺口瓶颈河段平滩流量仅3 810 m^3/s,为此,在下游瓶颈河段平滩流量较小(不足4 000 m^3/s)的条件下,可将较大风险方案作为现状条件下的推荐方案。

5.5.2.3 小浪底水库不同淤积水平方案分析(以225 m起调方案为例)

为分析未来黄河中下游边界条件下各种风险调度方案效果差异,假设通过中游水库调水调沙运用保持了黄河下游河道过流条件不变,小浪底水库淤积量分别为42亿 m^3 和62亿 m^3。

结合表5-37和表5-38可以看出,对于同一种风险调度方案,由于小浪底水库淤积水平不同,调度后泥沙淤积年均期望损失差异明显。以基本方案为例,2009年水平、淤积量42亿 m^3 和62亿 m^3 条件下,水库淤积量、下游安全泄量和平滩流量计算结果均相同,但小浪底水库275 m以下库容分别为97.51亿 m^3、79.51亿 m^3、59.51亿 m^3,对应泥沙淤积年均期望损失分别为0.211亿元、0.868亿元、2.903亿元。可见,随着水库不断淤积,单方泥沙淤积造成的年均期望损失大幅增加。

对比分析不同风险方案调度效果,小浪底水库淤积量为2009年水平、42亿 m^3 条件下,风险效益计算综合值均是大风险方案最优;当小浪底水库淤积62亿 m^3 时,较大风险方案风险效益计算综合值为 -1.121 亿元,大风险方案风险效益计算综合值为 -1.593 亿元。可见,风险调度方案的优劣,是随着下游防洪体系边界条件变化而改变的。

前述分析表明,"96·8"型、"88·8"型中常洪水1个基本方案、3个风险调控方案中,较大风险方案水库排沙效率高、库容损失少、发电损失小,下游主槽淤积量小、平滩流量增幅大,同时淹没范围局限在两岸控导工程之间的嫩滩上,淹没损失小,特别是随着小浪底水库的不断淤积,较大风险方案的优势更加凸显,可作为"96·8"型、"88·8"型洪水风险调控的推荐方案。

5.5.3 "82·8"型洪水不同调度方案效果评价

"82·8"型洪水属下大型洪水,表5-39给出了"82·8"洪水不同调度方案风险评价结果,表5-40给出了小浪底水库淤积42亿 m^3 和62亿 m^3 条件下"82·8"洪水调控结果,结合表5-39和表5-40分析如下。

5.5.3.1 小浪底水库不同起调水位方案分析

(1)泥沙冲淤分布方面。从表5-39可以看出,风险方案相同,小浪底水库起调水位不同,210 m起调方案排沙比均较225 m方案大,210 m起调方案泥沙淤积年均期望损失比225 m方案小,210 m起调方案对下游防洪体系泥沙冲淤分布有利。以一般风险方案为例,225 m起调方案小浪底水库排沙为0.298亿 m^3 ,210 m起调方案排沙量为1.665亿 m^3 ,210 m起调方案较225 m起调方案多排1.367亿 m^3 ;225 m起调方案泥沙淤积年均期望损失为0.201亿元,210 m起调方案为0.201亿元,主要是由于水库调蓄库容条件下不同方案泥沙淤积损失基本不存在差异。

(2)水库发电效益方面。从表5-39可以看出,风险方案相同,小浪底水库起调水位不同,210 m起调方案对发电不利。以一般风险方案为例,225 m起调方案小浪底水库发电效益为0.229亿元,210 m起调方案发电效益为0.188亿元,210 m起调方案较225 m起调方案少0.041亿元,由于"82·8"型洪水属下大型洪水,因此洪水期间发电效益差异较小。

(3)滩区淹没损失方面。从表5-39可以看出,风险方案相同,小浪底水库起调水位不同,由于对进入下游的洪峰控制一致,两种起调水位下游滩区洪灾损失大小相同。以一般风险方案为例,225 m起调方案和210 m起调方案下游滩区淹没损失均为1.350亿元。

5.5.3.2 不同风险方案效果分析(以225 m起调方案为例)

4个调控方案小浪底水库淤积量和下游冲淤量差异较大,调度结束后现状方案小浪底275 m以下库容为101.27亿 m^3 ,一般风险方案为102.37亿 m^3 ,较大风险方案为101.65亿 m^3 ,大风险方案为102.55亿 m^3 ;下游安全泄量及平滩流量现状方案分别为10 098 m^3/s和4 151 m^3/s,一般风险方案分别为10 116 m^3/s和4 178 m^3/s,较大风险方案分别为10 134 m^3/s和4 197 m^3/s,大风险方案分别为10 108 m^3/s和4 175 m^3/s。

洪水调度结束后泥沙淤积分布不同从而对下游防洪系统洪水风险的影响程度也不同,其中现状方案下游行洪环境变化后对应各种频率洪水年均期望损失为0.208亿元,一般风险方案为0.201亿元,较大风险方案为0.201亿元,大风险方案为0.201亿元。从泥沙冲淤分布角度讲,"82·8"洪水不同方案基本相同。

洪水调度过程小浪底水库水位变化及弃水量也存在明显差异,"82·8"洪水现状方案洪水期发电年均期望效益为0.249亿元,一般风险方案为0.229亿元,较大风险方案为0.233亿元,大风险方案为0.227亿元。可见,本书设置的3个风险方案与现状方案相比

表 5-39 "82·8"洪水调控结果评价

方案及编号		基本特点	水库					下游			风险效益计算（亿元）			
			冲淤量（亿m³）	275 m 以下库容（亿m³）	剩余拦沙库容（亿m³）	全断面冲淤量（万m³）	主槽冲淤（万m³）	孙口断面安全泄量（m³/s）	艾山—泺口平滩流量（m³/s）	花园口洪峰（m³/s）	发电效益	滩区淹没损失	泥沙淤积剩望损失	综合值
基本方案	82·8-1	225 m 起调，进出库平衡	0.803	101.27	50.27	2 593	-6 847	10 098	4 151	10 000	0.249	-1.350	-0.208	-1.309
225 m 起调，降低排沙水位到 210 m 的风险方案	82·8-2 一般风险	降低水位、漫滩	-0.298	102.37	51.37	2 785	-8 379	10 116	4 178	10 000	0.229	-1.350	-0.201	-1.322
	82·8-3 较大风险	降低水位、漫嫩滩	0.417	101.65	50.65	3 417	-9 102	10 134	4 197	8 000	0.233	-0.850	-0.201	-0.818
	82·8-4 大风险	降低水位、不漫滩	-0.481	102.55	51.55	3 991	-7 684	10 108	4 175	11 740	0.227	-1.585	-0.201	-1.559
210 m 起调，低水位排沙的风险方案	82·8-02 一般风险	预泄 210 m、漫滩	-1.665	103.74	52.74	5 513	-6 245	10 076	4 162	10 000	0.188	-1.350	-0.201	-1.363
	82·8-03 较大风险	预泄 210 m、漫嫩滩	-1.427	103.50	52.50	5 955	-7 539	10 100	4 176	8 000	0.174	-0.850	-0.199	-0.875
	82·8-04 大风险	预泄 210 m、不削峰	-1.742	103.81	52.81	6 224	-6 329	10 082	4 155	11 740	0.196	-1.585	-0.201	-1.590

表 5-40　小浪底水库淤积 42 亿 m³ 和 62 亿 m³ 条件下"82·8"洪水调控结果

方案边界条件	方案及编号		基本特点	水库					下游			风险效益计算（亿元）				方案优劣排序
				冲淤量（亿 m³）	275 m 以下库容（亿 m³）	剩余拦沙库容（亿 m³）	全断面冲淤量（万 m³）	主槽冲淤（万 m³）	孙口断面安全泄量（m³/s）	艾山—泺口平滩流量（m³/s）	花园口洪峰（m³/s）	发电效益	滩区淹没损失	泥沙淤积预期损失	综合值	
小浪底淤积 42 亿 m³	基本方案	82·8-1	225 m 起调，进出库平衡	0.803	83.27	32.27	2 593	-6 847	10 098	4 151	10 000	0.249	-1.350	-0.722	-1.823	3
	225 m 起调，降低排沙水位到 210 m 的风险方案	82·8-2 一般风险	降低水位漫滩	-0.298	84.37	33.37	2 785	-8 379	10 116	4 178	10 000	0.229	-1.350	-0.626	-1.747	2
		82·8-3 较大风险	降低水位漫嫩滩	0.417	83.65	32.65	3 417	-9 102	101 346	4 197	8 000	0.233	-0.850	-0.642	-1.259	1
		82·8-4 大风险	降低水位不漫滩	-0.481	84.55	33.55	3 991	-7 684	10 108	4 175	11 740	0.227	-1.585	-0.621	-1.979	4
小浪底淤积 62 亿 m³	基本方案	82·8-1	225 m 起调，进出库平衡	0.803	63.27	12.27	2 593	-6 847	10 098	4 151	10 000	0.249	-1.350	-2.609	-3.710	3
	225 m 起调，降低排沙水位到 210 m 的风险方案	82·8-2 一般风险	预泄 210 m，漫滩	-0.298	64.37	13.37	2 785	-8 379	10 116	4 178	10 000	0.229	-1.350	-2.430	-3.551	2
		82·8-3 较大风险	预泄 210 m，漫嫩滩	0.417	63.65	12.65	3 417	-9 102	10 134	4 197	8 000	0.233	-0.850	-2.470	-3.087	1
		82·8-4 大风险	预泄 210 m，不削峰	-0.481	64.55	13.55	3 991	-7 684	10 108	4 175	11 740	0.227	-1.585	-2.420	-3.777	4

都存发电量损失的风险,其中大风险方案发电效益损失最大。

4个调控方案花园口站洪峰流量都较大,下游滩区淹没损失也较大,其中现状方案滩区淹没年均期望损失为1.350亿元,一般风险方案为1.350亿元,较大风险方案为0.850亿元,大风险方案为1.585亿元。从洪水灾害损失角度讲,"82·8"型洪水采用较大风险方案模式调度最好。

5.5.3.3 小浪底水库不同淤积水平方案分析(以225 m起调方案为例)

为分析未来黄河中下游边界条件下各种风险调度方案效果差异,假设通过中游水库调水调沙运用保持了黄河下游河道过流条件不变,小浪底水库淤积量分别为42亿 m^3 和62亿 m^3 。

结合表5-39和表5-40可以看出,对于同一种风险调度方案,由于小浪底水库淤积水平不同,调度后泥沙淤积年均期望损失差异明显。以基本方案为例,2009年水平、淤积量42亿 m^3 和62亿 m^3 条件下,水库淤积量、下游安全泄量和平滩流量计算结果均相同,但小浪底水库275 m以下库容分别为101.27亿 m^3 、83.27亿 m^3 、63.27亿 m^3 ,对应泥沙淤积年均期望损失分别为0.208亿元、0.722亿元、2.609亿元。可见,随着水库不断淤积,单方泥沙淤积造成的年均期望损失大幅增加。

对比分析不同风险方案调度效果,小浪底水库不同淤积条件下风险效益计算综合值均是较大风险方案最优,例如:当小浪底水库淤积62亿 m^3 时,较大风险方案风险效益计算综合值为 -3.087亿元,大风险方案风险效益计算综合值为 -3.777亿元。可见,从综合损失指标变化角度看,较大风险方案可作为"82·8"型洪水推荐调度方案。

5.5.4 综合分析

通过上述三种类型洪水不同调度方案结果分析可知,在同样的调度原则下,若仅仅是小浪底水库起调水位不同,则210 m起调方案排沙比均较225 m方案大,210 m起调方案泥沙淤积年均期望损失比225 m方案小,210 m起调方案对下游防洪体系泥沙分布有利;210 m起调方案发电效益明显小于225 m方案,210 m起调方案对发电不利;由于对进入下游的洪峰控制一致,两种起调水位下游滩区洪灾损失大小相同。

"96·8"型、"88·8"型中常洪水分析表明,风险调度方案的优劣是随着下游防洪体系边界条件变化而改变的。综合不同边界条件下分析结果,较大风险方案水库排沙效率高、库容淤积损失少、发电损失小,下游主槽淤积量小、平滩流量增幅大,同时淹没范围局限在两岸控导工程之间的嫩滩上,淹没损失小,特别是随着小浪底水库的不断淤积,较大风险方案的优势更加凸显,可作为"96·8"型、"88·8"型洪水风险调控的推荐方案。

对比分析"82·8"型洪水不同风险方案调度效果,小浪底水库淤积量为2009年水平、42亿 m^3 、62亿 m^3 条件下,风险效益计算综合值均是较大风险方案最优,从综合损失指标变化角度看,可作为"82·8"型洪水推荐调度方案。

由于黄河下游滩区特殊的社会经济情况,在给定的计算边界条件下,滩区淹没损失风险是计算条件下最大的风险源。影响滩区淹没损失的重要环境变量是黄河下游主槽平滩流量和水库拦沙库容,避免洪水漫滩是减小当前滩区洪灾损失,扩大黄河下游主槽平滩流量和保持水库拦沙库容有利于减小将来的洪灾损失。因此,当前黄河下游中常洪水调度应遵循以下原则:尽量控制洪水不漫滩;在漫滩不可避免的情况下,或者减少小浪底水库下泄流量,控制下游洪峰流量不超过 6 000 m^3/s、漫滩淹没控制在生产之间的嫩滩范围内;增大小浪底水库下泄流量,调控洪峰流量到 10 000 m^3/s 左右,增大漫滩洪水"淤滩刷槽"效果;避免出现 6 000 ~ 10 000 m^3/s 量级的洪峰,既造成了生产堤到大堤间广大滩区巨大的淹没损失,同时因滩槽水沙交换微弱,又难以发生显著的淤滩刷槽效果。

6 主要成果和应用前景

6.1 主要成果

本书以黄河中下游中常洪水水沙调控问题为研究对象,引入风险理论,通过实测资料分析、理论推导、数学模型计算、实体模型试验等研究手段,开展了中常洪水水沙调控风险指标体系、小浪底水库和下游河道5个单项风险调控效益和风险、中常洪水水沙风险调度综合效果评价体系及评价模型、典型中常洪水条件下黄河中下游综合效益相对较优的风险调控模式等研究,达到了预期目标,主要成果如下。

6.1.1 确立了具有较好代表性的中常洪水水沙调控风险指标体系

通过对小浪底、三门峡水库场次洪水排沙规律分析可知,在水库调度过程中,坝前水位是决定场次洪水排沙效果的关键因素,因此排沙水位、汛限水位可作为中常洪水风险调控的"可调控指标"。同时,无论是异重流排沙还是敞泄排沙,排沙效果(或冲刷效果)都受来水来沙条件以及水库淤积状态(特别是淤积重心位置)的影响,在预报来水来沙条件下,对水库当前和可能发生的淤积作初步估计是非常关键的,因此水库淤积状态应作为中常洪水风险调控的"判断指标"。

黄河下游河道洪水期冲淤演变规律研究表明,流量、含沙量、泥沙级配以及洪峰流量是影响河道冲淤变化的关键因素,考虑到泥沙级配调控当前难以调控,因此将流量、含沙量以及洪峰流量作为中常洪水风险调控的"可调控指标"。同时,相同的洪水在不同前期河道平滩流量条件下的冲淤规律也不相同,因此前期河道平滩流量应作为中常洪水风险调控的"判断指标"。

6.1.2 评价了小浪底水库单项风险调控的风险和效益

6.1.2.1 小浪底水库中常洪水不同排沙水位(库容)风险调控及风险分析

(1)小浪底水库近坝段58 km(HH35 断面以下)范围内,大多是中值粒径小于0.015 mm 的细颗粒泥沙,中常洪水期降低排沙水位,可有效增大水库排沙比,尤其是细沙排沙比,特别是前期淤积在三角洲顶点附近的细颗粒泥沙通过沿程或溯源冲刷、大量出库,能够起到良好的拦粗排细、延长水库拦沙期使用寿命的作用。

(2)以实测资料分析为主,结合已有模型试验资料,分析了小浪底水库运用以来水库调度、淤积形态变化、淤积物分布、不同粒径泥沙排沙特点,并对2010 年汛前调水调沙期间的排沙过程进行了分析和验证;根据上述分析及计算,针对以中下游同时来水的"96·8"、以中游高含沙为主的"88·8"和以下游来水为主的"82·8"等3 类典型洪水过程,分别在现状地形(2009 年汛前地形)及现状排沙水位225 m(简称基本方案)的基础上,对排沙水位降低到220 m、215 m、210 m、205 m等不同风险调度方案进行了综合分析计算,结果表明:当三角洲洲面发生溯源冲刷时,排沙比显著增大;含沙量较低的"82·8"洪水,其冲刷效果最好,相应的排沙比也大。

(3)根据现有水库排沙研究成果,以流量、蓄水容积和入库泥沙为主要影响因子,选取典型洪水("96·8"洪水、"82·8"洪水和"88·8"洪水)过程,对小浪底水库不同淤积水平(库区淤积体32亿 m³和42亿 m³)壅水排沙风险进行了计算分析,同时考虑入库流量、水库水位等主要影响因素对敞泄排沙风险进行了计算分析,结果表明:壅水排沙方式下排沙比均小于1,水库发生淤积,且壅水程度越高排沙比越低,水库淤积量越大。不同类型洪水流量、含沙量对排沙效果有显著影响,"88·8"洪水排沙比最大,但淤积量也大;"82·8"洪水排沙比次之,淤积量较小,"96·8"洪水排沙比最小,淤积量较大。在敞泄排沙方式下,水位越低排沙比越大,水库冲刷量也越大。不同类型洪水排沙效果不同,"82·8"洪水排沙比最大,冲刷量也较大,"88·8"洪水排沙比较大,冲刷量最大,"96·8"洪水排沙比和冲刷量最小。

壅水条件下随着蓄水量减少,粗、中、细各粒径组泥沙排沙比增大,细沙排沙比最大,中沙次之,粗沙排沙比最小。在较大蓄水量变化范围内细沙排沙比的增幅大于中沙和粗沙,但蓄水量低于一定值后,中沙和粗沙排沙比则迅速增大,增幅明显大于细沙。对于"96·8"洪水和"82·8"洪水,当蓄水量在0.5亿 m³时,淤粗排细的效果较好;而对"88·8"洪水,当蓄水量在1亿 m³时,淤粗排细的效果较好。因此,"88·8"洪水要实现较好的淤粗排细效果需要的蓄水量要大于"96·8"洪水和"82·8"洪水需要的蓄水量。

6.1.2.2 小浪底水库不同汛限水位和排沙水位风险调度方案及风险分析

(1)典型洪水期不同排沙水位风险调控方案计算结果表明,排沙水位的降低在减少水库淤积、增大进入下游细泥沙含量的同时,会造成发电量减小;从相同量值水库减淤量和损失发电量比较,前者的综合效益远大于后者的角度出发,水库风险调控方案更为经济合理。多方案分析计算比较结果为:"96·8"型洪水宜采取"较大风险"的水库调控方式,"88·8"型洪水和"82·8"型洪水宜采用"一般风险"或"较大风险"运用方案。

(2)以黄河勘测规划设计有限公司设计的"1956~1995+1990~1999"共50年系列,作为小浪底水库未来的入库水沙条件,该系列中常洪水32场。计算排沙水位220 m和210 m两个方案调控下洪水过后直至每年的汛末(10月31日)的蓄水过程。结果表明,两个方案中,均有2场洪水过后的蓄水过程出现库水位低于冲刷水位的情况,即蓄水风险的概率均为6.25%。如果小浪底水库按出库550 m³/s(环境流量)泄放,上述两种方案均无蓄水风险。

(3)以33年洪水为典型分析计算了不同频率(100年一遇、500年一遇、1 000年一遇)小浪底水库225 m和228 m汛限水位方案的防洪风险。计算结果表明,小浪底水库汛限水位抬高至228 m后,发生1 000年一遇的设计洪水,水库的最高水位没有超过防洪最高限制水位275 m。

(4)以1996年7~8月为典型流量过程,拟订基本方案(库水位一直维持225 m)和3个风险方案(平水期抬高库水位多发电,洪水期减低排沙水位多排沙),综合分析适当抬高汛限水位和降低冲刷水位对冲淤和发电影响可得:中常洪水期降低排沙水位,可有效增大水库排沙比,尤其是前期淤积在三角洲顶点附近的细颗粒泥沙通过沿程或溯源冲刷、大量出库,起到了拦粗排细、延长水库拦沙期时间的作用,但对发电具有一定影响;从相同量值水库减淤量和损失发电量比较,前者的综合效益远大于后者的角度出发,水库风险调控方案更为经济合理。

6.1.3 评价了下游河道单项风险调控的风险和效益

6.1.3.1 调水调沙期下游河道控制流量量级河道冲刷效果及嫩滩淹没风险分析

系统研究了黄河下游清水冲刷期不同量级洪水分河段河道的冲淤规律,根据实测资料建立了冲淤效率与流量、前期累积冲淤量之间的量化关系,给出了不同流量和前期河道条件下的冲淤效率;运用水文学模型和水动力学模型计算了不同调控流量条件下各河段滩槽冲淤状况、主槽平滩流量变化,比较了清水条件下不漫滩和小漫滩洪水的冲淤效果及嫩滩淹没情况。结果表明:艾山以上各河段冲淤效率都随流量增大而增大,但超过一定流量,冲淤效率的增幅明显减小;冲淤效率随前期累积冲淤量的增大而减小,但艾山—利津河段与前期累积冲淤量关系不明显。数模计算结果表明,在 2002 年地形(冲刷较有利地形)和 2009 年地形(冲刷较不利地形)条件下,主槽冲刷效果和漫滩淹没损失均随控制流量的增大而增大,但在 2002 年地形条件下,因流量相对较小的瓶颈河段较短,并与其上下游河段的平滩流量差值明显,所以允许部分嫩滩淹没的风险调控效果较好。2009 年地形条件下沿程平滩流量差异较小,并全程基本达到 4 000 m³/s 的平滩流量,风险调控效果不大。

6.1.3.2 黄河下游河道不同量级洪水控制含沙量量级及风险分析

系统开展了黄河下游河道洪水期分河段冲淤规律的研究,分析了河道冲淤效率与水沙因子的关系,建立了分河段和全下游河道冲淤与水沙因子的关系式。同时,分析了黄河下游分组泥沙冲淤与流量、含沙量及泥沙组成的关系,建立了中、粗泥沙的冲淤效率与全沙含沙量和细泥沙含量的关系式。另外,研究了洪水期下游河道的输沙水量与洪水平均流量和平均含沙量的关系,以及高效输沙洪水特征。同时计算了不同调控流量、含沙量组合条件下,黄河下游分河段的冲淤效率、淤积比和全下游冲淤效率、冲淤量、淤积比和输沙水量等。

选取河道淤积比和输沙水量作为进入黄河下游含沙量的主要控制指标,其中淤积比指标为适宜含沙量的上限控制指标,输沙水量为其下限控制指标。依据实测资料,建立洪水期黄河下游分河段的冲淤效率计算公式,结合含沙量控制指标计算出 4 000 m³/s、6 000 m³/s 量级洪水的适宜含沙量范围分别为 41 ~ 53 kg/m³、35 ~ 74 kg/m³;从水库多排沙角度考虑,选取各流量级的最优含沙量分别为 53 kg/m³ 和 74 kg/m³。

对于中小量级的高含沙洪水:①通过降低水库排沙水位,提高水库排沙比,达到减少水库淤积的效果;②在降低排沙水位时排入下游河道的泥沙量增加,场次洪水过程中下游河道淤积量增大,但在后续水库下泄清水过程中,可以将洪水过程中淤积的绝大部分细泥沙和部分中泥沙冲刷带走,从全年时段来看,在下游河道中产生的淤积量不大。

6.1.3.3 黄河下游漫滩洪水淤滩刷槽效果和漫滩淹没风险分析

通过实测资料分析、实体模型试验和水动力学数学模型计算,对大漫滩洪水的水沙运行模式、淤滩刷槽机制、滩槽冲淤规律、漫滩风险进行了系统分析,深化了对漫滩洪水滩槽冲淤规律的认识:滩槽水沙交换是漫滩洪水冲淤特点的产生原因;滩地水流挟沙力较低,漫滩水流所挟带的泥沙大量淤积在滩地上;清水回归主槽是主槽多冲或少淤的主要原因,在非高含沙量洪水时即发生淤滩刷槽。

理论推导滩地淤积与漫滩洪水水沙条件和前期平滩流量之间的量化规律表明:漫滩程度越大,滩地淤积比越大;通过实测资料建立的洪水期平均含沙量在 100 kg/m³ 以下的大漫滩洪水滩地淤积量、主槽冲刷量与水沙条件的关系表明,漫滩程度越大,滩地淤积越多,主槽冲刷越大。同时,夹河滩—高村的实体模型试验成果表明,在实测洪水水量和平均含沙量、前期地形平滩流量约 4 000 m³/s 条件下,"82·8"型洪水洪峰流量在 10 000 m³/s 以下,滩地淤积主要表现为生产堤范围内的嫩滩淤积,洪峰流量超过 10 000 m³/s 以后嫩滩淤积量增加不大,主要表现为二滩淤积量的显著增加。由此说明,漫滩洪水在较大流量条件下才能达到明显的"淤滩刷槽",同时不致滩唇淤积增大,二级悬河发展的良好效果。

二维水动力学数学模型方案计算结果和实体模型试验结果表明:淹没面积、受灾人口、直接损失都随洪峰流量的增大而增大,但同时与河道前期条件密切相关。在平滩流量较小的条件下,6 000 ~ 8 000 m³/s 的综合损失较大,10 000 m³/s 以后增幅很小;在平滩流量较大条件下,洪峰流量在 15 000 m³/s 以下淹没面积、受灾人口和直接损失随洪峰流量逐渐增加,但增加比较均匀,增加幅度逐渐变缓。

6.1.4 建立了小浪底水库中常洪水水沙风险调控效果评价体系及模型

通过理论推导和资料分析,建立了小浪底水库中下游中常洪水水沙风险调控效果评价模型,模型主要包括洪灾损失评价、水资源利用效益评价、泥沙冲淤风险评价三部分。其中,洪灾损失评价模块主要用于分析洪水在下游河道演进过程中导致的滩区淹没损失风险,评价指标包含滩区淹没面积、淹没损失;水资源利用效益评价模块主要用于评估洪水调度过程中发电效益的差异,评价指标包括发电量、经济效益;泥沙冲淤风险评价模块主要用于评估调度结束后泥沙不同分布情况对防洪体系防洪能力的影响,评价指标包括蓄滞洪区、滩区超蓄量,年均期望损失。

6.1.4.1 洪灾损失评价

洪灾损失评价模块主要用于计算洪水在下游河道演进过程中所导致的滩区淹没损失大小。项目利用黄河下游滩区耕地、房屋淹没损失调查统计资料推算出滩区农作物单位面积产值和不同结构房屋重置价以及淹没耕地、房屋的损失率,估算出黄河下游滩区亩均水灾综合损失值 680 元/亩。利用水动力学模型计算不同方案下滩区淹没面积,计算出不同风险方案的洪灾损失指标(洪灾损失 = 亩均水灾综合损失 × 淹没面积)。

6.1.4.2 水资源利用评价

小浪底水电站每台机组的发电流量为 300 m³/s,考虑有一台备用机组,投入发电的机组最多不超过 5 台;电站机组最低发电水位为 210 m,当坝前水位低于 210 m 时,不计算发电量;当过机含沙量大于 200 kg/m³ 时,暂停发电,避开沙峰。按照上述原则,利用小浪底水库发电量模型计算得到不同风险方案的发电量。

6.1.4.3 泥沙冲淤评价

泥沙冲淤风险评价主要用于评估调度结束后泥沙不同分布情况对防洪体系防洪能力的影响,是本书的主要创新内容之一。

(1)研究了泥沙淤积对社会经济的危害机制,认识到河库泥沙淤积作用于社会经济的媒介是洪水,其危害机制主要是加重了该地区洪水灾害的损失。指出泥沙淤积风险研究的主要任务是评估泥沙淤积前后洪灾损失大小的变化,是致灾环境变化问题。

(2)研究提出了泥沙淤积风险评价指标体系。结合黄河中下游防洪环境特点,指出黄河泥沙淤积风险评估主要包含泥沙淤积危险性分析和灾害损失大小分析两个方面。泥沙淤积所造成的大洪水行洪环境的变化,危险性分析主要评估发生洪灾的洪水频率变化,灾害损失大小分析主要是计算设计洪水条件下发生洪灾损失的年均数学期望变化;泥沙淤积所造成的中小洪水行洪环境的变化,危险性分析主要是评估年均发生灾害次数变化,损失大小分析主要是计算系列年来水条件下年均发生中小洪水漫滩损失大小的变化。

(3)设定小浪底水库 275 m 以下剩余库容分别为 103.54 亿 m^3、92.5 亿 m^3、82.5 亿 m^3、72.5 亿 m^3、62.5 亿 m^3、52.5 亿 m^3,黄河下游安全泄量变化取值为 7 000 m^3/s、7 500 m^3/s、8 000 m^3/s、8 500 m^3/s、9 000 m^3/s、9 500 m^3/s、10 000 m^3/s、10 500 m^3/s、11 000 m^3/s、11 500 m^3/s、12 000 m^3/s。计算了上述水库和河道不同淤积水平条件下,发生不同频率洪水黄河下游洪灾损失风险变化,系统分析了泥沙淤积造成的大洪水行洪环境变化所引起的黄河下游防洪系统危险性变化规律及灾害损失大小变化规律。

(4)设定小浪底水库剩余拦沙库容分别为 70.99 亿 m^3、54.43 亿 m^3、39.23 亿 m^3、25.11 亿 m^3、17.46 亿 m^3、13.51 亿 m^3、10.76 亿 m^3、8.37 亿 m^3、6.68 亿 m^3、5.38 亿 m^3、4.24 亿 m^3,黄河下游平滩流量变化取值为 2 000 m^3/s、2 500 m^3/s、3 000 m^3/s、3 500 m^3/s、4 000 m^3/s、4 500 m^3/s、5 000 m^3/s、5 500 m^3/s、6 000 m^3/s。计算了上述水库和河道不同淤积水平条件下,发生"1956~1995+1990~1999"系列水沙过程黄河下游滩区洪灾损失风险变化,系统分析了泥沙淤积造成的中小洪水行洪环境变化所引起的黄河下游滩区危险性变化规律及灾害损失大小变化规律。

(5)依据水库和河道不同淤积水平条件下计算得到的黄河中下游洪灾损失风险数据,建立了泥沙淤积风险评价模型,本模型数据库包含了黄河中下游防洪系统行洪环境变量的可能组合区间,无论洪水调度方案如何变化,其调度结果都体现为小浪底水库库容变化,下游河道安全泄量及平滩流量变化。通过插值运算,模型数据库中都能找到唯一的点与该调度结果对应,输出该点的纵坐标值,即可得出由于泥沙淤积导致的损失值。可见,本模型是一个较为全面的系统分析工具,有利于在洪水调度决策前对多个方案进行量化对比。同时,本模型还可作为长期规划运用工具,对未来泥沙淤积及分布状况造成的影响趋势和损失大小有所估计。

6.1.5 不同典型洪水相对较优的风险调度模式

选取中下游同时来水的"96·8"型洪水、以中游高含沙为主的"88·8"型洪水和以下游为主的"82·8"型洪水(中游潼关断面为中常洪水,小浪底水库修建前花园口洪峰流量达 15 300 m^3/s;经小浪底水库调控后,到达下游花园口水文站,也演进为中常洪水),分别从降低中常洪水期排沙水位、调控下游漫滩程度两个方面,以水库调控运用基本方案(进出库平衡)为基础,设置了相应的风险调控方案(一般风险调控方案和较大风险调控方案)。利用"小浪底水库库区冲淤演变水动力学数学模型"、"黄河下游准二维非恒定流河道冲淤演变水动力学数学模型"、"基于 GIS 的黄河下游平面二维水沙演进及河道冲淤数学模型"综合分析计算了水库淤积、发电、蓄水变化,下游滩区淹没损失、河道冲淤、平滩流量变化等方面的综合效益和风险情况,并通过水沙风险调度效果评价模型分析了基本调控方案和不同风险方案之间的综合效果。

三种类型洪水不同调度方案结果分析表明,在同样的调度原则下,若仅仅是小浪底水库起调水位不同,则 210 m 起调方案排沙比均较 225 m 方案大,210 m 起调方案泥沙淤积年均期望损失比 225 m 方案小,210 m 起调方案对下游防洪体系泥沙分布有利;210 m 起调方案发电效益明显小于 225 m 方案,210 m 起调方案对发电不利;由于对进入下游的洪峰控制一致,两种起调水位下游滩区洪灾损失大小相同。从综合风险效益综合值计算结果看,现状边界条件下 225 m 方案略好于 210 m 方案。

系统分析了起调水位 225 m 条件下,小浪底水库淤积量分别为 2009 年水平、42 亿 m³ 和 62 亿 m³ 不同边界条件不同风险方案,给出了不同典型洪水相对较优的风险调度模式。

6.1.5.1 "96·8"型洪水调度模式

从泥沙冲淤分布角度讲,较大风险方案为较优,大风险方案较差;从发电效益角度讲,基本方案最好,较大风险方案较差;从洪水灾害损失角度讲,大风险方案最优,较大风险方案次之。较大风险方案库区淤积少、下游平滩流量增幅大、滩区淹没损失小,综合效益明显好于基本方案和一般风险方案;洪水过后,下游艾山—泺口瓶颈河段平滩流量增大到 4 039 m³/s,由于大风险方案主槽淤积严重、平滩流量减小幅度大,洪水过后,下游艾山—泺口瓶颈河段平滩流量仅 3 848 m³/s。

对比分析不同边界条件风险方案调度效果,小浪底水库淤积量为 2009 年水平、42 亿 m³ 条件下,风险效益计算综合值均是大风险方案最优;当小浪底水库淤积 62 亿 m³ 时,较大风险方案风险效益计算综合值为 -2.000 亿元,大风险方案风险效益计算综合值为 -2.303 亿元。可见,风险调度方案的优劣,是随着下游防洪体系边界条件变化而改变的。

综合不同边界条件下分析结果,较大风险方案水库排沙效率高、库容损失少、发电损失小,下游主槽淤积量小、平滩流量增幅大,同时淹没范围局限在两岸控导工程之间的嫩滩上、淹没损失小,在下游瓶颈河段平滩流量较小(不足 4 000 m³/s)的条件下,可将较大风险方案(降低水位,漫嫩滩)作为"96·8"型洪水现状条件下的推荐方案。特别是随着小浪底水库的不断淤积,较大风险方案的综合优势更加凸显。

6.1.5.2 "88·8"型洪水调度模式

从泥沙冲淤分布角度讲,较大风险方案为较优,大风险方案较差;从发电效益角度讲,基本方案较优,较大风险方案较差;从洪水灾害损失角度讲,大风险方案最优,较大风险方案次之。较大风险方案库区淤积少、下游平滩流量增幅大、滩区淹没损失小,综合效益明显好于基本方案和一般风险方案;洪水过后,下游艾山—泺口瓶颈河段平滩流量增大到 4 197 m³/s,由于大风险方案主槽淤积严重、平滩流量减小幅度大,洪水过后,下游艾山—泺口瓶颈河段平滩流量仅 3 810 m³/s。

对比分析不同边界条件风险方案调度效果,小浪底水库淤积量为 2009 年水平、42 亿 m³ 条件下,风险效益计算综合值均是大风险方案最优;当小浪底水库淤积 62 亿 m³ 时,较大风险方案风险效益计算综合值为 −1.121 亿元,大风险方案风险效益计算综合值为 −1.593 亿元。同样可以看出,"88·8"型洪水风险调度方案的优劣,是随着下游防洪体系边界条件变化而改变的。

综合不同边界条件下分析结果,较大风险方案水库排沙效率高、库容损失少、发电损失小,下游主槽淤积量小、平滩流量增幅大,同时淹没范围局限在两岸控导工程之间的嫩滩上,淹没损失小,在下游瓶颈河段平滩流量较小(不足 4 000 m³/s)的条件下,可将较大风险方案(降低水位,漫嫩滩)作为"88·8"型洪水现状条件下的推荐方案。特别是随着小浪底水库的不断淤积,较大风险方案的综合优势更加凸显。

6.1.5.3 "82·8"型洪水调度模式

从泥沙冲淤分布角度讲,"82·8"型洪水采用大风险方案模式调度最好;项目设置的风险方案与现状方案相比都存发电量损失的风险,其中大风险方案发电效益损失最大;从洪水灾害损失角度讲,采用较大风险方案模式调度最好。

"82·8"型洪水分析表明,小浪底水库淤积量为 2009 年水平、42 亿 m³、62 亿 m³ 条件下,风险效益计算综合值均是较大风险方案(降低水位,漫嫩滩)最优,从综合损失指标变化角度看,可作为"82·8"型洪水推荐调度方案。

6.2 应用前景

本书紧密结合当前治黄重点问题,综合考虑小浪底水库中常洪水期水库调度所产生的洪灾损失、水资源利用和泥沙冲淤风险,提出在现有水沙调控方案的基础上,尽可能降低中常洪水期小浪底水库排沙水位、增大细颗粒泥沙排沙比的调控方案建议,已应用于小浪底水库 2009 年和 2010 年汛前调水调沙预案的制订。建议尽量调控中常洪水不漫滩;在漫滩不可避免的情况下,调控减少出现 6 000 ~ 10 000 m³/s 量级的洪水的概率,避免出现既造成生产堤到大堤间滩区的淹没损失,又难以实现较好的淤滩刷槽效果的不利局面,可为小浪底水库调度、黄河下游防洪规划以及黄河防汛方案制订等治黄实践提供技术支撑。

本书研究是多沙河流水库优化调度理论创新的有益尝试,所取得的一系列成果对其他多沙河流治理也有广泛的推广应用价值。

附录 A　小浪底水库单项指标风险调控方案及风险分析

A.1　小浪底水库运用以来水库调度及淤积特点

小浪底水库 1997 年 10 月截流,1999 年 10 月 25 日开始下闸蓄水,至 2007 年汛后,已经蓄水运用 8 年,库区淤积泥沙 23.87 亿 m^3。水库运用以来以蓄水拦沙运用为主,下泄清水,有 69% 左右的细沙和 94% 以上的中、粗沙被拦在库内(1999~2005 年)。洪水期以异重流方式排沙,水库排沙比较低,出库泥沙以细颗粒泥沙为主。进入黄河下游的泥沙明显减少,使得下游河道发生了持续的冲刷。8 年来,黄河流域洪水较少,仅 2003 年秋汛期水量较为丰沛,水库运用为下游防洪、减淤、防凌、防断流以及供水(包括城市、工农业、生态用水以及引黄济津等)等提供了保证,发挥了巨大的社会效益和经济效益。

A.1.1　水库运用情况

小浪底水库 1999 年投入运用,以蓄水拦沙为主。7、8 月运用水位较低,8 月下旬或 9 月初开始蓄水,由主汛期汛限水位向后汛期汛限水位过渡,非汛期运用水位较高。分析历年水位变化(见附图 A-1)、蓄水情况(见附表 A-1)可以看出:非汛期(11 月 1 日至次年 6 月 30 日)运用水位最高为 2004 年 264.3 m,最低为 2000 年 180.34 m;汛期运用水位(每年 7~10 月坝前水位)变化复杂,2000~2002 年主汛期(7 月 11 日至 9 月 30 日)平均水位在 207.14 m~214.25 m 变化,2003~2007 年在 225.98~233.86 m 变化,其中 2003 年主汛期平均水位最高达 233.86 m。

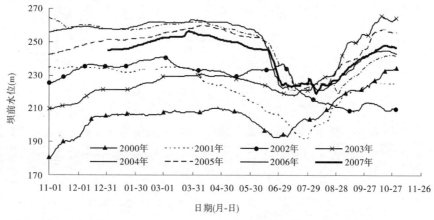

附图 A-1　2000~2007 年小浪底水库库水位变化对比

附表 A-1 2000~2007年小浪底水库蓄水运用情况

年份		2000	2001	2002	2003	2004	2005	2006	2007
汛限水位(m)		215	220	225	225	225	225	225	225
汛期	最高水位(m)	234.3	225.42	236.61	265.48	242.26	257.47	244.75	248.01
	日期	10月30日	10月9日	7月3日	10月15日	10月24日	10月17日	10月19日	10月19日
	最低水位(m)	193.42	191.72	207.98	217.98	218.63	219.78	221.09	218.83
	日期	7月6日	7月28日	9月16日	7月15日	8月30日	7月22日	8月11日	8月7日
	平均水位(m)	214.88	211.25	215.65	249.51	228.93	233.84	231.57	232.80
	汛期开始蓄水的日期	8月26日	9月14日	—	8月7日	9月7日	8月21日	8月27日	8月22日
	主汛期平均水位(m)	211.66	207.14	214.25	233.86	225.98	230.17	227.4	228.83
非汛期	最高水位(m)	210.49	234.81	240.78	230.69	264.3	259.61	263.3	256.15
	日期	4月25日	11月25日	2月28日	4月8日	11月1日	4月10日	3月11日	3月27日
	最低水位(m)	180.34	204.65	224.81	209.6	235.65	226.17	223.61	226.79
	日期	11月1日	6月30日	11月1日	11月2日	6月30日	6月30日	6月30日	6月30日
	平均水位(m)	202.87	227.77	233.97	223.42	258.44	250.58	257.79	248.85
年平均运用水位(m)		208.88	219.51	224.81	236.46	243.68	242.21	248.95	242.35

注:1. 主汛期为7月11日至9月30日。
2. 汛期开始蓄水的日期是指汛期库水位开始超过当年汛限水位之日。
3. 2006年采用陈家岭水位资料。

水库运用调节了水量在年内的分配。由 2000～2007 年进出库水量变化可以看出（见附表 A-2），8 年汛期入库的水量占年水量的 45.08%，经过水库调节后，除汛期出库水量占年水量 12% 外，其余年份减小 10%～18%。

附表 A-2   2000～2007 年实测进出库水量变化

年份	年水量（亿 m³）		汛期水量（亿 m³）		汛期占年（%）	
	入库	出库	入库	出库	入库	出库
2000	166.60	141.15	67.23	39.05	40.35	27.67
2001	134.96	164.92	53.82	41.58	39.88	25.21
2002	159.26	194.27	50.87	86.29	31.94	44.42
2003	217.61	160.70	146.91	88.01	67.51	54.77
2004	178.39	251.59	65.89	69.19	36.94	27.50
2005	208.53	206.25	104.73	67.05	50.22	32.51
2006	221.0	265.28	87.51	71.55	40.22	26.98
2007	227.77	235.55	122.06	100.77	53.59	42.78
平均	189.265	202.46	87.38	70.44	45.08	35.23

水库运用调节了洪水过程。2000～2007 年入库日均最大流量大于 1 500 m³/s 的洪水共 25 场，对其中汛前或汛初的 4 场洪水进行了调水调沙（2002 年 7 月、2003 年 9 月初、2004 年 7 月初、2005 年 6 月），对 2004 年 8 月和 2006 年的洪水相机排沙，对 2007 年 7 月 29 日至 8 月 12 日的洪水进行汛期调水调沙，其余洪水均被水库拦蓄和削峰，削峰率最大达 65%。

此外，为满足下游春灌要求，2001 年 4 月和 2002 年 3 月分别向下游河道泄放了日均最大流量 1 500 m³/s 左右的洪水过程；在 2006 年 3 月及 2007 年 3 月黄委组织实施的利用并优化桃汛洪水过程冲刷降低潼关高程试验中，小浪底水库非汛期入库流量在 2006 年 3 月超过 1 500 m³/s 并持续 4 d，2007 年 3 月超过 2 000 m³/s 并持续 3 d。

A.1.2   库区淤积状况分析

截至 2007 年 10 月，小浪底全库区断面法计算淤积量为 23.875 亿 m³，年均淤积 2.98 亿 m³，其中干流淤积量为 19.762 亿 m³，支流淤积量为 4.113 亿 m³，分别占总淤积量的 82.77% 和 17.23%。其中，支流淤积量占支流原始库容 52.68 亿 m³ 的 7.8%，不同时期库区淤积量见附表 A-3，随着淤积三角洲顶点向前推移，位于坝前段较大支流的淤积量从 2005 年开始有明显增大的趋势。

小浪底水库自 1999 年 10 月下闸蓄水运用，至 2000 年 11 月，干流淤积呈三角洲形态，三角洲顶点距坝 70 km 左右，此后，三角洲形态及顶点位置随着库水位的运用状况而变化及移动，总的趋势是逐步向下游推进。历年干流淤积形态见附图 A-2。

附表 A-3　小浪底水库历年干、支流冲淤量统计

时段 （年-月）	干流 （亿 m³）	支流 （亿 m³）	总冲淤量 （亿 m³）	支流占总淤积量 （%）
1999-09 ~ 2000-11	3.842	0.241	4.083	5.9
2000-11 ~ 2001-12	2.550	0.422	2.972	14.2
2001-12 ~ 2002-10	1.938	0.170	2.108	8.06
2002-10 ~ 2003-10	4.623	0.262	4.885	5.36
2003-10 ~ 2004-10	0.297	0.877	1.174	74.70
2004-10 ~ 2005-11	2.603	0.308	2.911	10.58
2005-11 ~ 2006-10	2.463	0.987	3.450	28.61
2006-10 ~ 2007-10	1.446	0.846	2.292	36.91
1999-09 ~ 2007-10	19.762	4.113	23.875	17.23

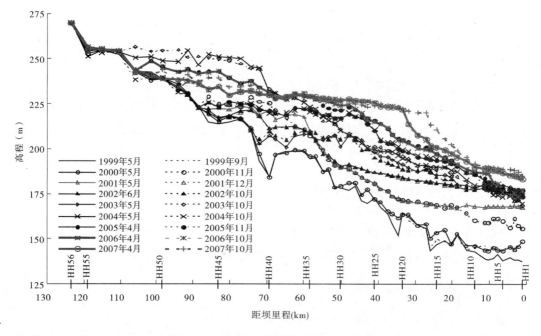

附图 A-2　历次干流纵剖面套绘（深泓点）

由附图 A-2 可见,距坝 60 km 以下回水区河床持续淤积抬高;距坝 60 ~ 110 km 的回水变动区冲淤变化与库水位的升降关系密切。例如 2003 年 5 ~ 10 月,库水位上升 35.06 m,入库沙量 7.56 亿 t,三角洲洲面发生大幅度淤积抬高,10 月与 5 月中旬相比,原三角洲洲面 HH41 断面处淤积抬高幅度最大,深泓点抬高 41.51 m,河底平均高程抬高 17.7 m,三角洲顶点高程升高 36.64 m,顶点位置上移 25.8 km。2004 年调水调沙试验及"04·8"洪水期间运用水位降低,使得距坝 90 ~ 110 km 的库段发生强烈冲刷,距坝约 88.5 km 以上库段的河底高程基本恢复到了 1999 年水平。2005 年汛期距坝 50 km 以上库段进一步

淤积抬高,淤积面高程界于2004年汛前和汛后之间;经过2006年调水调沙期间及小洪水的调度排沙,三角洲尾部段发生冲刷,至2006年10月,距坝94 km以上的库段基本保持了1999年的水平,三角洲顶点向前推移至距坝34.80 km处,顶点高程为223.19 m;2007年除HH25～HH30断面略有冲刷外,其他断面均表现为淤积抬升,这主要是水库运用水位较高所致,同2006年汛后相比,三角洲顶点由距坝34.80 km左右下移至距坝27.19 km处,顶点高程也由223.19 m降至220.07 m。

从淤积部位来看,泥沙主要淤积在汛限水位225 m高程以下,225 m高程以下的淤积量达到了21.932亿 m^3,占总量的91.88%,不同高程下的累计淤积量见附表A-4和附图A-3。支流淤积较少,仅占总淤积量的17.24%,随干流淤积面的抬高,沟口淤积面同步抬升,没有出现明显的倒锥体淤积形态。

附表A-4　1997年10月至2007年10月小浪底库区不同高程干支流淤积量

高程(m)	干流 (亿 m^3)	支流 (亿 m^3)	总淤积 (亿 m^3)	高程(m)	干流 (亿 m^3)	支流 (亿 m^3)	总淤积 (亿 m^3)
145	0.125	0	0.125	215	14.763	3.129	17.892
150	0.346	0	0.346	220	16.271	3.389	19.659
155	0.774	0.012	0.786	225	18.000	3.932	21.932
160	1.203	0.023	1.226	230	19.029	4.051	23.080
165	2.026	0.101	2.127	235	19.620	4.351	23.971
170	2.849	0.178	3.027	240	19.670	4.169	23.839
175	4.013	0.387	4.399	245	19.857	4.449	24.305
180	5.176	0.595	5.771	250	19.749	4.189	23.938
185	6.671	0.996	7.666	255	19.911	4.402	24.313
190	8.080	1.365	9.445	260	19.778	4.180	23.958
195	9.362	1.872	11.234	265	19.911	4.409	24.319
200	10.416	2.134	12.550	270	19.761	4.129	23.890
205	11.849	2.521	14.371	275	19.754	4.115	23.869
210	13.089	2.681	15.770				

通过对历年库区冲淤特性分析,泥沙的淤积时空分布有以下特点:①泥沙主要淤积在干流,占总淤积量的82.76%;②支流主要为干流异重流倒灌淤积,随着干流淤积面的抬高,支流沟口淤积面同步发展,支流淤积形态取决于沟口处干流的淤积面高程;③支流泥沙主要淤积在沟口附近,沟口向上沿程减少,随着淤积的发展,支流的纵剖面形态不断发生变化,总的趋势是将正坡至水平而后可能会出现倒坡,目前这种趋势还没有明显地表现出来。

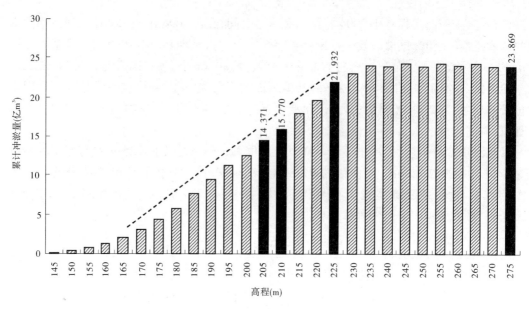

附图 A-3　小浪底库区不同高程下的累计冲淤量分布

（1997 年 10 月至 2007 年 10 月）

A.1.3　水库实际运用与设计阶段的对比分析

小浪底水库初期运用方式研究以库区淤积量达到 21 亿 ~ 22 亿 m³ 为界限，将拦沙运用阶段划分为拦沙运用初期与拦沙运用后期，库区淤积量达到 21 亿 ~ 22 亿 m³ 是指 205 m 高程相应的斜体淤积体积。截至 2007 年 10 月，水库淤积量为 23.869 亿 m³，达到了拦沙初期与拦沙后期淤积量的界定值，但坝前淤积面仅为 188 m 左右，与设计时的 205 m 相比低约 17 m，205 m 高程以下仍有 3.87 亿 m³ 的库容，其中干流 2.61 亿 m³，支流 1.26 亿 m³。若按三角洲顶坡平衡纵比降 3‰延续到坝前，还有约 9 亿 m³ 的拦沙库容。

同设计情况相比，总体来看淤积部位偏上游，205 m 高程以下淤积量偏小。淤积部位偏上游主要是因为近年入库水量持续偏枯，为了保证黄河下游水资源的安全、不断流和减少下游滩区的淹没损失，水库汛期运用水位偏高且提前蓄水运用。水库蓄水拦沙及异重流排沙仍是今后几年内汛期的主要运用方式。

A.1.3.1　水库实际运用与初步设计、招标设计运用对比分析

1. 初步设计及招标设计阶段研究成果

1）设计水沙条件

小浪底水库初步设计选择 2000 年设计水平 1950 ~ 1975 年 25 年系列翻番组合 50 年代表系列，龙门、华县、河津、洑头（简称龙、华、河、洑，下同）4 站年平均水、沙量分别为 335.5 亿 m³、14.75 亿 t，经过 4 站至潼关及三门峡水库的调整，进入小浪底库区年平均水、沙量分别为 315.0 亿 m³、13.35 亿 t。

招标设计阶段采用 2000 年水平 1919 ~ 1975 年 56 年系列，并从水库运用初期遭遇丰或平或枯水沙条件的角度考虑，从 56 年系列中组合 6 个不同的 50 年系列进行水库淤积及黄河下游减淤效益的敏感性分析。56 年系列龙、华、河、洑 4 站年平均水、沙量分别为

302.2 亿 m³、13.90 亿 t。6 个 50 年系列平均,小浪底入库年水、沙量分别为 289.2 亿 m³、12.74 亿 t。

2)水库运用方式

小浪底水库主汛期(7 月 11 日至 9 月 30 日)采用以调水为主的调水调沙运用方式。水库拦沙期,通过调水调沙提高拦沙减淤效益;正常运用期,通过调水调沙持续发挥调节减淤效益。

小浪底水库以调水为主的调水调沙运用目标是发挥大水大沙的淤滩刷槽作用、控制河道塌滩及上冲下淤、满足下游供水灌溉、提高发电效益、改善下游河道水质和生态环境等。

调水调沙调度方式可概括为:增大来流小于 400 m³/s 的枯水,保证发电,改善水质及水环境;泄放 400~800 m³/s 的小水,满足下游用水;调蓄 800~2000 m³/s 的平水,避免河道上冲下淤;泄放 2 000~8 000 m³/s 的大水,有利河槽冲刷或淤滩刷槽;调节 400 kg/m³以上的高含沙水流;滞蓄 8 000 m³/s 以上的洪水。显然,水库调度下泄流量的基本原则是两极分化,水库主汛期调节方式见附表 A-5。

附表 A-5   小浪底水库主汛前调度方式

入库流量 (m³/s)	出库流量 (m³/s)	调节目的
<400	400	①保证最小发电流量;②维持下游河道基流,改善水质及水环境
400~800	400~800	①满足下游用水要求;②下游淤积量较小
800~2 000	800	①消除平水流量,避免下游河道上冲下淤;②控制蓄水量不大于 3 亿 m³,若大于 3 亿 m³,按 5 000 m³/s 或 8 000 m³/s 造峰至蓄水量 1 亿 m³
2 000~8 000	2 000~8 000	较大流量敞泄,使全下游河道冲刷
>8 000	8 000	大洪水敞泄或滞洪运用

10 月至次年 7 月上旬为水库调节期,其中 10 月 1~15 日预留 25 亿 m³ 库容防御后期洪水,1~2 月防凌运用,其他时间主要按灌溉要求调节径流,并保证沿程河道及河口有一定的基流,6 月底预留不大于 10 亿 m³ 的蓄水供 7 月上旬补水灌溉。

3)水库运用阶段

为最大限度地发挥水库拦沙减淤效益并满足水库发电的需要,水库采取逐步抬高主汛期水位运用方式。

(1)蓄水拦沙阶段。起调水位为 205 m,进行蓄水拦沙调水调沙运用。

(2)逐步抬高水位拦沙阶段。当坝前淤积面高程达 205 m 以后,水库转为逐步抬高主汛期水位拦沙调水调沙运用。坝前淤积面高程由 205 m 逐步抬升至 245 m,主汛期运用水位亦随淤积面的抬高而逐渐升高。

(3)淤滩刷槽阶段。随着库区壅水淤积及敞泄冲刷,滩地逐步淤高而河槽逐步下切,最终形成坝前滩面高程为 254 m、河底高程为 226.3 m 的高滩深槽形态。

（4）正常运用期。水库正常运用期采用调水调沙多年调沙运用。主汛期一般水沙条件下,利用滩面以下 10 亿 m^3 库容进行调水调沙运用,遇大洪水进行防洪调度运用。水库各运用阶段坝前淤积面高程及淤积量见附表 A-6。

附表 A-6　水库各阶段淤积量（各设计系列年平均）

阶段	坝前淤积面高程（m）		年序	累积淤积量（亿 m^3）
	槽	滩		
蓄水拦沙	≤205	≤205	1～3	17
逐步抬高水位拦沙	205～245	205～245	4～15	76
淤滩刷槽	226.3～245	245～254	16～28	76～81
正常运用	226.3～248	254	29～50	76～81

4）水库拦沙及减淤效益

采用 2000 年设计水平 6 个 50 年代表系列进行水库淤积效益分析的结果表明,水库运用 50 年,各系列水库淤积 104.3 亿～99.9 亿 t,黄河下游的总减淤量为 72.1 亿～84.6 亿 t,全下游相当于不淤年数 18.3～22.3 年。

以设计的 6 个系列平均计,水库拦沙 101.7 亿 t,下游减淤 78.7 亿 t,拦沙减淤比 1.3,全下游相当于 20 年不淤积。其中,前 20 年水库拦沙 100 亿 t,下游利津以上减淤约 69 亿 t,进入河口段沙量减少 31 亿 t;后 30 年小浪底库区为动平衡状态,调水调沙的作用可使下游减淤 9.2 亿 t。

2. 水库排沙及水位对比分析

在招标设计阶段成果中,前 3 年淤积量为 19.11 亿 m^3,年均淤积量 6.37 亿 m^3,平均排沙比为 10.52%（见附表 A-7）。水库运用以来由于来水来沙量偏小,延长了水库拦沙初期运用时间,至 2007 年 10 月淤积量为 23.869 亿 m^3,实际年均入、出库沙量平均分别为 3.81 亿 t、0.65 亿 t,排沙比 17.1%,年均淤积量 3.16 亿 m^3。就是说,实际运用的年均淤积量较设计运用年均淤积量小 50.4%。

附表 A-7　招标设计阶段前 3 年排沙

年份	入库沙量（亿 t）	出库沙量（亿 t）	淤积量（亿 m^3）	排沙比（%）
第 1 年	9.20	0.64	6.58	6.96
第 2 年	9.93	1.12	6.78	11.28
第 3 年	8.63	1.16	5.75	13.44
平均	9.25	0.97	6.37	10.52
合计	27.76	2.92	19.11	10.52

招标设计阶段起调水位为 205 m,进行蓄水拦沙调水调沙运用。对比分析实际运用 7 年的资料与招标设计的前 3 年成果认为,7～8 月水位平均运用水位偏高 4.13～7.27 m,在主汛期的 9 月由于提前蓄水,水位偏高幅度相对较大（见附表 A-8）。

附表 A-8　招标设计阶段同实际运用阶段汛期水位对比

日期	实际运用水位（m）			招标设计期水位（m）			
	最高	最低	平均	年份	最高	最低	平均
2000 年 7 月	203.65	193.42	199.44	第 1 年	216.40	207.55	211.21
2001 年 7 月	204.06	191.50	196.56	第 2 年	217.87	210.23	213.20
2002 年 7 月	236.49	216.87	225.62	第 3 年	219.74	212.61	215.34
2003 年 7 月	221.42	217.98	219.47	—	—	—	—
2004 年 7 月	236.58	224.19	227.98	—	—	—	—
2005 年 7 月	225.21	219.78	221.91	—	—	—	—
2006 年 7 月	225.07	222.36	223.70	—	—	—	—
2007 年 7 月	227.74	223.18	224.34				
7 月平均	222.53	213.66	217.38	7 月平均	218.00	210.13	213.25
2000 年 8 月	217.30	203.53	209.52	第 1 年	211.16	200.60	209.81
2001 年 8 月	213.81	196.20	203.80	第 2 年	213.78	210.65	211.63
2002 年 8 月	216.39	210.93	213.32	第 3 年	215.68	213.42	214.09
2003 年 8 月	237.07	221.26	228.23	—	—	—	—
2004 年 8 月	224.89	218.63	223.68	—	—	—	—
2005 年 8 月	234.42	222.82	226.59	—	—	—	—
2006 年 8 月	227.94	221.09	223.44	—	—	—	—
2007 年 8 月	227.91	218.83	224.36				
8 月平均	224.97	214.16	219.12	8 月平均	213.54	208.22	211.84
2000 年 9 月	223.83	217.64	220.83	第 1 年	211.10	209.65	210.36
2001 年 9 月	223.93	214.36	219.82	第 2 年	214.07	211.79	212.34
2002 年 9 月	213.82	208.32	210.27	第 3 年	216.01	214.02	214.91
2003 年 9 月	254.78	238.75	249.50	—	—	—	—
2004 年 9 月	236.24	220.91	229.03	—	—	—	—
2005 年 9 月	246.47	235.12	240.21	—	—	—	—
2006 年 9 月	241.64	229.15	235.31	—	—	—	—
2007 年 9 月	242.04	228.86	236.53				
9 月平均	235.34	224.14	230.19	9 月平均	213.73	211.82	212.54
2000 年 10 月	234.30	224.75	230.43	第 1 年	232.74	210.03	217.93
2001 年 10 月	225.43	223.90	224.48	第 2 年	229.29	211.98	221.89
2002 年 10 月	213.70	208.86	211.13	第 3 年	214.56	212.72	213.62
2003 年 10 月	265.48	254.15	262.07	—	—	—	—
2004 年 10 月	242.26	236.68	240.59	—	—	—	—
2005 年 10 月	257.47	247.51	225.10	—	—	—	—
2006 年 10 月	244.75	242.14	243.92	—	—	—	—
2007 年 10 月	248.01	242.33	246.09				
10 月平均	241.43	235.04	235.48	10 月平均	225.53	211.58	217.81

A.1.3.2 水库实际运用与施工期研究对比分析

1. 水库施工期研究成果

1)运用方式

小浪底水库施工期水库运用方式的研究更侧重于建成后如何进行实际操作和运用。认为小浪底水库运用是一个动态过程,应随水库淤积及下游河道冲刷发展过程中出现的问题不断作出合理调整。基于这种思路,首先开展水库拦沙初期运用方式的研究,拟订了拦沙初期水库减淤运用方案。运用方案的拟订,既考虑提高艾山以下河道的减淤效果,又注意避免宽河道冲刷塌滩等不利情况。在满足防洪减淤要求的同时,提高了灌溉、发电的综合利用效益。

根据研究结果,推荐调控上限流量采用 2 600 m^3/s,调控库容采用 8 亿 m^3,起始运行水位 210 m。具体的调节操作方法如下:

(1)当水库蓄水量小于 4 亿 m^3 时,小浪底水库出库流量仅满足供水需要,即凑泄花园口流量 800 m^3/s,同时小浪底水库出库流量不小于 600 m^3/s,满足 2 台机组发电。

(2)当潼关、三门峡平均流量大于 2 500 m^3/s 且水库可调节水量不小于 4 亿 m^3 时,水库凑泄花园口流量大于或等于 2 600 m^3/s,至水库可调水量余 2 亿 m^3。

(3)7 月中旬至 9 月上旬水库可调节水量达 8 亿 m^3,水库凑泄花园口流量大于或等于 2 600 m^3/s,至水库可调水量余 2 亿 m^3。

(4)9 月中下旬水库可提前蓄水。

(5)当花园口断面过流量可能超过下游平滩流量时,小浪底水库开始蓄洪调节,尽量控制洪水不漫滩。

小浪底水库在主汛期进行防洪和调水调沙运用,10 月在满足防御后期洪水的前提下,综合考虑下游用水和兼顾电站发电要求进行蓄水调节。11 月至次年 7 月上旬,与三门峡水库联合运用,按照黄河干流水量分配调度预案所统一安排的三门峡以下非汛期水量调度要求进行调度运用。

2)库区淤积过程

对拟定的水库调度方式,通过小浪底库区物理模型试验及数学模型计算对库区淤积过程进行了研究。模型试验结果表明:小浪底水库初期运用以蓄水拦沙、异重流排沙为主,5 年内库区淤积量为 29.44 亿 m^3,其中干流淤积 23.69 亿 m^3,占总量的 80.55%(见附表 A-9)。库区干流淤积形态为三角洲(见附图 A-4),随着水库运用时间的延长三角洲洲面逐步抬升,三角洲顶点不断向下游推进,但顶坡纵比降较为稳定、减缓的幅度很小。异重流潜入点一般位于三角洲顶点下游的前坡段,若支流位于干流异重流潜入点下游,则干流异重流会沿河底倒灌支流。

2. 水库淤积及运用水位对比分析

1)运用水位

小浪底水库自 1999 年蓄水以来,历年蓄水情况见附表 A-1,水位变化见附图 A-5。从表 A-1 可以看出,非汛期运用水位最高为 2004 年 264.3 m,最低为 2000 年 180.34 m;汛期运用水位(每年 7~10 月坝前水位)变化复杂,2000~2002 年主汛期(7 月 11 日至 9 月 30 日)平均水位在 207.14~214.25 m 变化,2003~2007 年在 225.98~233.86 m 变化,其中

2003 年主汛期平均水位最高达 233.86 m。

附表 A-9　小浪底水库运用初期 1~5 年模型试验淤积量测验成果　　（单位:亿 m³)

年序	汛期			非汛期			全年		
	干流	支流	干+支	干流	支流	干+支	干流	支流	干+支
1	7.16	1.33	8.49	0.61	0	0.61	7.77	1.33	9.10
2	4.48	1.30	5.78	0.57	0.04	0.61	5.05	1.34	6.39
3	2.15	1.06	3.21	0.61	0	0.61	2.76	1.06	3.82
4	4.61	1.41	6.02	0.84	0.20	1.04	5.45	1.61	7.06
5	1.72	0.22	1.94	0.94	0.19	1.13	2.66	0.41	3.07
合计	20.12	5.32	25.44	3.57	0.43	4.00	23.69	5.75	29.44

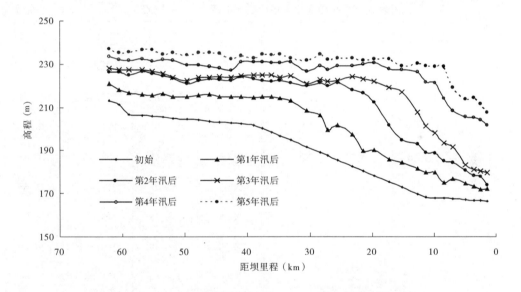

附图 A-4　小浪底水库运用初期第 1~5 年模型试验主槽纵剖面

　　小浪底水库施工期研究拟定的水库运用方式进行调节试验计算的结果是,运用初期按照前 3 年主汛期平均水位在 220.27~222.96 m 变化,后两年平均水位升高至 226~228.89 m,见附图 A-5;非汛期水库运用水位与来水过程及水库运用有关,系列年试验过程中,第 1 年运用水位最低为 224.13 m,第 5 年最高达 268.59 m。

　　附表 A-10 列出了水库施工期研究拟订方案水库调节与水库实际运用过程,主汛期历年汛期水位特征值。两者对比可以看出,在运用前 3 年,除 2002 年实际运用最高水位偏高外,其余实际运用的都低于施工期设计水位;在运用的后 4 年,实际运用最高水位、平均水位偏高。

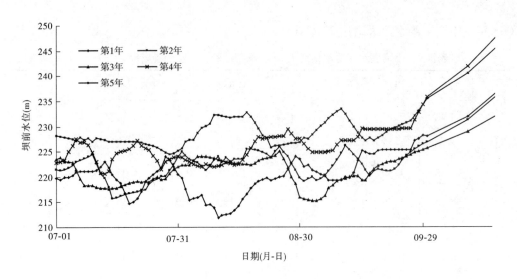

附图 A-5　小浪底水库运用初期第 1～5 年模型试验水位

附表 A-10　小浪底水库拦沙初期汛期 7～9 月水位对比　　　　　　（单位：m）

模型试验				实际运用			
年序	最高水位	最低水位	平均水位	年份	最高水位	最低水位	平均水位
1	228.19	211.81	220.27	2000	228.83	193.42	209.81
2	226.95	215.69	222.04	2001	223.93	191.50	206.59
3	225.66	215.23	220.96	2002	236.49	208.32	216.47
				2003	254.78	217.98	233.68
				2004	236.58	218.63	226.87
				2005	246.47	219.78	229.46
				2006	241.64	221.09	227.40
				2007	242.04	218.83	228.32
平均	226.93	214.24	221.09	平均	238.85	211.19	222.33

2）水库排沙特性

小浪底水库拦沙初期处于蓄水状态，且保持较大的蓄水体，当高含沙水流进入库区后，唯有形成异重流方能排沙出库。水库运用以来，回水区水流挟沙基本为异重流输沙流态，水库排沙比与来水来沙条件、水库边界条件及水库调度过程有关，总体上有增大之势，这与小浪底水库模型试验结论是一致的。历年模型试验与水库实际运用排沙情况见附表 A-11。

附表 A-11 小浪底水库运用初期实际运用及模型试验排沙比

年序	模型试验			实际运用			
	入库沙量（亿 t）	出库沙量（亿 t）	排沙比（%）	年份	入库沙量（亿 t）	出库沙量（亿 t）	排沙比（%）
1	11.960	1.495	12.50	2000	3.570	0.042	1.18
2	8.650	1.302	15.05	2001	2.831	0.221	7.81
3	4.890	0.497	10.16	2002	4.375	0.701	16.02
4	10.560	2.441	23.12	2003	7.564	1.206	15.94
5	5.480	1.950	35.57	2004	2.638	1.487	56.37
				2005	4.076	0.449	11.02
				2006	2.324	0.398	17.13
1~3 平均	8.500	1.095	12.94	2007	3.125	0.705	22.56
1~5 平均	8.308	1.537	18.40	平均	3.813	0.651	17.07

自水库运用以来至 2006 年 10 月,实际年均入、出库沙量平均分别为 3.813 亿 t、0.651 亿 t,排沙比 17.07%;小浪底水库运用初期第 1~5 年模型试验排沙年均入、出库沙量分别为 8.308 亿 t、1.537 亿 t,排沙比为 18.40%。扣除来沙量偏小的因素外,排沙比基本接近。

3）水库淤积形态

附图 A-6 为小浪底水库运用以来库区干流淤积形态变化过程与模型试验的对比。可以看出,两者库区淤积体均呈三角洲淤积形态,且三角洲洲面逐步抬升,顶点逐步下移而向坝前推进,距坝约 62 km 的 HH37 断面以下河段的顶坡段纵比降及变化趋势也基本一致。只是设计来沙量大于实际来沙量,因而三角洲推进速度大于实际运用的速度。

可见,尽管模型预报试验所采用的水沙条件及水库运用水位与小浪底水库运用以来实际情况不完全相同,但两者在输沙流态、淤积形态及变化趋势等方面趋势基本一致。2007 年汛后库区三角洲顶点位于 HH19 断面附近,顶点高程 219.97 m,距坝约 29.35 km。三角洲顶坡段纵比降:HH37 断面以上河段约 5.2‰,HH37 断面以上河段 2.7‰;三角洲前坡段纵比降约 21.4‰;近坝段约 10 km 范围淤积面纵比降约 5.2‰。

A.1.4 水库排沙分析

A.1.4.1 水库历年排沙状况

小浪底水库排沙情况主要取决于来水来沙条件、库区边界条件和水库调度运用情况。水库投入运用以来主要以蓄水运用为主,结合来水来沙情况,进行了防洪、防凌、供水、调水调沙及防断流等一系列调度。从已有的 2000~2007 年的资料分析,小浪底入库沙量主要集中在汛期,占全年沙量的 91.7%;出库沙量也集中在汛期,汛期排沙占全年排沙量的 94.3%,汛期平均排沙比为 17.6%;水库排沙属异重流排沙或异重流形成的浑水水库排

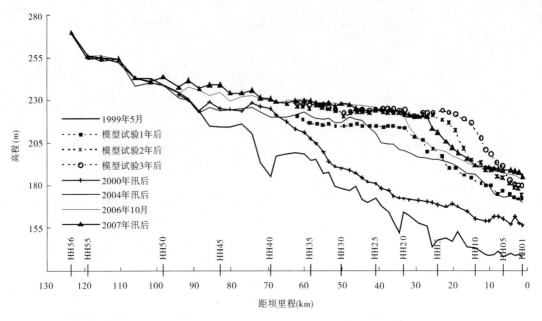

附图 A-6　小浪底水库淤积形态与模型试验的对比

沙。由于各年水库运用条件不同,历年排沙比差别也较大(见附表 A-12)。水库运用前两年(2000 年和 2001 年)排沙比较小,不到 10%,主要是因为 2000 年异重流运行到了坝前,但坝前淤积面高程低于 150 m,浑水面离水库最低泄流高程 175 m 相差太远,虽然开启了排沙洞,大部分泥沙也不能排泄出库;2001 年主要是为了在坝前形成铺盖,减少坝体渗漏,对运行到坝前的异重流进行了控制。之后 2002～2006 年汛期进行相机排沙,2007 年汛期进行了汛期调水调沙,排沙比明显增加。

附表 A-12　小浪底水库历年排沙情况

时间	入库沙量（亿 t）		出库沙量（亿 t）		淤积量（亿 t）		排沙比（%）	
	汛期	全年	汛期	全年	汛期	全年	汛期	全年
2000 年	3.340	3.570	0.042	0.042	3.298	3.528	1.3	1.2
2001 年	2.831	2.831	0.221	0.221	2.610	2.610	7.8	7.8
2002 年	3.404	4.375	0.701	0.701	2.703	3.674	20.6	16.0
2003 年	7.559	7.564	1.176	1.206	6.383	6.358	15.6	15.9
2004 年	2.638	2.638	1.487	1.487	1.151	1.151	56.4	56.4
2005 年	3.619	4.076	0.434	0.449	3.185	3.627	12.0	11.0
2006 年	2.075	2.324	0.329	0.398	1.746	1.926	15.9	17.1
2007 年	2.514	3.125	0.523	0.705	1.991	2.420	20.8	22.6
平均	3.498	3.813	0.614	0.651	2.883	3.162	17.6	17.1

由附表 A-12 可以看出,2004 年汛期排沙比为 56.4%,较其他年份明显偏大,为 7 年来平均排沙比的 3 倍多。主要是其前一年(2003 年)水库蓄水多、淤积量大、三角洲洲面高程抬升幅度大,而 2004 年运用水位相对 2003 年较低、三角洲洲面明显冲刷,致使异重流排沙沙源显著增加的结果。尤其"04·8"洪水期间,水库投入运用以来第一次对到达坝前的天然异重流实行畅泄排沙,加之前期浑水水库已存蓄的泥沙,促使出库最大含沙量达到 346 kg/m³,水库排沙量达 1.42 亿 t,洪水期排沙比高达 83.16%。

分析 2000~2005 年进出库不同粒径组的沙量、库区淤积量及淤积物组成、排沙情况(见附表 A-13)可以看出:小浪底水库年均入库泥沙 4.18 亿 t,其中细沙($d<0.025$ mm)、中沙(0.025 mm $<d<0.05$ mm)、粗沙($d>0.05$ mm)分别占全沙的 44.1%、29.0%、26.9%。在以蓄水拦沙、异重流排沙为主的条件下,不同粒径组泥沙的排沙比差异很大:细沙排沙比为 33.1%,明显高于全沙平均排沙比 17.4%。而中沙、粗沙排沙比仅为 6.4%、3.5%。由于异重流淤积的分选作用,水库出库沙量细沙占全沙的比例高达 77.3%~89.1%,平均为 83.9%,较相应入库泥沙明显偏细。

附表 A-13　2000~2005 年分级排沙情况

年份	泥沙类型	入库沙量(亿 t)		出库沙量(亿 t)		淤积量(亿 t)		全年淤积物组成(%)	排沙比(%)		年出库细沙占总沙量的百分比(%)
		汛期	全年	汛期	全年	汛期	全年		汛期	全年	
2000	细沙	1.152	1.230	0.037	0.037	1.116	1.195	33.9	3.2	3.0	88.1
	中沙	1.100	1.170	0.004	0.004	1.095	1.170	33.2	0.4	0.4	
	粗沙	1.089	1.160	0.001	0.001	1.088	1.160	32.9	0.1	0.1	
	全沙	3.341	3.570	0.042	0.042	3.299	3.525	100	1.3	1.2	
2001	细沙	1.318	1.318	0.194	0.194	1.125	1.125	43.1	14.7	14.7	87.8
	中沙	0.704	0.704	0.019	0.019	0.685	0.685	26.2	2.7	2.7	
	粗沙	0.808	0.808	0.008	0.008	0.800	0.800	30.7	1.0	1.0	
	全沙	2.830	2.830	0.221	0.221	2.610	2.610	100	7.8	7.8	
2002	细沙	1.529	1.905	0.610	0.610	0.919	1.295	35.2	39.9	32.0	87.0
	中沙	0.981	1.358	0.058	0.058	0.924	1.301	35.4	5.9	4.2	
	粗沙	0.894	1.111	0.033	0.033	0.861	1.078	29.4	3.7	3.0	
	全沙	3.404	4.374	0.701	0.701	2.704	3.674	100	20.6	16.0	
2003	细沙	3.471	3.475	1.049	1.074	2.422	2.401	37.8	30.2	30.9	89.1
	中沙	2.334	2.334	0.069	0.072	2.265	2.262	35.6	3.0	3.1	
	粗沙	1.755	1.755	0.058	0.060	1.696	1.695	26.6	3.3	3.4	
	全沙	7.560	7.564	1.176	1.206	6.383	6.358	100	15.6	15.9	

年份	泥沙类型	入库沙量（亿 t）		出库沙量（亿 t）		淤积量（亿 t）		全年淤积物组成(%)	排沙比(%)		年出库细沙占总沙量的百分比（%）
		汛期	全年	汛期	全年	汛期	全年		汛期	全年	
2004	细沙	1.199	1.199	1.149	1.149	0.050	0.050	4.3	95.8	95.8	77.3
	中沙	0.799	0.799	0.239	0.239	0.560	0.560	48.7	29.9	29.9	
	粗沙	0.640	0.640	0.099	0.099	0.541	0.541	47.0	15.5	15.5	
	全沙	2.638	2.638	1.487	1.487	1.151	1.151	100	56.4	56.4	
2005	细沙	1.639	1.815	0.368	0.381	1.271	1.434	39.5	22.5	21.0	84.9
	中沙	0.876	1.007	0.041	0.042	0.835	0.965	26.6	4.7	4.2	
	粗沙	1.104	1.254	0.025	0.026	1.079	1.228	33.9	2.3	2.1	
	全沙	3.619	4.076	0.434	0.449	3.185	3.627	100	12.0	11.0	
平均	细沙	1.718	1.824	0.568	0.574	1.151	1.250	35.8	33.1	31.5	83.9
	中沙	1.132	1.229	0.072	0.072	1.061	1.157	33.1	6.4	5.9	
	粗沙	1.048	1.121	0.037	0.038	1.011	1.084	31.1	3.5	3.4	
	全沙	3.898	4.174	0.677	0.684	3.223	3.491	100	17.4	16.4	

注:细沙粒径 $d < 0.025$ mm,中沙粒径 0.025 mm $< d < 0.05$ mm,粗沙粒径 $d > 0.05$ mm。

细颗粒泥沙来沙量大,排沙比也较大;中沙、粗沙来沙量依次减小,排沙比也依次减小,致使水库淤积物中的细沙、中沙和粗沙占全沙的比例差别不大,三组泥沙分别占全沙的 35.72%、32.93%、31.38%,细沙淤积量占淤积总量的 1/3 偏多。而大量细沙淤积在水库中,减少了有效库容,缩短了水库的使用寿命。若能够适当降低洪水期,尤其中常洪水期的库水位,加大小浪底水库淤粗排细的能力,增大细颗粒泥沙的排沙比,将有利于小浪底水库库容的长期维持,对下游河道发挥更大的减淤效益。

A.1.4.2 场次洪水异重流排沙分析

小浪底水库蓄水运用以来历次异重流期间入出库水量、沙量、库区淤积量、排沙情况见附表 A-14,可以看出异重流排沙比总体上呈逐渐增大的趋势,汛期异重流的排沙比基本上均大于汛前异重流排沙比,随着三角洲顶点向坝前推进,异重流排沙也随之增大。

值得关注的是,2007 年 7 月 29 日至 8 月 8 日调水调沙期间,入库沙量 0.834 1 亿 t,出库沙量 0.425 7 t,排沙比 51.03%;而 10 月一场小洪水过程入库泥沙为 0.711 7 亿 t,占全年入库沙量的 28.3%,其中细颗粒泥沙含量为 27.96%,出库沙量为 0,泥沙全部淤积在小浪底库区内。附图 A-7 为河堤站汛前、汛后及 2 次调沙期间观测的断面套汇图,从图中可以看出,在汛前和汛期调水调沙期间河堤站是冲刷的,10 月的洪水过后,河堤断面是淤积的;也就是说,10 月的这场洪水挟带的泥沙大多淤积在三角洲洲面库段。

附表 A-14　小浪底水库各时段异重流排沙情况统计

年份	时段 （月-日）	历时 （d）	水量（亿 m³）		沙量（亿 t）		出库/入库（%）	
			三门峡	小浪底	三门峡	小浪底	排水比	排沙比
2001	08-19～09-05	18	14.040	2.510	2.000	0.130	17.9	6.5
2002	06-23～07-04	12	10.975	8.614	1.060	0.040	78.5	3.8
	07-05～07-09	5	6.460	11.465	1.710	0.190	177.4	11.1
2003	08-01～09-05	36	36.780	7.150	3.770	0.040	19.4	1.1
2004	07-06～07-13	8	6.280	17.270	0.435	0.044	275.0	10.1
	08-22～08-31	10	10.270	13.830	1.711	1.423	134.7	83.2
2005	06-27～07-02	6	4.030	11.090	0.450	0.020	275.2	4.4
	07-05～07-10	6	4.160	7.860	0.700	0.310	188.9	44.3
2006	06-25～06-29	5	5.402	12.279	0.230	0.071	227.3	30.9
	07-22～07-29	8	7.989	8.097	0.127	0.048	101.4	37.9
	08-01～08-06	6	4.672	7.698	0.379	0.153	164.8	40.4
	08-31～09-07	8	10.791	7.608	0.554	0.121	70.5	21.8
2007	06-26～07-02	7	9.488	19.604	0.613	0.234	206.7	38.1
	07-29～08-08	11	13.008	19.739	0.834	0.426	151.7	51.0
	10-06～10-19	14	19.587	12.151	0.712	0	62.0	0

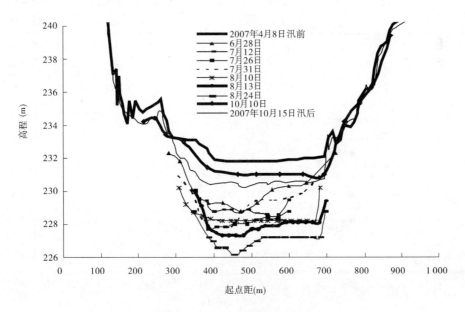

附图 A-7　河堤站断面套汇图

　　分析认为,2007 年 10 月之所以不排沙,主要是因为水库运用水位较高,在 243.61～
248.01 m,回水达到 105.88～108.73 km(见附表 A-15),在出现流量大、含沙量较高的洪
水时,回水变动区产生充水淤积,同时三角洲顶点(27.19 km 处)以上河段位于三角洲洲

面段,沿程产生壅水淤积,不利于异重流排沙,而此段的比降较小,约为3‰,使得产生的异重流没有足够的后续动力运行到坝前。显然,在小浪底水库汛期蓄水位较高的情况下不利于水库排沙。

据统计,仅10月8日、9日,三门峡水库入库沙量达0.591亿t,洪峰流量3610 m³/s(8日2时),含沙量达384 kg/m³(8日3时),三门峡水库敞泄排沙,最低水位达293.15 m(9日8时),详见附图A-8。这种短历时高含沙量水沙过程遭遇小浪底水库高蓄水位,使得该场洪水的泥沙全部淤积在小浪底库区。因此,进一步加强三门峡与小浪底水库的联合调度是十分必要的。

附表 A-15   汛期异重流排沙统计

年份	时段 (月-日)	沙量(亿t)		排沙比 (%)	期间库区水位 (m)	回水范围 距坝里程(km)
		三门峡	小浪底			
2002	07-05 ~ 07-09	1.710	0.190	11.1	232.85 ~ 235.01	93.55 ~ 95.25
2003	08-01 ~ 09-05	3.770	0.040	1.1	221.26 ~ 244.43	85.69 ~ 106.60
2004	08-22 ~ 08-31	1.711	1.423	83.2	218.63 ~ 224.89	47.29 ~ 59.25
2005	07-05 ~ 07-10	0.70	0.310	44.3	220.91 ~ 225.21	69.22 ~ 85.05
	07-22 ~ 07-29	0.127	0.048	37.9	223.95 ~ 225.07	47.51 ~ 51.96
2006	08-01 ~ 08-06	0.379	0.153	40.4	222.05 ~ 225.06	46.23 ~ 51.96
	08-31 ~ 09-07	0.554	0.121	21.8	227.94 ~ 230.84	66.18 ~ 69.07
2007	07-29 ~ 08-08	0.834	0.426	51.1	218.83 ~ 226.51	32.86 ~ 43.98
	10-06 ~ 10-19	0.712	0	0	243.61 ~ 248.01	105.88 ~ 107.73

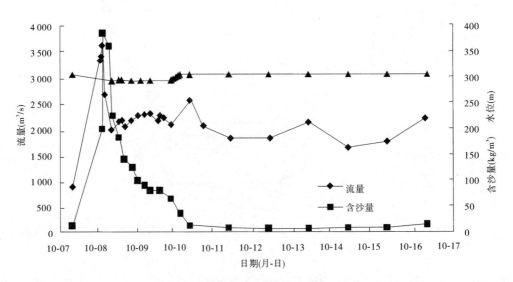

附图 A-8   2007 年三门峡水库 10 月洪水过程

A.1.4.3   水库排沙效果分析

2004 ~ 2007 年汛前调水调沙期间在小浪底库区塑造异重流及 2007 年汛期调水调

沙,排沙量为 0.044 亿 t、0.020 亿 t、0.071 亿 t、0.234 亿 t,0.426 亿 t(见附表 A-16),对应排沙比分别为 10.11%、4.44%、30.87%、38.14%、43.84%,相差较大。分析其来水来沙及排沙情况、影响异重流排沙的原因,可为今后的异重流塑造及汛期调水调沙提供参考,主要有以下几点:

附表 A-16 2004~2007 年人工塑造异重流期间水库排沙情况

年份	日期（月-日）	三门峡			小浪底		
		流量（m³/s）	输沙率（t/s）	含沙量（kg/m³）	流量（m³/s）	输沙率（t/s）	含沙量（kg/m³）
2004	07-06	1 870	0	0	2 650	0	0
	07-07	2 870	161.0	56.1	2 670	0	0
	07-08	972	231.0	237.7	2 630	5.2	2
	07-09	777	79.9	102.8	2 680	30.7	11.5
	07-10	427	28.7	67.2	2 650	12.4	4.7
	07-11	13	0.2	13.8	2 680	1.7	0.6
	07-12	41	0.8	19.5	2 680	0	0
	07-13	299	2.2	7.5	1 350	0	0
累计沙量（亿 t）		0.435			0.044		
2005	06-26	23.9	0	0	3 020	0	0
	06-27	2 490	38.3	15.4	3 060	0	0
	06-28	1 260	373.0	296.0	3 040	0	0
	06-29	570	97.9	171.8	3 120	4.4	1.4
	06-30	171	11.7	68.4	2 300	13.2	5.7
	07-01	18	0.2	10.3	970	5.9	6.1
	07-02	153	2.0	12.9	345	0	0
累计沙量（亿 t）		0.450			0.020		
2006	06-25	2 750	0	0	3 720	0	0
	06-26	2 500	147.0	58.8	3 830	4.4	1.1
	06-27	689	99.2	144.0	3 570	51.4	14.4
	06-28	220	19.6	89.1	2 190	26.1	11.9
	06-29	94	0.2	2.3	902	0.002	0.002
	06-30	268	0.04	0.2			
累计沙量（亿 t）		0.230			0.071		
2007	06-26	761	1.9	2.5	3 860	0	0
	06-27	1 150	4.7	4.1	3 910	0	0
	06-28	2 590	13.5	5.2	3 670	2.5	0.7
	06-29	2 620	453.3	173.0	3 360	27.3	8.1
	06-30	1 590	160.6	101.0	3 250	181.0	55.7
	07-01	1 140	62.7	55.0	2 800	51.0	18.2
	07-02	1 130	12.5	11.1	1 840	8.8	4.8
累计沙量（亿 t）		0.613			0.234		

年份	日期 (月-日)	三门峡			小浪底		
		流量 (m³/s)	输沙率 (t/s)	含沙量 (kg/m³)	流量 (m³/s)	输沙率 (t/s)	含沙量 (kg/m³)
2007	07-29	2 020	212.1	105.0	1 760	8.1	4.6
	07-30	2 150	367.7	171.0	1 850	138.0	74.6
	07-31	1 980	198.0	100.0	2 180	121.0	55.5
	08-01	986	70.0	71.0	2 720	91.3	33.6
	08-02	1 110	27.6	24.9	2 730	53.4	19.6
	08-03	1 490	31.7	21.3	2 310	13.8	6.0
	08-04	1 020	12.8	12.5	2 440	17.6	7.2
	08-05	1 090	13.3	12.2	2 930	10.6	3.6
	08-06	1 050	13.1	12.5	2 570	26.0	10.1
	08-07	1 090	12.0	11.0	866	12.8	14.8
	08-08	1 070	7.1	6.6	490	0	0
累计沙量(亿 t)		0.834			0.426		

(1)异重流运行距离。由于异重流潜入位置不同,运行距离也不同,其排沙效果就不同,例如,2004 年 7 月 5 日 18 时在 HH35 断面附近形成异重流,距坝约 58.51 km;2005 年 29 日 10 时 40 分于 HH32 断面附近潜入,异重流最大运行距离 53.44 km;2006 年 6 月 25 日 9 时 42 分在 HH27 断面下游 200 m 监测到异重流潜入,异重流运行距离 44.13 km;2007 年 6 月 27 日 18 时 30 分,在 HH19 断面下游 1 200 m 监测到异重流,19 时 30 分在 HH17 断面下游 400 m 观测到异重流潜入,潜入点最下移至 HH16 断面下游 400 m,异重流运行距离 25.61~30.65 km,见附表 A-17。

附表 A-17 2004~2007 年人工塑造异重流统计

异重流发生时间 (年-月-日 T 时)	潜入点位置	运行距离(km)
2004-07-05 T 18:00	HH35 断面	58.51
2005-06-29 T 10:40	HH32 断面	53.44
2006-06-25 T 09:42	HH27 断面下游 200 m	44.13
2007-06-27 T 18:30	HH19 断面下游 1 200 m	25.61~30.65

(2)水沙条件。产生异重流的流量、含沙量、级配、历时(见附表 A-18)及冲刷三角洲 洲面的补冲沙量、级配不同,排沙效果就不同。例如,2004 年、2006 年及 2007 年塑造异重 流的沙源包括小浪底水库上段淤积三角洲及三门峡水库淤积的泥沙,而 2005 年三角洲洲

附表 A-18　调水调沙小浪底水库异重流期间特征值

年份	时段（月-日）	历时（d）	入库平均流量（m³/s）	入库平均含沙量（kg/m³）	沙量（亿t） 三门峡	沙量（亿t） 小浪底	排沙比（%）	三门峡站 d_{50}（mm）	异重流运行距离（km）	潜入点以下河底比降（‰）	冲刷三角洲	潜入点以下主要支流	三角洲面细沙所占比例（%）
2004	07-07～07-14	8	689.675	80.713	0.385	0.055	14.23	0.003 7～0.040 2	58.51/HH35 断面	9.62	∨	沇西、亳清、东洋、西阳、大交、石井、畛水、大峪等	0.3～70.1
2005	06-27～07-02	6	776.917	112.204	0.450	0.020	4.44	0.021 7～0.046 8	53.44/HH32 断面	1.84		东洋、西阳、大交、石井、畛水、大峪等	
2006	06-25～06-29	5	1 254.52	42.384	0.230	0.071	30.87	0.014 4～0.041 3	44.13/HH27 断面下游 200 m	10.63	∨	西阳、东洋、大交、石井、畛水、大峪等	10.4～81.4
2007	06-26～07-02	7	1 568.71	64.579	0.613	0.234	38.14	0.005 9～0.036 3	25.61～30.65/HH19 断面下游 1 200 m	23.4	∨	东洋、大交、石井、畛水、大峪等	
	07-29～08-12	15	1 417.867	52.847	0.971	0.426	43.84	0.006 0～0.036 9			∨		

面基本上没有发生冲刷。尤其是 2007 年,由于异重流潜入点位于 HH19 断面以下,异重流运行距离短,在三门峡水库下泄大流量之前,前期三门峡下泄水流冲刷三角洲形成的异重流已经运行到坝前并排沙出库(见附图 A-9)。

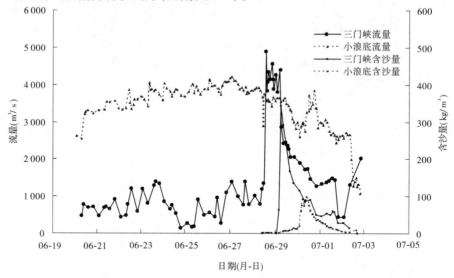

附图 A-9 2007 年调水调沙期间小浪底入出库水沙过程

同时,三角洲洲面淤积物细颗粒泥沙含量也是影响排沙的因素之一。2004 年潜入点以上淤积物细颗粒泥沙含量为 0.3% ~70.1%,而 2006 年潜入点以上的细颗粒泥沙含量为 10.4% ~81.4%(见附表 A-18)。2007 年潜入点以上的资料有待于进一步收集补充。

(3)边界条件。主要指潜入点以下河底纵比降及支流分布等,是影响排沙多少的重要因素之一。从附图 A-2 可以看出,2004 年潜入点 HH35 断面以下河底比降为 9.62‰;2005 年潜入点以下 9 km 左右坡度较缓,HH32 断面—HH27 断面河底比降 1.84‰;2006 年潜入点 HH27 断面以下较陡,比降约 10.63‰;2007 年潜入点至 HH15 断面河底比降 23.4‰,HH15 断面以下比降为 6.78‰。同时,2006 年、2007 年潜入点距坝近,与 2004 ~ 2005 年相比,避免了沇西河、亳清河等支流倒灌所产生的异重流能力损失。此外,异重流可否畅泄排沙直接影响水库排沙比。

A.1.5 小浪底库区淤积物组成、沿程分布及排沙关系

A.1.5.1 库区淤积物组成分析

小浪底水库自 2000 年开始运用以来,淤积逐年递增,根据入、出库沙量及级配列出了 2000 ~2005 年淤积物组成、淤积比(见附表 A-19、附图 A-10)。从附表 A-19 可以看出,自小浪底水库运用 6 年来,细沙、中沙、粗沙淤积比例分别为 68.5%、94.2%、96.6%。水库在淤积了大部分中、粗沙的同时,也淤积了 68.5% 的细沙。

值得关注的是 2004 年,细沙淤积比仅为 4.2%,而中沙、粗沙淤积比分别为 70.1%、84.5%(见附表 A-19、附图 A-10)。这主要是因为 2003 年库区运用水位较高,库区淤积在三角洲顶坡段上段,在 2004 年汛前调水调沙及"04·8"洪水的作用下,三角洲洲面发生

了强烈冲刷,冲刷的泥沙补充了异重流潜入的沙源,在潜入点附近,造成了 2004 年较大的排沙比,同时细沙在库区的淤积比也作了相应调整。

附表 A-19　2000~2005 年小浪底库区淤积物组成

| 年份 | 级配 | 入库沙量(亿 t) | | 出库沙量(亿 t) | | 淤积量(亿 t) | | 淤积比(%) | |
		汛期	全年	汛期	全年	汛期	全年	汛期	全年
2000	细沙	1.152	1.23	0.037	0.037	1.116	1.195	96.9	97.2
	中沙	1.100	1.17	0.004	0.004	1.095	1.170	99.5	100.0
	粗沙	1.089	1.16	0.001	0.001	1.088	1.160	99.9	100.0
	全沙	3.341	3.56	0.042	0.042	3.299	3.525	98.7	98.8
2001	细沙	1.318	1.318	0.194	0.194	1.125	1.125	85.4	85.4
	中沙	0.704	0.704	0.019	0.019	0.685	0.685	97.3	97.3
	粗沙	0.808	0.808	0.008	0.008	0.800	0.800	99.0	99.0
	全沙	2.832	2.832	0.221	0.221	2.610	2.610	92.2	92.2
2002	细沙	1.529	1.905	0.610	0.610	0.919	1.295	60.1	68.0
	中沙	0.981	1.358	0.058	0.058	0.924	1.301	94.2	95.8
	粗沙	0.894	1.111	0.033	0.033	0.861	1.078	96.3	97.0
	全沙	3.404	4.374	0.701	0.701	2.704	3.674	79.4	84.0
2003	细沙	3.471	3.475	1.049	1.074	2.422	2.401	69.8	69.1
	中沙	2.334	2.334	0.069	0.072	2.265	2.262	97.0	96.9
	粗沙	1.755	1.755	0.058	0.060	1.696	1.695	96.6	96.6
	全沙	7.560	7.564	1.176	1.206	6.383	6.358	84.4	84.1
2004	细沙	1.199	1.199	1.149	1.149	0.050	0.050	4.2	4.2
	中沙	0.799	0.799	0.239	0.239	0.560	0.560	70.1	70.1
	粗沙	0.640	0.640	0.099	0.099	0.541	0.541	84.5	84.5
	全沙	2.638	2.638	1.487	1.487	1.151	1.151	43.6	43.6
2005	细沙	1.639	1.815	0.368	0.381	1.271	1.434	77.5	79.0
	中沙	0.876	1.007	0.041	0.042	0.835	0.965	95.3	95.8
	粗沙	1.104	1.254	0.025	0.026	1.079	1.228	97.7	97.9
	全沙	3.619	4.076	0.434	0.449	3.185	3.626	88.0	89.0
合计	细沙	10.308	10.942	3.407	3.445	6.903	7.500	67.0	68.5
	中沙	6.794	7.372	0.430	0.434	6.364	6.943	93.7	94.2
	粗沙	6.290	6.728	0.224	0.227	6.065	6.502	96.4	96.6
	全沙	23.392	25.052	4.061	4.106	19.332	20.945	82.6	83.6

注:细沙粒径 $d < 0.025$ mm,中沙粒径 0.025 mm $< d < 0.05$ mm,粗沙粒径 $d > 0.05$ mm。

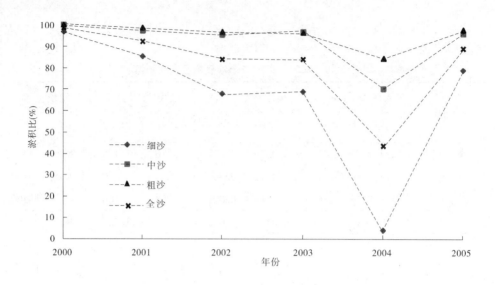

附图 A-10   2000～2005 年小浪底库区淤积比

分析认为,为了改善小浪底库区淤积细沙含量偏多的局面,利用汛期洪水,降低水库运用水位,在三角洲洲面发生沿程或溯源冲刷,可以达到调整淤积物组成的目的。2004年就是很好的验证。

A.1.5.2   淤积形态的变化

从小浪底水库 2004～2010 年纵剖面(见附图 A-11)可以看出,2004 年三角洲顶点位于 HH41 断面(距坝 72.06 km),在汛前调水调沙人工塑造异重流过程及"04·8"洪水的共同作用下,处于窄深河段的三角洲洲面发生了强烈冲刷,至 2005 年汛前三角洲顶点已下移至河谷较宽的库段 HH27 断面(距坝 44.53 km)。2006 年以后三角洲顶坡段在HH37 断面以下基本上按照大约 3‰的比降向坝前推进,2009 年汛后,三角洲顶点位于HH15 断面(距坝 24.43 km)。2010 年汛前调水调沙异重流塑造期间,水位低于三角洲顶点,三角洲顶坡段发生沿程及溯源冲刷,三角洲顶点位于距坝 HH12 断面(距坝 12.75 km),顶点高程为 215.61 m。

小浪底库区干流河段上窄下宽,板涧河口(HH37 断面附近)以上河道长度 60.9 km,河谷底宽仅 200～300 m,河槽窄深,受水库来水来沙的影响,容易发生大幅度的淤积或冲刷调整。

在汛前调水调沙塑造异重流期间,HH37 断面以上库段处于库区明流库段,受入库水沙的直接影响,该段的河床调整作为水库边界条件是异重流排沙关键影响因素之一。历年汛期前后 HH37 断面以上库段冲淤调整统计结果见附表 A-20,可以看出,库区上段调整幅度较大。HH37 断面以上发生冲刷的年份,例如 2006 年、2008 年,小浪底库区排沙比相对较大;反之,发生淤积的年份,例如 2005 年、2009 年,排沙比相对小一些。2007 年汛期 HH37 断面以上也发生淤积,但异重流排沙比并不小,这与 2007 年汛前调水调沙期间头道拐流量较大、洪峰持续时间长、异重流后续动力大有关。

在统计附表 A-20 时还发现,只有在 2010 年 HH37 断面—HH14 断面发生全线冲刷,

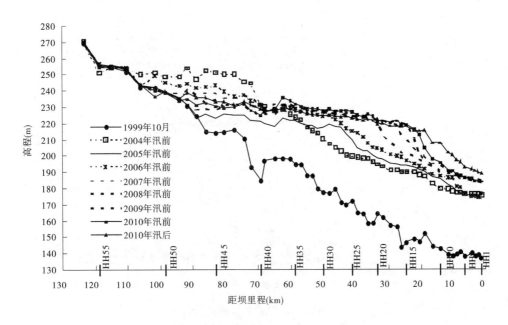

附图 A-11　历年汛前调水调沙小浪底水库纵剖面(深泓点)

冲刷量达 0.574 0 亿 m³,这与 2010 年水库降低水位运用有关。在 HH14 断面以下是淤积的,这是由于异重流运行时沿程淤积。

附表 A-20　小浪底库区分库段冲淤变化

时段 (年-月)	冲淤量(亿 m³)	
	HH37 断面以上	HH37 断面以下
2004-05 ~ 2004-07	− 1.258 1	2.070 0
2004-05 ~ 2004-10	− 1.999 1	2.090 0
2005-04 ~ 2005-11	1.007 5	1.805 0
2006-04 ~ 2006-10	− 0.540 6	3.076 0
2007-04 ~ 2007-10	0.209 6	1.157 0
2008-04 ~ 2008-10	− 0.417 6	0.977 3
2009-04 ~ 2009-10	0.193 0	1.152 0
2010-04 ~ 2010-10	− 0.112 0	1.977 0(HH14 以下) − 0.574 0(HH14—HH37)

A.1.5.3　淤积物沿程分布及调整分析

　　小浪底水库运用的前 4 年中,为了减少大坝渗水,在坝前形成淤积铺盖,控制了水库排沙。从 2004 年调水调沙开始,进行了汛前调水调沙人工塑造异重流,即利用黄河中游多座水库的蓄水通过合理调度,促使三门峡库区及小浪底库区淤积三角洲产生冲刷,并在小浪底水库回水区产生异重流。从 2004 年以来汛前观测的床沙表面组成来看(见附图 A-12),由于 HH37 断面以上容易发生大幅度的淤积或冲刷调整,其表面床沙相对较粗;而 HH35 断面以下,表面床沙大多是中值粒径小于 0.025 mm 的细颗粒泥沙。

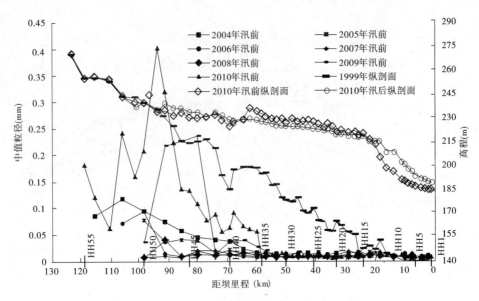

附图 A-12 汛前库区床沙级配

2008 年、2010 年汛前调水调沙小浪底水库排沙的实测资料证实:如果在汛期中游发生洪水的条件下,小浪底水库实时降低库水位,使三角洲顶坡段发生沿程及溯源冲刷,将调整淤积物的分布,淤积物中的细颗粒泥沙会被冲起,在水流的作用下排沙出库。附表 A-21 列出了三角洲顶坡段发生强烈冲刷的 2008 年、2010 年汛前调水调沙期间水库入、出库的分组沙情况。从表中可以看出,这 2 年细颗粒泥沙不但没有在库区造成淤积,而且由于三角洲顶坡段的冲刷作用,还带走了前期淤积的细颗粒泥沙,2008 年汛前调水调沙期间库区细颗粒泥沙淤积量减少了 0.122 亿 t,2010 年减少了 0.218 亿 t;相反,中、粗沙还是在库区造成淤积。

附表 A-21　2008 年、2010 年汛前调水调沙期间水库入、出库的分组沙统计

年份	时段 (月-日)	级配	入库沙量 (亿 t)	出库沙量 (亿 t)	淤积量 (亿 t)	排沙比 (%)
2008	06-27～07-03	细沙	0.239	0.361	-0.122	151.05
		中沙	0.208	0.057	0.151	27.40
		粗沙	0.294	0.040	0.254	13.61
		全沙	0.741	0.458	0.283	61.81
2010	07-04～07-07	细沙	0.141	0.359	-0.218	254.61
		中沙	0.107	0.095	0.012	88.79
		粗沙	0.160	0.104	0.056	65.00
		全沙	0.408	0.558	-0.150	136.76

在水库异重流排沙时期,出库大多是细颗粒泥沙,小浪底水库发生沿程及溯源冲刷,将会调整三角洲洲面的淤积物组成,使水库达到增大排沙比、多排细沙、拦粗排细的目的,延长水库拦沙期使用年限。

A.1.5.4 分组沙排沙关系分析

异重流本身属于超饱和输沙,随着异重流的运行,泥沙沿程明显分选,中、粗颗粒泥沙淤积比大,细颗粒泥沙淤积比小。小浪底水库汛前异重流排沙的资料表明(见附表 A-22),出库泥沙大多是细颗粒泥沙,在三角洲顶点以上库段没有发生明显溯源冲刷的年份,细颗粒泥沙含量达80%以上;即使是三角洲发生溯源冲刷的2010年,细颗粒泥沙含量仍达64.29%。

附表 A-22　小浪底水库出库细颗粒泥沙含量

| 年份 | 时段 (月-日) | 沙量(亿 t) | | 排沙比 (%) | 按级配划分出库沙量(亿 t) | | | 出库细沙占该时段出库总沙量的百分比(%) |
		三门峡	小浪底		细沙 $d < 0.025$ mm	中沙 0.025 mm $< d < 0.05$ mm	粗沙 $d > 0.05$ mm	
2004	07-07 ~ 07-14	0.385	0.055	14.29	0.047	0.004	0.003	86.13
2005	06-27 ~ 07-02	0.452	0.020	4.42	0.018	0.001	0.001	90.97
2006	06-25 ~ 06-29	0.230	0.069	30.00	0.059	0.007	0.003	85.40
2007	06-26 ~ 07-02	0.613	0.234	38.17	0.196	0.024	0.013	83.94
2008	06-27 ~ 07-03	0.741	0.458	61.81	0.361	0.057	0.040	78.78
2009	06-30 ~ 07-03	0.545	0.036	6.61	0.032	0.003	0.001	88.87
2010	07-04 ~ 07-07	0.408	0.559	137.02	0.359	0.095	0.104	64.29

因此,在塑造异重流期间,入库沙量中细颗粒泥沙含量越高,异重流排沙比就会越大。附表 A-23 为汛前异重流塑造期间小浪底水库入库细颗粒泥沙含量统计,表中资料表明,2006 年入库细颗粒沙占全沙的比例仅为43.04%,即使该年异重流塑造的条件相对较差,但也达到了30%的排沙比。

附表 A-23　小浪底水库入库细颗粒泥沙含量

| 年份 | 时段 (月-日) | 沙量(亿 t) | | 排沙比 (%) | 按级配划分出库沙量(亿 t) | | | 入库细沙占该时段入库总沙量的百分比(%) |
		三门峡	小浪底		细沙 $d < 0.025$ mm	中沙 0.025 mm $< d < 0.05$ mm	粗沙 $d > 0.05$ mm	
2004	07-07 ~ 07-14	0.385	0.055	14.29	0.133	0.132	0.120	34.55
2005	06-27 ~ 07-02	0.452	0.020	4.42	0.167	0.130	0.155	36.95
2006	06-25 ~ 06-29	0.230	0.069	30.00	0.099	0.058	0.073	43.04
2007	06-26 ~ 07-02	0.613	0.234	38.17	0.246	0.170	0.197	40.13
2008	06-27 ~ 07-03	0.741	0.458	61.81	0.239	0.208	0.294	32.25
2009	06-30 ~ 07-03	0.545	0.036	6.61	0.148	0.154	0.243	27.16
2010	07-04 ~ 07-07	0.408	0.559	137.02	0.141	0.107	0.160	34.52

运用 2004～2010 年汛前异重流排沙资料,点绘了小浪底水库分组沙排沙比与全沙排沙比的关系(见附图 A-13、附图 A-14),并回归了经验关系。从图中可以看出,随着排沙比的增加,分组沙的排沙比也在增大,细颗粒泥沙增加幅度最大,2007 年为 79.84%,2008 年为 150.97%,2010 年高达 255.17%;2008 年、2010 年出库细沙量之所以大于入库细沙,是因为库区三角洲洲面发生了冲刷,补充了形成异重流的沙源,同时也表明了三角洲顶坡段淤积的泥沙偏细。从附图 A-14 中可以看出,随着出库排沙比的增大,细沙所占的含量有减少的趋势,中沙和粗沙所占比例有所增大。

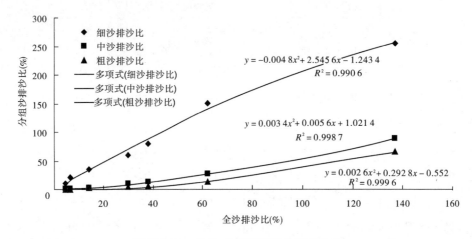

附图 A-13　全沙、分组沙排沙比相关关系

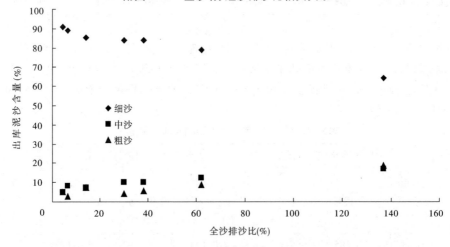

附图 A-14　出库全沙排沙比同分组沙含量

A.2　分组粒径泥沙在下游河道的输移和冲淤特性

A.2.1　冲淤概况

黄河下游不同时期由于来水来沙条件不同,淤积量和淤积比也不同(见附表 A-24)。

1965～1973 年三门峡水库滞洪排沙运用,洪峰大幅度削减,进入下游水沙条件不利,即"小水带大沙",改变了天然情况下洪水淤滩刷槽的冲淤特性,河槽淤积多,滩地淤积少,下游河道淤积严重,在年平均来沙 16.5 亿 t 的条件下,年平均淤积 4.1 亿 t,淤积比达 25%。

附表 A-24　不同时期来水来沙和淤积情况

项目	1965～1973 年		1974～1990 年		1991～1999 年		1965～1999 年	
	年	汛期	年	汛期	年	汛期	年	汛期
来水量(亿 m³)	461.01	252.1	475.94	299.93	250.67	111.47	414.17	239.17
来沙量(亿 t)	16.5	12.98	10.17	9.83	7.77	7.32	11.18	9.99
淤积量(亿 t)	4.1	2.3	1.1	2.03	2.57	3.2	2.25	2.4
淤积比(%)	25	18	11	21	33	44	20	24

1974～1990 年三门峡水库蓄清排浑控制运用,又遇到 1981～1985 的丰水少沙系列年,年平均来沙 10.17 亿 t,较 1965～1973 年汛期来沙还少,淤积也明显减缓,年平均淤积 1.1 亿 t,年淤积比仅 11%。淤积物组成中各粒径组比较均匀,粗沙淤积比明显减小,仅 25%。

1991～1999 年枯水枯沙,下游频繁断流,年水量仅相当过去的汛期水量,而且汛期水量减少比较多,仅占年水量的 44%,下游河道淤积严重,年平均淤积 2.57 亿 t,年淤积比达 33%,特别是汛期淤积比高达 44%。

A.2.2　分组沙冲淤情况

黄河下游河道冲淤主要取决于水沙条件和河床边界条件,水沙条件除与水沙量和水沙过程有关外,还与泥沙组成(级配)有十分密切的关系。在相同的水流条件下,不同粒径泥沙的输移特性和引起的河道冲淤也具有明显的差异。黄河下游多年平均(1965～1999 年)来水 414.17 亿 m³,来沙 11.18 亿 t,淤积 2.25 亿 t,淤积比 20%。来沙组成中细颗粒泥沙(粒径小于 0.025 mm,下同)占 50%,但其淤积物组成中只占 20%,相应淤积比(即该粒径组淤积量占该粒径组来沙量比例,以下同)仅 8%(见附表 A-25);中颗粒泥沙(粒径 0.025～0.05 mm,下同)在来沙组成中占 27%,在淤积物组成中占 25%,相应淤积比(即该粒径组淤积量占该粒径组来沙量比例,下同)仅 19%;粗颗粒泥沙(粒径大于 0.05 mm,下同)在来沙组成中占 23%,但在淤积物组成中占 55%,相应淤积比 47%;尤其是特粗颗粒泥沙(粒径大于 0.1 mm,下同)在来沙组成中仅占 3%,但其在淤积组成中占 16%,相应淤积比却高达 86%。

A.2.3　来沙组成、淤积情况对比分析

黄河下游不同时期来沙量虽然变化比较大,但来沙组成变化不大,从附图 A-15 可以

看出,各时期来沙组成中,细沙均在50%左右,中沙在25%左右,粗沙在27%左右,其中特粗沙均在3%左右。

附表 A-25　1965～1999 年下游泥沙冲淤概况

时期	项目	全沙	各粒径组比例(%)			
			细沙 ($d <$ 0.025 mm)	中沙 (0.025 mm $< d$ $<$ 0.05 mm)	粗沙 (0.05 mm $< d$)	特粗沙 (0.1 mm $< d$)
1965～ 1999 年	来沙量(亿 t)	11.18	50	27	23	3
	淤积量(亿 t)	2.25	20	25	55	16
	淤积比(%)	20	8	19	47	86
1965～ 1973 年	来沙量(亿 t)	16.5	48	25	27	4
	淤积量(亿 t)	4.1	9	23	68	15
	淤积比(%)	25	4	23	63	89
1974～ 1990 年	来沙量(亿 t)	10.17	53	27	20	3
	淤积量(亿 t)	1.1	26	25	49	27
	淤积比(%)	11	5	10	25	84
1991～ 1999 年	来沙量(亿 t)	7.77	50	27	20	3
	淤积量(亿 t)	2.57	33	28	31	9
	淤积比(%)	33	22	34	51	85

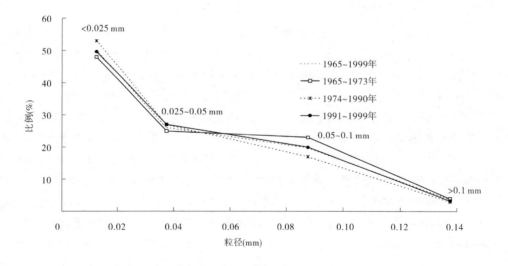

附图 A-15　不同时期来沙组成情况

不同时期水沙条件和边界条件不同,使得下游河道淤积物组成变化比较大(见附图 A-16)。由附图 A-16 可以看出,各时期淤积物组成中,中沙和特粗沙比例变化比较小,而细沙和粗沙比例变化比较大。淤积物组成中粗沙比例最大的时期是 1965~1973 年,为 68%;细沙和中沙比例最大的时期是 1991~1999 年,分别为 33% 和 28%。

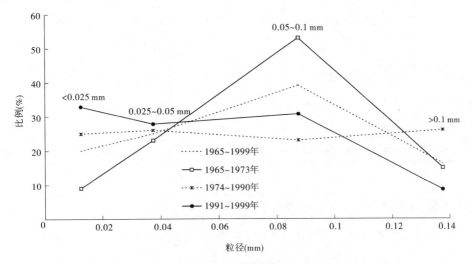

附图 A-16　不同时期淤积物组成情况

由于水沙条件和边界条件的变化,不同粒径泥沙淤积比除特粗沙外,差别都比较大(见附图 A-17)。可以看出,细沙和中沙淤积比最小的是 1974~1990 年,分别为 5% 和 10%。粗沙中 0.05~0.1 mm 的粗沙淤积比变化最大,在 15~55%,粗沙中的特粗沙淤积比各时期变化不大,均在 80%~90%。细沙和中沙淤积比最大的均是 1991~1999 年,分别为 22% 和 34%。

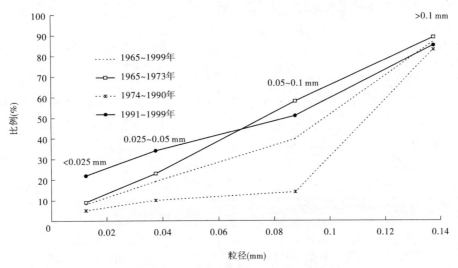

附图 A-17　不同时期淤积比变化情况

对比不同时期来水量和细沙及特粗沙淤积情况(见附表 A-26),可以看出随着来水量的变化,细沙淤积比变化较大,特粗沙淤积比变化不大,汛期表现更加显著。

附表 A-26　不同时期来水量与细沙和特粗沙淤积比关系

时期	年				汛期			
	下游来水量(亿 m³)	利津来水量(亿 m³)	细沙淤积比(%)	特粗沙淤积比(%)	下游水量(亿 m³)	利津水量(亿 m³)	细沙淤积比(%)	特粗沙淤积比(%)
1965~1973 年	461.01	337.33	4	89	252.10	158.26	8	88
1974~1990 年	475.94	298.82	5	84	299.93	192.78	14	89
1991~1999 年	250.67	129.59	22	85	111.47	81.32	31	90
1965~1999 年	414.17	265.21	8	86	239.17	155.24	15	89

A.2.4　分组泥沙冲淤与水沙条件的关系

分析 20 世纪 90 年代下游来水量与各粒径组泥沙淤积比关系(见附图 A-18、附图 A-19)可以看出,下游河道各粒径组泥沙的淤积比基本上伴随着来水量而变化,来水量大时淤积比减小,来水量小时淤积比较大。但不同粒径组的变化幅度相差较大,细沙淤积比的调整最为敏感,随来水量变化的幅度最大;中沙变化幅度小于细沙;粗沙变幅更小;而特粗沙的淤积比基本上不随来水量而变化。由于下游冲淤调整主要发生在汛期,因此全年各粒径组泥沙淤积规律与汛期的规律基本相同。下游来水量沿程减少较多,对各粒径组泥沙的冲淤也有影响,因此建立各粒径组泥沙淤积比与利津来水量的关系(见附图 A-20、附图 A-21),为表示清楚点绘极细沙(利津小于 0.01 mm)、细沙和特粗沙三组,从图中可以看出与下游来水量的规律基本一致。

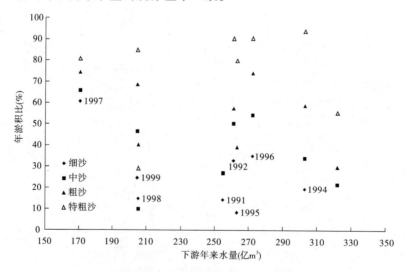

附图 A-18　下游年来水量与淤积比关系(图中数字为年份)

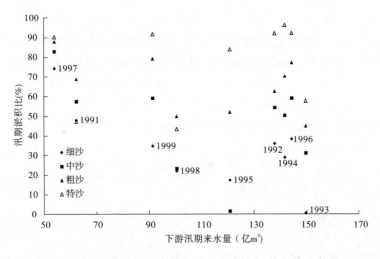

附图 A-19　下游汛期来水量与淤积比关系(图中数字为年份)

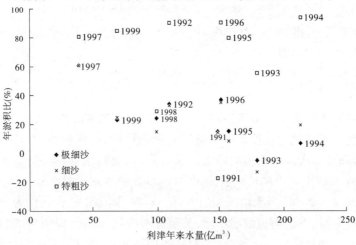

附图 A-20　利津年来水量与淤积比关系(图中数字为年份)

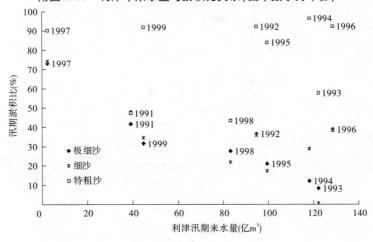

附图 A-21　利津汛期来水量与淤积比关系(图中数字为年份)

因此,认识到 1991~1999 年细沙和中沙淤积比增大的原因,主要有以下三个方面:一是汛期水量偏小,河道输沙能力降低,各粒径组泥沙淤积比都较大;二是断流期间来沙无论粗细全部淤积在河道内,造成细沙和中沙淤积比增大,如 1997 年断流长达 226 d,各级粒径泥沙淤积比均超过 60%(见附表 A-27),三是洪水漫滩将细沙淤积在滩地,如 1992 年和 1996 年由于洪水漫滩,细沙和中沙年淤积比分别超过 30% 和 50%。由附图 A-18 可以看出汛期水量接近情况下,未发生洪水漫滩的 1991 年和 1995 年细沙淤积比均在 20% 以下,明显小于 1992 年和 1996 年。

附表 A-27　典型年份淤积比情况

时间	来水量 (亿 m³)	来沙量 (亿 t)	利津来水量 (亿 m³)	全沙淤积 (亿 t)	不同粒径淤积比(%)				
					全沙	细沙	中沙	粗沙	特粗沙
1992 年	261.02	11.24	109.83	4.75	42	33	50	57	90
1996 年	272.23	11.46	150.81	5.98	52	35	54	74	91
1997 年	170.56	4.4	38.85	2.90	66	61	66	74	81
1992 汛期	138.02	10.76	94.66	4.94	46	37	54	62	92
1996 汛期	144.48	11.31	128.43	6.34	56	38	59	77	92
1997 汛期	54.01	4.37	2.43	3.51	80	74	83	88	90

进一步分析场次洪水下游分组沙淤积比与利津洪水来水量的关系(见附图 A-22),更加清楚地反映出了不同粒径泥沙在下游河道的淤积特性:细颗粒泥沙($d < 0.025$ mm)的淤积比小,并随利津场次洪水水量的增大而显著降低;而特粗沙($d > 0.1$ mm)淤积比大,并基本维持在 80% 以上。由图可以看出,当利津场次洪水水量只有 6 亿 m³ 时,细沙淤积比例可以达到 50%~80%;当水量增加到 10 亿 m³ 时,则细沙淤积比例为 10%~30%;当水量 15 亿 m³ 以上时,下游河道细沙不淤,甚至有所冲刷,但由于床沙中细沙可补给量少,所以冲刷比例的增加幅度较小。因此,小浪底水库调水调沙应尽可能维持较大的洪水水量,根据黄河下游多年实测资料分析,平均情况水量应在 15 亿 m³ 以上。

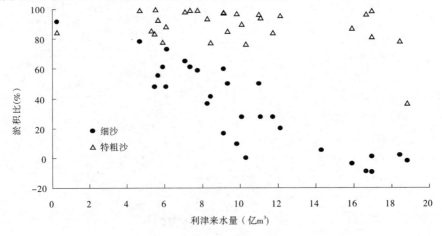

附图 A-22　洪水期分组泥沙淤积比与利津来水量的关系

A.2.5 下游河道分组泥沙输沙规律

在相同水流条件下,不同粒径泥沙在下游河道的淤积比具有显著的差异。多年平均水沙条件下,细沙(粒径小于 0.025 mm)占全沙的 50%,其在输移过程中的淤积比一般在 10% 以下,90% 以上的泥沙可以输沙入海;而中沙(粒径 0.025 ~ 0.05 mm)和粗沙(粒径大于 0.05 mm)占全沙的 27% 和 23%,但其在输移过程中的淤积比分别为 19% 和 47%。其中,特粗沙(粒径大于 0.1 mm)淤积比达到 86%。

特别需要指出的是,细沙、中沙在下游河道具有较大的输沙潜力,通过调水调沙、增大洪峰、增加洪量等措施将能够显著提高细沙、中沙的输沙能力,减少在下游河道中的淤积。而粗沙,尤其特粗沙在下游河道的输沙潜力很小,即便提高水流输沙强度,特粗沙在下游河道中的淤积比也会在 80% 以上。因此,小浪底水库宝贵的库容应尽可能少拦细沙和中沙,多拦粗沙,尤其是特粗沙。小浪底水库调水调沙应尽可能维持较大的洪水水量,至少应在 15 亿 m³ 以上。

A.3 单项指标风险调控方案、风险分析方法及验证

A.3.1 水库排沙估算方法

水库排沙与水库的边界条件、来水来沙过程以及水库调度等因素有关。对于小浪底库区目前的三角洲淤积形态而言,异重流潜入点以上三角洲洲面存在沿程冲刷、壅水明流输沙以及溯源冲刷,异重流潜入后运行到坝前,并排沙出库;当小浪底水库淤积三角洲顶点运行到坝前,淤积形态转为锥体淤积后,水库排沙根据水库运用方式的不同、库水位的变化、水库的排沙方式分为壅水排沙和敞泄排沙。

A.3.1.1 冲刷计算

冲刷强度主要取决于水流的动力条件以及水库的边界条件,明流段冲刷或敞泄排沙主要按下面公式计算。

方法一:

$$G = \psi \frac{Q^{1.6} J^{1.2}}{B^{0.6}} \times 10^3 \tag{A-1}$$

式中:G 为输沙率,kg/m³;Q 为流量,m³/s;J 为水面比降;B 为河宽,m;ψ 为系数,依据河床质抗冲性的不同取不同的系数,$\psi = 650$ 代表河床质抗冲性能最小,$\psi = 300$ 代表中等抗冲性能的情况,$\psi = 180$ 代表抗冲性能最大的情况。

方法二:采用韩其为方法计算:

$$J = J_2 \left[1 + \frac{Z_0}{2} \sqrt{\frac{\gamma'_s}{q S_0 J_2 t}} \right] \tag{A-2}$$

$$\frac{J}{J_2} = 1 + \left[\frac{4 q S_0 J_2 t}{\gamma'_s Z_0^2} + \frac{J_2^2}{(J_1 - J_2)^2} \right]^{-\frac{1}{2}} \tag{A-3}$$

$$W = \frac{BZ_0^2}{2} \frac{1}{J - J_2} \qquad (A\text{-}4)$$

$$W = \frac{BZ_0^2}{2} \frac{J_1 - J}{(J - J_2)(J_1 - J_2)} \qquad (A\text{-}5)$$

式中:J 为溯源冲刷过程中溯源冲刷段河床比降;J_1 为冲刷前坝前漏斗坡降;J_2 为冲刷前淤积纵剖面比降;Z_0 为侵蚀基面降落值,即坝前水位至淤积面高程的高差;q 为单宽流量;S_0 为进库含沙量;t 为冲刷历时;γ_s' 为淤积物容重,根据实际情况取为 1.2 t/m^3;W 为以体积计的冲刷量,m^3。

其中,式(A-2)和式(A-4)为坝前不存在漏斗时溯源冲刷段比降和冲刷量的计算式,式(A-3)和式(A-5)为有坝前漏斗时溯源冲刷段比降和冲刷量的计算式。

A.3.1.2 明流壅水输沙计算

方法一:

三角洲顶点附近洲面的壅水明流输沙主要取决于水库蓄水体积以及进出库流量之间的对比关系,依据水库实测资料所建立的水库壅水排沙计算关系可以看出,随着蓄水体积的减小,出库流量的增大,明流壅水段的排沙比相应增大。

$$\eta = a\lg Z + b \qquad (A\text{-}6)$$

式中:η 为排沙比;Z 为壅水指标,$Z = \dfrac{VQ_入}{Q_出^2}$,V 为计算时段中蓄水体积,m^3;$a = -0.823\,2$;$b = 4.508\,7$。

方法二:

采用如下关系进行壅水输沙计算:

当 $\dfrac{\gamma'}{\gamma_s - \gamma'} \dfrac{Q_出}{V} \dfrac{1}{\omega_c} \leqslant 0.20$ 时,为壅水排沙,否则为敞泄排沙(冲刷)。若判断为壅水排

沙,则当 $\dfrac{\gamma'}{\gamma_s - \gamma'} \dfrac{Q_出}{V} \dfrac{1}{\omega_c} \geqslant 0.005\,2$ 时,排沙关系为

$$\eta = 0.505\lg\left(\frac{\gamma'}{\gamma_s - \gamma'} \frac{Q_出}{V} \frac{1}{\omega_c}\right) + 1.354 \qquad (A\text{-}7)$$

当 $\dfrac{\gamma'}{\gamma_s - \gamma'} \dfrac{Q_出}{V} \dfrac{1}{\omega_c} < 0.005\,2$ 时,排沙关系为

$$\eta = 0.1\lg\left(\frac{\gamma'}{\gamma_s - \gamma'} \frac{Q_出}{V} \frac{1}{\omega_c}\right) + 0.428\,4 \qquad (A\text{-}8)$$

式中:γ_s、γ' 为泥沙容重和浑水容重,t/m^3;$Q_出$ 为出库流量,m^3/s;V 为水库蓄水容积,m^3;ω_c 为泥沙群体沉速,m/s;η 为排沙比。

泥沙群体沉速按沙玉清公式 $\dfrac{\omega_c}{\omega} = \left(1 - \dfrac{S_V}{2\sqrt{d_{50}}}\right)^3$ 计算。

A.3.1.3 异重流潜入后的计算方法

异重流在库区内一旦满足潜入和持续运动的条件,其潜入后的输沙特性满足超饱和

输沙(即不平衡输沙)规律。异重流不平衡输沙在本质上与明流一致,其含沙量及级配的沿程变化仍可采用经小浪底水库实测资料率定后的韩其为明渠流不平衡输沙公式进行计算:

$$S_j = S_i \sum_{l=1}^{n} P_{4,l,i} \mathrm{e}^{\left(-\frac{\alpha \omega_l L}{q}\right)} \tag{A-9}$$

式中:S_i 为潜入断面含沙量;S_j 为出口断面含沙量;$P_{4,l,i}$ 为潜入断面级配百分数;α 为恢复饱和系数,与来水含沙量和床沙组成关系密切,小浪底水库实测资料率定数据为 0.15;l 为粒径组号;ω_l 为第 l 组粒径泥沙沉速;q 为单宽流量;L 为异重流运行距离。

出库泥沙级配采用附图 A-13、附图 A-14 回归出来的中、粗沙关系式计算,细沙出库沙量采用全沙出库减去中沙和粗沙沙量而得,出库分组沙含量由此计算。

A.3.1.4 分组泥沙出库输沙率计算关系

利用三门峡水库 1963～1981 年实测资料及盐锅峡 1964～1969 年实测资料(粒径计法颗粒分析),建立的粗沙($d > 0.05$ mm)、中沙($d = 0.025～0.05$ mm)、细沙($d < 0.025$ mm)分组泥沙出库输沙率关系式。

(1)粗沙($d > 0.05$ mm)出库输沙率。

当全沙排沙比$\left(\dfrac{Q_{s\text{出}}}{Q_{s\text{入}}}\right) \geqslant 1.0$ 时:

$$Q_{s\text{出粗}} = Q_{s\text{入粗}} \left(\frac{Q_{s\text{出}}}{Q_{s\text{入}}}\right)^{\frac{0.55}{P_{\text{入粗}}^{0.768}}}_{\text{全}} \tag{A-10}$$

当全沙排沙比$\left(\dfrac{Q_{s\text{出}}}{Q_{s\text{入}}}\right) < 1.0$ 时:

$$Q_{s\text{出粗}} = Q_{s\text{入粗}} \left(\frac{Q_{s\text{出}}}{Q_{s\text{入}}}\right)^{\frac{0.399}{P_{\text{入粗}}^{1.78}}}_{\text{全}} \tag{A-11}$$

(2)中沙($d = 0.025～0.05$ mm)出库输沙率。

当全沙排沙比$\left(\dfrac{Q_{s\text{出}}}{Q_{s\text{入}}}\right) \geqslant 1.0$ 时:

$$Q_{s\text{出中}} = Q_{s\text{入中}} \left(\frac{Q_{s\text{出}}}{Q_{s\text{入}}}\right)^{\frac{0.02}{P_{\text{入中}}^{3.071}}}_{\text{全}} \tag{A-12}$$

当全沙排沙比$\left(\dfrac{Q_{s\text{出}}}{Q_{s\text{入}}}\right) < 1.0$ 时:

$$Q_{s\text{出中}} = Q_{s\text{入中}} \left(\frac{Q_{s\text{出}}}{Q_{s\text{入}}}\right)^{\frac{0.0145}{P_{\text{入中}}^{3.435}}}_{\text{全}} \tag{A-13}$$

(3)细沙($d < 0.025$ mm)出库输沙率。

$$Q_{s\text{出细}} = Q_{s\text{出总}} - Q_{s\text{出粗}} - Q_{s\text{出中}} \tag{A-14}$$

A.3.1.5 2010 年汛前调水调沙期间排沙过程分析及验证计算

2004～2010 年,基于干流水库群联合调度、人工异重流塑造已经进行了 6 次,排沙情况详见附表 A-28。

年份	时段（月-日）	历时（d）	入库平均流量（m³/s）	入库平均含沙量（kg/m³）	出库沙量（亿 t）		排沙比（%）
					三门峡	小浪底	
2004	07-07～07-14	8	689.675	54.42	0.385	0.055	14.29
2005	06-27～07-02	6	776.917	95.833	0.452	0.020	4.42
2006	06-25～06-29	5	1 254.52	58.808	0.230	0.069	30.00
2007	06-26～07-02	7	1 568.71	50.271	0.613	0.234	38.17
2008	06-27～07-03	6	1 324.00	71.175	0.741	0.458	61.81
2009	06-30～07-03	4	1 062.75	122.825	0.545	0.036	6.61
2010	07-04～07-07	4	1 635.75	72.12	0.408	0.559	137.01

　　从附表 A-28 可以看出,2004～2010 年汛前调水调沙期间,三门峡水库共排沙 3.374 亿 m³,小浪底出库沙量共 1.431 亿 m³,平均排沙比 42.4%。但汛前异重流排沙比相差很大,尤其是 2010 年高达 137.01%。

　　对 2010 年排沙比较大的原因进行深入分析,进一步深入了解入库水沙在小浪底水库的运行情况,加强认识,率定公式计算中参数,为下一步单项指标调控方案计算及风险分析服务。

　　1. 进出库水沙分析

　　2010 年 6 月 19 日 8 时,调水调沙开始(见附图 A-23、附图 A-24),三门峡水库 7 月 3 日 18 时 36 分开始加大泄量,4 日 16 时最大出库流量 5 300 m³/s,7 月 4 日 19 时三门峡水库开始排沙,7 月 5 日 1 时最大出库含沙量 591 kg/m³。

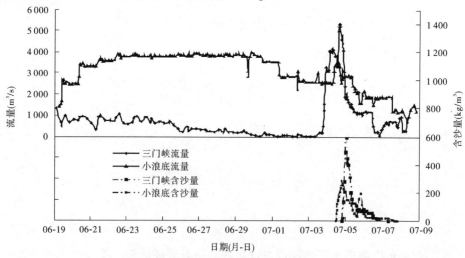

附图 A-23　小浪底水库进出库水沙过程

　　6 月 19 日 8 时小浪底水库水位 250.61 m,蓄量 48.48 亿 m³,调水调沙开始后水库水位持续下降,7 月 4 日 8 时降至 218.29 m,水库出库站小浪底水文站 6 月 26 日 9 时 57 分

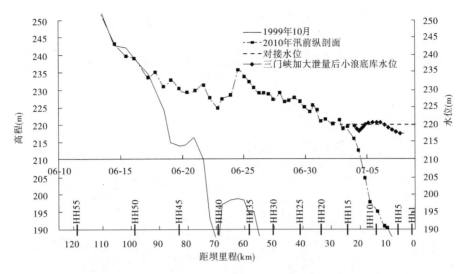

附图 A-24   2010 年汛前纵剖面及异重流塑造期间库水位

最大流量为 3 930 m^3/s。7 月 4 日 12 时 5 分开始排沙出库,含沙量 1.09 kg/m^3,7 月 4 日 19 时 12 分最大含沙量达 288 kg/m^3。7 月 8 日 0 时小浪底水库调水调沙过程结束,此时水位 217.64 m,蓄量 9.00 亿 m^3,较调水调沙期前减少 39.48 亿 m^3。

在整个异重流期间小浪底入库沙量 0.408 亿 t,出库沙量 0.559 亿 t,排沙比 137.01%(见附表 A-29)。

附表 A-29   调水调沙期间小浪底水库进出库水沙统计

统计时段 (月-日 T 时:分)	入库水量 (亿 m^3)	入库沙量 (亿 t)	出库水量 (亿 m^3)	出库沙量	排沙比 (%)
06-19 ~ 07-07	12.114	0.408	51.71	0.559	137.01
07-04 ~ 07-07	5.653	0.408	7.62	0.559	137.01
07-03 T 18:36 ~ 07-05 T 12:29	—	0	—	0.404	—
07-05 T 12:29 ~ 07-08 T 08:00		0.408		0.155	38

附图 A-23 还表明,在三门峡水库排沙(7 月 4 日 19 时)之前,小浪底水库已经开始排沙(7 月 4 日 12 时 5 分),含沙量高达 288 kg/m^3(7 月 4 日 19 时 12 分),说明三门峡水库泄空时塑造的洪峰在小浪底水库发生强烈冲刷,冲刷的泥沙在小浪底水库形成异重流并排沙出库。

如果把三门峡水库加大泄量(7 月 3 日 18 时 36 分)到小浪底水库排沙(7 月 4 日 12 时 5 分)之间的时间作为传播时间(17.5 h),那么三门峡水库排沙之前塑造洪峰冲刷三角洲顶坡段形成的异重流出库沙量为 0.404 亿 t;而整个调水调沙期间小浪底水库排沙 0.559 亿 t,扣除前期冲刷三角洲出库沙量,三门峡水库排沙后形成的异重流出库沙量为 0.155 亿 t,排沙比为 38%(见附图 A-25、附表 A-29)。

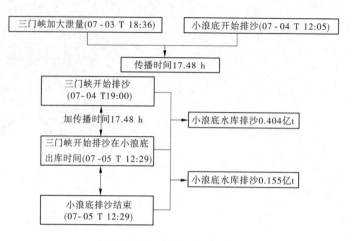

附图 A-25　传播时间示意图

2. 水库运用

6月19日8时调水调沙开始，小浪底水库库水位为250.69 m，库容48.62亿 m³，至7月3日18时36分，塑造异重流开始时(7月8日0时)小浪底水库坝上水位为217.55 m，库容为8.95亿 m³。调水调沙期间小浪底水库库水位变化过程见附图 A-26。

3. 小浪底水库排沙出现2个沙峰原因分析

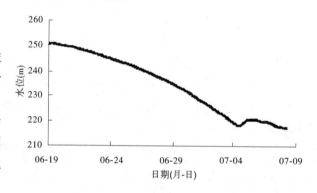

附图 A-26　调水调沙期间小浪底水库库水位过程线

在附图 A-23 中发现，小浪底水库排沙过程中，出现2个沙峰，分别为7月4日19时12分、7月5日20时，相应含沙量为288 kg/m³、195 kg/m³。把进出库流量、输沙率及库水位点绘到附图 A-27 上，分析认为，三门峡水库下泄清水冲刷三角洲及三门峡水库排沙以及水库的运用是造成小浪底水库出现2个沙峰的主要原因。

1)入库水沙的影响

三门峡水库加大泄量(7月3日18时36分)到排沙(7月4日19时)，历时约23.5 h，洪峰流量为5 300 m³/s(7月4日16时)，平均流量为3 938 m³/s，此时为清水冲刷小浪底水库所形成异重流排沙出库，产生第一个沙峰(7月4日19时12分)。

从三门峡开始排沙至三门峡水库开始蓄水，历时51 h，平均流量为1 207 m³/s，平均含沙量为184.1 kg/m³；三门峡沙峰出现时间为7月5日1时，如果加上前面分析的传播时间17.45 h，三门峡沙峰在小浪底出库时间应该为7月5日18时27分，实测资料表明，小浪底第二个沙峰出现的时间为7月5日20时，时间相差约1.5 h，这与三门峡出库流量减小，而导致传播时间增大有关；小流量冲刷三角洲及三门峡水库的排沙沙峰形成了小浪底水库排沙的第二个沙峰。

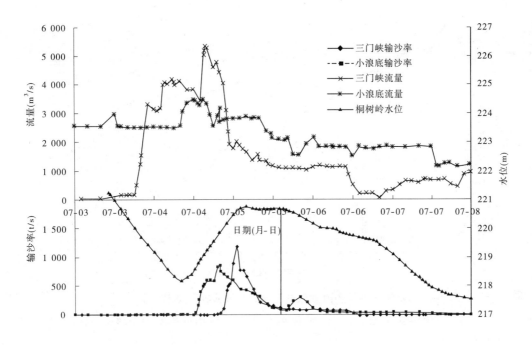

附图 A-27　调水调沙期间小浪底水库运用过程

2）水库运用的影响

从三门峡水库加大泄量开始,小浪底水库库水位从 220 m 逐步下降,至 7 月 4 日 8 时,水位降至 218.16 m,之后随着入库水量大于出库水量,水位开始回升,到 7 月 5 日 2 时,水位回升到 220.7 m。这段时间内,由于库水位低于或接近三角洲顶点,在三角洲顶坡段发生沿程冲刷及溯源冲刷,冲刷力度大,冲刷的泥沙形成异重流排沙出库,形成第一个沙峰。

7 月 5 日 2~16 时,在这 14 h 的时间内,库水位一直维持在 220.6~220.7 m(高于对接水位),这段时间内由于库水位高于三角洲顶点,溯源冲刷力度减小,冲刷的泥沙数量减少;同时由于水位较高,在三角洲顶点附近发生部分壅水,冲刷的泥沙及三门峡水库排出的泥沙会在三角洲顶点附近临时少量淤积,因此这段时间内小浪底出库沙量会减少,这主要是由库水位抬高所致。

从 7 月 5 日 16 时,库水位开始下降,由于前阶段刚刚淤积在床面的淤积物可动性强,甚至处于"浮泥"状态,随着小浪底水位的逐步下降而产生大幅度冲刷或流动,进而使得水流含沙量大幅度提高;结合前面的分析,库水位的再次下降、前期淤积物的又一次起动及三门峡的沙峰的到达形成是小浪底水库排沙形成第二个沙峰的主要原因。

4. 验证计算

2010 年汛前淤积三角洲顶点位于距坝 24.43 km 的 HH15 断面,顶点高程 219.61 m,三角洲顶坡段比降为 4.2‰,前坡段比降为 30.5‰(见附图 A-28);入库水沙过程、库水位均采用实测值(见附图 A-23、附图 A-26)。

采用式(A-1)及式(A-9)分别进行了溯源冲刷及异重流排沙验证计算,验证结果见

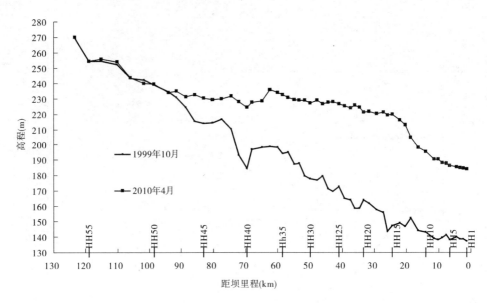

附图 A-28　2010 年汛前三角洲淤积纵剖面(深泓点)

附表 A-30。从出库沙量上看,入库沙量 0.408 亿 t,计算出库沙量 0.524 亿 t,实测出库沙量 0.559 亿 t。

附表 A-30　验证试验计算结果

三门峡时间 (年-月-日 T 时:分)	入库沙量 (亿 t)	计算三角 洲冲刷量 (亿 t)	计算出库 沙量(亿 t)	计算 排沙比(%)	实测出库 沙量(亿 t)	实测 排沙比 (%)
2010-07-03T18:36 ~ 07-06T22:00	0.408	0.569	0.524	128.55	0.559	137.01

分析认为,上述小浪底出库沙量的计算方法可用于小浪底水库风险调控方案的计算,用以粗略估计风险调控不同方案下的出库沙量。

A.3.2　小浪底水库水文学数学模型及关键问题处理与验证

A.3.2.1　调洪演算计算方法

如果入库洪水的流量大于水库当前水位的泄流能力,就可能引起滞洪,需要进行水库调洪演算。水库调洪演算的目的是推求出库流量过程和最高库水位。演算的依据是水量平衡方程和库容流量关系,其中库容流量关系由水库泄流曲线和库容曲线合并完成,可表达为

$$q = g(V)$$

水量平衡方程在时段不长或要求精度不高时,常忽略下渗水量和蒸发量,将其简化为

$$\frac{1}{2}(Q_1 + Q_2)\Delta t - \frac{1}{2}(q_1 + q_2)\Delta t = \Delta V$$

式中:V 为库容;Q、q 分别为进、出库流量;ΔV 为在时段 Δt 内库容的增加量;脚标 1、2 表

示时段起、讫的瞬时值,时段内的平均值按线性变化考虑。

已知某一时段初水库库容 V_1,时段起、讫入库流量为 Q_1、Q_2,时段初出库流量为 q_1,时段末出库流量待求,假设为 q_2,据此可得时段内库容增量为

$$\Delta V = \frac{1}{2}(Q_1 + Q_2)\Delta t - \frac{1}{2}(q_1 + q_2)\Delta t$$

时段末水库库容为

$$V_2 = V_1 + \Delta V \tag{A-15}$$

出库瞬时流量是水位的函数,即

$$q = q(Z)$$

而水位又是库容的函数,即库容曲线

$$Z = Z(V)$$

从而泄流能力是库容的函数,表示为

$$q = g(V)$$

即水库的泄流能力可以通过查库容曲线和水库泄流能力曲线而得到,这样由式(A-15)计算的库容就对应着一个泄流能力,把它记为 q_2',有

$$q_2' = g(V_2)$$

在水库一定,来水流量过程一定的情况下,对于某一时段而言,q_2' 不同的原因是 q_2 假定不同的值,从数学上讲 q_2 是 q_2' 的函数,而 q_2' 只有和 q_2 相等时,才说明 q_2 假定的是正确的,于是构造一个函数:

$$f(q_2) = q_2' - q_2 \tag{A-16}$$

$f(q_2)$ 是 q_2 的单值函数而且是个隐函数,可以证明函数 $f(q_2)$ 是 q_2 的单调函数,将库容曲线表达为

$$Z = aV^b + Z_0$$

式中:Z_0 为坝址处最低点工程;Z 为库容 V 对应的水位;a 和 b 取决于具体水库的地形或库区的糙率(若考虑动库容时),显然 $a>0$,$b>0$。

根据水力学知识,水库泄流曲线可表达为

$$q = c(Z - Z_s)^d \quad (c > 0, d > 0)$$

式中:q 为水位 Z 对应的出库流量;Z_s 为泄流设施的高程;c 为系数,取决于泄流建筑物的形式、形状和尺寸,是流量模数等的综合反映;d 为水头的指数,取决于泄流建筑物的类型,例如宽顶堰为 $\frac{3}{2}$,闸孔出流为 $\frac{1}{2}$。

对于给定的泄流建筑物,c 和 d 都是常数。

若假定的出库流量为 q_2,则时段末库容变为

$$V_2 = V_1 + \frac{1}{2}(Q_1 + Q_2)\Delta t - \frac{1}{2}(q_1 + q_2)\Delta t \tag{A-17}$$

时段末水位

$$Z_2 = aV_2^b + Z_0 \tag{A-18}$$

据此计算的时段末水位 Z_2 对应的泄流能力为

$$q_2' = c(Z_2 - Z_s)^d$$

代入式(A-16)中得

$$f(q_2) = c(Z_2 - Z_s)^d - q_2 \tag{A-19}$$

把式(A-19)对 q_2 微分:

$$\frac{\mathrm{d}f(q_2)}{\mathrm{d}q_2} = cd(Z_2 - Z_s)^{d-1} \cdot \frac{\mathrm{d}Z_2}{\mathrm{d}q_2} - 1$$

注意到上式中 Z_2 是 V_2 的函数, V_2 又是 q_2 的函数,所以 Z_2 是 q_2 的二重复合函数:

$$\frac{\mathrm{d}Z_2}{\mathrm{d}q_2} = \frac{\mathrm{d}Z_2}{\mathrm{d}V_2} \cdot \frac{\mathrm{d}V_2}{\mathrm{d}q_2}$$

并根据式(A-18)和式(A-17)得

$$\frac{\mathrm{d}Z_2}{\mathrm{d}V_2} = abV_2^{b-1}$$

$$\frac{\mathrm{d}V_2}{\mathrm{d}q_2} = -\frac{1}{2}\Delta t$$

故

$$\frac{\mathrm{d}Z_2}{\mathrm{d}V_2} \cdot \frac{\mathrm{d}V_2}{\mathrm{d}q_2} = -\frac{1}{2}abV_2^{b-1}\Delta t$$

把上式代入式(A-19)后得

$$\frac{\mathrm{d}f(q_2)}{\mathrm{d}q_2} = -\frac{1}{2}abcdV_2^{b-1}\Delta t(Z_2 - Z_s)^{d-1} - 1$$

上式中 $Z_2 - Z_s$ 表示水头,相当于溢洪道上游附近溢洪道底坎以上的水深, $Z_2 - Z_s > 0$, $a > 0$, $c > 0$, $d > 0$, $\Delta t > 0$,所以 $\frac{\mathrm{d}f(q_2)}{\mathrm{d}f_2} < 0$,从而证明了这样的结论:对于某一给定的计算时段,函数 $f(q_2)$ 是 q_2 的单值单调函数。

假设小浪底水库起始运用水位为 210 m,库容曲线采用 2010 年汛前的库容曲线,水库泄流曲线根据《2010 年黄河中下游洪水调度方案》中的数据,入库洪水过程为 1933 年型 5 年一遇洪水,采用本书提出的计算方法计算出库流量过程及其相应的库水位变化过程。当出库洪峰流量出现时,进出库流量相等,并出现最高滞洪水位 218.69 m。由于小浪底水库库容巨大,经过水库滞洪,入库洪峰流量由 12 663 m³/s 大幅度削减为出库的 6 883 m³/s,削峰率达 46%(见附图 A-29)。

A.3.2.2 异重流排沙计算方法

在水库蓄水体很大的时候,如果:①三门峡水库出库的含沙量及流量足够大;②三门峡水库出库流量大,含水量低,但库区明流段发生冲刷,产生足够高输沙率,就可能会形成运行到坝前的异重流,所形成的异重流会部分排沙出库。在上述两种情况中,后者属于冲刷型异重流。

异重流能否运行到坝前,取决于两类因素的对比关系:第一类因素是促使异重流运动的因素,包括来水来沙条件中输沙率的大小、库区比降;第二类因素是阻碍异重流运行到坝前的因素,主要是异重流在流动到坝前所需要克服的全部阻力。如果第一类因素的作用大于第二类因素,则异重流可运行到坝前;如果第一类因素的作用小于第二类因素,则

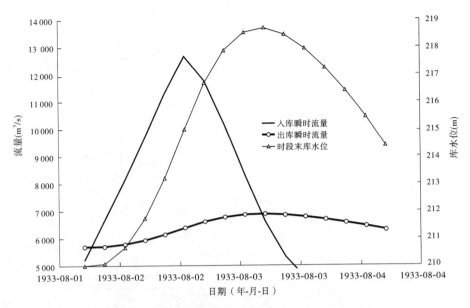

附图 A-29　小浪底水库调洪演算进出库流量、库水位过程线

异重流将中途消失;如果上述两类因素的作用相当,则异重流刚好运行到坝前,即临界情况。因此,建立两类因素之间的关系,即可根据水库在当时的条件下,判断异重流能否运行到坝前。

第一类因素中来水来沙因子,可以用输沙率(全沙或 $d < 0.01$ mm 的极细沙)的大小,第二类因素可以用异重流运行的流路的长度来反映,而异重流流路的长度几乎完全取决于水库的蓄水量,因此我们用水库蓄水量的多少来反映第二类因素。

实际上来水来沙的级配对异重流的运行影响是明显的。为此,我们仍然用小浪底水库异重流运行到坝前的临界资料文献,分别点绘上游站全沙输沙率、$d < 0.01$ mm 的极细沙输沙率和水库库容的关系(见附图 A-30),从图中看到,全沙输沙率有随着水库蓄水量增多而增大的趋势,但二者关系散乱,而 $d < 0.01$ mm 的极细颗粒泥沙的输沙率和水库库容的关系很好,相关系数高达 0.982 4,即临界情况下上游站的极细颗粒泥沙输沙率和水库蓄水量具有如下关系:

$$Q'_s = 0.000\ 02V^3 + 0.000\ 4V^2 + 0.094\ 2V$$

式中:V 为水库蓄水量,亿 m³;Q'_s 为 $d < 0.01$ mm 的极细颗粒泥沙输沙率,t/s。

为简单起见,也可以用如下关系式代替上式:

$$Q'_s = 0.25V - 3.23$$

在建立了临界条件下输沙率和水库蓄水量的关系后,已知水库蓄水量和来沙中 $d < 0.01$ mm 的极细颗粒泥沙输沙率,将其点绘于附图 A-30,就可判断其是否能够运行到坝前:如果点据在关系线的左上方,表明能够运行到坝前;如果点据在关系线的右侧,表明异重流将中途消失;而如果点据在关系线附近,意味着异重流刚好运行到坝前。

异重流在库区内一旦满足潜入和持续运动的条件,其潜入后的输沙特性满足超饱和输沙(即不平衡输沙)规律。异重流不平衡输沙在本质上与明流一致,其含沙量及级配的沿程变化仍可采用明渠流不平衡输沙公式进行计算(A.3.1 部分中式(A-9))。

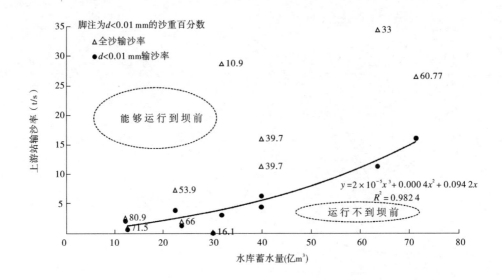

脚注为$d<0.01$ mm的沙重百分数
△ 全沙输沙率
● $d<0.01$ mm输沙率

能够运行到坝前

运行不到坝前

$y = 2 \times 10^{-5}x^3 + 0.000\,4x^2 + 0.094\,2x$
$R^2 = 0.982\,4$

附图 A-30　临界条件下水库库容和潜入点上游输沙率的关系

A.3.2.3　壅水明流排沙计算方法

当水库的蓄水体较大时,水库的排沙比按壅水明流排沙考虑,水库的排沙比按 A.3.1 部分中式(A-6)计算。

当全沙排沙比计算后,根据 A.3.1.4 中表述的计算方法,计算分组沙的排沙比。

A.3.2.4　发电量计算

水电站发电机组的发电量取决于发电水头、过机流量以及发电系统的效率系数。小浪底水库发电量的计算公式为

$$P = 8.2QH$$

式中:P 为功率,kWh;Q 为过机流量,m^3/s;H 为发电水头,m,为水库坝前水位和水库尾水位的差值,而尾水位由出库流量在尾水位曲线上查得。

上式为 1 h 的发电量,如果要计算 1 d 的发电量,将计算结果再乘以 24,单位仍为 kWh。

小浪底水电站每台机组的发电流量为 300 m^3/s,考虑有 1 台备用机组,投入发电的机组最多不超过 5 台;电站机组最低发电水位为 210 m,因此当坝前水位低于 210 m 时,不计算发电量;当过机含沙量大于 200 m^3/s 时,暂停发电,避开沙峰。

A.3.2.5　库区溯源冲刷计算方法与模式

很多学者都针对库区溯源冲刷做过研究,水库溯源冲刷计算的方法和公式很多,但由于实际情况非常复杂,大部分公式很难使用。经多方分析比较选用 A.3.1 中表述的式(A-1)计算。

在水位缓慢下降的过程中,库区纵剖面的变化如图 A-31(a)所示;当库区水位不变时,纵剖面变化如图 A-31(b)所示。而冲刷横断面概化为如图 A-32 所示的梯形断面,根据王瑶水库、衡山水库、巴家嘴水库以及三门峡水库的泄空冲刷资料,梯形断面的边坡系数取 6～10,在进行小浪底水库溯源冲刷计算的时候,m 值取 8。

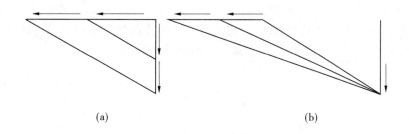

(a)   (b)

附图 A-31   溯源冲刷纵剖面变化示意图

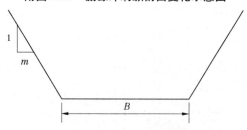

附图 A-32   溯源冲刷横断面变化示意图

A.3.2.6   模型验证

2010 年 6 月 17 日至 7 月 10 日,小浪底水库入库水、沙量分别为 15.13 亿 m³ 和 0.41 亿 t,同期小浪底水文站的水、沙分别为 56.04 亿 m³ 和 0.56 亿 t,库区蓄水量减少 40.91 亿 m³,库水位由 250.64 m 降至 214.70 m;这期间库区冲刷 0.15 亿 t,水库排沙比 137.01%(见附图 A-33)。

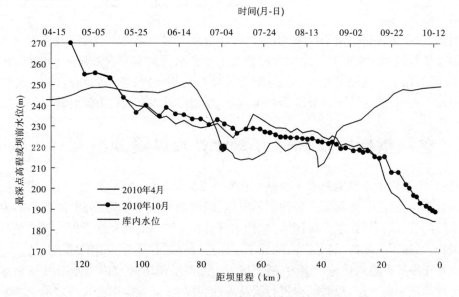

附图 A-33   库区纵剖面及库水位变化过程

在三角洲顶点出露后,适逢三门峡水库泄放 4 000 m³/s 的大流量过程(见附表 A-31),三角洲顶坡段发生强烈溯源冲刷,形成的持续约 1 d 的高含沙水流潜入蓄水体,形成异重流。当时库内蓄水量不到 10 亿 m³,异重流在运行过程中由于流速小,运行到坝前时,演变为长约 2 d 的异重流,演进过程中在淤积部分中粗沙后,被排沙出库。

附表 A-31　异重流排沙期间相关因素统计

时间 (年-月-日 T 时:分)	坝前水位 (m)	蓄水量 (亿 m³)	三角洲顶点高程 (m)	三门峡流量 (亿 m³)
2010-07-01T08:00	228.01	15.96	220.1	37.5
2010-07-02T08:00	224.91	13.54		35.5
2010-07-03T08:00	221.69	11.33		35
2010-07-03T16:00	220.48	10.58		161
2010-07-03T18:00	220.15	10.39		163
2010-07-03T20:00	219.82	10.20		1 550
2010-07-04T00:00	219.11	10.20		3 140
2010-07-04T02:00	218.85	9.65		3 170
2010-07-04T04:00	218.55	9.49		4 020
2010-07-04T06:00	218.30	9.35		4 090
2010-07-04T08:00	218.29	9.34		4 120
2010-07-04T10:00	218.40	9.40		3 820
2010-07-04T12:00	218.69	9.56		3 820

附图 A-34 为包括小浪底出库流量过程、小浪底水文站实测含沙量以及小浪底的计算出库的含沙量过程。模型计算出库含沙量比小浪底水文站实测含沙量大,计算出库沙量为 0.64 亿 t,略大于实测的 0.56 亿 t。对计算结果初步分析,考虑到测验误差、含沙量会沿程降低等因素,认为验证计算结果基本可靠,模型可以用来进行方案计算。

A.4　单项指标风险调控方案计算及风险分析

目前,小浪底水库汛期蓄水水位基本稳定在 220～225 m(汛限水位),即使在相对较高含沙量洪水条件下,为保障下游河道不断流,同时提高供水保障率,水位也基本维持在汛限水位附近,从而导致了大量泥沙,包括本可以在下游河道顺利输送的大量中细沙在库区的淤积,加速了水库的淤积速度,降低了水库拦沙及其对下游河道的减淤效益。

立足于发挥下游河道输沙潜力、减少库区中细沙淤积比例,如果能够在中常洪水期较大幅度地降低坝前水位,短时间内进行明流排沙,并尽可能把前期淤积在坝前 40 km 范围内的细沙冲刷出库,虽然可能导致短时段发电、灌溉效益的损失,但对小浪底水库库容的长期维持、长期发挥水库的综合效益将十分有利。

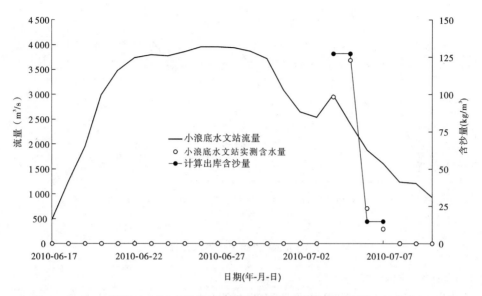

附图 A-34　小浪底站流量和计算出库含沙量过程线

A.4.1　不同运用水位下风险调控计算条件及组次

A.4.1.1　典型洪水过程的选取

1."96·8"洪水过程

选择中下游同时来水的 1996 年 8 月 1～16 日三门峡水沙作为小浪底水库入库水沙(见附图 A-35),该洪水过程时段平均流量为 2 351 m³/s,最大日均流量为 4 220 m³/s,平均含沙量为 146.28 kg/m³,最大日均含沙量为 277 kg/m³,总水量为 32.50 亿 m³,总沙量为 4.755 亿 t。

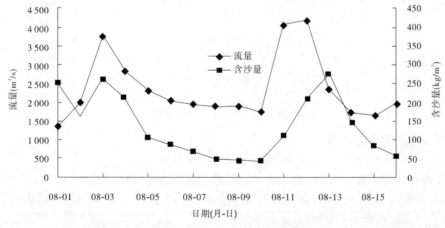

附图 A-35　"96·8"洪水过程

2."88·8"洪水过程

中游高含沙为主的 1988 年 8 月 5～25 日洪水(见附图 A-36),其平均流量为 3 427 m³/s,最大日均流量为 5 050 m³/s,平均含沙量为 132.04 kg/m³,最大日均含沙量为 341.74 kg/m³,总水量为 62.17 亿 m³,总沙量为 8.209 亿 t。

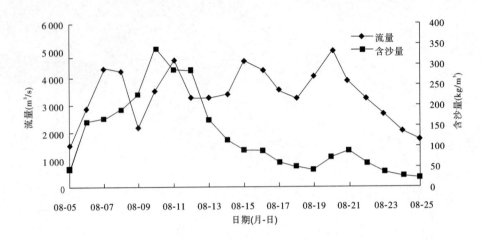

附图 A-36 "88·8"洪水过程

3. "82·8"洪水过程

下游为主的较大洪水 1982 年 7 月 31 日至 8 月 9 日三门峡水沙作为小浪底水库入库水沙(见附图 A-37),该洪水过程时段平均流量为 2 883 m³/s,最大日均流量为 4 610 m³/s,平均含沙量为 75.93 kg/m³,最大日均含沙量为 113.59 kg/m³,总水量为 24.91 亿 m³,总沙量为 1.891 亿 t。

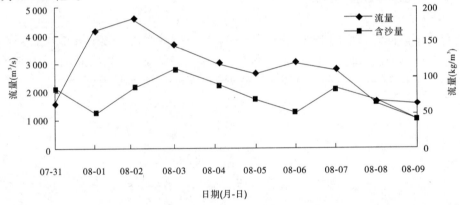

附图 A-37 "82·8"洪水过程

A.4.1.2 地形条件的选取

选取了三种地形条件作为风险调控计算的边界条件:

(1)现状地形条件,即 2009 年汛前(小浪底库区淤积量 23.93 亿 m³)。小浪底库区淤积纵剖面见附图 A-38,淤积三角洲顶点位于距坝 24.43 km 的 HH15 断面,顶点高程约为 219.16 m。三角洲洲面比降约为 3.2‰。

(2)小浪底库区淤积量约 32 亿 m³。根据三角洲顶坡段比降推算,当小浪底库区淤积量约 32 亿 m³ 时,小浪底水库三角洲顶点刚刚推进到坝前,即由三角洲淤积转变为锥体淤积。此时,坝前淤积面约为 210 m(见附图 A-39)。

(3)小浪底水库锥体淤积形态发展到淤积量约 42 亿 m³,坝前淤积面高程约为 220 m,按照小浪底水库拦沙后期研究推荐方案,此时小浪底水库转入相机降水冲刷阶段。

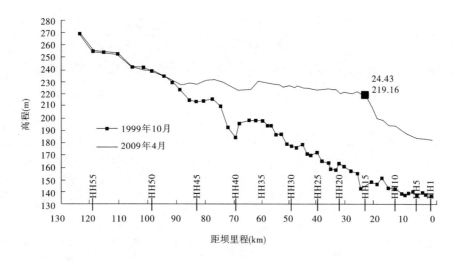

附图 A-38　小浪底库区干流纵剖面(深泓点)

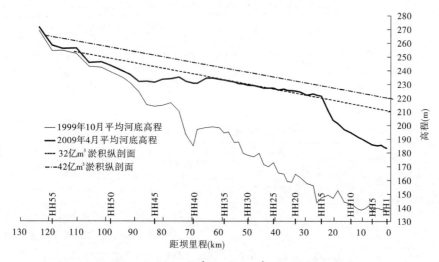

附图 A-39　32 亿 m³ 和 42 亿 m³ 淤积体示意图

A.4.1.3　水库调度方式

按小浪底水库进出库平衡,库水位分别按 225 m、220 m、215 m、210 m 及 205 m 考虑,分别计算不同调度方式下水库的排沙量及排沙比。

A.4.2　现状地形条件不同水位下风险调控方案计算及风险分析

A.4.2.1　现状地形下方案组合

在 2009 年汛前地形条件下,根据不同的典型洪水、水库调度方式,组合成 15 种方案,其特征值见附表 A-32。

A.4.2.2　排沙计算

在上述方案设置的基础上,采用 A.3.1 节中式(A-1)、式(A-6)及式(A-9),根据水库的不同运用方式,分别进行了壅水输沙、溯源冲刷、异重流排沙等计算,并利用附图 A-13 的结果进行了分组沙计算,计算结果见附表 A-33、附图 A-40~附图 A-43。

附表 A-32 风险调度方案及其特征值统计

洪水类型	时段（月-日）	历时（d）	入库流量（m³/s）平均	入库流量（m³/s）最大	入库含沙量（kg/m³）平均	入库含沙量（kg/m³）最大	入库水量（亿m³）	入库沙量（亿t）	控制水位（m）	组次（方案）
"96·8"	08-01～08-16	16	2 351	4 220	146.28	277	32.50	4.755	225	1（96·8/225）
									220	2（96·8/220）
									215	3（96·8/215）
									210	4（96·8/210）
									205	5（96·8/205）
"88·8"	08-05～25	21	3 427	5 050	132.04	341.74	62.17	8.209	225	6（88·8/225）
									220	7（88·8/220）
									215	8（88·8/215）
									210	9（88·8/210）
									205	10（88·8/205）
"82·8"	07-31～08-09	10	2 883	4 610	75.93	113.59	24.91	1.891	225	11（82·8/225）
									220	12（82·8/220）
									215	13（82·8/215）
									210	14（82·8/210）
									205	15（82·8/205）

附表 A-33 库区冲淤量计算成果

组次（方案）	洪水类型	入库沙量（亿t）	入库泥沙所占比例（%）细	入库泥沙所占比例（%）中	入库泥沙所占比例（%）粗	库水位（m）	出库沙量（亿t）	全沙排沙比（%）	出库泥沙所占比例（%）细	出库泥沙所占比例（%）中	出库泥沙所占比例（%）粗
1（96·8/225）						225	0.880	18.51	87.7	8.8	3.5
2（96·8/220）						220	1.314	27.63	86.4	9.8	3.8
3（96·8/215）	"96·8"	4.755	43.7	28.3	28.0	215	3.179	66.86	80.0	13.0	7.0
4（96·8/210）						210	4.041	84.98	77.0	14.4	8.6
5（96·8/205）						205	4.920	103.47	73.9	15.8	10.3
6（88·8/225）						225	2.672	32.55	87.9	9.4	2.7
7（88·8/220）						220	3.403	41.45	86.7	10.1	3.2
8（88·8/215）	"88·8"	8.209	55.3	26.2	18.5	215	5.546	67.56	83.3	12.1	4.6
9（88·8/210）						210	6.692	81.52	81.5	13.0	5.5
10（88·8/205）						205	7.852	95.65	79.7	14.0	6.3
11（82·8/225）						225	0.592	31.31	88.6	8.7	2.7
12（82·8/220）						220	0.809	42.78	87.3	9.5	3.2
13（82·8/215）	"82·8"	1.891	57.2	24.3	18.5	215	1.412	74.67	83.3	11.7	5.0
14（82·8/210）						210	1.896	100.26	80.1	13.3	6.6
15（82·8/205）						205	2.375	125.59	76.9	15.0	8.1

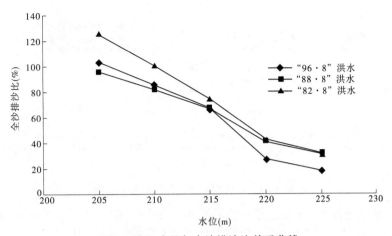

附图 A-40　水位与全沙排沙比关系曲线

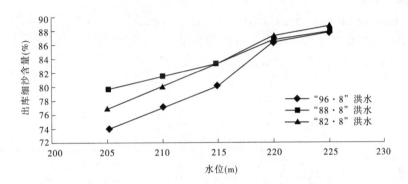

附图 A-41　出库细沙含量与水位关系曲线

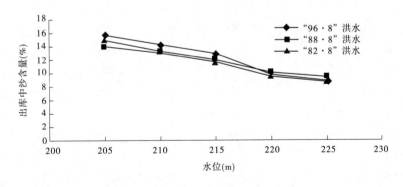

附图 A-42　出库中沙含量与水位关系曲线

在现状地形条件下,中下游同时来水的"96·8"、以中游高含沙为主的"88·8"和以下游来水为主的"82·8"这三种典型洪水过程作为入库水沙计算时,得到如下几点认识:

(1)随着库水位的降低,排沙比增大,尤其当库水位低于三角洲顶点时,排沙比明显增大。

(2)出库泥沙含量随着库水位的降低而减小,中、粗沙随着库水位的降低而增大。

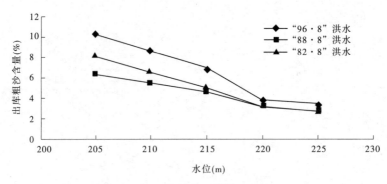

附图 A-43　出库粗沙含量与水位关系曲线

（3）对于高含沙洪水期间，应尽可能降低库水位排沙，即使降到 205 m，出库细沙含量仍为 70% 以上，可以减少水库淤积，达到多排细沙的目的。

A.4.2.3　风险分析

黄河小浪底水利枢纽是一座以防洪（包括防凌）、减淤为主，兼顾供水、灌溉、发电，除害兴利、综合利用的枢纽工程。水库在拦沙期运用过程中如果遭遇洪水过程，水库排出的泥沙在下游不造成淤积或少淤，是水库预期的目标。

随着库水位的降低，水库淤积量的减少，出库含沙量的增大，当含沙量达到 200 kg/m³ 以上时，受含沙量的影响，水轮机不能正常工作，对发电造成损失，采用 A.3.2.4 部分中的方法计算发电量。附表 A-34 列出了不同运用水位下水库的淤积量和发电量。

附表 A-34　不同运用水位下风险分析

组次（方案）	洪水类型	入库沙量（亿 t）	水位（m）	出库沙量（亿 t）	冲淤量（亿 t）	发电量（亿 kWh）
1（96·8/225）			225	0.880	3.875	4.122
2（96·8/220）			220	1.314	3.441	3.888
3（96·8/215）	"96·8"	4.755	215	3.179	1.576	3.220
4（96·8/210）			210	4.041	0.714	3.014
5（96·8/205）			205	4.920	-0.165	2.206
6（88·8/225）			225	2.672	5.537	5.398
7（88·8/220）			220	3.403	4.806	5.088
8（88·8/215）	"88·8"	8.209	215	5.546	2.663	4.326
9（88·8/210）			210	6.692	1.517	3.619
10（88·8/205）			205	7.852	0.357	2.775
11（82·8/225）			225	0.592	1.299	2.583
12（82·8/220）			220	0.809	1.082	2.435
13（82·8/215）	"82·8"	1.891	215	1.412	0.479	2.288
14（82·8/210）			210	1.896	-0.005	2.140
15（82·8/205）			205	2.375	-0.484	1.790

如果以小浪底库区目前汛限水位225 m作为水库运用的参照,将其他几种水库运用方案同其对比,得到了附图A-44。从图中可以看到,随着库区运用水位的降低,库区冲刷量增大,减淤效果明显,但对发电造成一定损失。

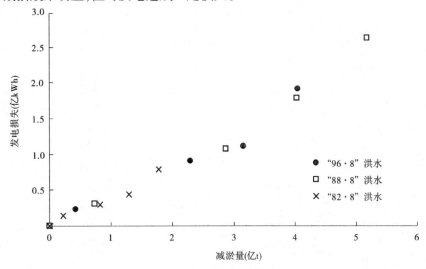

附图A-44　同225 m运用水位相比减淤量与发电损失关系

A.4.3　拦沙后期不同淤积形态下风险调控方案计算及风险分析

A.4.3.1　32亿m³方案计算结果分析

1. 壅水排沙计算结果分析

附图A-45是32亿m³方案时排沙比和蓄水量的关系,从中可以看出,排沙比随蓄水量减少而增大。在同一蓄水量下,流量和含沙量均最大的"88·8"洪水排沙比最大,流量较大;含沙量最小的"82·8"洪水排沙比次之,流量最小;含沙量较大的"96·8"洪水排沙比最小。当蓄水体积为3.17亿m³时,"88·8"洪水排沙比为49%,淤积量为4.258亿m³;"82·8"洪水排沙比为38%,淤积量为1.188亿m³;"96·8"洪水排沙比为29%,淤积量为3.406亿m³。各场洪水不同蓄水体积下冲淤量和排沙比见附表A-35。

附图A-46是32亿m³方案冲淤量与蓄水量关系,从中可以看出,随蓄水量减少,淤积量逐渐减少。同一蓄水量下来沙量最少的"82·8"洪水淤积量明显小于其他两场洪水,"88·8"洪水在蓄水量较大时淤积量最大,但由于其排沙比大,当蓄水量降低至一定程度时,淤积量反而低于其他两场洪水,当蓄水量在1.2亿m³以下时,淤积量低于"96·8"洪水,蓄水量在0.35亿m³时,淤积量低于"82·8"洪水。

附图A-47~附图A-49分别是三场洪水分组沙排沙比与蓄水量的关系,从中可以看出,随蓄水量的减少,各分组沙排沙比增大。细沙($d \leqslant 0.025$ mm)排沙比最大,中沙次之(0.025 mm $< d \leqslant 0.05$ mm),粗沙($d > 0.05$ mm)排沙比最小。在较大蓄水量变化范围内,细沙排沙比的增幅大于中沙和粗沙,但蓄水量低于一定值后,中沙和粗沙排沙比则迅速增

附表 A-35　32 亿 m³ 方案典型洪水冲淤量和排沙比

洪水类型	蓄水体积 （亿 m³）	入库沙量 （亿 t）	出库沙量 （亿 t）	冲淤量 （亿 t）	排沙比（%）
"96·8"	3.58	4.809	1.295	3.514	27
	3.17	4.809	1.403	3.406	29
	2.78	4.809	1.525	3.284	32
	2.41	4.809	1.662	3.146	35
	2.06	4.809	1.816	2.993	38
	1.70	4.809	2.006	2.803	42
	1.38	4.809	2.214	2.594	46
	1.08	4.809	2.470	2.339	51
	0.82	4.809	2.760	2.048	57
	0.58	4.809	3.126	1.683	65
	0.39	4.809	3.544	1.264	74
	0.23	4.809	4.101	0.708	85
	0.12	4.809	4.787	0.021	100
"82·8"	3.58	1.910	0.674	1.236	35
	3.17	1.910	0.722	1.188	38
	2.78	1.910	0.775	1.136	41
	2.41	1.910	0.831	1.079	44
	2.06	1.910	0.894	1.016	47
	1.70	1.910	0.970	0.940	51
	1.38	1.910	1.053	0.857	55
	1.08	1.910	1.151	0.759	60
	0.82	1.910	1.263	0.647	66
	0.58	1.910	1.408	0.502	74
	0.39	1.910	1.574	0.336	82
	0.23	1.910	1.795	0.115	94
"88·8"	3.58	8.280	3.810	4.471	46
	3.17	8.280	4.022	4.258	49
	2.78	8.280	4.252	4.028	51
	2.41	8.280	4.506	3.774	54
	2.06	8.280	4.790	3.490	58
	1.70	8.280	5.139	3.141	62
	1.38	8.280	5.518	2.762	67
	1.08	8.280	5.963	2.317	72
	0.82	8.280	6.463	1.817	78
	0.58	8.280	7.092	1.188	86
	0.39	8.280	7.813	0.468	94

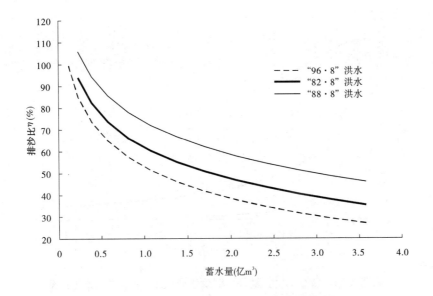

附图 A-45　32 亿 m³ 方案排沙比与蓄水量关系

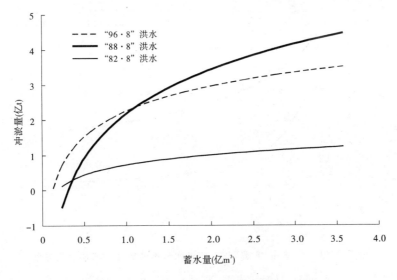

附图 A-46　32 亿 m³ 方案冲淤量与蓄水量关系

大,增幅明显大于细沙。当"96·8"洪水中蓄水量在 1 亿 m³ 以上时,细沙排沙比增幅大于中、粗沙,当蓄水量低至 1 亿 m³ 以下时,中沙和粗沙排沙比明显大于细沙,且增幅越来越大。对于"96·8"洪水和"82·8"洪水,当蓄水量在 0.5 亿 m³ 时细沙排沙比可达100%和95%,中、粗沙排沙比分别为46%、19%和80%、20%,淤粗排细的效果较好,蓄水量继续减少,粗沙排沙比大幅增加。而对"88·8"洪水,当蓄水量在 1 亿 m³ 时,细沙排沙比约为94%,中沙排沙比约为67%,粗沙排沙比为22%,淤粗排细的效果较好,蓄水量继续减小,粗沙排沙比大幅增加。可见,对"88·8"型洪水实现较好的淤粗排细效果需要的蓄水量要大于"96·8"型和"82·8"型洪水需要的蓄水量。

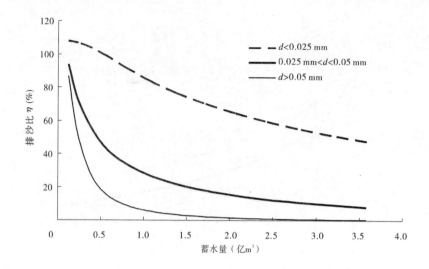

附图 A-47　32 亿 m³ 方案"96·8"洪水分组沙排沙比与蓄水量关系

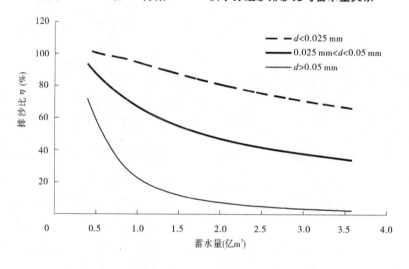

附图 A-48　32 亿 m³ 方案"88·8"洪水分组沙排沙比与蓄水量关系

2. 敞泄排沙计算结果分析

附表 A-36 是各场洪水敞泄排沙效果表。显然,敞泄排沙比均大于 100%,且 205 m 水位下排沙比大于 210 m 水位排沙比,冲刷量较大。同一水位下"82·8"洪水排沙比最大,"88·8"洪水排沙比次之,"96·8"洪水排沙比最小。但从冲刷量来看,210 m 水位下三场洪水冲刷量分别为 0.754 亿 t、2.008 亿 t 和 2.19 亿 t,205 m 水位下三场洪水冲刷量分别为 1.332 亿 t、3.950 亿 t 和 4.600 亿 t,其中"88·8"洪水冲刷量最大,"82·8"洪水冲刷量次之,"96·8"洪水冲刷量最小。总的来看,"82·8"型洪水历时短,流量较大,含沙量低,冲淤效率高,具有较好的排沙效果;"88·8"型洪水历时长,流量和含沙量均最大,冲淤效率较大,排沙效果也较好;"96·8"型洪水历时较长,流量最小,含沙量较大,冲淤效率和排沙效果均也不如其他两场洪水。

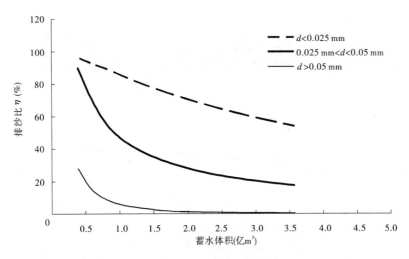

附图 A-49　32 亿 m³ 方案"82·8"洪水分组沙排沙比与蓄水量关系

附表 A-36　32 亿 m³ 方案敞泄排沙效果

洪水类型	坝前水位（m）	入库沙量（亿 t）	出库沙量（亿 t）	冲淤量（亿 t）	冲淤效率（kg/m³）	排沙比（%）
"96·8"	210	4.755	5.562	−0.754	−23	117
	205	4.755	6.141	−1.332	−41	129
"82·8"	210	1.891	3.918	−2.008	−81	207
	205	1.891	5.860	−3.950	−159	310
"88·8"	210	8.209	10.433	−2.190	−35	127
	205	8.209	12.843	−4.600	−74	156

A.4.3.2　42 亿 m³ 方案计算结果分析

忽略边界条件的影响，在相同蓄水量下 42 亿 m³ 方案和 32 亿 m³ 方案中壅水排沙关系基本相同，如附图 A-50 ~ 附图 A-54、附表 A-37 所示。因此，本部分对 42 亿 m³ 方案壅水排沙效果不再赘述，只对敞泄效果作分析。

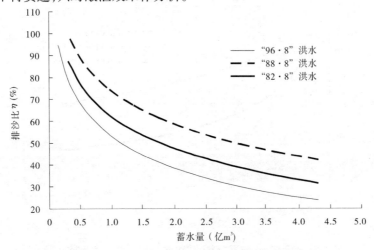

附图 A-50　42 亿 m³ 方案排沙比与蓄水量关系

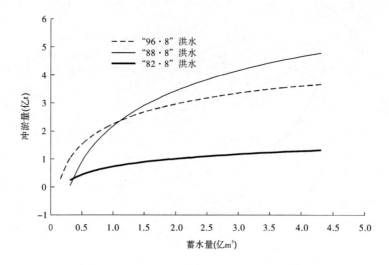

附图 A-51　42 亿 m³ 方案冲淤量与蓄水量关系

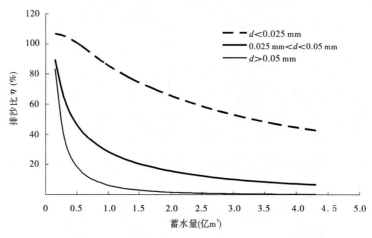

附图 A-52　42 亿 m³ 方案"96·8"洪水分组沙排沙比与蓄水量关系

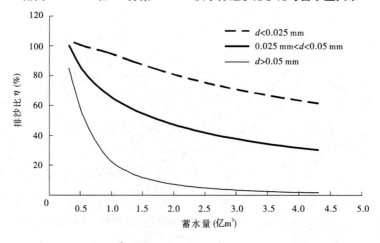

附图 A-53　42 亿 m³ 方案"88·8"洪水分组沙排沙比与蓄水量关系

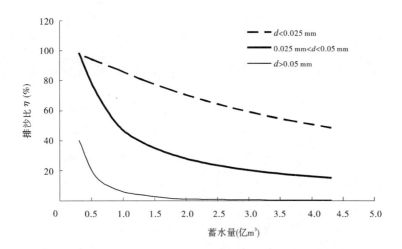

附图 A-54　42 亿 m³ 方案"82·8"洪水分组沙排沙比与蓄水量关系

附表 A-37　42 亿 m³ 方案典型洪水冲淤量和排沙比

洪水名称	蓄水体积 （亿 m³）	入库沙量 （亿 t）	出库沙量 （亿 t）	冲淤量 （亿 t）	排沙比（%）
"96·8"	4.31	4.809	1.146	3.662	24
	3.73	4.809	1.259	3.549	26
	3.18	4.809	1.400	3.409	29
	2.66	4.809	1.566	3.242	33
	2.13	4.809	1.783	3.026	37
	1.75	4.809	1.977	2.832	41
	1.34	4.809	2.244	2.564	47
	0.93	4.809	2.628	2.181	55
	0.56	4.809	3.163	1.646	66
	0.31	4.809	3.786	1.022	79
	0.15	4.809	4.552	0.257	95
"82·8"	4.31	1.910	0.602	1.309	31
	3.73	1.910	0.658	1.253	34
	3.18	1.910	0.721	1.189	38
	2.66	1.910	0.792	1.118	41
	2.13	1.910	0.881	1.030	46
	1.75	1.910	0.959	0.952	50
	1.34	1.910	1.065	0.845	56
	0.93	1.910	1.210	0.700	63
	0.56	1.910	1.423	0.488	74
	0.31	1.910	1.670	0.240	87

洪水名称	蓄水体积 （亿 m³）	入库沙量 （亿 t）	出库沙量 （亿 t）	冲淤量 （亿 t）	排沙比 （%）
"88·8"	4.31	6.828	3.493	4.787	51
	3.73	6.828	3.738	4.542	55
	3.18	6.828	4.016	4.264	59
	2.66	6.828	4.330	3.951	63
	2.13	6.828	4.729	3.551	69
	1.75	6.828	5.086	3.194	74
	1.34	6.828	5.571	2.709	82
	0.93	6.828	6.234	2.046	91
	0.56	6.828	7.156	1.125	105
	0.31	6.828	8.229	0.051	121

42 亿 m³ 方案和 32 亿 m³ 方案中淤积量、河床比降等边界条件有所不同,对敞泄排沙产生不同影响。42 亿 m³ 方案中由于淤积面较高,故增加了两级水位,增大水位落差,计算分析其排沙效果,计算结果如附表 A-38 所示。从表中可以看出,与 32 亿 m³ 方案敞泄排沙相同:同一水位下"82·8"洪水排沙比最大,"88·8"洪水排沙比次之,"96·8"洪水排沙比最小。水位越低,排沙比越大,冲刷量越大。220 m、215 m、210 m 和 205 m 四级水位下,"96·8"洪水冲刷量分别为 0.458 亿 t、1.002 亿 t、1.757 亿 t 和 3.210 亿 t,"82·8"洪水冲刷量分别为 1.640 亿 t、3.476 亿 t、5.434 亿 t 和 7.489 亿 t,"88·8"洪水冲刷量分别为 1.210 亿 t、3.487 亿 t、5.870 亿 t 和 8.338 亿 t。"88·8"洪水冲刷量最大,"82·8"洪水冲刷量次之,"96·8"洪水冲刷量最小。"82·8"洪水冲淤效率高,排沙效果好。"88·8"洪水冲淤效率较大,排沙效果也较好。"96·8"洪水排沙效果不如其他两场洪水。

A.4.3.3 排沙风险分析

综合前面的计算分析结果可知,壅水排沙方式下排沙比均小于100%,水库发生淤积,且壅水程度越高,排沙比越低,水库淤积量越大。不同类型洪水流量、含沙量对排沙效果有显著影响,"88·8"洪水排沙比最大,但淤积量也大;"82·8"洪水排沙比次之,淤积量较小,"96·8"洪水排沙比最小,淤积量较大。敞泄排沙方式下,水位越低排沙比越大,水库冲刷量也越大。不同类型洪水排沙效果不同,"82·8"洪水排沙比最大,冲刷量也较大;"88·8"洪水排沙比较大,冲刷量最大;"96·8"洪水排沙比和冲刷量最小。

壅水条件下随着蓄水量减少,粗、中、细各粒径组泥沙排沙比增大,细沙排沙比最大,中沙次之,粗沙排沙比最小。在较大蓄水量变化范围内,细沙排沙比的增幅大于中沙和粗沙的增幅,但当蓄水量低于一定值后,中沙和粗沙排沙比则迅速增大,增幅明显大于细沙。对于"96·8"洪水和"82·8"洪水,当蓄水量在 0.5 亿 m³ 时,淤粗排细的效果较好;而对于"88·8"洪水,当蓄水量在 1 亿 m³ 时,淤粗排细的效果较好。因此,对于"88·8"型洪水,要实现较好的淤粗排细效果需要的蓄水量要大于"96·8"型洪水和"82·8"型洪水需要的蓄水量。

附表 A-38　42 亿 m³ 方案敞泄排沙效果

洪水类型	坝前水位 (m)	入库沙量 (亿 t)	出库沙量 (亿 t)	冲淤量 (亿 t)	冲淤效率 (kg/m³)	排沙比 (%)
"96·8"	220	4.755	5.267	-0.458	-14	111
	215	4.755	5.811	-1.002	-31	122
	210	4.755	6.565	-1.757	-54	138
	205	4.755	8.019	-3.210	-99	169
"82·8"	220	1.910	3.550	-1.640	-66	186
	215	1.910	5.386	-3.476	-140	282
	210	1.910	7.344	-5.434	-218	385
	205	1.910	9.399	-7.489	-301	492
"88·8"	220	8.209	9.453	-1.210	-19	115
	215	8.209	11.730	-3.487	-56	143
	210	8.209	14.113	-5.870	-94	172
	205	8.209	16.581	-8.338	-134	202

A.5　汛限水位风险调度方案及风险分析

与现状运用方案相比,小浪底水库汛限水位抬高后,一方面,增大了水库的发电效益和黄河下游的用水保证率,然而另一方面却增大了防洪风险;与现状运用方案相比,小浪底水库最低冲刷水位由目前的 220 m 降低到 210 m,若水库遇到合适的洪水进行泄空冲刷,水位的降低一方面增加了出库的沙量,减缓了水库库容损失,会增大防洪效益,但另一方面又增加了后期蓄不够水可能无法满足下游防断流要求的风险。因此,需要分析最低冲刷水位降低后的风险以及风险大小。

A.5.1　抬高汛限水位带来的防洪风险分析

选定潼关断面 33 型设计洪水,作为三门峡水库的入库流量过程,经过三门峡水库滞后,得到出库流量过程,以此流量过程作为小浪底水库的入库设计洪水流量过程,按照 2010 年黄河中下游防洪调度预案的小浪底水库运用方式进行调洪计算,库容曲线采用 2009 年汛前的。小浪底水库具体运用如下:

(1)当预报花园口流量大于 8 000 m³/s 小于等于 10 000 m³/s 时,小浪底水库根据洪水预报,在洪水预见期内按控制花园口流量不大于 4 000 m³/s 预泄。洪水过程中,若入库流量不大于水库相应泄洪能力,原则上按进出库平衡方式运用;若入库流量大于水库相应泄洪能力,按敞泄滞洪运用。

(2)当预报花园口流量大于 10 000 m³/s 时,若预报小花间流量小于 9 000 m³/s,按控制花园口 10 000 m³/s 运用;当预报小花间流量大于等于 9 000 m³/s 时,按不大于 1 000 m³/s(发电流量)下泄。

(3)当预报花园口流量回落至 10 000 m³/s 以下时,按控制花园口流量不大于 10 000 m³/s 泄洪,直到小浪底库水位降至汛限水位。

选定 100 年一遇、500 年一遇和 1 000 年一遇三个重现期的洪水逐个计算,结果显示,按照上述运用方式,100 年一遇、500 年一遇和 1 000 年一遇时小浪底水库滞洪后的最高水位分别为 247.17 m、256.79 m 和 261.52 m(见附图 A-55)。可见,小浪底水库抬高汛限水位至 228 m 后,不会带来防洪风险。

另外,还计算了风险运用汛限水位 228 m 和现状运用方案汛限水位 225 m 的发电量。结果显示,由于发电水头增加,汛限水位抬高至 228 m 与汛限水位为 225 m 相比,100 年一遇、500 年一遇和 1 000 年一遇时发电量增加了 0.8 亿 kWh、0.88 亿 kWh 和 0.98 亿 kWh。

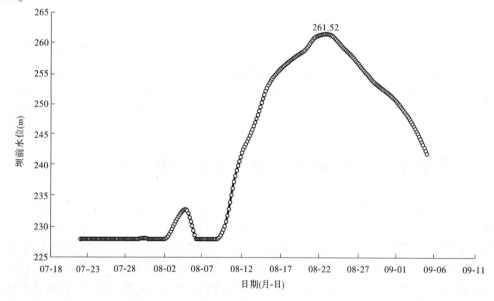

附图 A-55　1 000 年一遇设计洪水小浪底库水位过程线

A.5.2　降低冲刷水位引起的后期蓄水风险分析

大量研究表明,冲刷水位越低,库区溯源冲刷的比降越大,同样的入库水沙条件,出库的含沙量越高,水库的排沙效率越好,下游河道的洪水输沙效率也越高。然而,随着最低冲刷水位的降低,后期蓄水的风险可能会增加。

水库在降低库水位后,能否蓄水恢复至正常水位,取决于冲刷之后入库流量的大小,下游生态、自净、主槽、景观、供水、灌溉蓄水量以及水库发电需要的流量大小。

黄河下游环境需水不仅要考虑维持河流的生态、自净、主槽、景观等各方面的需求,还要考虑到维持河流生命对河川径流的需求。逐月比较自净需水、生态需水、景观需水和黄河生命需水等各项自然功能需水的计算结果，取其最大值为黄河的环境需水，即下游月环境流量最大不超过 550 m³/s。黄河下游一年中不同时期供水、灌溉等要求的流量不同，其中 10 月的平均流量为 400 m³/s。

小浪底水库发电流量为 1 000 m³/s。

综合以上对黄河下游不同时期需水量的分析可见，发电流量最大。因此，取发电流量为洪水后的出库流量。

冲刷后结束流量的确定，根据"八五"攻关项目《减缓黄河下游河道淤积措施》的研究，小浪底水库在入库流量 2 600～3 000 m³/s 后，出库含沙量明显降低，排沙效果显著减弱，因此以洪水落水期出现 2 600～3 000 m³/s 作为蓄水过程统计入库水量的起点。

根据黄河勘测规划设计有限公司对未来进入小浪底水库水沙条件的研究，认为未来进入小浪底水库的流量有减小的趋势，推荐"1956～1995＋1990～1999"共 50 年系列，作为小浪底水库未来的入库水沙条件。统计该系列 50 年发生的洪水场次共 71 场，其中洪峰流量在 4 000～8 000 m³/s 的中常洪水 32 场；从降水冲刷至 220 m 和 210 m 两个方案，计算洪水过后直至每年汛末（10 月 31 日）的蓄水过程。结果表明，两个方案中，均有 2 场洪水过后的蓄水过程出现库水位低于冲刷水位的情况，我们评价其为"出现蓄水风险"（简称"出险"）。也就是说，冲刷最低水位 220 m 和 210 m 的蓄水出现风险的概率均为 6.25%，与 220 m 方案相比，冲刷水位更低的 210 m 方案蓄水风险并没有增加。如果小浪底水库按出库 550 m³/s（环境流量）泄放，上述两种方案均无一出险，详见附表 A-39。

附表 A-39　不同冲刷最低水位蓄水计算及风险评价

洪水序号	洪水时间（年-月-日）	水量（亿 m³）	最大流量（m³/s）	蓄水过程最低水位（m）		汛末水位（m）		风险评价	
				220 m 方案	210 m 方案	220 m 方案	210 m 方案	220 m 方案	210 m 方案
1	1959-07-26	19.4	5 730	222.3	213.1	不低于 275	不低于 275		
2	1959-08-11	26.2	6 170	222.0	212.6	不低于 275	不低于 275		
3	1959-09-04	77.0	7 850	223.0	214.0	249.6	246.7		
4	1964-09-13	56.5	4 300	224.3	215.8	不低于 275	不低于 275		
5	1966-08-15	63.8	4 810	222.7	213.6	不低于 275	不低于 275		
6	1967-08-11	68.2	4 770	222.8	213.7	不低于 275	不低于 275		
7	1967-08-18	25.5	5 580	222.1	212.7	不低于 275	不低于 275		
8	1967-08-26	29.5	5 170	223.5	214.6	不低于 275	不低于 275		
9	1967-09-06	43.6	5 240	224.0	215.3	不低于 275	不低于 275		
10	1967-09-20	67.0	5 920	222.4	213.2	不低于 275	不低于 275		
11	1967-10-09	84.4	5 840	223.2	214.3	248.9	245.9		
12	1968-09-19	42.6	5 500	224.2	215.6	274.2	272.1		
13	1973-09-04	41.0	4 400	221.5	212.0	259.8	257.3		
14	1975-08-07	59.9	4 920	222.2	212.9	不低于 275	不低于 275		
15	1979-08-15	28.6	6 180	221.5	212.0	272.3	270.2		

洪水序号	洪水时间（年-月-日）	水量（亿 m³）	最大流量（m³/s）	蓄水过程最低水位（m）		汛末水位（m）		风险评价	
				220 m 方案	210 m 方案	220 m 方案	210 m 方案	220 m 方案	210 m 方案
16	1981-07-20	36.6	4 750	222.5	213.3	不低于 275	不低于 275		
17	1981-08-30	34.3	4 470	222.1	212.8	不低于 275	不低于 275		
18	1981-09-13	43.4	6 170	223.8	215.0	不低于 275	不低于 275		
19	1982-08-26	52.8	4 610	222.5	213.3	257.8	255.3		
20	1983-07-28	35.0	4 240	223.2	214.3	不低于 275	不低于 275		
21	1983-08-09	46.7	5 590	223.7	214.9	不低于 275	不低于 275		
22	1983-09-05	38.5	4 140	222.6	213.4	不低于 275	不低于 275		
23	1983-10-03	36.0	4 380	222.4	213.2	263.9	261.5		
24	1984-08-04	42.2	4 510	225.7	217.7	不低于 275	不低于 275		
25	1984-08-26	72.4	5 440	222.5	213.3	266.2	264.0		
26	1984-09-07	23.6	4 090	221.9	212.5	260.1	257.7		
27	1989-08-01	25.6	5 150	221.3	211.7	274.0	271.9		
28	1989-08-28	37.2	4 030	222.8	213.6	266.4	264.2		
29	1992-08-18	22.7	4 290	222.2	212.9	239.1	235.5		
30	1994-07-14	13.9	4 010	219.4	209.2	239.6	236.0	出险	出险
31	1992-08-18	22.7	4 290	222.2	212.9	239.1	235.5		
32	1994-07-14	13.9	4 010	219.4	209.2	239.6	236.0	出险	出险

附录 B　黄河下游单项指标风险调控方案及风险分析

B.1　黄河下游河道不同控制流量量级及风险分析

本部分主要研究小浪底水库拦沙期低含沙水流条件下调控不同流量量级形成不发生大漫滩的洪水过程中,下游各河段主槽的冲刷和滩地的淤积规律,估算各部分量值,为进一步科学评价各流量级的调控效果提供依据。主要研究内容为:不同调控流量条件下,黄河下游各河段嫩滩(生产堤范围内滩地)淹没情况;不同调控流量下,嫩滩非淹没河段的主槽冲刷效果、嫩滩淹没河段的滩地淤积和主槽冲刷效果;不同调控流量下,主槽过流能力变化;经多方案比较,综合提出效益较优的调控流量级。

B.1.1　清水冲刷情况下河道冲淤效率研究

B.1.1.1　研究现状及研究方法

关于低含沙量或清水时河道冲淤规律的研究已较多,例如赵文林等根据三门峡水库清水下泄的资料研究得到,当流量较大时,冲刷距离较远,随着历时的增长,同流量的冲刷距离也往下游发展,当流量大于 2 500 m³/s,水量大于 30 亿 m³ 时,冲刷可能发展到利津。赵业安等研究了三门峡水库清水冲刷期粗细沙的冲淤规律。潘贤娣等认为清水下泄后,河道发生冲刷,冲刷的发展与流量、历时、河床边界条件关系密切,且冲刷前期的输沙率要大于冲刷后期的输沙率。申冠卿等利用黄河下游三门峡水库拦沙期和小浪底水库拦沙期实测资料,得到逐月下游全沙冲刷量与月水量、沙量和前期累积冲刷量的量化关系。除黄河外,有关其他河流清水冲刷规律的研究也较多。目前,对黄河下游河道冲刷能力的分析大部分是有关三门峡水库运用初期的,近些年由于小浪底水库拦沙运用,为黄河下游清水冲刷规律的深入研究提供了宝贵的原型资料。因此,本书采用两个水库拦沙期资料,研究黄河下游清水冲刷期的河道演变规律。

洪水的冲淤效率和进入本河段的水沙特性以及本河段河道的边界条件密切相关。2000 年以来,小浪底水库进行拦沙运用并配合每年的调水调沙,使得黄河下游河道发生了冲刷。为了研究各影响因素对全沙和分组沙的冲淤效率的影响,根据日均流量资料将 2000 年 1 月至 2009 年 12 月的流量过程划分为多个水流过程,计算各水文站的水量、沙量和各河段的冲淤量,河段冲淤量与进口水文站水量的比值即为冲淤效率,冲淤效率淤积为"＋",冲刷为"－";由于清水冲刷时期下游以冲刷为主,为方便起见,部分内容叙述为冲淤效率,此时取值为冲淤效率的绝对值,即为正值。选用了其中 2 ~ 10 月,历时大于等于 5 d,且上、下站水量差在 10% 以内的过程(排除引水的影响)进行了全沙和分组沙的冲淤效率分析。其中,分组沙为粒径 0.01 ~ 0.025 mm 的细颗粒泥沙、0.025 ~ 0.05 mm 的中颗粒泥沙和大于 0.05 mm 的粗颗粒泥沙。本书是研究不同流量级下河道的冲淤效率,由于小浪底水库运用以来,洪水期平均流量最大为 4 000 m³/s,因此对于 4 000 m³/s 以上流量级的洪水,选用三门峡水库运用初期的资料作为参考。

由于床沙质资料测次、测点较少,且取样位置的偶然性较大,因此在使用实测资料研究河床粗化对洪水期河道冲淤的影响时代表性不够,需要考虑其他代表因子。河道累积冲淤量是从小浪底水库运用后开始累积的河道冲淤量,反映了冲刷发展状况下的河道条件,以此作为河道条件的代表因子。

研究河段为花园口以上、花园口—高村、高村—艾山和艾山—利津 4 个河段。

B.1.1.2　小浪底水库拦沙初期冲淤效率变化规律

1. 全沙冲淤效率变化规律

1)花园口以上河段

花园口以上河段接近水库,来水含沙量低,即使有含沙量高的洪水,也都来自水库异重流排沙,小浪底出库泥沙中极细沙($d < 0.01$ mm)的比例占到 60% 以上,花园口在 45% 以上,对河道冲刷基本不产生影响。因此,在花园口以上河段水流基本为不饱和状态,含沙量对冲淤的影响较小,流量的作用最大。

附图 B-1 为花园口以上河段冲淤效率随流量和前期累计冲淤量的变化情况。首先,当洪水期平均流量在 2 000 m³/s 以下时,冲淤效率随流量的增大而增大;而当流量大于 2 000 m³/s 以后,冲淤效率随流量的变化幅度明显减小,基本在 2 ~ 4 kg/m³。其次,冲淤效率与前期累计冲淤量密切相关,随着累计冲淤量的增大,同流量条件下冲淤效率明显降低,以前期累计冲淤量小于 1 亿 m³ 和大于 3 亿 m³ 为例,同样在 1 000 m³/s 条件下,前者的冲淤效率约为 8 kg/m³,后者则为 1 kg/m³,相差 7 kg/m³;在现状河道条件下,流量超过 2 000 m³/s 后冲淤效率在 2 kg/m³ 左右。

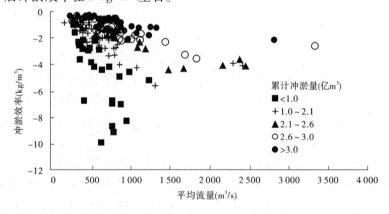

附图 B-1　花园口以上河段冲淤效率与各影响因素关系

2)花园口—高村河段

花园口—高村河段冲淤效率受流量和前期累计冲淤量的影响仍比较明显,如附图 B-2 所示。在同样流量情况下,累计冲淤量越大,则河道的冲淤效率越小,例如,当流量为 1 000 m³/s 时,累计冲淤量小于 1 亿 m³ 的冲淤效率约为 8 kg/m³,而累计冲淤量大于

4 亿 m³ 的冲淤效率仅为 2 kg/m³, 是前者的 1/4。另外, 流量的不同, 冲淤效率的变化规律也不相同。当流量小于 2 000 m³/s 时, 冲淤效率随流量的增大而增大; 而当流量大于 2 000 m³/s 后, 基本在 1 ~ 4 kg/m³。

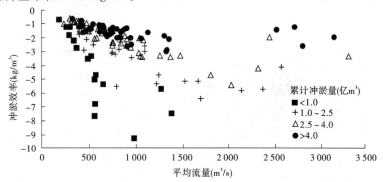

附图 B-2　花园口—高村河段冲淤效率与各影响因素关系

3）高村—艾山河段

与高村以上河段相比, 同样河道冲刷发展状态的影响也比较明显, 如附图 B-3 所示, 同样洪水流量时, 累计冲淤量小的洪水冲淤效率高于冲刷发展一定时间后累计冲淤量大的洪水。该河段冲刷量较小, 还有较大的冲刷余地, 因此累计冲淤量的影响幅度较花园口以上河段小, 且在流量大于 2 500 m³/s 以后, 冲淤效率随着流量的增加而增加幅度明显降低, 基本上维持在 2 ~ 3 kg/m³。

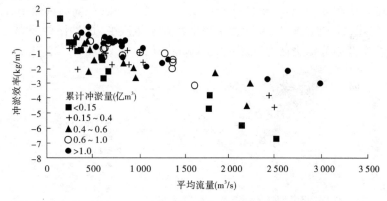

附图 B-3　高村—艾山河段冲淤效率与各影响因素关系

与高村以上河段相比, 进入高村的水流泥沙有所恢复, 同时通过沿程的泥沙交换, 极细颗粒泥沙的比例逐步降低。因此, 影响本河段河道冲淤的水沙条件不仅与流量有关, 与含沙量及其泥沙组成也有一定关系。

4）艾山—利津河段

艾山—利津河段的冲淤规律较复杂。清水下泄期下游河道冲刷自上游往下游发展, 当发展到艾山以下时, 泥沙从沿程河床中得到补给, 含沙量有所恢复, 因此该河段不是单向的冲刷, 而是有冲有淤的过程, 累计冲淤量无法代表河道状况, 因此未采用累计冲淤量作为影响因子。从附图 B-4 可以看出, 艾山—利津河段冲淤效率仍与流量关系密切, 随流量的增大,由淤转冲且冲淤效率越来越大。在小浪底水库清水冲刷期,最大冲淤效率约 4 kg/m³,发生在洪水期平均流量 2 000 m³/s 以上时;流量小于 1 500 m³/s 有淤积发生,最大淤积 2 kg/m³ 左右,由图可见,含沙量同样对冲淤效率有影响,而且含沙量与流量的跟随性也较好。

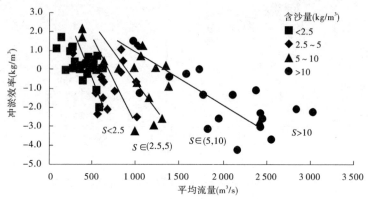

附图 B-4 艾山—利津河段冲淤效率与各影响因素关系

2. 分组沙冲淤效率变化规律

1) 花园口以上河段

附图 B-5 ~ 附图 B-7 分别是花园口以上河段细、中、粗颗粒泥沙的冲淤效率随流量的变化过程,从中可以看出,各组泥沙的冲淤效率随着流量增大而增加,在同流量条件下又受前期累计冲淤量的影响,前期累计冲淤量越大,河道的冲淤效率则会越小。但当流量大于约 2 000 m³/s 以后,冲淤效率随流量的变化特点发生改变,即冲淤效率基本不再增加,细、中、粗沙冲淤效率分别维持在 0.2 ~ 0.8 kg/m³、0.5 ~ 1 kg/m³、1 ~ 2 kg/m³。

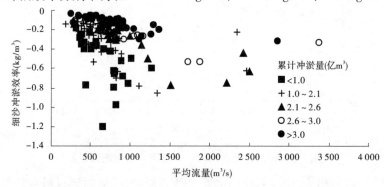

附图 B-5 花园口以上河段细沙冲淤效率与各影响因素关系

2) 花园口—高村河段

附图 B-8 ~ 附图 B-10 是花园口—高村河段细、中、粗颗粒泥沙的冲淤效率随流量的变化过程,从中可以看出,细沙和中沙的变化规律与全沙基本相同,即在同流量情况下,累计冲淤量越大,则河道的冲淤效率越小。但当流量大于 2 500 m³/s 时,冲淤效率基本维持在 1.5 kg/m³ 以内。而粗沙的冲淤效率受前期累计冲淤量的影响并不明显,不同累计冲淤量条件下冲淤效率差别不显著。

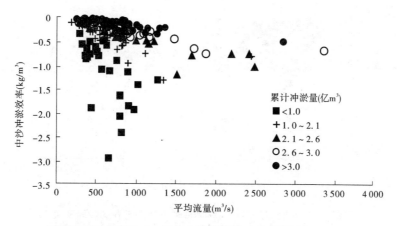

附图 B-6 花园口以上河段中沙冲淤效率与各影响因素关系

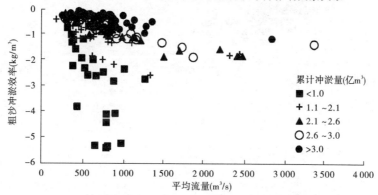

附图 B-7 花园口以上河段粗沙冲淤效率与各影响因素关系

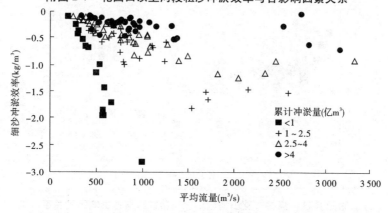

附图 B-8 花园口—高村河段细沙冲淤效率与各影响因素关系

3）高村—艾山河段

附图 B-11 ~ 附图 B-13 为高村—艾山河段细、中、粗颗粒泥沙冲淤效率随流量的变化过程，从中可以看出，细沙与中、粗沙存在着不同。中、粗沙随着流量的增大冲淤效率仍呈增加的特点，而细沙除在冲刷初期流量大时冲淤效率较高外，以后基本维持在 0 ~ 0.5 kg/m³。

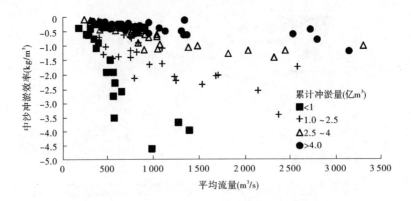

附图 B-9　花园口—高村河段中沙冲淤效率与各影响因素关系

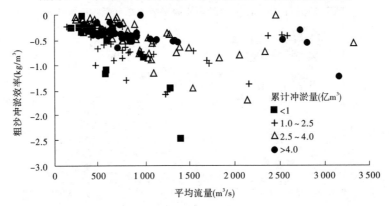

附图 B-10　花园口—高村河段粗沙冲淤效率与各影响因素关系

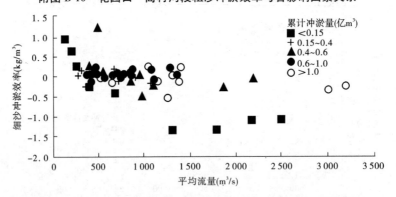

附图 B-11　高村—艾山河段细沙冲淤效率与各影响因素关系

　　前期累计冲淤量对冲淤效率有一定的影响,即随着前期累计冲淤量的增大,冲淤效率不断减小,但与花园口以上河段相比影响程度较小。另外,在小流量时($Q < 1\,500\ \text{m}^3/\text{s}$),该河段细沙的冲淤变化与水流条件和前期累计冲淤量条件的关系并不密切,在流量较小时细沙仅在刚开始冲刷时有冲刷量,说明后期水流从高村—艾山段床沙中已难以得到细沙补给;后期基本上只有在流量较大时有不到 $0.5\ \text{kg/m}^3$ 的冲淤效率。这反映的是该河段补给有限问题,这一点与花园口以上截然不同。同时可见,中沙和粗沙在流量达到

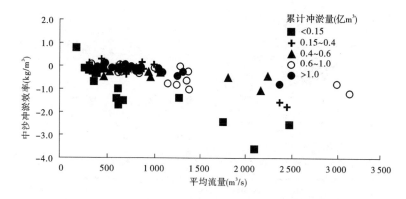

附图 B-12　高村—艾山河段中沙冲淤效率与各影响因素关系

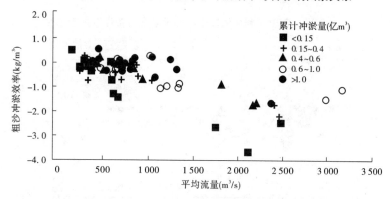

附图 B-13　高村—艾山河段粗沙冲淤效率与各影响因素关系

2 500 m³/s后,冲淤效率变化不大,冲淤效率均维持在 1~2 kg/m³。

4)艾山—利津河段

艾山—利津河段全沙与分组沙的冲淤效率与累计冲淤量的关系都不密切,与含沙量有一定影响(见附图 B-14~附图 B-16)。其中,细沙冲淤效率为 -1.5~0.5 kg/m³,中沙的冲淤效率为 -2~1 kg/m³,粗沙冲淤效率为 -1~1.5 kg/m³。

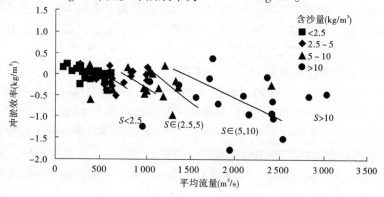

附图 B-14　艾山—利津河段细沙冲淤效率与各影响因素关系

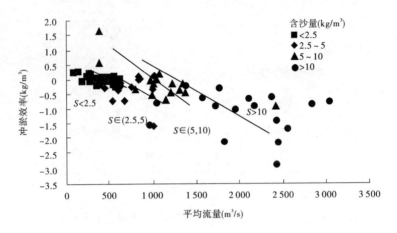

附图 B-15　艾山—利津河段中沙冲淤效率与各影响因素关系

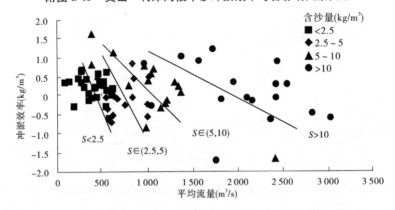

附图 B-16　艾山—利津河段粗沙冲淤效率与各影响因素关系

3. 小浪底水库拦沙初期全沙和分组沙冲淤效率计算公式

在洪水资料的基础上,采用多元回归分析方法,建立了各站全沙和分组沙的冲淤效率与前期累计冲淤量、洪水期平均流量的关系,分析得出各河段全沙、分组沙冲淤效率计算公式,详见附表 B-1。计算公式有一定的使用范围,见附表 B-2。其中,公式的计算值与原型实际值的对比见附图 B-17 ~ 附图 B-26,可以看出,大部分点据都围绕在 45°线周围,仅个别点据偏离,说明公式的适用性较好。

依据附表 B-1 中全沙冲淤效率可以绘制不同流量级和前期累计冲淤量条件下全沙冲淤效率变化的工作图(见附图 B-27 ~ 附图 B-29)。可以看出,各河段冲淤效率均随着累计冲淤量的增强而减小,但高村以上冲淤效率减小的幅度显著大于高村—艾山河段,其次高村以上减少幅度随流量的增大而增大,而高村—艾山河段由于冲淤效率与累计冲淤量呈线性关系,因此各流量条件下减小幅度相同。

同时做出两河段相同前期累计冲淤量条件下(从 1 亿 t 增加到 2 亿 t)冲淤效率变化值随流量的变化及分组沙情况,见附图 B-30 ~ 附图 B-32,可以看出,花园口以上和花园口—高村河段各分组沙冲淤效率减小幅度都随流量的增大而增大,而高村—艾山河段各分组沙冲淤效率各流量条件下减小幅度相同。

附表 B-1　典型河段全沙和分组沙冲淤效率计算公式

河段	泥沙组别	公式	相关系数
花园口以上	全沙	$\Delta S = -0.005Q^{0.953}(-\Delta W_{s累计})^{-0.714}$	$R^2 = 0.83$
	细沙	$\Delta S = -0.00112Q^{0.866}(-\Delta W_{s累计})^{-0.582}$	$R^2 = 0.73$
	中沙	$\Delta S = -0.000562Q^{1.06}(-\Delta W_{s累计})^{-0.89}$	$R^2 = 0.86$
	粗沙	$\Delta S = -0.0015Q^{1.02}(-\Delta W_{s累计})^{-0.79}$	$R^2 = 0.76$
花园口—高村	全沙	$\Delta S = -0.00873Q^{0.884}(-\Delta W_{s累计})^{-0.425}$	$R^2 = 0.79$
	细沙	$\Delta S = -0.000374Q^{1.144}(-\Delta W_{s累计})^{-0.691}$	$R^2 = 0.78$
	中沙	$\Delta S = -0.000535Q^{1.157}(-\Delta W_{s累计})^{-0.8}$	$R^2 = 0.77$
	粗沙	大部分在 $\Delta S \in (0, -1.5)$，个别达到 -2.5	
高村—艾山	全沙	$\Delta S = -0.6777 - 0.00185Q - 0.59\Delta W_{s累计}$	$R^2 = 0.77$
	细沙	大部分在 $\Delta S \in (0, -1.38)$，个别会有淤的现象	
	中沙	$\Delta S = -0.35 - 0.000742Q - 0.372\Delta W_{s累计}$	$R^2 = 0.66$
	粗沙	$\Delta S = -0.142 - 0.000947Q - 0.302\Delta W_{s累计}$	$R^2 = 0.73$

注: ΔS 为冲淤效率, kg/m^3; Q 为洪水期平均流量, m^3/s; $\Delta W_{s累计}$ 为前期累计冲淤量, 亿 t。

附表 B-2　各公式的资料范围

河段	泥沙组别	资料范围
花园口以上	全沙	$\Delta S \in (-9.96, -0.3)$, $Q \in (176, 2496)$, $\Delta W_{s累计} \in (-4.83, -0.04)$
	细沙	$\Delta S \in (-1.2, -0.04)$, $Q \in (176, 2496)$, $\Delta W_{s累计} \in (-4.83, -0.04)$
	中沙	$\Delta S \in (-2.98, -0.04)$, $Q \in (176, 2496)$, $\Delta W_{s累计} \in (-4.83, -0.04)$
	粗沙	$\Delta S \in (-5.43, -0.05)$, $Q \in (176, 2496)$, $\Delta W_{s累计} \in (-4.83, -0.04)$
花园口—高村	全沙	$\Delta S \in (-7.71, -0.6)$, $Q \in (190, 2459)$, $\Delta W_{s累计} \in (-5.09, -0.23)$
	细沙	$\Delta S \in (-1.95, -0.08)$, $Q \in (190, 2459)$, $\Delta W_{s累计} \in (-5.09, -0.06)$
	中沙	$\Delta S \in (-4.61, -0.07)$, $Q \in (190, 2459)$, $\Delta W_{s累计} \in (-5.09, -0.06)$
	粗沙	$\Delta S \in (-2.58, -0.01)$, $Q \in (190, 2459)$, $\Delta W_{s累计} \in (-5.09, -0.06)$
高村—艾山	全沙	$\Delta S \in (-6.71, 1.31)$, $Q \in (152, 2497)$, $\Delta W_{s累计} \in (-2.87, -0.1)$
	细沙	$\Delta S \in (-1.38, 1.19)$, $Q \in (152, 2497)$, $\Delta W_{s累计} \in (-2.87, -0.1)$
	中沙	$\Delta S \in (-3.57, 0.9)$, $Q \in (152, 2497)$, $\Delta W_{s累计} \in (-2.87, -0.1)$
	粗沙	$\Delta S \in (-3.66, 0.58)$, $Q \in (152, 2497)$, $\Delta W_{s累计} \in (-2.87, -0.1)$

不同河段冲淤效率降低的泥沙组成也不同。比较相同流量(1 000 m^3/s)和相同前期累

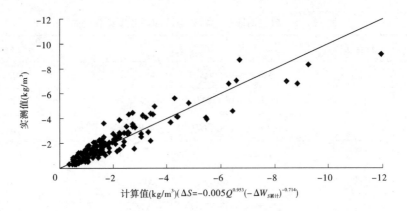

附图 B-17　花园口以上河段全沙冲淤效率计算值与实测值对比

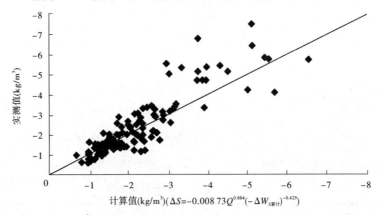

附图 B-18　花园口—高村河段全沙冲淤效率计算值与实测值对比

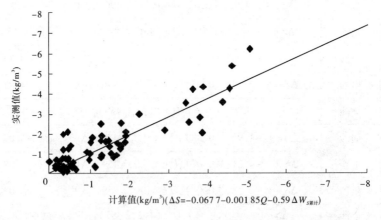

附图 B-19　高村—艾山河段全沙冲淤效率计算值与实测值对比

计冲淤量变化(1 亿 t 增加到 2 亿 t)条件下花园口以上、花园口—高村和高村—艾山河段分组沙冲淤效率的变化情况,见附表 B-3。可见,花园口以上河段全沙冲淤效率降低了 1.41 kg/m³,其中细、中、粗颗粒泥沙减小所占比例分别为 10%、28%、51%,即粗沙冲淤效率减小最多;从各分组沙自身的减小幅度来看,幅度相差不大,中沙冲淤效率减幅最大为 46%。

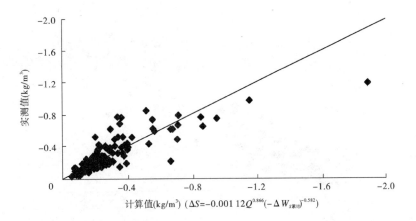

附图 B-20 花园口以上河段细沙冲淤效率计算值与实测值对比

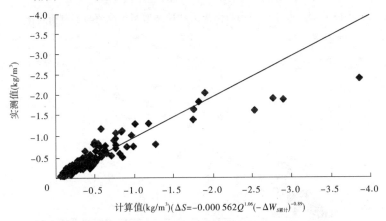

附图 B-21 花园口以上河段中沙冲淤效率计算值与实测值对比

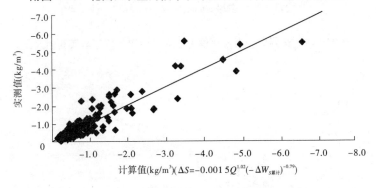

附图 B-22 花园口以上河段粗沙冲淤效率计算值与实测值对比

花园口—高村河段,全沙冲淤效率降低了 0.97 kg/m³,其中细沙和中沙减少量占全沙的比例为 38% 和 43%;从各分组沙自身的减小幅度来看,中沙减小的幅度最大达到 70%,说明中沙冲淤效率变化幅度最大。

高村—艾山河段,全沙冲淤效率降低了 0.59 kg/m³,其中中、粗颗粒泥沙减少量所占比例分别为 63%、51%,中沙比例较高;从各分组沙自身的减小幅度来看,中沙减小幅度

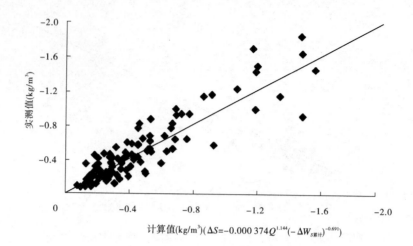

附图 B-23　花园口—高村河段细沙冲淤效率计算值与实测值对比

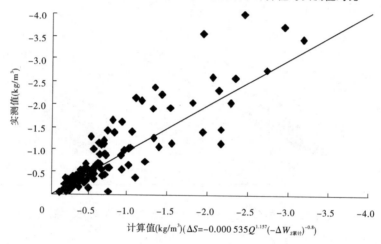

附图 B-24　花园口—高村河段中沙冲淤效率计算值与实测值对比

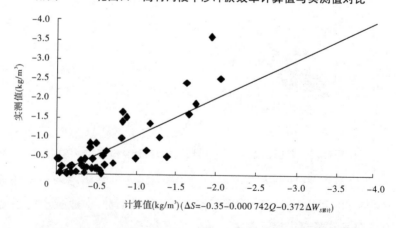

附图 B-25　高村—艾山河段中沙冲淤效率计算值与实测值对比

也较高,达到52%,说明该河段中沙冲淤效率变化最大。

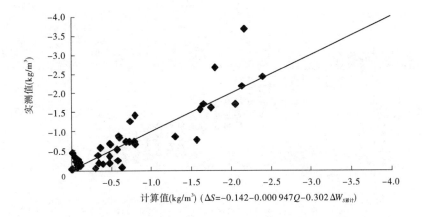

附图 B-26　高村—艾山河段粗沙冲淤效率计算值与实测值对比

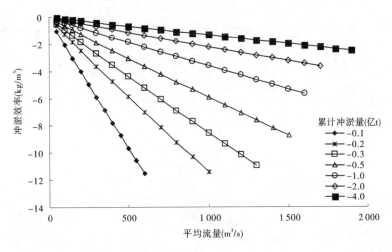

附图 B-27　花园口以上全沙冲淤效率与流量和前期累计冲淤量关系示意图

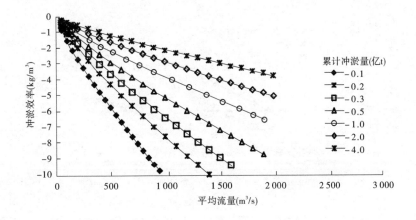

附图 B-28　花园口—高村全沙冲淤效率与流量和前期累计冲淤量关系示意图

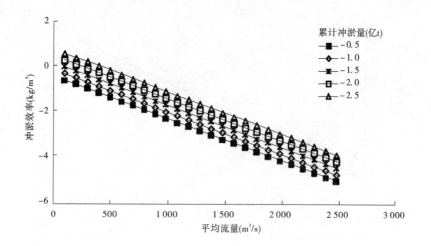

附图 B-29　高村—艾山河段全沙冲淤效率与流量和前期累计冲淤量关系示意图

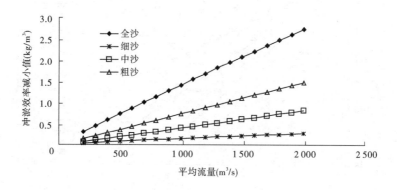

附图 B-30　花园口以上不同前期累计冲淤量条件下(1 亿 t 和 2 亿 t)冲淤效率变化及分组情况

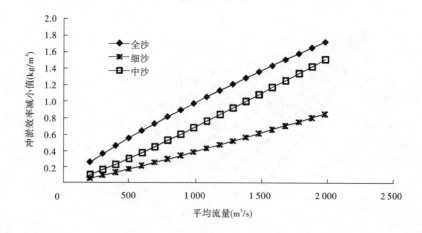

附图 B-31　花园口—高村不同前期累计冲淤量条件下(1 亿 t 和 2 亿 t)冲淤效率变化及分组情况

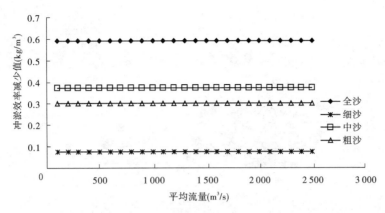

附图 B-32　高村—艾山河段不同前期累计冲淤量条件下(1亿t和2亿t)冲淤效率变化及分组情况

附表 B-3　不同前期累计冲淤量条件下典型河段冲淤效率变化

河段	项目		全沙	细沙	中沙	粗沙
花园口以上	冲淤效率(kg/m³)	累计冲刷量1亿t	−3.61	−0.44	−0.85	−1.72
		累计冲刷量2亿t	−2.20	−0.30	−0.46	−1.00
	减少量(kg/m³)		1.41	0.14	0.39	0.72
	减小幅度(%)		39	32	46	42
	分组减少量占总减少量比例(%)		100	10	28	51
花园口—高村	冲淤效率(kg/m³)	累计冲刷量1亿t	−3.80	−1.00	−1.58	
		累计冲刷量2亿t	−2.83	−0.62	−0.91	
	减少量(kg/m³)		0.97	0.38	0.67	
	减小幅度(%)		26	38	42	
	分组减少量占总减少量比例(%)		100	38	43	
高村—艾山	冲淤效率(kg/m³)	累计冲刷量1亿t	−1.94		−0.72	−0.79
		累计冲刷量2亿t	−1.35		−0.35	−0.49
	减少量(kg/m³)		0.59		0.37	0.30
	减小幅度(%)		30		51.3	38
	分组减少量占总减少量比例(%)		100		63	51

B.1.1.3　三门峡水库清水冲刷期冲淤效率研究

三门峡水库从1960年9月开始运用,全下游每年均发生冲刷。各河段不同流量级的冲淤效率变化规律见附图 B-33 ~ 附图 B-36,整体来讲,冲刷情况下河道冲淤效率与小浪底水库拦沙初期相似,均受流量和累计冲淤量的影响较大。

1. 花园口以上河段

花园口以上河段,当流量小于4 000 m³/s时,冲淤效率随流量的增大而增大,随着河道冲刷程度的增加,冲淤效率减小。当流量大于4 000 m³/s后,冲淤效率基本上稳定在4 ~7 kg/m³。

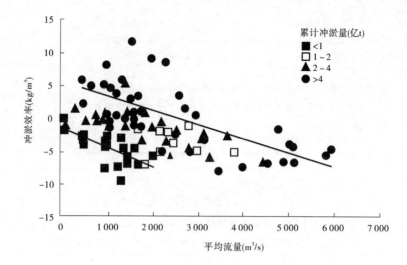

附图 B-33　花园口以上河段冲淤效率与各影响因素关系

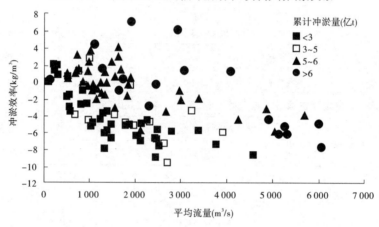

附图 B-34　花园口—高村河段冲淤效率与各影响因素关系

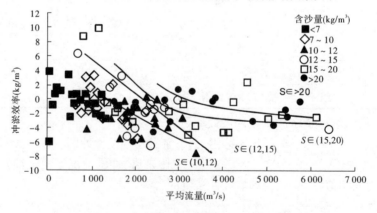

附图 B-35　高村—艾山河段冲淤效率与各影响因素关系

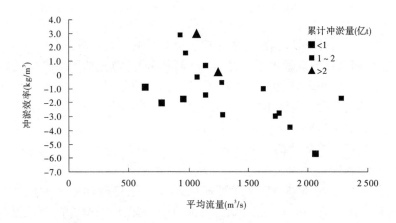

附图 B-36　高村—艾山河段冲淤效率与各影响因素关系(含沙量为 7 ~ 10 kg/m³)

2. 花园口—高村河段

花园口—高村河段,其累计冲淤量的影响也较明显,冲淤效率减小幅度略小于花园口以上河段。当在 6 000 m³/s 以内时,若累计冲淤量变化不大,随着流量的增大,冲淤效率增大。

3. 高村—艾山河段

分析表明,三门峡水库拦沙运用期对于高村—艾山河段冲淤效率的影响含沙量比累积冲淤量要大。如附图 B-35 所示,随着含沙量的增大,冲淤效率在降低。分析原因是由于高村以上河段冲淤量大,含沙量恢复较多,含沙量变幅较大,对冲淤效率的影响也比较明显。但是前期发展程度也有一定的影响,从附图 B-36 上也可以明显看出,在相同流量、相同含沙量条件下,随着累计冲淤量的增加,冲淤效率明显降低。

4. 艾山—利津河段

由艾山—利津河段冲淤效率与各影响因素之间的关系图可见(见附图 B-37),由于这几年东平湖加水较多,所以前期累计冲淤量的影响要比小浪底拦沙初期明显,但是比相同时期高村上河段影响要小。其冲淤效率变化规律也是随着流量增大,冲淤效率增大;随着累计冲淤量的增大,冲淤效率减小。

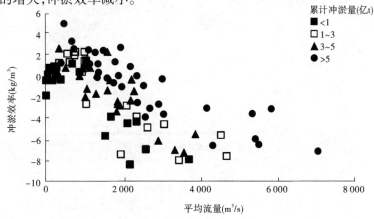

附图 B-37　艾山—利津河段冲淤效率与各影响因素关系

对比小浪底水库拦沙初期和三门峡水库拦沙运用期花园口以上、花园口—高村河段冲淤效率的变化特点,可以发现,前者累计冲淤量的影响较大。附图 B-27 和附图 B-28 表明小浪底拦沙初期累计冲淤量小于 1 亿 m³ 和大于 3.1 亿 m³ 的两条直线的斜率差别较大,越往冲刷后期累计冲淤量越大,斜率越小,即随着流量的增大,冲淤效率的降低越多;而三门峡拦沙运用初期,如附图 B-34 和附图 B-35 所示,累计冲淤量小于 1 亿 t 和累计冲淤量大于 4 亿 t 的曲线斜率基本相同。

B.1.1.4 不同量级洪水的冲刷效益

1. 典型边界选择

黄河下游河道在 20 世纪 80 年代后期以前一直维持着比较大的过流能力(见附图 B-38),基本上在 3 000 m³/s 以上,同时各河段的一致性也比较好,大致保持着同步变化。其后河道发生萎缩,1999 年小浪底水库运用前在 3 000 m³/s 左右。小浪底水库蓄水拦沙运用后,由于下泄流量较小,下游河道未发生普遍冲刷,上段先冲,中、下段淤积;从 2002 年开始调水调沙后中、下段才开始冲刷,中、下段的平滩流量也开始增大,因此从分河段的平滩流量来说,2002 年汛前是下游平滩流量最小的时期(见附表 B-4),代表了已知的下游河道过流能力最不利的情况;随着调水调沙的持续进行,下游各河段平滩流量都在增加,但发展并不均衡,呈现出上下大、中间小的局面。截至 2009 年汛前,花园口、夹河滩、高村、孙口、艾山、泺口、利津分别为 6 500 m³/s、6 000 m³/s、5 000 m³/s、3 850 m³/s、3 900 m³/s、4 200 m³/s、4 300 m³/s,夹河滩以上河段已基本恢复到 1981 年水平,中、下段也恢复到 1991 年水平,这一状况已基本接近维持黄河下游健康生命的低限河道指标,可以用来近似表示未来河道过流能力状况。

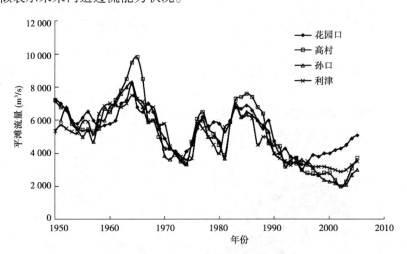

附图 B-38　黄河下游平滩流量变化过程

附表 B-4　典型年平滩流量　　　　　　　　　（单位：m³/s）

年份	花园口	夹河滩	高村	孙口	艾山	泺口	利津
1999	3 650	3 400	2 700	2 800	3 100	3 200	3 200
2002	4 100	2 900	1 850	2 100	2 800	2 700	2 900
2009	6 500	6 000	5 000	3 850	3 900	4 200	4 300

2.不同量级洪水冲淤效率计算

根据前面分析的三门峡、小浪底水库拦沙运用期河道的冲淤效率,估算出 2002 年和 2009 年前期累计冲淤量条件下各典型流量级的冲淤效率。从附表 B-5、附表 B-6 中可以看出,在冲刷发展到一定程度的 2009 年条件下,各河段各流量级的冲淤效率要明显低于冲刷初期的 2002 年,为 2～3 kg/m³。同时可见,当流量小于 3 000 m³/s 时,不同河段的冲淤效率差别较小,仅花园口—高村河段略高些,但当流量大于 3 000 m³/s 时,高村以上河段的冲淤效率要明显大于高村以下河段。

附表 B-5　2002 年地形条件下不同量级洪水各河段全沙冲淤效率　(单位:kg/m³)

流量级(m³/s)	河段			
	花园口以上	花园口—高村	高村—艾山	艾山—利津
2 000	5.1	6.2	4.4	1.4～3.2
3 000	5.2	6.9	0～4.0	3.4
4 000		8.0		5.3
5 000	4.4～7.9	9.0	0～4.8	6.8
6 000		10.0		6.8～7.8

附表 B-6　2009 年地形条件下不同量级洪水各河段全沙冲淤效率　(单位：kg/m³)

流量级(m³/s)	河段			
	花园口以上	花园口—高村	高村—艾山	艾山—利津
2 000	2.3	3.4	2.7	1.4
3 000	2.3	3.4	2.7	2.2
4 000	6.3	4.0	0～4.8	2.6
5 000	4～7.9	6.0	0～4.8	3.0
6 000	4～7.9	7.6	0～4.8	1.0～3.6

B.1.2　不同控制流量级滩地淹没风险

现阶段的调水调沙,确保了全下游滩区包括生产堤至主槽间嫩滩的安全,按照下游河道瓶颈河段的最小平滩流量控制小浪底水库下泄流量过程,但绝大部分河段达不到平滩流量,影响了全下游河道的冲刷效果。根据需要,采用下游平滩流量最小的 2002 年和现状 2009 年地形,根据下游当年汛前水文站平滩流量,计算出各流量下滩地的淹没面积和范围。

在 2002 年地形基础上,通过实测资料计算出各流量下滩地的淹没面积和范围如附图 B-39 和附图 B-40 所示。随着流量的增大,漫滩淹没面积不断增大,直到流量增大为 4 000 m³/s 时,花园口以下滩地全部被淹没,其面积为 150 万亩。

2002 年地形基础上实测资料计算出各流量下滩地的淹没面积和范围如附图 B-39 和

附图 B-41 所示。随着流量的增大,漫滩面积不断增大,流量为 4 000 m³/s 时漫滩面积为 32.5 万亩,当流量增大为 6 500 m³/s 时,花园口以下滩地全部受淹,面积为 150 万亩。漫滩部位是,当流量为 4 000 m³/s 时,仅在彭楼断面附近有少量漫滩,当流量增加到 6 500 m³/s 时,下游河段从花园口—利津几乎全部漫滩。

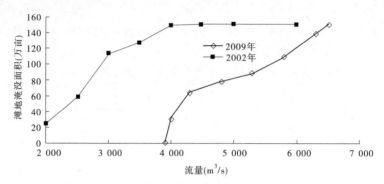

附图 B-39　不同地形条件下滩地淹没面积随流量变化

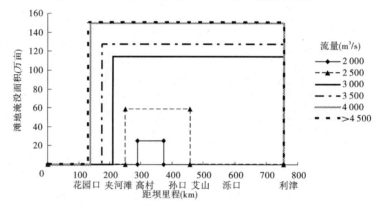

附图 B-40　2002 年地形条件下不同流量漫滩面积和范围

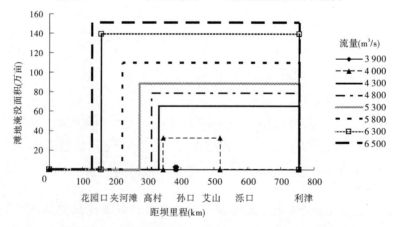

附图 B-41　2009 年地形条件下不同流量漫滩面积和范围

B.1.3 不同控制流量级河道冲淤效益计算方案分析

B.1.3.1 计算方案

1. 水沙条件

总水量采用 2002 年调水调沙期的总水量,约 30 亿 m^3,计算方案中含沙量为零,即均为清水冲刷。

2. 计算地形

2002 年小浪底水库第一次实施调水调沙试验,在长期淤积的情况下,下游河道地形对冲刷来说最为有利。经过多年调水调沙后,2009 年时下游河道经过长期持续冲刷,河床发生粗化,断面形态趋于宽深,相同水量的冲淤效率也有所降低,下游河道地形对冲刷来说属于不利状态。同时,2009 年过流能力最小的河段接近维持黄河下游健康生命指标的状态。因此,在这两种地形上进行不同流量级洪水的方案计算,以分析其冲淤效益。

3. 计算方案

为了研究小漫滩洪水不同流量过程下的滩槽冲淤情况,以 2002 年调水调沙实测水沙过程为基础,在保持总水量不变的条件下,将小浪底水库下泄流量分别概化为 2 000 m^3/s、4 000 m^3/s 和 6 000 m^3/s 三个平头水流过程,含沙量设置为零,即清水下泄。

B.1.3.2 水文学模型计算

1. 模型建立

黄河下游河道冲淤计算方法是根据黄河下游特点对河床变形的三个基本方程进行简化和经验处理后得到的,主要包括河床边界概化、沿程流量计算、滩槽水力学计算、滩地挟沙力计算、出口断面输沙率计算及滩槽冲淤变形计算七个部分。

1) 河床边界概化

黄河下游铁谢—花园口河段为由山区峡谷河流到平原冲积河流的过渡段,花园口—高村为游荡型河道,高村—艾山河段滩地较宽,滩槽由上而下收缩,主槽较高村以上窄深稳定,艾山—利津河段主槽又较艾山以上窄深稳定。据此,可将黄河下游河道分为铁谢—花园口、花园口—高村、高村—艾山和艾山—利津等 4 个河段,并根据黄河下游的断面形态特征对河道横断面进行概化,概化后的河床计算断面见附图 B-42。

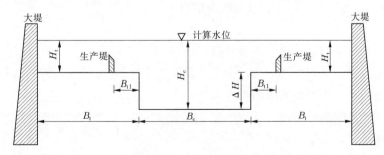

H_t—滩地水深;H_c—主槽水深;B_t—滩地宽度;B_c—主槽宽度;B_{t1}—生产堤内滩地宽度;ΔH—滩槽高差

附图 B-42 河道计算断面概化图

2）沿程流量计算

当来水流量小于河段平滩流量时，出口断面流量等于进口断面流量扣除沿程引水量。当来水流量大于平滩流量时，根据水流连续性方程，利用马斯京根法进行出口断面流量演算。

3）滩槽水力学计算

滩地水力学计算主要指滩槽分流和分沙计算。通过假设滩地水深，采用曼宁公式分别计算滩地和主槽过流量，二者相加后与总流量进行对比，如果误差超过 5%，则调整滩地水深后重新计算，直到滩槽流量之和与总流量相差小于 5%。黄河下游河道具有藕节状的外形，收缩段与扩散段相间分布，水流在节点出口扩散入滩，在下一个收缩段归槽，一般滩槽交换一次河长在 20 km 左右。采用漫滩洪水实测资料分析各河段主槽含沙量与入滩水流含沙量之比，以确定滩槽输沙分配。

4）滩地挟沙力计算

上滩水流经过漫滩淤积后，由滩地返回主槽的水流含沙量直接采用黄河干支流挟沙力公式计算：

$$S = 0.22(V_n^3/gH_t\omega)^{0.76} \tag{B-1}$$

式中：V_n 为滩地流速；H_t 为滩地水深；ω 为滩地泥沙平均沉速。

由此求得滩地返回主槽的含沙量和输沙率。

5）出口断面输沙率计算

通过分析黄河下游历年实测资料，得到本站主槽输沙率 Q_s 和本站流量 Q、上站含沙量 S、小于 0.05 mm 泥沙颗粒含量 P 以及前期累积冲淤量 $\sum W_s$ 之间的关系式，据此可求得各计算河段出口断面的主槽输沙率与全断面输沙率，各河段计算公式如下：

三门峡—花园口河段： $Q_s = 0.001\,08Q^{1.318}e^{0.214}S^{0.49}p^{0.974}e^{0.050\,8\sum W_s}$ （B-2）

花园口—高村河段漫滩： $Q_s = 0.000\,54Q^{1.16}S^{0.763}e^{0.038\,8\sum W_s}$ （B-3）

花园口—高村河段非漫滩： $Q_s = 0.000\,46Q^{1.21}S^{0.763}p^{0.156}e^{0.016\,8\sum W_s}$ （B-4）

高村—艾山河段漫滩： $Q_s = 0.000\,79Q^{1.062}S^{0.911}e^{0.031\,7\sum W_s}$ （B-5）

高村—艾山河段非漫滩： $Q_s = 0.000\,65Q^{1.085\,7}S^{0.93}e^{0.012\sum W_s}$ （B-6）

艾山—利津河段： $Q_s = 0.000\,43Q^{1.093\,8}Se^{0.043\,9\sum W_s}$ （B-7）

6）滩槽冲淤变形计算

根据进出口断面的输沙率可求得计算河段主槽和滩地的总冲淤量，将其平铺在整个主槽和滩地上可得主槽和滩地的冲淤厚度。滩槽冲淤变形后，形成新的断面和滩槽高差，利用新的滩槽高差计算下一时段的平滩流量。

模型的流程见附图 B-43。

2. 模型验证

2002 年调水调沙起止时间为 7 月 4 日至 7 月 17 日，历时 13 d，总水量约 30 亿 m³，总输沙量约 0.365 亿 t。2009 年调水调沙日期为 6 月 18 日至 7 月 5 日，历时 18 d，水量约 45 亿 m³，基本为清水冲刷。

首先利用水文学冲淤计算模型对 2002 年和 2009 年的水沙过程进行验证，验证结果

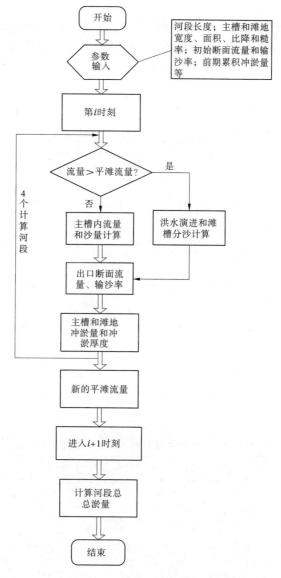

附图 B-43　水文学冲淤模型计算流程

见附表 B-7。可以看到，计算值和实测值吻合得较好。

附表 B-7　2002 年和 2009 年调水调沙期冲淤量实测值和计算值　（单位：亿 t）

年份	河段	小浪底—花园口	花园口—高村	高村—艾山	艾山—利津	全下游
2002	实测	-0.136	-0.099	-0.102	-0.197	-0.534
	计算	-0.142	-0.099	-0.101	-0.187	-0.529
2009	实测	-0.093	-0.101	-0.114	-0.079	-0.387
	计算	-0.098	-0.106	-0.091	-0.078	-0.373

3. 方案计算

为了研究不同洪水流量过程在不同河道地形下的滩槽冲淤情况,假定小浪底水库下泄流量分别为 2 000 m³/s、4 000 m³/s 和 6 000 m³/s 三个恒定过程,含沙量设为零,即清水下泄。下泄时间分别为 18 d、9 d 和 6 d,保证总水量一致。分别以 2002 年和 2009 年地形为基础计算各河段及全下游的冲淤情况,见附表 B-8 和附表 B-9,平滩流量见附表 B-10 和附表 B-11。

附表 B-8　2002 年地形概化洪水过程冲淤量　　　　　　　　（单位:亿 t）

方案	分布	小浪底—花园口	花园口—高村	高村—艾山	艾山—利津	全下游
$Q = 2\ 000\ \text{m}^3/\text{s}$	滩地	0	0	0	0	0
	主槽	−0.090	−0.075	−0.059	−0.061	−0.284
	全断面	−0.090	−0.075	−0.059	−0.061	−0.284
$Q = 4\ 000\ \text{m}^3/\text{s}$	滩地	0	0.012	0.040	0.006	0.058
	主槽	−0.115	−0.105	−0.061	−0.077	−0.359
	全断面	−0.115	−0.093	−0.021	−0.072	−0.300
$Q = 6\ 000\ \text{m}^3/\text{s}$	滩地	−0.006	0.019	0.037	0.002	0.052
	主槽	−0.117	−0.082	−0.014	−0.046	−0.260
	全断面	−0.124	−0.063	0.023	−0.044	−0.207

注:"−"表示冲刷。

附表 B-9　2009 年地形概化洪水过程冲淤量　　　　　　　　（单位:亿 t）

方案	分布	小浪底—花园口	花园口—高村	高村—艾山	艾山—利津	全下游
$Q = 2\ 000\ \text{m}^3/\text{s}$	滩地	0	0	0	0	0
	主槽	−0.070	−0.050	−0.045	−0.031	−0.196
	全断面	−0.070	−0.050	−0.045	−0.031	−0.196
$Q = 4\ 000\ \text{m}^3/\text{s}$	滩地	0	0	0	0	0
	主槽	−0.090	−0.078	−0.066	−0.062	−0.296
	全断面	−0.090	−0.078	−0.066	−0.062	−0.296
$Q = 6\ 000\ \text{m}^3/\text{s}$	滩地	0	0	0.054	0.033	0.087
	主槽	−0.105	−0.096	−0.060	−0.041	−0.302
	全断面	−0.105	−0.096	−0.006	−0.008	−0.215

注:"−"表示冲刷。

附表 B-10　2002 年地形概化洪水过程峰后平滩流量　　（单位：m³/s）

方案	小浪底—花园口	花园口—高村	高村—艾山	艾山—利津
初始平滩流量	4 100	2 950	2 250	2 800
$Q = 2\,000$	4 360	3 061	2 316	2 852
$Q = 4\,000$	4 416	3 101	2 328	2 871
$Q = 6\,000$	4 393	3 063	2 275	2 838

附表 B-11　2009 年概化洪水过程各方案峰后平滩流量　　（单位：m³/s）

方案	小浪底—花园口	花园口—高村	高村—艾山	艾山—利津
初始平滩流量	6 500	5 500	3 900	4 200
$Q = 2\,000$	6 732	5 583	3 959	4 231
$Q = 4\,000$	6 782	5 622	3 981	4 258
$Q = 6\,000$	6 807	5 642	3 976	4 242

可以看到,当两种地形下流量都不发生漫滩($Q = 2\,000$ m³/s)时,或者当流量控制在各地形条件下的平滩流量附近(2002 年地形对应 4 000 m³/s,2009 年地形对应 6 000 m³/s)时,2002 年地形全下游和各河段的主槽冲刷量均比 2009 年地形时要大,说明经过连续冲刷后,下游河道的细颗粒泥沙得不到有效补充,整个河段的冲刷能力有所下降。

由计算结果可知,在相同的地形上,如果不发生漫滩,则随着流量级的增加,主槽冲刷量和全下游总冲刷量均增加,当流量级控制在各河段平滩流量附近时,冲刷效果最好,各河段的平滩流量增幅也较大。如 2002 年各河段的平滩流量为 2 800 ~ 4 100 m³/s,流量为 4 000 m³/s 全下游主槽的冲刷量最大;2009 年各河段的平滩流量为 4 000 ~ 6 500 m³/s,流量为 6 000 m³/s 全下游主槽的冲刷量最大。当小浪底下泄流量过大,导致下游河道发生漫滩程度较大时,全下游主槽的冲刷量反而下降,如 2002 年流量为 6 000 m³/s 时主槽的冲刷量反而比流量为 4 000 m³/s 时的冲刷量小。

由此可见,对于清水冲刷,当不发生漫滩时,随着流量级的增加,黄河下游主槽冲刷量也随之增大,达到河段平滩流量附近时,主槽冲刷量达到最大。说明清水下泄时,在同等水量时,流量越集中,对减轻黄河下游的淤积越有利。从漫滩洪水的冲刷效果来看,清水下泄时不适宜漫滩调控,由于水流上滩,分散水流能量,冲刷效果反而不好,对提高平滩流量的作用也不大,如 2002 年地形,当流量为 6 000 m³/s 时,洪水过后的平滩流量比流量为 4 000 m³/s 时要小。这种状况下只有较高含沙量洪水漫滩形成滩地大量淤积,才能塑造较高的平滩流量,漫滩对河道塑造的效益才较大。

4．冲淤效益分析

由于黄河下游各河段的平滩流量不同,历年的调水调沙需要考虑瓶颈河段的限制,小浪底水库下泄流量均以最小平滩流量控制,虽然避免了淹没损失,但也阻碍了冲刷效益最大化的实现。因此,黄河下游存在这样一组矛盾:增加下泄流量、提高冲刷量、增大平滩流量和造成滩地淹没损失之间的矛盾。如何能求得一个最佳流量,使冲刷量和平滩流量增加引起的正效益与滩地淹没损失引起的负效益之差达到最大,是当前黄河下游治理所面临的新任务。

根据附表 B-8 ~ 附表 B-11 可以评估各方案下的冲淤效益,根据 2002 年和 2009 年不同流量下花园口以下滩地淹没面积(见附图 B-39),同时结合模型计算中给出的小浪底—花园口河段漫滩情况,可得到不同流量下下游滩区的淹没面积。

1)2002 年地形

当 $Q = 2\,000$ m³/s 时,各河段均不漫滩,主槽冲刷 0.284 亿 t,瓶颈河段(高村—艾山河段)平滩流量增加 66 m³/s,滩地无淹没。

当 $Q = 4\,000$ m³/s 时,除小浪底—花园口外,各河段均发生漫滩,主槽冲刷 0.359 亿 t,瓶颈河段平滩流量增加 78 m³/s,滩地淹没面积 150 万亩。

当 $Q = 6\,000$ m³/s 时,全下游均发生漫滩,主槽冲刷有所下降,仅冲刷 0.26 亿 t,瓶颈河段平滩流量增加 25 m³/s,滩地淹没面积达 188.9 万亩。

2)2009 年地形

当 $Q = 2\,000$ m³/s 时,全下游均不漫滩,主槽冲刷 0.196 亿 t,瓶颈河段平滩流量增加 59 m³/s,滩地不发生淹没。

当 $Q = 4\,000$ m³/s 时,高村—艾山河段发生少量漫滩,主槽冲刷 0.296 亿 t,瓶颈河段平滩流量增加 81 m³/s,滩地淹没面积 32.5 万亩。

当 $Q = 6\,000$ m³/s 时,除小浪底—花园口河段外,其余河段均发生漫滩,主槽冲刷 0.302 亿 t,瓶颈河段平滩流量增加 76 m³/s,滩地淹没面积 121.48 万亩。

B.1.3.3　水动力学模型计算

1.模型建立

黄河下游一维非恒定流水沙演进数学模型吸收了国内外最新的建模思路和理论,对模型设计进行了标准化设计,注重了泥沙成果的集成,引入最新的悬移质挟沙级配理论等研究成果,通过对已有一维模型的调研,在继承优势模块和水沙关键问题处理方法等的基础上,增加了近年来黄河基础研究的最新成果。

该模型建立后,利用 2006 年黄河下游调水调沙资料对水流泥沙模块中的参数进行较为详细的率定,利用已建立的模型对黄河下游历史洪水,即"82·8"、"96·8"及 2007 年、2008 年、2009 年、2010 年的实际调水调沙进行了跟踪计算,同时对黄河下游长系列 2002 年 7 月 1 日至 2008 年 6 月 30 日期间洪水演进及河道冲淤进行了验证计算,结果表明该模型能较好地模拟水沙演进及河床冲淤变化过程。

2.方案计算

同样以小浪底下泄流量分别为 2\,000 m³/s、4\,000 m³/s 和 6\,000 m³/s 三个恒定过程,在 2002 年和 2009 年地形基础上计算清水下泄方案,各河段及全下游的冲淤计算结果见附表 B-12 和附表 B-13。

方案	分布	小浪底—花园口	花园口—高村	高村—艾山	艾山—利津	全下游
$Q = 2\,000\ \mathrm{m^3/s}$	滩地	0	0.009	0.008	0.002	0.019
	主槽	-0.143	-0.121	-0.085	-0.052	-0.400
	全断面	-0.143	-0.112	-0.077	-0.050	-0.381
$Q = 4\,000\ \mathrm{m^3/s}$	滩地	0.002	0.026	0.013	0.018	0.058
	主槽	-0.177	-0.162	-0.079	-0.089	-0.507
	全断面	-0.175	-0.136	-0.066	-0.071	-0.449
$Q = 6\,000\ \mathrm{m^3/s}$	滩地	0.008	0.033	0.023	0.029	0.093
	主槽	-0.180	-0.170	-0.095	-0.103	-0.548
	全断面	-0.172	-0.137	-0.072	-0.074	-0.455

注:"-"表示冲刷。

附表 B-13　2009 年地形概化洪水过程冲淤量　　　　（单位:亿 t）

方案	分布	小浪底—花园口	花园口—高村	高村—艾山	艾山—利津	全下游
$Q = 2\,000\ \mathrm{m^3/s}$	滩地	0	0	0	0	0
	主槽	-0.074	-0.098	-0.126	-0.054	-0.351
	全断面	-0.074	-0.098	-0.126	-0.054	-0.351
$Q = 4\,000\ \mathrm{m^3/s}$	滩地	0	0.002	0.007	0.008	0.018
	主槽	-0.097	-0.120	-0.153	-0.072	-0.441
	全断面	-0.097	-0.118	-0.146	-0.064	-0.423
$Q = 6\,000\ \mathrm{m^3/s}$	滩地	0	0.011	0.014	0.014	0.038
	主槽	-0.110	-0.125	-0.137	-0.114	-0.486
	全断面	-0.110	-0.114	-0.123	-0.100	-0.448

注:"-"表示冲刷。

从全下游的冲刷来看,2009 年地形基础上的总冲刷量稍小于 2002 年。从各河段来看,高村以上河段冲刷量降低最多,而高村以下河段还有增加。表明在持续冲刷作用下,下游河道冲刷较早的上游段冲刷能力明显减小,随着冲刷的发展,下游河段还处于逐渐增大的过程。

3.冲淤效益分析

1)2002 年地形

当 $Q = 2\,000\ \mathrm{m^3/s}$ 时,花园口以下有少量漫滩,滩地淹没面积为 25.2 万亩,主槽冲刷0.400 亿 t。

当 $Q = 4\,000\ \mathrm{m^3/s}$ 时,下游滩地均发生漫滩,滩地淹没面积 150 万亩,主槽冲刷

0.507 亿 t。

当 $Q = 6\,000$ m³/s 时，下游滩地均发生漫滩，滩地淹没面积 188.9 万亩，主槽冲刷 0.548 亿 t。

2)2009 年地形

当 $Q = 2\,000$ m³/s 时，全下游均不漫滩，主槽冲刷 0.351 亿 t。

当 $Q = 4\,000$ m³/s 时，花园口以下河段发生少量漫滩，滩地淹没面积 32.5 万亩，主槽冲刷 0.441 亿 t。

当 $Q = 6\,000$ m³/s 时，花园口以下河段发生漫滩，滩地淹没面积 121.48 万亩，主槽冲刷 0.486 亿 t。

B.1.3.4　计算结果对比与认识

将水文学模型和水动力学模型计算的主槽冲刷量换算为冲淤效率，与实测资料回归公式的估算结果进行对比分析。由附表 B-14 和附表 B-15 可见，总体来看，数学模型的计算冲淤效率都低于实测资料估算结果，这是因为实测资料估算依据的是小浪底水库和三门峡水库拦沙期实际发生情况的实测资料，这两个时期洪水基本都未漫滩，水量集中于主槽，因此估算的是主槽的冲淤效率，尤其当流量较大时采用的是三门峡水库拦沙期的资料，该时期河道过流能力大，6 000 m³/s 洪水仍未漫滩，而计算公式中考虑的边界因素以前期累积冲淤量代表，无法区分出漫滩与否的差别，同时洪峰流量大的洪水水量也大于其他洪水，因此估算的冲淤效率较高；而两套数学模型计算是以实际 2002 年和 2009 年地形边界为基础，流量超过平滩流量即出现漫滩分流，在清水漫滩程度较小、淤积量不大的条件下，主槽水量减少，冲淤效率降低。上述分析说明计算结果合理。

附表 B-14　2002 年地形条件下三种计算方法计算洪水期主槽冲淤效率结果对比

（单位:kg/m³）

流量级 （m³/s）	计算方法	花园口以上	花园口—高村	高村—艾山	艾山—利津	下游
2 000	实测资料	5.1	6.2	4.4	1.4 ~ 3.2	17.1 ~ 18.9
	水文学模型	3.0	2.5	2.0	2.0	9.5
	水动力学模型	4.8	3.2	2.6	1.7	12.3
4 000	实测资料	4.4 ~ 7.9	8	0 ~ 4.8	5.3	17.7 ~ 26
	水文学模型	3.8	3.8	2	2.6	12.2
	水动力学模型	5.9	5.4	2.6	3.0	16.9
6 000	实测资料	4.4 ~ 7.9	10.0	0 ~ 4.8	6.8 ~ 7.8	21.2 ~ 30.5
	水文学模型	3.9	2.7	0.5	1.5	8.6
	水动力学模型	6.0	5.7	3.2	3.4	18.3

附表 B-15　2009 年地形条件下三种计算方法计算洪水期冲淤效率结果对比

（单位：kg/m³）

流量级 （m³/s）	计算方法	花园口以上	花园口—高村	高村—艾山	艾山—利津	下游
2 000	实测资料	2.3	3.4	2.7	1.4	10.0
	水文学模型	1.5	1.1	1.0	0.7	4.3
	水动力学模型	1.7	2.2	2.8	1.2	7.9
4 000	实测资料	6.3	4.0	0~4.8	2.6	12.9~17.7
	水文学模型	2.0	1.7	1.5	1.4	6.6
	水动力学模型	2.1	2.7	3.4	1.6	9.8
6 000	实测资料	4.0~7.9	7.6	0~4.8	1.0~3.6	12.6~23.9
	水文学模型	2.3	2.1	0.1	0.2	4.8
	水动力学模型	2.5	2.7	3.1	2.5	10.7

以水文学模型和水动力学模型计算的 2002 年和 2009 年地形基础上不同流量级下的清水冲刷方案的下游河道冲淤量及河段和滩槽分布结果为主,分析了清水冲刷期不同流量的冲淤效果,得到以下认识:

(1)相对 2002 年地形,2009 年地形基础上除 6 000 m³/s 水文学模型计算结果外,各方案计算的全下游主槽冲刷量明显降低,说明在连续冲刷的后期,下游整体冲淤效率是降低的。

但在较大的流量级(6 000 m³/s),在冲刷初期平滩流量较小的地形条件下漫滩程度大,水流相对分散,而在冲刷后期平滩流量较大的地形条件下漫滩程度小,主槽水流相对集中,因此后期主槽的冲淤效率有可能高于初期。

(2)由于冲刷是由上至下发展的,因此各河段的冲淤效率变化也不同。两套模型计算结果都反映出,2009 年地形冲淤效率减少主要在高村以上河段,艾山以下也有所降低,而高村—艾山河段冲淤效率是增加的,说明该河段仍然具有一定的冲刷潜力。

(3)比较而言,在清水条件下,当不发生漫滩时,随着流量级的增加,黄河下游主槽冲刷量也随之增大,达到河段平滩流量附近时,主槽冲刷量达到最大,说明在同等水量时,流量越大,对减轻黄河下游的淤积越有利;而当发生漫滩时,由于水流上滩分散水流能量,冲刷效果未明显提高,且滩地淤积也不高,对提高平滩流量的作用也不大,滩地淹没损失却增大,说明清水条件下不宜调控漫滩洪水。

B.2　黄河下游河道不同量级洪水控制含沙量分析

多沙河流,特别是像黄河这样的高含沙河流,泥沙问题是防洪、兴利等问题的症结所在,也是制约水资源利用的瓶颈。对黄河下游泥沙输移规律研究表明,泥沙主要靠洪水输送,洪水含沙量越高,输沙效率越高,河道淤积也越多。小浪底运用10年来库区淤积泥沙21.58亿 m³,即将转入拦沙后期运用,此时水库将进行排沙。为充分发挥河道输送泥沙的潜力,减少水库和河道淤积,研究不同量级洪水的含沙量控制指标具有重大的现实意义。

B.2.1 洪水期全下游河道冲淤与水沙因子的关系

B.2.1.1 含沙量对河道冲淤的影响

黄河下游河道的洪水期冲淤效率与含沙量的关系密切,具有"多来、多排、多淤"的特点。附图B-44为黄河下游洪水期冲淤效率与平均含沙量的关系。可以看出,洪水平均含沙量较低时河道发生冲刷,且随着含沙量的降低冲淤效率增大;当含沙量大于 40 kg/m³后,基本上呈淤积状态,且水流含沙量越高,冲淤效率越大。

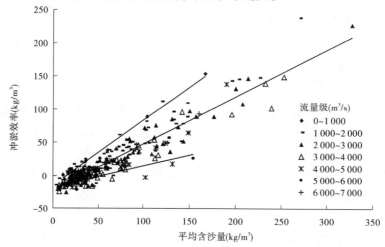

附图 B-44   洪水期冲淤效率随平均含沙量的变化

从平均情况看,在以淤积为主、河道内泥沙补给较为充分的条件下,洪水期清水水流冲淤效率可达到25 kg/m³,冲淤平衡相应的含沙量约为 36 kg/m³。随着含沙量变化,河道的冲淤效率变幅约为含沙量变幅的71%。由此可见,含沙量对河道冲淤影响较大。

B.2.1.2 平均流量对河道冲淤的影响

附图 B-44 中标注了洪水期平均流量对河道冲淤的影响,可以看出,在相同含沙量条件下,河道冲淤效率随流量的增大而有所降低。冲淤效率的降低主要表现为趋势线截距的减小,趋势线斜率也略有降低。

从附图 B-44 中可以看出,平均含沙量小于 40 kg/m³ 的洪水在河道中以冲刷为主,当洪水的平均含沙量大于 40 kg/m³ 后,除少数场次洪水外,几乎均发生淤积。流量在 2 000 ~ 3 000 m³/s 的洪水平衡含沙量约为33.0 kg/m³,流量在 3 000 ~ 4 000 m³/s 的洪水平衡含沙量约为38.0 kg/m³,流量在 4 000 ~ 5 000 m³/s 的洪水平衡含沙量约为42.5 kg/m³。从所有洪水的平均角度讲,使得下游河道冲淤平衡的含沙量为 36.0 kg/m³左右。

B.2.1.3 泥沙级配对河道冲淤的影响

1. 场次洪水分组泥沙冲淤特性

分析分组沙在洪水过程中的冲淤效率与来沙中各粒径组泥沙的含沙量关系(见附图 B-45~附图 B-48)发现,细沙(粒径 $d < 0.025$ mm)、中沙(0.025 mm $< d < 0.05$ mm)、较粗沙(0.05 mm $< d < 0.1$ mm)和特粗沙($d > 0.1$ mm)4 组泥沙在下游河道中的冲淤效率与各自来沙含沙量关系均密切,且泥沙粒径越粗,其相关性越好。细沙、中沙、较粗沙、特粗沙的冲淤效率与各自含沙量大小呈线性关系,相关系数平方分别为 0.688、0.840 3、0.911 3、0.980 8。

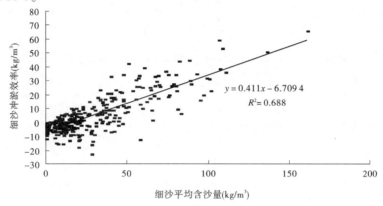

附图 B-45 洪水期细沙冲淤效率与细沙平均含沙量关系

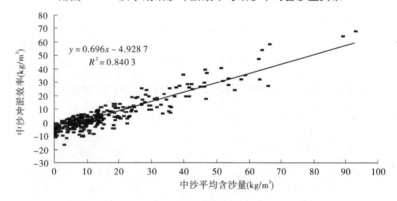

附图 B-46 洪水期中沙冲淤效率与中沙平均含沙量关系

2. 不同细沙含量下的冲淤特点

前面研究对象均是实测不均匀沙组成的冲淤规律。当水库调节后泥沙组成会发生很大改变,细沙含量有可能增加。因此,进一步研究了细沙含量对冲淤状况的影响。

将细沙含量分为小于 40%、40%~60%、60%~80% 和大于 80% 4 组,并以利津站平均流量与进入下游平均流量(三门峡、黑石关、小浪底平均流量)的比值在 0.8~1.2 的 150 场洪水作为研究对象。点绘不同细沙含量条件下分组沙的冲淤效率与洪水期全沙平均含沙量的关系(见附图 B-49~附图 B-53)。可见,随着细沙含量的增大,除细沙的淤积有所增加外,中、较粗、特粗颗粒泥沙 3 组泥沙以及全沙的淤积均有所降低,以粗颗粒泥沙

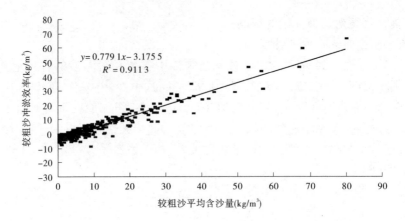

附图 B-47　洪水期较粗沙冲淤效率与较粗沙平均含沙量关系

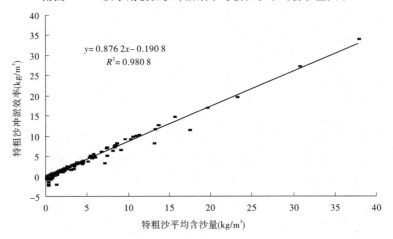

附图 B-48　洪水期特粗沙冲淤效率与特粗沙平均含沙量关系

和特粗颗粒泥沙表现更为明显。

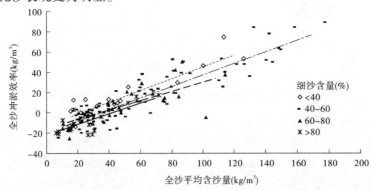

附图 B-49　细沙含量对全沙冲淤效率的影响

　　黄河下游河道床沙组成中,粒径大于 0.05 mm 的较粗颗粒泥沙和特粗颗粒泥沙占 80% 左右,粒径在 0.025 ~ 0.05 mm 的中沙约占 10%,细沙极少。但在清水下泄或低含沙 洪水期,下游河道冲刷以细沙为主(细沙冲刷量约为 59%,中沙和较粗沙分别约为 24% 和

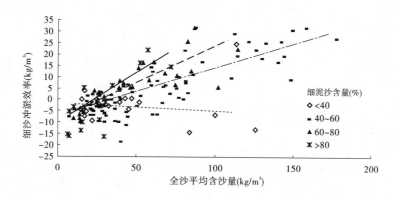

附图 B-50　细沙含量对细颗粒泥沙冲淤效率的影响

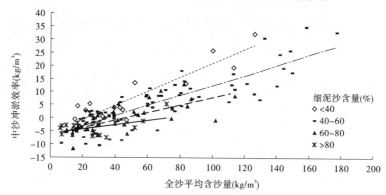

附图 B-51　细沙含量对中颗粒泥沙冲淤效率的影响

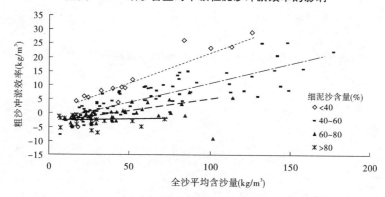

附图 B-52　细沙含量对较粗颗粒泥沙冲淤效率的影响

13%)。因此,为了减少粗沙淤积,提高来沙的细沙含量是很有必要的。

分别点绘黄河下游洪水期中颗粒泥沙和较粗颗粒泥沙的冲淤效率与洪水的平均含沙量、细颗粒泥沙含量之间的关系(见附图 B-54 和附图 B-55)。可以看出,对于相同含沙量级的洪水,随着细沙含量的增大,中沙和较粗沙的冲淤效率均减小,且减小的幅度随着含沙量级的增大而增大。

总体上来看,洪水期冲淤效率与平均含沙量密切相关,同时随洪水期平均流量的增大而有所减小,随泥沙级配变细(小于 0.025 mm 的细沙占全沙比例)的增大而增大。为

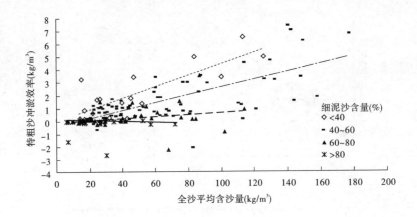

附图 B-53　细沙含量对特粗颗粒泥沙冲淤效率的影响

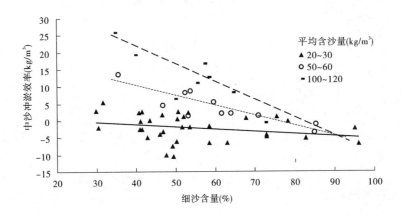

附图 B-54　洪水期中沙冲淤效率与平均含沙量和细泥沙含量关系

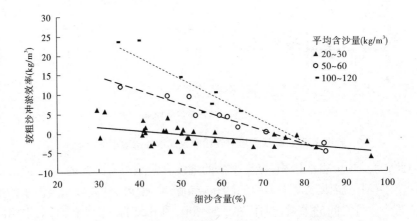

附图 B-55　洪水期较粗沙冲淤效率与平均含沙量和细沙含量关系

此,在建立洪水期冲淤效率计算公式时,首要考虑的因素是含沙量、流量及泥沙级配。

B.2.2 黄河下游洪水期冲淤特性及高效输沙研究

B.2.2.1 洪水期冲淤特性分析

由于黄河下游泥沙来源分布的不均匀性和黄河洪水陡涨陡落的特点,洪水期黄河下游河道的输沙能力与一般河流有所不同。同样的来水条件可产生不同的来沙条件,来自粗沙来源区的洪水,下游沿程各站悬移质中的床沙质含沙量都高,而来自少沙区的洪水,沿程床沙质含沙量都低,经过长距离调整,这一现象仍然存在。在同一水流强度、河床组成条件下,水流的粗颗粒床沙质挟沙力因细颗粒浓度的变化而呈多值函数。洪水的冲淤情况主要取决于洪水流量、含沙量大小及其搭配。

1. 排沙比与来沙系数的关系

统计下游各场洪水各水文站的平均流量、平均含沙量、水沙量以及河段冲淤量、淤积比等洪水特征要素,分析黄河下游洪水的排沙比与来沙系数(S/Q)的关系。

点绘不同流量级和不同含沙量级洪水的排沙比与来沙系数关系(见附图 B-56 和附图 B-57)可以看出,排沙比随着来沙系数增大而减小。当洪水来沙系数小于 0.01 kg·s/m^{6}时,排沙比大于 100%,来沙系数越小,排沙比越大,下游河道发生显著冲刷;当来沙系数大于 0.01 时,排沙比基本都小于 100%。

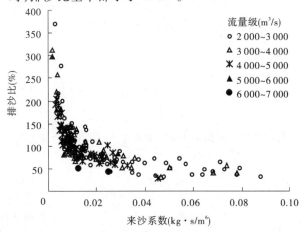

附图 B-56   不同流量级洪水排沙比与来沙系数关系

附图 B-56 中,相同流量级洪水的排沙比变幅很大,流量级越小,排沙比的变幅越大。在大流量级时,洪水的排沙比不高,主要是该量级的洪水在下游发生漫滩,虽然存在淤滩刷槽作用,但全断面是淤积的。附图 B-57 显示,来沙系数大小与含沙量的大小关系非常密切,含沙量级越小,其来沙系数越小,排沙比越高,反之亦然。来沙系数大的主要是平均含沙量大于 80 kg/m^3 的洪水。

2. 排沙比与流量和含沙量的关系

进一步分析排沙比与洪水流量和含沙量的关系(见附图 B-58、附图 B-59)可以看出,按照含沙量级的不同而分带分布,自上而下洪水的含沙量级逐渐增大,同流量的排沙比逐渐减小。对于相同流量级的洪水,含沙量越大,排沙比越小;对于相同含沙量级的洪水,排

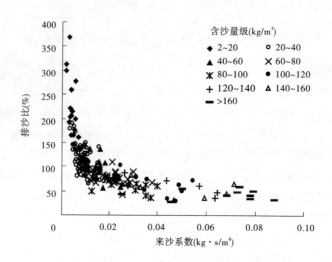

附图 B-57　不同含沙量级洪水排沙比与来沙系数关系

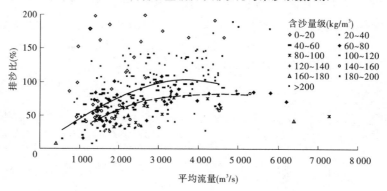

附图 B-58　不同含沙量级洪水排沙比与平均流量关系

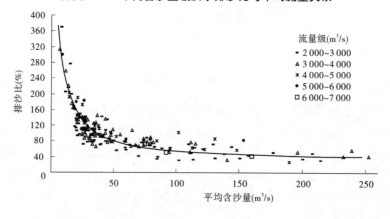

附图 B-59　不同流量级洪水的排沙比与平均含沙量的关系

沙比随着平均流量的增大也增大,当流量大于 4 000 m³/s 后,不再明显增大,甚至略有减小。这主要是由于平均流量大于 4 000 m³/s 的洪水,在下游河道中常发生漫滩,滩地上发生淤积,使得大流量级洪水的排沙比反而降低。另外,对于同一含沙量级的洪水,在平均流量小于 2 000 m³/s 时排沙比小且变幅大,平均流量大于 2 000 m³/s 的排沙比大且相对集中。

由于洪水期平均流量一般在 1 000 ~ 6 000 m³/s,变幅只有 6 倍左右,而洪水的平均含沙量一般在 1 ~ 300 kg/m³,变幅可以达到几十倍,甚至上百倍。因此,由于变化幅度的不同,洪水期排沙比随着平均含沙量的变化比随着平均流量的变化更为敏感。

附图 B-59 为不同流量级洪水的排沙比与洪水平均含沙量的关系,从中可以看出,排沙比随着含沙量的增大而减小,减小的幅度由大变小,在平均含沙量小于 40 kg/m³ 时随着含沙量的增大显著降低,当平均含沙量大于 40 kg/m³ 后随着含沙量的增大缓慢减小。从平均角度来讲,平均含沙量小于 40 kg/m³ 的洪水的排沙比大于 100%,平均含沙量大于 40 kg/m³ 的洪水的排沙比小于 100%,即洪水的平均含沙量大于 40 kg/m³ 后,下游河道将会发生淤积。

综合分析,场次洪水的排沙比与洪水平均来沙系数(S/Q)关系密切,进一步分析平均流量(Q)和平均含沙量(S)关系发现,当洪水平均流量大于 2 000 m³/s 后,排沙比的大小主要受洪水平均含沙量的影响。

3. 排沙比的估算

根据上述分析,我们可以用洪水的平均含沙量大小来估算平均流量大于 2 000 m³/s 的洪水的排沙比。从附图 B-59 可以看出,洪水排沙比与平均含沙量成反比关系,根据附图 B-59 回归出用含沙量来估算排沙比的公式为

$$P_s = \left(\frac{25}{S} + 0.32 \right) \times 100\% \qquad (B-8)$$

式中:P_s 为场次洪水的排沙比;S 为场次洪水的平均含沙量。

利用公式计算出的洪水的排沙比与实测值比较接近,具有较好的代表性。根据公式计算排沙比为 100% 时对应的含沙量为 36.8 kg/m³,与前面分析得出的 40 kg/m³ 比较接近。

B.2.2.2 高效输沙洪水

1. 洪水期输沙水量和排沙比分析

由于在洪水达到一定量级后,其输沙效果主要取决于洪水的平均含沙量,因此本节重点分析洪水期输沙水量和排沙比与含沙量的关系。

分析发现,输沙水量与排沙比的关系根据含沙量大小的不同而分带分布(见附图 B-60),即同一含沙量级的洪水的输沙水量与排沙比之间存在着较好的关系。同一含沙量级洪水的输沙水量随着排沙比的增大而减小,当排沙比达到一定的程度,随着排沙比的增大输沙水量不再减小。若排沙比相同,含沙量越大的洪水的输沙水量越小。

利用排沙比等于 80% 和输沙水量等于 25 m³/t 的两条线,可以把附图 B-60 划分为 4 个区域:区域 I 为低效区,落在该区域内的洪水不仅排沙比不高,且输沙水量大;区域 II 为高排沙区,落在该区域内的洪水具有很高的排沙比,但输沙水量也很大;区域 III 为低耗水区,落在该区域内的洪水的输沙水量较小,但是排沙比也较小;区域 IV 为高效输沙区,落在该区域内的洪水不仅具有较高的排沙比,同时输沙水量也较小,具有高效输沙的特点。因此,落在区域 IV 内的洪水正是我们所要寻找的高效输沙洪水。

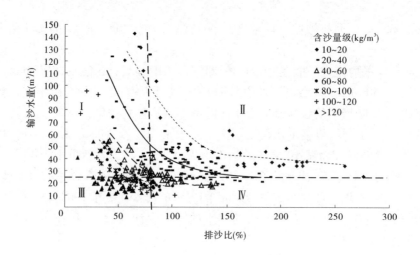

附图 B-60　不同含沙量级洪水的输沙水量与排沙比的关系

　　高效输沙洪水指输沙效率高的洪水,主要表现在两个方面:一是排沙比较高,二是输沙水量较小。本书把黄河下游洪水过程中排沙比大于 80%、输沙水量小于 25 m³/t 的洪水定义为高效输沙洪水。

　　2. 高效输沙洪水特点

　　进一步分析附图 B-60 中高效输沙区(区域Ⅳ)中的洪水特点发现,落在该区域的洪水主要是含沙量量级为 40～60 kg/m³ 和 60～80 kg/m³ 的洪水。附表 B-16 为满足高效输沙洪水条件的 20 场高效输沙洪水的特征值表。由于沿程引水和加水对洪水的冲淤有较大影响,因此在挑选高效输沙洪水时,剔除了沿程流量变化大(利津平均流量与三黑小平均流量的比值 $Q_{lj}/Q_{s,h,x}$ 小于等于 0.8 和大于等于 1.2)的洪水。

　　这些洪水的来水(三黑小)平均流量的最小值和最大值分别为 1 404 m³/s 和 5 804 m³/s,平均含沙量的最小值和最大值分别为 42.5 kg/m³ 和 102.1 kg/m³。所有高效输沙洪水的总来沙量为 50.114 亿 t,利津输出沙量为 44.134 亿 t,沿程引沙量共 2.743 亿 t,全下游淤积 3.237 亿 t,平均排沙比为 93.5%,平均输沙水量为 17.6 m³/t。平均来讲,所有洪水的平均流量为 3 192 m³/s,平均含沙量为 64.7 kg/m³,平均来沙系数为 0.020 kg·s/m⁶。

　　在这 20 场高效输沙洪水中,平均含沙量均大于 40 kg/m³,其中含沙量在 40～60 kg/m³ 的有 8 场,占总数的 40%;含沙量在 60～80 kg/m³ 的有 10 场,占总数的 50%;含沙量大于 80 kg/m³ 的仅有 2 场。可见,90% 的高效输沙洪水的含沙量在 40～80 kg/m³ 范围内,这个范围正是今后调水调沙需要调节的。另外,这 20 场高效输沙洪水的平均流量在 1 400～6 000 m³/s 较均匀分布,2 000 m³/s 以下的有 5 场,平均流量在 2 000～3 000 m³/s、3 000～4 000 m³/s、4 000～5 000 m³/s、5 000～6 000 m³/s 的分别为 4 场、6 场、3 场、2 场,流量大于 5 000 m³/s 的 2 场洪水为漫滩洪水。

　　综合来看,高效输沙洪水的流量级相对分散,而含沙量级则比较集中,进一步说明含沙量是影响洪水输沙效果的主要因子。

洪水时间 （年-月-日）	三黑小			利津		排沙比 （%）	输沙水量 （m³/t）
	平均流量 （m³/s）	平均含沙量 （kg/m³）	来沙系数	平均流量 （m³/s）	平均含沙量 （kg/m³）		
1952-07-30 ~ 08-07	3 054	43.5	0.014	3 333	39.9	100	23
1954-07-13 ~ 07-23	3 513	79.7	0.023	3 485	71.4	89	14
1954-07-31 ~ 08-24	5 379	60.4	0.011	5 758	47.6	84	20
1955-08-26 ~ 09-02	3 458	60.0	0.017	3 430	49.4	82	20
1956-08-26 ~ 09-06	3 405	47.9	0.014	3 473	44.9	96	22
1958-08-10 ~ 08-17	5 804	79.9	0.014	6 114	59.9	84	16
1966-07-27 ~ 08-08	4 155	102.1	0.025	4 523	93.4	103	10
1967-08-02 ~ 08-17	4 265	74.7	0.018	4 208	60.8	83	17
1967-08-27 ~ 09-06	4 495	84.6	0.019	4 393	68.6	80	15
1969-08-16 ~ 08-30	1 407	62.5	0.044	1 596	41.2	83	21
1970-08-20 ~ 08-24	1 404	44.6	0.032	1 294	54.8	140	20
1970-09-09 ~ 09-15	2 343	43.0	0.018	2 357	43.0	108	23
1973-09-06 ~ 09-22	2 734	43.8	0.016	2 599	59.2	135	18
1975-09-01 ~ 09-09	2 949	47.5	0.016	2 711	45.7	99	24
1978-08-28 ~ 09-12	2 559	76.1	0.030	2 275	66.1	89	17
1978-08-28 ~ 10-03	3 208	49.7	0.015	2 783	55.1	109	21
1981-08-16 ~ 08-29	3 323	74.6	0.022	2 994	62.7	86	18
1992-08-28 ~ 09-05	1 951	75.5	0.039	1 800	57.1	81	19
1995-08-15 ~ 08-27	1 508	42.5	0.028	1 454	54.1	136	19
1995-08-28 ~ 09-22	1 879	65.6	0.035	1 769	61.1	101	17

B.2.3　洪水期下游分河段冲淤与水沙关系

为了分析不同来水来沙条件对各河段冲淤的影响,将下游河道分为花园口以上河段、花园口—高村河段、高村—艾山河段和艾山—利津4个河段来分析。利用上述统计的场次洪水,进一步计算出分河段的冲淤量和冲淤效率,用回归分析的方法建立河段冲淤效率 dS 与进口站的平均流量 Q、平均含沙量 S 以及粒径小于 0.025 mm 泥沙的比例 P(以小数计)以及洪水历时 T 等水沙因子的关系式。为了消除沿程引水和加水等流量变化对冲淤的影响,在资料选取时剔除了沿程流量变化较大(沿程流量变化比例超过 10% 或流量变化大于 100 m³/s)的场次。

B.2.3.1　花园口以上河段

花园口以上河道宽浅游荡,黄河干流在孟津县白鹤由山区进入平原后,就流动在华北大冲积扇平原上,这段河道流势平缓,具有"多来、多排、多淤"的输沙特性,泥沙淤积严重。本河段是下游的进口段,1974 年三门峡水库控制运用以来,汛期淤、非汛期冲,年内冲淤调整幅度较其他河段明显;另外从长时期看,本河段的累积淤积量少于其他河段,说明本河段年内调沙作用大。该河段冲淤变化与流域的水沙条件关系密切,与来沙关系尤其密切,洪水期河段冲淤效率主要取决于含沙量和流量。该河段的冲淤效率与进入下游(三门峡、黑石关和武陟(或小董)三站之和)的水沙因子关系式为

$$dS_{s-h} = \frac{35.91 S_{shw}^{0.65}}{Q_{shw}^{0.35} P_{shw}^{0.55} T^{0.1}} - 25 \tag{B-9}$$

式中:脚标 shw 指三门峡、黑石关和武陟(或小董)三站之和,S、Q、P 和 T 分别为脚标所指站的平均含沙量(kg/m³)、平均流量(m³/s)、粒径小于 0.025 mm 的泥沙比例(P 以小数计)和洪水历时(d),如 S_{shw} 为三站平均含沙量。

公式计算的结果与实测资料统计结果的对比见附图 B-61,从中可以看出,计算值与实测值关系较好,点群较好地分布在 45°线两侧。

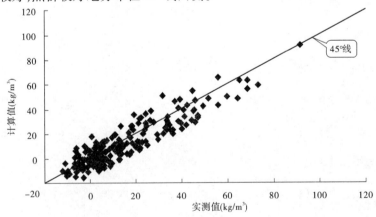

附图 B-61　花园口以上河段冲淤效率的计算值与实测值对比

B.2.3.2　花园口—高村河段

花园口—高村河段亦为游荡型河道,河道较宽浅,亦具有"多来、多排、多淤"的输沙特性;随来水来沙变化呈现大淤大冲调整,具有明显的调沙作用,也是泥沙淤积的主要河段。河段冲淤强度与水沙因子的关系式为

$$dS_{h-g} = 3.53 \frac{S_{hyk}^{1.62}}{Q_{hyk}^{0.83}P_{hyk}^{0.4}} + 16.93 \frac{S_{hyk}^{0.82}}{Q_{hyk}^{0.41}P_{hyk}^{0.2}T^{0.05}} - 13.5 \qquad (B-10)$$

式中:脚标 hyk 指花园口站。

利用公式计算的结果与实测值的对比见附图 B-62。利用公式计算的结果与实测资料计算值基本一致,如附图 B-62 中所示二者均匀分布在 45°线两侧。

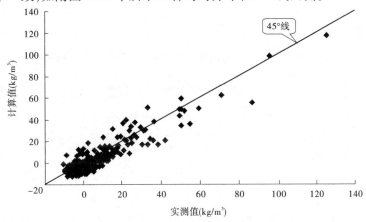

附图 B-62　花园口—高村河段冲淤效率的计算值与实测值对比

B.2.3.3　高村—艾山河段

高村—艾山河段主要由过渡型河道高村—陶城铺段和弯曲型河道陶城铺—艾山段构成。该段河道河槽较稳定,具有"多来、多排"的输沙特性。进入该河段的水沙经高村以上宽河道的调整,已相对协调,因此泥沙在河段的落淤明显较前两个河段小。河段的冲淤效率与进口高村站的水沙因子关系为

$$dS_{g-a} = 2 \frac{S_{gc}^{0.58}T^{(S/Q-0.015)}}{(Q_{gc}/B)^{0.35}P_{gc}^{0.36}} - 15 \qquad (B-11)$$

式中:脚标 gc 指高村站。

利用公式计算的结果与实测值的对比见附图 B-63。从附图 B-63 中可以看出,公式计算结果与实测资料计算结果的一致性尚可,但较上面两个河段差,主要由于进入本河段的水沙经过高村以上宽河道的调整,河段冲淤变化受水沙影响作用减弱,而受河床边界条件的影响有所加强。

B.2.3.4　艾山—利津河段

艾山—利津河段是河势比较归顺稳定的弯曲型河段,具有"多来、多排"的输沙特性。由于堤距及河槽较窄,比降平缓,在冲淤量相同时,该河段的河床升降幅度要比高村以上河段大得多。艾山—利津河段的冲淤不完全取决于来自流域的水沙条件,还与艾山以上河段的河床调整有关。河段具有"大水冲、小水淤"的基本特性,受流量的影响较明显,大

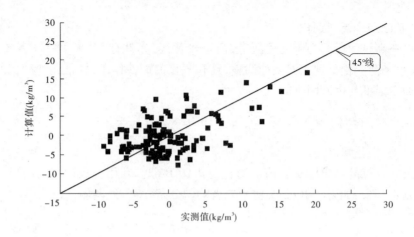

附图 B-63　高村—艾山河段冲淤效率的计算值与实测值对比

流量的冲刷作用非常显著，"涨冲落淤"基本规律表现明显。洪水期河段冲淤效率与水沙因子关系为

$$dS_{a-1} = 3S_{as}^{0.48} - 0.013Q_{as}^{0.8} - 3T^{0.25} - 6P_{as}^{0.08} + 2.5 \tag{B-12}$$

式中：脚标 as 指艾山站。

利用式(B-12)计算的结果与实测值的对比见附图 B-64。洪水期，该河段的冲淤强度相对较小，一般在 10 kg/m³ 以内。由于进入该河段的水沙经过艾山以上 400 多 km 的河道调整，水沙相对协调，在艾山—利津河段的冲淤变化较小。从附图 B-64 来看，点群相对分散，二者关系也较高村以上两个河段差，但计算值与实测值也均匀分布于 45°线两侧，两者基本一致。

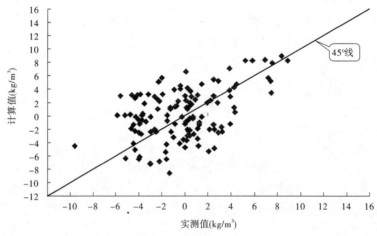

附图 B-64　艾山—利津河段冲淤效率的计算值与实测值对比

B.2.3.5　全下游河道

全下游河道的冲淤效率与下游进口水沙（三黑小或小黑小）的关系为

$$dS_{s-1} = (0.000\ 32S - 0.000\ 02Q + 0.65)S - 0.004Q - 0.2P - 10 \qquad (B-13)$$

利用公式计算的结果与实测资料计算的结果对比见附图 B-65。

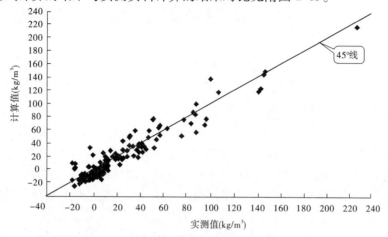

附图 B-65　全下游河道冲淤效率的计算值与实测值对比

黄河下游白鹤—利津河长 760 km 左右,进入下游河道的水沙经过较长河段,冲淤调整相对充分,因而下游河道的冲淤与来水来沙关系较好。对于分河段而言,由于河道相对短,河道冲淤调整不完全,各河段的进口水沙和河道边界条件不同,因此分河段的冲淤调整规律也不同。通过分析表明,靠上游的花园口以上河段和花园口—高村河段两个河段建立的关系较好。

本书主要研究排沙对下游的风险,因此上述冲淤与水沙因子关系分析中,洪水主要采用平均含沙量大于 30 kg/m³、平均流量大于 2 000 m³/s 的场次洪水。同时,由于实测资料的样本范围有限,故上述回归的洪水期各河段冲淤效率与水沙因子的关系式的适用范围为:平均含沙量 40 ~ 300 kg/m³、平均流量 2 000 ~ 6 000 m³/s,若外延使用,则会出现不同程度的偏差。

B.2.4　不同水沙条件下适宜含沙量计算

B.2.4.1　下游适宜排沙指标分析

将黄河下游历年发生的场次洪水的平均淤积统计值作为适宜的排沙指标,用淤积比控制含沙量的上限,输沙水量控制含沙量的下限。

为了消除沿程流量变化对统计规律的影响,用场次洪水中流量沿程变化不大的 150 场左右的洪水开展统计分析。进入下游总水、沙为 4 241.5 亿 m³ 和 247.962 亿 t,利津输出总水、沙量为 4 204.4 亿 m³ 和 181.262 亿 t,全下游总冲淤量为 56.323 亿 t,总淤积比为 22.7%,输沙水量为 23 m³/t。下游 4 个河段的冲淤量分别为 38.043 亿 t、22.819 亿 t、2.165 亿 t、-6.704 亿 t,河段淤积比分别为 15.3%、11.0%、1.2% 和 -3.8%。参考场次洪水的平均情况,设定下游的适宜排沙指标见附表 B-17。

附表 B-17　不同流量级条件下的适宜淤积比指标

流量级 （m³/s）	淤积比 ξ(%)					输沙水量 $W_输$(m³/t)
	花园口以上	花园口—高村	高村—艾山	艾山—利津	全下游	
4 000	12	8	3	2	22	22
6 000	11	7	3	2	22	20

B.2.4.2　方案及计算结果分析

1. 淤积比

依据 B.2.3 部分中分析回归的各河段的冲淤效率与水沙因子的关系,进行不同方案下河段的冲淤计算。进入下游的粒径小于 0.025 mm 泥沙百分比根据附图 B-66,按照多数点群和以往细颗粒泥沙比例随含沙量变化的关系,初步拟定出细颗粒泥沙比例与平均含沙量的关系为

$$P_{0.025} = -0.000\,001\,174\,1S^3 + 0.001\,1S^2 - 0.342S + 76.57 \tag{B-14}$$

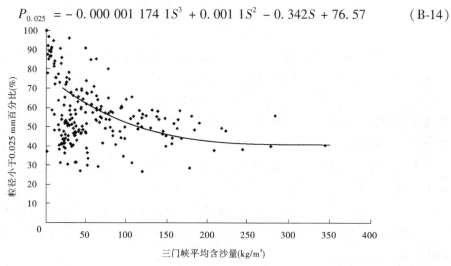

附图 B-66　洪水期三门峡站粒径小于 0.025 mm 的泥沙比例与平均含沙量关系

计算公式中的进入下游的细颗粒泥沙比例按照式(B-14)计算。沿程各河段的流量损失按 1% 计,全下游流量损失共 4%。本次计算的方案概化为 2 个流量级:4 000 m³/s、6 000 m³/s,6 个含沙量级:40 kg/m³、100 kg/m³、150 kg/m³、200 kg/m³、250 kg/m³ 和 300 kg/m³。计算中进入下游的水量设定为 50 亿 m³,因此各流量级的洪水历时不同,沙量则随着含沙量级的增加而增加。计算结果见附表 B-18、附表 B-19。

根据计算结果绘制各流量级的河段淤积比与进入下游的平均含沙量关系图,并拟合关系曲线和关系式,如附图 B-67 所示。随着平均含沙量的增加,下游各河段及全下游的淤积比均增加,但增加的幅度不断减小;其他流量级的规律相同。依据回归的关系式可以计算出不同淤积比条件下所对应的含沙量,计算结果见附表 B-20。

依据附表 B-20 可以查出不同淤积比对应的含沙量,按照附表 B-17 适宜淤积指标,得出流量级的适宜含沙量见附表 B-21。

附表 B-18 流量级 4 000 m³/s 条件下下游分河段计算结果

进入下游		三门峡—花园口			花园口—高村			高村—艾山			艾山—利津			全下游			
S_{pj} (kg/m³)	W_s (亿t)	dS_{s-h} (kg/m³)	dW_s (亿t)	ξ (%)	dS_{h-g} (kg/m³)	dW_s (亿t)	ξ (%)	dS_{g-a} (kg/m³)	dW_s (亿t)	ξ (%)	dS_{a-1} (kg/m³)	dW_s (亿t)	ξ (%)	dS (kg/m³)	dW_s (亿t)	ξ (%)	$W_输$ (m³/t)
40	2	-3.9	-0.195	-9.7	0.8	0.041	1.9	-2.1	-0.101	-4.7	0.2	0.009	0.4	-4.9	-0.247	-12.3	22.3
100	5	18.1	0.903	18.1	13.4	0.661	16.1	2.8	0.135	3.9	4.0	0.192	5.8	37.8	1.891	37.8	16.1
150	7.5	35.1	1.754	23.4	25.6	1.268	22.1	7.0	0.345	7.7	6.6	0.321	7.8	73.8	3.688	49.2	13.1
200	10	50.5	2.526	25.3	39.2	1.941	26.0	11.0	0.541	9.8	9.1	0.439	8.8	108.9	5.447	54.5	11.0
250	12.5	63.9	3.197	25.6	54.1	2.677	28.8	14.8	0.724	10.9	11.4	0.553	9.4	143.0	7.151	57.2	9.3
300	15	75.6	3.780	25.2	70.2	3.472	30.9	18.3	0.895	11.6	13.6	0.661	9.6	176.2	8.809	58.7	8.1

注:S_{pj} 为平均含沙量;W_s 为沙量;dS 为单位水量冲淤量,正为淤积,负为冲刷;dW_s 为冲淤量,正为淤积,负为冲刷;ξ 为淤积比;$W_输$ 为输沙水量。下同。

附表 B-19 流量级 6 000 m³/s 条件下下游分河段计算结果

进入下游		三门峡—花园口			花园口—高村			高村—艾山			艾山—利津			全下游			
S_{pj} (kg/m³)	W_s (亿t)	dS_{s-h} (kg/m³)	dW_s (亿t)	ξ (%)	dS_{h-g} (kg/m³)	dW_s (亿t)	ξ (%)	dS_{g-a} (kg/m³)	dW_s (亿t)	ξ (%)	dS_{a-1} (kg/m³)	dW_s (亿t)	ξ (%)	dS (kg/m³)	dW_s (亿t)	ξ (%)	$W_输$ (m³/t)
40	2	-5.9	-0.297	-14.8	-0.9	-0.046	-2.0	-3.0	-0.149	-6.4	-2.0	-0.098	-4.0	-11.8	-0.590	-29.5	19.3
100	5	13.9	0.695	13.9	9.9	0.491	11.4	1.5	0.074	1.9	2.2	0.108	2.9	27.4	1.368	27.4	13.8
150	7.5	29.3	1.464	19.5	20.3	1.006	16.7	5.5	0.271	5.4	5.3	0.255	5.4	59.9	2.996	39.9	11.1
200	10	43.2	2.162	21.6	31.7	1.569	20.0	9.3	0.454	7.2	8.0	0.389	6.7	91.5	4.574	45.7	9.2
250	12.5	55.4	2.769	22.1	43.9	2.175	22.4	12.7	0.623	8.2	10.7	0.518	7.5	121.7	6.084	48.7	7.8
300	15	65.9	3.295	22.0	57.0	2.821	24.1	15.9	0.779	8.8	13.2	0.640	7.9	150.7	7.536	50.2	6.7

附表 B-20　黄河下游不同流量级洪水各河段不同淤积比所对应的含沙量计算结果

流量级	全下游		花园口以上		花园口—高村		高村—艾山		艾山—利津	
	$S(kg/m^3)$	$\xi(\%)$	$S(kg/m^3)$	$\xi(\%)$	$S(kg/m^3)$	$\xi(\%)$	$S(kg/m^3)$	$\xi(\%)$	$S(kg/m^3)$	$\xi(\%)$
$Q=4\,000$ m^3/s	74.6	25	86.4	15	67.8	10	111.4	5	73.2	4
	70.4	22	76.7	12	63.7	9	100.7	4	62.2	3
	67.9	20	73.9	11	59.8	8	91.2	3	52.8	2
	65.5	18	71.4	10	56.1	7	82.6	2	44.5	1
	62.1	15	69.0	9	52.7	6	74.8	1	37.2	0
$Q=6\,000$ m^3/s	94.8	25	106.0	15	90.6	10	142.3	5	118.1	4
	88.9	22	91.6	12	84.5	9	125.9	4	101.7	3
	85.5	20	87.8	11	79.0	8	112.3	3	88.5	2
	82.3	18	84.4	10	73.8	7	100.8	2	77.5	1
	77.9	15	81.2	9	69.1	6	90.6	1	68.1	0

注:S 为进入下游的平均含沙量,ξ 为河段淤积比。

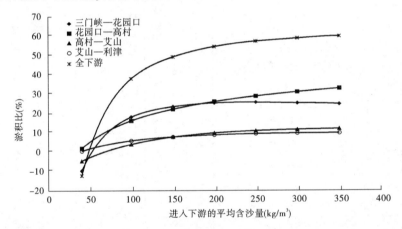

附图 B-67　4 000 m³/s 条件下下游各河段淤积比与进入下游平均含沙量的关系

附表 B-21　黄河下游不同流量级洪水进入下游的适宜含沙量　（单位:kg/m³）

流量级 （m³/s）	对应于淤积比指标					对应于 输沙水量
	花园口以上	花园口—高村	高村—艾山	艾山—利津	全下游	
4 000	76.7	59.8	91.2	52.8	70.4	41
6 000	87.8	73.8	112.3	88.5	88.9	35

2. 输沙水量

　　黄河下游洪水期输沙水量大小主要取决于洪水的含沙量大小,流量有一定的影响,例如附图 B-68 为实测资料计算的洪水输沙水量与含沙量的关系。可以看出,在相同流量条件下,随着含沙量的增加输沙水量不断减小,减小的幅度也不断减小,即随着含沙量的增加,增加相同的含沙量时减小的输沙水量变小。利用回归公式分河段分别计算河段的单位水量冲淤量和冲淤量,进而计算出全下游的冲淤量和输沙水量等,附图 B-69 为计算的输沙水量与含沙量的关系图,与实测的规律基本一致。根据附图 B-67 回归出各流量级输沙水量与含沙量关系,得出满足输沙水量要求(见附表 B-17)的适宜含沙量见附表 B-21。

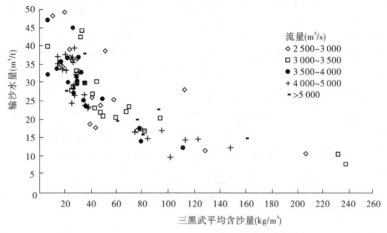

附图 B-68 黄河下游洪水期输沙水量与平均含沙量及流量关系(实测)

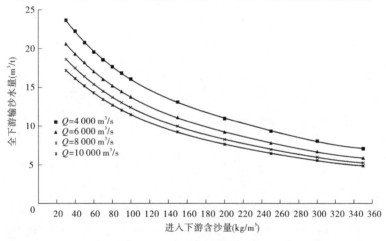

附图 B-69 黄河下游不同流量级条件下的输沙水量与含沙量关系(计算)

满足全下游输沙水量要求的含沙量为适宜含沙量的下限,满足各河段和全下游淤积比要求的含沙量为适宜含沙量的上限,二者确定的范围为适宜含沙量的范围,即当发生 4 000 m³/s、6 000 m³/s 量级洪水,为满足淤积指标时的适宜含沙量不能超过 52.8 kg/m³、73.8 kg/m³,同时为满足输沙水量指标时的适宜含沙量不低于 41 kg/m³、35 kg/m³。

随着流量级的增加,进入下游的适宜含沙量的范围扩大,说明大流量的输沙能力强,其适宜的含沙量范围较宽。当进入下游的平均含沙量在适宜含沙量范围内时,随着含沙量的增加,一方面下游的输沙水量不断减小,另一方面淤积比不断增加,但均满足输沙水量和淤积比要求。在这种情况下,应选取同时满足两个要求的含沙量的上限作为最优含沙量,即满足淤积比的条件下,输沙水量小,输送出下游河道的泥沙量最大。因此,发生4 000 m³/s、6 000 m³/s 量级洪水的最优含沙量(同时满足输沙水量条件和河道淤积比条件以及水库尽量多排沙)分别为 52.8 kg/m³、73.8 kg/m³。

B.2.5 典型中小高含沙洪水的调控方案

选取 20 世纪 90 年代发生的"92·8"、"94·8"、"98·7"3 场中小量级的高含沙洪水,利用上述建立的分河段冲淤与水沙关系式,计算各河段的冲淤量等。

这 3 场洪水的来沙量特别大,在下游淤积严重,淤积比很高,均在 50%以上,特别是"92·8"洪水的淤积比接近 60%。对于这类洪水应予以适当的调控,以减小下游河道的淤积。

B.2.5.1 减小进入下游的含沙量

计算采用 3 个方案,以实际的来水来沙作为方案 0;流量不变条件,平均含沙量减小20%,同时粒径小于 0.025 mm 的细颗粒泥沙的比例增加 20%,作为方案 1;流量不变条件下,平均含沙量减小 40%,同时粒径小于 0.025 mm 的细颗粒泥沙的比例增加 40%,作为方案 2。各方案水沙量见附表 B-22,方案间的比较见附表 B-23。

附表 B-22　各方案的水沙量及下游冲淤量

方案 0　实际来水来沙							
时间 (年-月-日)	进入下游				利津	全下游	
	水量 (亿 m³)	沙量 (亿 t)	平均流量 (m³/s)	平均含沙量 (kg/m³)	沙量 (亿 t)	冲淤量 (亿 t)	淤积比 (%)
1992-08-10～08-19	23.842	5.692	2 760	238.7	2.324	3.368	59.2
1994-08-06～08-18	32.095	5.872	2 857	183.0	2.705	3.167	53.9
1998-07-09～07-22	26.739	3.649	2 211	136.5	1.513	2.136	58.5

方案 1　平均含沙量减小 20%,细沙比例增大 20%							
时间 (年-月-日)	进入下游				利津	全下游	
	水量 (亿 m³)	沙量 (亿 t)	平均流量 (m³/s)	平均含沙量 (kg/m³)	沙量 (亿 t)	冲淤量 (亿 t)	淤积比 (%)
1992-08-10～08-19	23.842	4.553	2 760	191.0	2.101	2.452	53.9
1994-08-06～08-18	32.095	4.698	2 857	146.4	2.453	2.245	47.8
1998-07-09～07-22	26.739	2.919	2 211	109.2	1.409	1.510	51.7

方案 2　平均含沙量减小 40%,细沙比例增大 40%							
时间 (年-月-日)	进入下游				利津	全下游	
	水量 (亿 m³)	沙量 (亿 t)	平均流量 (m³/s)	平均含沙量 (kg/m³)	沙量 (亿 t)	冲淤量 (亿 t)	淤积比 (%)
1992-08-10～08-19	23.842	3.415	2 760	143.2	1.803	1.612	47.2
1994-08-06～08-18	32.095	3.523	2 857	109.8	2.128	1.396	39.6
1998-07-09～07-22	26.739	2.189	2 211	81.9	1.261	0.928	42.4

方案 1 与方案 0 比较				
时间（年-月-日）	来沙量①	输出沙量②	冲淤量③	③/①（%）
1992-08-10 ~ 08-19	1.139	0.223	0.916	80.4
1994-08-06 ~ 08-18	1.174	0.252	0.922	78.5
1998-07-09 ~ 07-22	0.730	0.104	0.626	85.8

方案 2 与方案 0 比较				
时间（年-月-日）	来沙量①	输出沙量②	冲淤量③	③/①（%）
1992-08-10 ~ 08-19	2.277	0.521	1.756	77.1
1994-08-06 ~ 08-18	2.349	0.577	1.772	75.4
1998-07-09 ~ 07-22	1.460	0.252	1.208	82.7

方案 2 与方案 1 比较				
时间（年-月-日）	来沙量①	输出沙量②	冲淤量③	③/①（%）
1992-08-10 ~ 08-19	1.138	0.298	0.840	73.8
1994-08-06 ~ 08-18	1.175	0.325	0.850	72.3
1998-07-09 ~ 07-22	0.730	0.148	0.582	79.7

方案 0 的冲淤量是利用建立的关系式计算出来的,中间不考虑沿程引水引沙,与实测资料计算的冲淤量略有差别,但差值很小。

比较方案 1 与方案 0,方案 1 中减少进入下游的泥沙量分别减小 1.139 亿 t、1.174 亿 t 和 0.730 亿 t,输出下游河道的沙量分别为 0.223 亿 t、0.252 亿 t 和 0.104 亿 t,全下游少淤积了 0.916 亿 t、0.922 亿 t 和 0.626 亿 t,少淤积的量占少来沙量的 78.5% ~ 85.8%。由此可见,少进入下游河道的泥沙,其作用主要是使得下游河道少淤积,而输出河道的泥沙量减少并不多。方案 2 与方案 0 以及方案 2 与方案 1 的比较,均说明此规律。

因此,对于像"92·8"、"94·8"、"98·7"这样的小流量级高含沙洪水,通过调控减少进入下游的沙量,可以大大减小下游河道的淤积,同时,输出河道的沙量减少并不多,实现真正意义上的减淤。

B.2.5.2　调控流量为 4 000 m³/s 条件下的适宜含沙量

通过水库调节补水,使进入下游洪水的平均流量增大到 4 000 m³/s,也可满足上述的河道淤积指标。当流量一定、河段淤积比一定时,适宜含沙量就确定了。由于水库调节后,进入下游的泥沙组成发生变化,与实际不同,因此计算时假定了 4 种情况,即细颗粒泥沙的比例分别为 50%、60%、70% 和 80%,计算结果见附表 B-24。

从附表 B-24 可以看出,在满足各河段淤积比指标条件下,输沙水量均满足要求。计算结果表明,控制适宜含沙量大小的主要是花园口—高村河段的淤积比指标,满足这个指标后,其他各指标均能满足要求。

在平均流量 4 000 m³/s 条件下,细颗粒泥沙比例 50%、60%、70% 和 80% 所对应的满足各指标要求的适宜含沙量分别为 53.3 kg/m³、55.9 kg/m³、58.1 kg/m³ 和 60.2 kg/m³，相应全下游的淤积比分别为 5.9%、4.2%、3.6% 和 3.2%，下游河道微淤。

附表 B-24 4 000 m³/s 下不同细沙组成的适宜含沙量计算结果

细沙比例	含沙量(kg/m³)	淤积比(%)					输沙用水量(m³/t)
		三门峡—花园口	花园口—高村	高村—艾山	艾山—利津	全下游	
50%	82.7	12.0	14.9	-0.7	1.1	25.4	16.2
	53.3	3.5	8.0	-4.0	-1.9	5.9	19.9
	148.2	17.7	22.3	3.0	4.6	40.8	11.4
	94.8	13.8	16.8	0.3	2.0	29.9	15.1
	75.3	10.6	13.6	-1.4	0.4	22.0	17.0
60%	109.7	12.0	17.6	1.2	3.0	30.4	13.1
	55.9	0.8	8.0	-3.6	-1.4	4.2	18.7
	152.1	14.7	21.3	3.0	4.6	37.9	10.6
	93.6	10.2	15.6	0.2	2.0	25.8	14.4
	83.7	8.6	14.1	-0.6	1.3	22.0	15.3
70%	130.9	12.0	18.8	1.9	3.9	32.6	11.3
	58.1	-0.1	8.0	-3.6	-1.0	3.6	17.9
	162.2	13.5	21.1	3.0	4.9	37.0	9.8
	93.4	8.4	14.8	-0.1	2.0	23.4	14.0
	89.4	7.8	14.2	-0.4	1.7	22.0	14.3
80%	159.3	12.0	20.1	2.7	4.7	34.8	9.6
	60.2	-1.0	8.0	-3.4	-0.7	3.2	17.1
	170.7	12.4	20.7	3.0	5.0	36.0	9.2
	93.4	6.9	14.1	-0.3	2.0	21.4	13.6
	95.2	7.1	14.4	-0.2	2.1	22.0	13.5

B.2.6 小结

（1）输沙水量与排沙比的关系因含沙量大小的不同而分带分布，同一含沙量级洪水的输沙水量随着排沙比的增大而减小，当排沙比达到一定的程度后，随着排沙比的增大，输沙水量的减小不再明显。可以用平均流量为 3 200 m³/s、平均含沙量为 65 kg/m³ 的水沙搭配来代表高效输沙洪水的水沙搭配。

（2）洪水来沙组成中，细颗粒泥沙含量越高，中、较粗、特粗颗粒泥沙和全沙的冲淤效率越小。小浪底水库"拦粗排细"运用是实现减轻水库和下游河道泥沙淤积灾害的重要途径。假定小浪底水库进出库流量相同，则进库含沙量越高，维持下游河道中、粗沙不淤积所要求的细沙含量越高,要求水库排沙比越小,据此得出不同入库含沙量条件下,维持中、粗颗粒泥沙在下游河道中不发生淤积的水库排沙比和出库含沙量。

(3)依据实测资料,分析回归出洪水期黄河下游分河段的冲淤效率与河段进口站的水沙因子关系,在不考虑沿程引水引沙条件下,可计算:已知进入下游的水沙条件时,分河段的冲淤效率、冲淤量和淤积比,全下游的冲淤效率、冲淤量、淤积比和输沙水量等数值。

(4)当发生 4 000 m³/s 和 6 000 m³/s 量级洪水时,若满足淤积指标要求时适宜含沙量为不超过 53 kg/m³ 和 74 kg/m³,若满足输沙水量指标要求时适宜含沙量不低于 41 kg/m³ 和 35 kg/m³。

B.3 黄河下游漫滩洪水淤滩刷槽效果及风险分析

小浪底水库投入运用 10 年来,通过对水库的科学调度,下游防洪能力显著提高,河槽健康指标明显恢复,工农业用水得到了更好的保证,河道不断流的目标已经实现。同时,小浪底水库的运用也为洪水调度提供了保障,若再遭遇大漫滩洪水,可利用小浪底水库的调节作用,控制下泄流量。为此,需要研究在下游一定平滩流量条件下,漫滩洪水的冲淤规律,量化不同量级洪水所产生的风险,进而提出以实现风险效益最优为目的的小浪底水库大漫滩洪水调度模式。

B.3.1 漫滩洪水分类

黄河下游河道平面外形呈宽窄相间的藕节状,收缩段与开阔段交替出现,滩地面积占河道总面积的 80% 左右,广阔的滩地具有显著的滞洪淤沙作用。洪水漫滩后,由于滩地糙率较大,流速低,主槽糙率较小,流速高,主槽的过洪能力一般占全断面的 80% 以上,对河道泄洪排沙起主要作用。同时,洪水漫滩后,不但水流发生横向交换,泥沙也发生横向交换。因而,经过一场大漫滩洪水后,往往会发生滩淤槽冲的现象,行洪能力加大,河势归顺,对防洪有利。

通过分析不同洪水过程中的冲淤变化发现,洪水漫滩与否和漫滩程度大小都对洪水过程中河道的冲淤特性产生影响。国家"十五"科技攻关项目中按漫滩程度不同将洪水分为不漫滩、一般漫滩和大漫滩三种类型,如附图 B-70 所示。

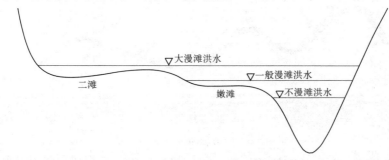

附图 B-70 按漫滩程度划分洪水示意图

一般漫滩洪水指洪水流量较小、滩地淤积量少的洪水,这类洪水仅主槽发生较明显的冲刷或淤积;大漫滩洪水指洪水流量较大的洪水,这类洪水一般发生明显的淤滩刷槽现象,但当来水含沙量较高时,不仅滩地大量淤积,主槽也会淤积,出现滩槽同淤、主槽明显萎缩的情况。本书主要针对漫滩程度较大的大漫滩洪水。

B.3.2　漫滩洪水水沙交换机理分析

B.3.2.1　滩槽水沙交换模式

黄河下游河道为主槽与滩地组成的复式断面,在平面上有宽窄相间的藕节状外形,收缩段与开阔段交替出现,开阔段有宽广的滩地,滩地面积占河道面积的 84% 左右。当洪水漫滩后,在滩槽水流交换过程中也产生泥沙交换,对滩槽冲淤变化有着重大作用。滩槽水流泥沙横向交换一般有以下三种形式:

（1）涨水时,由于两岸阻力较大,河心的水面高于两岸水面,形成由河心流向两岸的环流,把一部分泥沙自主槽搬上滩地。

（2）由于滩面上有串沟、汊河,水流漫滩后,主槽的泥沙通过串沟、汊河送至滩地。

（3）由于河道宽窄相间,当水流从窄段进入宽段时,一部分水流由主槽分入滩地,滩地水浅流缓,进入滩地的泥沙在滩地大量淤积;而当水流从宽段进入下一个窄段时,来自滩地的较清水流与主槽水流发生混掺,使进入下一河段的水流含沙量相对降低,使主槽发生冲刷。由于这种水流泥沙的不断交换,全断面含沙量虽然沿程衰减,但造成了滩淤槽冲,影响距离可达几百千米。

附图 B-71 为周营—青庄河段河道平面形态及大漫滩洪水滩槽水沙交换模式示意图。由图可以看出,漫滩水流水沙交换模式可分为两种,即长条形滩区(二滩)交换模式和三角形滩区(嫩滩)交换模式。

嫩滩水流流速较大,滩槽水沙交换频繁,在同岸控导工程河道长度范围内(即左右岸两个三角形滩区)即可完成一次完整的进出滩的滩槽水沙交换过程,滩槽水沙交换长度约 10 km。二滩外形一般近似于矩形的,滩槽水沙交换长度一般相当三处同岸控导工程的河道长度,约为 20 km。

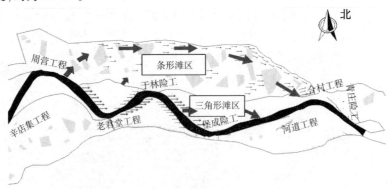

附图 B-71　滩槽水沙交换模式

根据对花园口—利津各河段同岸河弯个数的统计,得出各河段河弯个数及平均一个河弯长度(见附表 B-25),平均同岸河弯范围内三角形滩区长度(即嫩滩滩槽交换长度,简称一个交换单元)一般在 10 km 左右。以夹河滩—高村、高村—孙口河段平均交换长度为 14 km 和 12 km 为最长。而条形滩区长度则数十千米不等。其中夹河滩—高村河段,从周营—三合村为一个条形滩区,长度约 20 km。

附表 B-25　各河段河弯数及对应长度

河段	河段长(km)	河弯数(个数)	平均一个河弯长度(km)
铁谢—花园口	100	9	11
花园口—夹河滩	100	10	10
夹河滩—高村	73	5	14
高村—孙口	120	10	12
孙口—艾山	64	6	10
艾山—泺口	100	11	9
泺口—利津	170	20	8.5

B.3.2.2　滩槽挟沙力对比

洪水漫滩后,滩地阻力较大,糙率一般在 0.03 ~ 0.04,而主槽阻力较小,糙率甚至有小于 0.01,据"96·8"洪水实测资料,主槽、嫩滩、滩地综合糙率分别为 0.01、0.02 和 0.06;同时由于滩地水深小(见附图 B-72),由曼宁公式(式(B-15))可知,二者共同造成滩地流速较低。由 1982 年和 1996 年两场大漫滩洪水期间高村的滩槽实测流速可见(见附图 B-73),漫滩洪水的主槽平均流速一般在 2 ~ 3 m/s,而滩地平均流速在 0.3 m/s 以下,因此漫滩水流的挟沙力非常低。

$$V_i = \frac{1}{n_i} h_i^{2/3} J_i^{1/2} \tag{B-15}$$

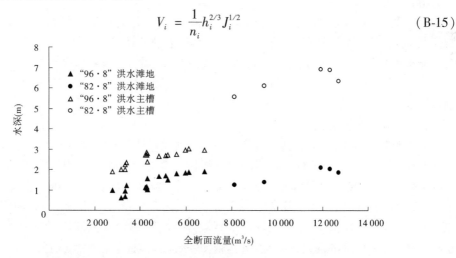

附图 B-72　高村水文站断面同时间滩槽平均水深对比

分别计算漫滩洪水过程中滩槽的水流挟沙力,采用张瑞瑾的挟沙力计算公式:

$$S_* = 0.22 \left(\frac{v^3}{gH\omega} \right)^{0.76} \tag{B-16}$$

根据实测流量成果表分别计算滩槽的平均流速 v(m/s)、水深 H(m)。对于悬沙平均

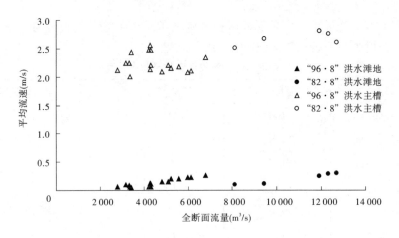

附图 B-73 高村水文站断面同时间滩槽平均流速对比

沉速 ω_t,滩地:高村以上河段 $\omega_t = 0.000\ 22$ m/s,高村—艾山河段 $\omega_t = 0.000\ 25$ m/s,艾山以下河段 $\omega_t = 0.000\ 15$ m/s;主槽采用清水斯托克斯公式(B-17)和沙玉清浑水公式(B-18):

$$\omega_0 = \frac{1}{18} \frac{\gamma_s - \gamma}{\gamma} \frac{g D_{50}^2}{\nu} \qquad (\text{B-17})$$

$$\frac{\omega}{\omega_0} = \left(1 - \frac{S_V}{2\sqrt{D_{50}}}\right)^m \qquad (\text{B-18})$$

式中:γ、γ_s 为清、浑水容重;S_V 为体积含沙量;D_{50} 为悬沙中值粒径,mm;ν 为黏滞性系数;m 为指数,取为 3。

由附图 B-74 可见,在同一个测次时(相同全断面流量),滩地挟沙力只有 0.2~5.7 kg/m³,因此上滩泥沙绝大部分淤积下来。此时主槽的挟沙力在 19.1~152.8 kg/m³,远高于滩地的挟沙力;主槽中若来水含沙量低,则发生冲刷;若来水含沙量高,则仍发生淤积;而当卸去泥沙荷载的漫滩水流退入主槽后,又会增大主槽水流的挟沙力,起到增进冲刷或减少淤积的作用。

B.3.2.3 滩地泥沙淤积

由模型试验资料上滩水流含沙量的衰减过程可见(见附图 B-75 和附图 B-76),上滩泥沙在滩地运行中大量淤积。各组洪水入滩含沙量相差不大,在 50~60 kg/m³。三角形滩区(嫩滩)刚入滩含沙量与主槽基本一致,但当水流在滩面运行 4 km 时,无论漫滩流量大小,含沙量衰减幅度最大,基本达到 35% 左右,之后衰减率变化不大,在 40% 左右。二滩入滩水流含沙量的衰减率与洪峰流量有关,洪峰流量越小,入滩水量就越小,其含沙量衰减就越快;洪峰流量越大,入滩水量就越多,水流在滩面运行距离越长,同等距离条件下,含沙量的衰减率就越小。6 000~14 000 m³/s 的最大含沙量衰减值在 50%~100%。

同时,由附图 B-77 试验中滩地各部位悬沙级配变化也可看出,刚出槽的泥沙中值粒径为 0.023 mm,4 km 处就细化为中值粒径只有 0.017 mm,说明泥沙漫滩后分选作用特别强。

B.3.3 漫滩洪水"淤滩刷槽"规律分析

含沙量较低的大漫滩洪水有着强烈的"淤滩刷槽"作用,这与黄河下游为典型的复式

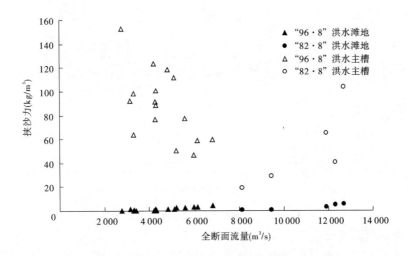

附图 B-74　高村水文站断面同时间滩槽挟沙力对比

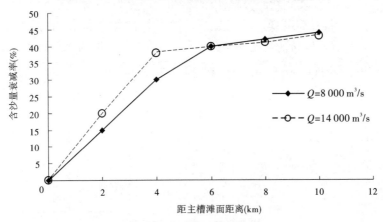

附图 B-75　三角形滩区(嫩滩)含沙量沿程衰减情况

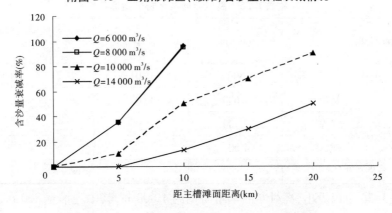

附图 B-76　条形滩区(二滩)含沙量沿程衰减情况

断面、平面形态具有宽窄相间的藕节状外形和漫滩水流较为频繁的滩槽水沙交换具有密切的关系。

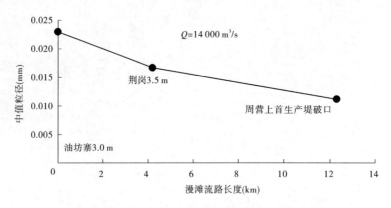

附图 B-77　条形滩区(二滩)泥沙沿程级配

B.3.3.1　复式断面概化

黄河下游大漫滩洪水滩地淤积,主要集中在夹河滩—孙口河段。为此,以高村断面为代表进行概化,根据 2006 年实测断面资料,以滩唇和生产堤为界,将全断面概化为三部分,即主槽、嫩滩、二滩。为推导简单,均概化为矩形断面。主槽、嫩滩和滩地的宽度、水深、糙率分别表述为 B_1、B_2、B_3,h_1、h_2、h_3(见附图 B-78)和 n_1、n_2、n_3,主槽与嫩滩的滩槽之差表述为 Δh_1,二滩与嫩滩的平均高程差表述为 Δh_3,滩槽各部位特征指标详见附表 B-26。

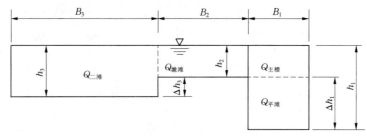

附图 B-78　高村概化断面

附表 B-26　高村断面概化特征指标

断面部位		宽度(m)	糙率 n	与嫩滩高程差(m)	
				主槽	二滩
主槽		800	0.01	2.3	
滩地	嫩滩	1 600	0.02		1.0
	二滩	2 400	0.06		
	滩地	4 000			
全断面		4 800			

由附表 B-26 可以看出,高村断面全断面宽约 4 800 m,其中主槽宽 800 m,仅占 1/6,嫩滩和二滩分别是主槽宽度的 2 倍和 3 倍。主槽与嫩滩滩槽高差为 2.3 m,由于二级悬河严重,二滩滩面平均高程较嫩滩滩面低约 1 m。据"96·8"洪水实测资料,主槽、嫩滩、滩地综合糙率分别概化为 0.01、0.02 和 0.06。

B.3.3.2 大漫滩洪水淤滩刷槽关系推导

根据附图 B-78,当嫩滩水深为 h_2 时,则主槽和二滩的水深可表述为

$$h_1 = \Delta h_1 + h_2$$
$$h_3 = \Delta h_3 + h_2$$

根据曼宁公式推算各部分滩区过流量:

$$Q_i = \frac{B_i}{n_i} h_i^{5/3} J_i^{1/2} \tag{B-19}$$

$$Q = Q_1 + Q_2 + Q_3 = $$
$$\frac{B_1}{n_1} h_1^{5/3} J^{1/2} + \frac{B_2}{n_2} h_2^{5/3} J^{1/2} + \frac{B_3}{n_3} h_3^{5/3} J^{1/2} \tag{B-20}$$

式中:Q、Q_1、Q_2、Q_3 分别为全断面、主槽、嫩滩、二滩过流量。

为便于说明滩槽不同部位宽度与综合糙率对大漫滩洪水滩槽过流比例及淤积比例影响,以嫩滩为准,对主槽和二滩各指标进行换算。假定:

$K_{B1} = B_1/B_2$,$B_1 = K_{B1}B_2$,K_{B1} 称为主槽河宽系数,一般明显小于 1;

$K_{B3} = B_3/B_2$,$B_3 = K_{B3}B_2$,K_{B3} 称为二滩河宽系数,一般明显大于 1;

$K_{n1} = n_1/n_2$,$n_1 = K_{n1}n_2$,K_{n1} 称为主槽糙率系数,一般明显小于 1;

$K_{n3} = n_3/n_2$,$n_3 = K_{n3}n_2$,K_{n3} 称为二滩糙率系数,一般明显大于 1。

$$Q = \frac{K_{B1}B_2}{K_{n1}n_2}(h_2 + \Delta h_1)^{5/3} J^{1/2} + \frac{B_2}{n_2} h_2^{5/3} J^{1/2} + \frac{K_{B3}B_2}{K_{n3}n_2}(h_2 + \Delta h_3)^{5/3} J^{1/2} = $$
$$\frac{K_{B1}}{K_{n1}}\left(1 + \frac{\Delta h_1}{h_2}\right)^{5/3} \frac{B_2}{n_2} h_2^{5/3} J^{1/2} + \frac{B_2}{n_2} h_2^{5/3} J^{1/2} + \frac{K_{B3}}{K_{n3}}\left(1 + \frac{\Delta h_3}{h_2}\right)^{5/3} \frac{B_2}{n_2} h_2^{5/3} J^{1/2} = $$
$$\left[\frac{K_{B1}}{K_{n1}}\left(1 + \frac{\Delta h_1}{h_2}\right)^{5/3} + 1 + \frac{K_{B3}}{K_{n3}}\left(1 + \frac{\Delta h_3}{h_2}\right)^{5/3}\right]\frac{B_2}{n_2} h_2^{5/3} J^{1/2} = $$
$$\left[\frac{B_1}{B_2}\frac{n_2}{n_1}\left(1 + \frac{\Delta h_1}{h_2}\right)^{5/3} + 1 + \frac{B_3}{B_2}\frac{n_3}{n_2}\left(1 + \frac{\Delta h_3}{h_2}\right)^{5/3}\right]Q_2 \tag{B-21}$$

在使用该公式前首先要检验公式对实际情况的反映程度。依据前述概化的高村 2006 年汛前断面的滩槽不同部位的河宽、糙率和高程差等特征指标以及河床纵比降 $J = 1.5‰$,按照式(B-19)可计算出不同水深条件下主槽过流量进而可得主槽平滩流量,计算平滩流量约为 4 000 m³/s,基本符合 2006 年汛前的实际情况。按照式(B-21)可推求出不同嫩滩水深条件下主槽、嫩滩、二滩和全断面流量。根据曼宁公式:

$$V_i = \frac{1}{n_i} h_i^{2/3} J_i^{1/2} \tag{B-22}$$

可计算出主槽、嫩滩和二滩的平均流速。将计算成果与实测资料对比可以看出,计算出的滩槽过流量与相应主槽、滩区平均流速关系与实测的"58·8"洪水、"82·8"洪水、"96·8"洪水相应关系拟合较好(见附图 B-79)。计算出的全断面流量与滩地流量的相关关系(见附图 B-80)拟合也较好。表明前述概化基本符合黄河实际情况,可以作为进一步推求滩槽水沙交换比例及滩地淤积比例的基础。

为方便说明,特提出交换单元概念,即一个滩槽水沙交换范围(约 10 km)。为确定一

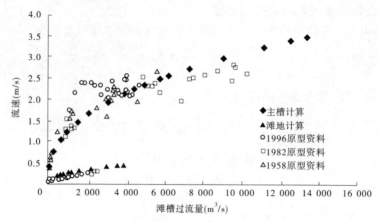

附图 B-79　高村断面滩槽过流量与相应流速关系

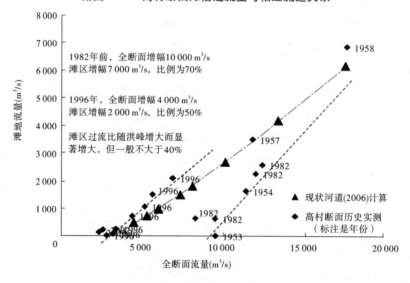

附图 B-80　高村水文站全断面流量与滩地流量关系

个交换单元内滩地淤积情况,需要确定嫩滩和二滩的入滩含沙量系数及含沙量淤积比系数。本次"淤滩刷槽"概化实体模型试验系统观测了嫩滩和二滩入滩含沙量沿程变化过程(见附图 B-81、附图 B-82),对应相应位置的大河含沙量得到:

嫩滩入滩含沙量系数:　$\alpha_1 = S_{嫩入滩}/S_{大河} = 1/1$

嫩滩淤积比系数:　$\beta_1 = \dfrac{S_{嫩入滩} - S_{嫩出滩}}{S_{嫩入滩}} = 1/2$

二滩入滩含沙量系数:　$\alpha_2 = S_{二入滩}/S_{大河} = 2/3$

二滩淤积比系数:　$\beta_2 = \dfrac{S_{二入滩} - S_{二出滩}}{S_{二入滩}} = 4/5$

式中:$S_{嫩入滩}$ 为嫩滩入滩含沙量,kg/m³,;$S_{二入滩}$ 为二滩入滩含沙量,kg/m³;$S_{嫩出滩}$ 为嫩滩出滩含沙量,kg/m³;$S_{二出滩}$ 为二滩出滩含沙量,kg/m³;$S_{大河}$ 为大河平均含沙量,kg/m³。

考虑到高村河段二滩交换长度约为 20 km,得到嫩滩和二滩交换单元内淤积量如下:

$$嫩滩交换单元内淤积量 = Q_{嫩滩} \times S_{大河} \times \alpha_1 \times \beta_1$$
$$二滩交换单元内淤积量 = Q_{二滩} \times S_{大河} \times \alpha_2 \times \beta_2/2$$

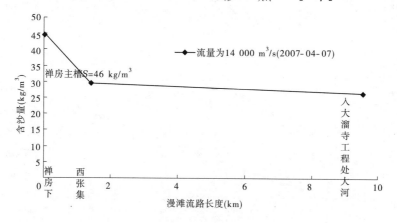

附图 B-81　禅房—大溜寺三角形滩区(嫩滩)沿程含沙量分布

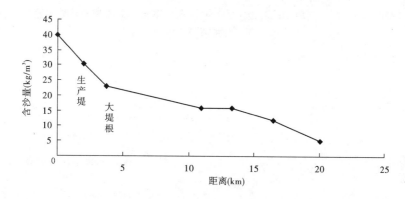

附图 B-82　禅房至周营条形滩区(二滩)沿程含沙量分布

进而可计算出全滩地交换单元内的滩地淤积比(滩地淤积量占来沙量的比值),并由此可得出维持原有的相应平滩流量下的全断面流量与滩地过流量及交换单元内的滩地淤积比的相关关系(见附图 B-83)。

同理,通过改变主槽河宽或水深,可得出不同平滩流量下全断面流量与滩地过流量及交换单元内滩地淤积比的关系(见附图 B-84)。可以看出,对应同一个全断面流量,前期平滩流量越小,则滩地过流量越多、滩地淤积比越大。由此得出,对应相同的洪峰流量,滩地淤积程度主要取决于前期平滩流量。为此,进一步建立了漫滩系数(洪峰流量/平滩流量)与滩地过流量、交换单元内滩地淤积比的关系(见附图 B-85)。

根据附图 B-85 拟合曲线可以得出,交换单元内滩地淤积比(η)与漫滩系数$\left(\dfrac{Q_{\max}}{Q_{p}}\right)$的相关关系可表示为

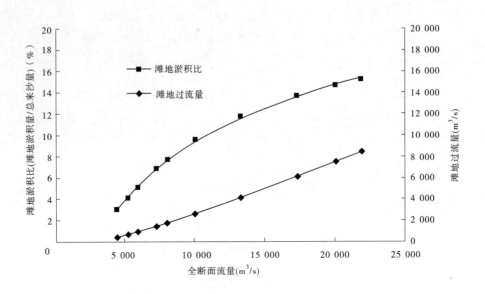

附图 B-83　高村河段平滩流量 4 000 m³/s 条件下全断面流量与滩地过流量及
交换单元内滩地淤积比的关系

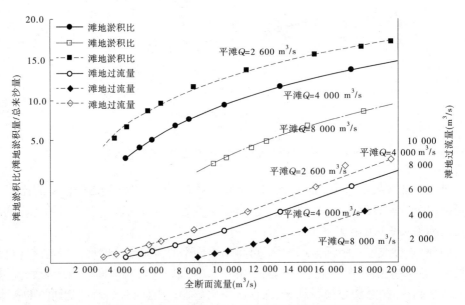

附图 B-84　高村河段不同平滩流量(Q_p)下全断面流量与滩地过流量及
交换单元内滩地淤积比的关系

$$\eta = 7.8\ln\left(\frac{Q_{\max}}{Q_p}\right) + 1.98 \qquad (B-23)$$

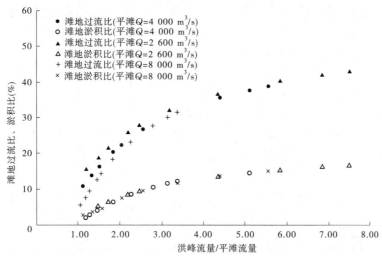

附图 B-85　高村河段滩地过流比、交换单元内淤积比与漫滩系数关系

公式反映出漫滩程度越大,滩地过流比和淤积比就越大。例如,当漫滩系数达到 2 倍时,在一个交换单元内(约 10 km)滩地淤积比可达 8%。说明滩地的大量落淤可使漫滩水流在回到主槽时含沙量大大降低,稀释主槽水流从而换得主槽的强烈冲刷,从而起到"淤滩刷槽"作用。

B.3.4　黄河下游大漫滩洪水淤滩刷槽规律

黄河下游典型漫滩洪水滩槽冲淤情况见附表 B-27,由表可见,在这 11 场大漫滩洪水中,除含沙量分别为 97.7 kg/m³ 和 126.4 kg/m³ 的两场洪水主槽发生淤积外,其他场次都是淤滩刷槽。以下分析主要以主槽发生冲刷的洪水为主,研究淤滩刷槽的规律。同时由于 1954 年两场漫滩洪水难以区分各场次的滩槽冲淤量,在资料比较缺乏的条件下合并为一场使用。

大漫滩洪水中滩地的淤积量可以用上滩水量和滩地淤积的含沙量计算得出。在根据实测资料建立关系时,需要对上述因素进行处理。由前述分析得知,滩地挟沙力非常低,泥沙绝大部分淤积下来,因此滩地淤积含沙量以洪水期含沙量 S 代表,上滩水量以平滩流量以上的水量 W_0 代表,用洪水的漫滩程度代表指标漫滩系数(洪峰流量与平滩流量之比 Q_m/Q_p)进行修正。由各单因子与滩地淤积量的关系(见附图 B-86～附图 B-88)可以看出,漫滩系数对滩地淤积量的影响最大,随着漫滩程度的增加,滩地淤积量不断增大;上滩水量与滩地淤积量也存在一定的关系,上滩水量越大,则滩地淤积量越大;平均含沙量越大,则滩地淤积量也较大。

附表 B-27　黄河下游漫滩洪水滩槽冲淤量

（单位：亿t）

时间（年-月-日）	花园口以上河段 洪峰流量（m³/s）	水量（亿m³）	沙量（亿t）	含沙量（kg/m³）	平均来沙系数（$kg \cdot s/m^6$）	花园口—艾山 主槽	滩地	全断面	艾山—利津 主槽	滩地	全断面	花园口—利津 主槽	滩地	全断面
1953-07-26～08-14	10 700	68.0	3.01	44.2	0.011	-1.79	2.20	0.41	-1.21	0.83	-0.38	-3.00	3.03	0.03
1953-08-15～09-01	11 700	45.8	5.79	126.4	0.043	1.06	1.03	2.09	0.43	0	0.43	1.49	1.03	2.52
1954-08-02～08-25	15 000	123.2	5.90	47.9	0.010	-3.34	3.43	2.26	-0.91	1.47	0.56	-2.08	4.90	2.82
1954-08-28～09-09	12 300	64.7	6.32	97.7	0.017	2.17								
1957-07-12～08-04	13 000	90.2	4.66	51.7	0.012	-3.23	4.66	1.43	-1.10	0.61	-0.49	-4.33	5.27	0.94
1958-07-13～07-23	22 300	73.3	5.60	76.5	0.010	-7.10	9.20	2.10	-1.50	1.49	-0.01	-8.60	10.69	2.09
1975-09-29～10-05	7 580	37.7	1.48	39.4	0.006	-1.42	2.14	0.72	-1.26	1.25	-0.01	-2.68	3.39	0.71
1976-08-25～09-06	9 210	80.8	2.86	35.4	0.005	-0.11	1.57	1.46	-0.95	1.24	0.29	-1.06	2.81	1.75
1982-07-30～08-09	15 300	61.1	1.99	32.6	0.005	-1.54	2.17	0.63	-0.73	0.39	-0.34	-2.27	2.56	0.29
1988-08-11～08-26	7 000	65.1	5.00	76.7	0.016	-1.05	1.53	0.48	-0.25	0	-0.25	-1.30	1.53	0.23
1996-08-03～08-15	7 860	44.6	3.39	76.0	0.019	-1.50	4.40	2.90	-0.11	0.05	-0.06	-1.61	4.45	2.84
2002-07-04～07-15	3 170	27.5	0.36	13.5	˜0.005	-0.569	0.564	-0.005	-0.197	0	-0.197	-0.766	0.564	-0.202

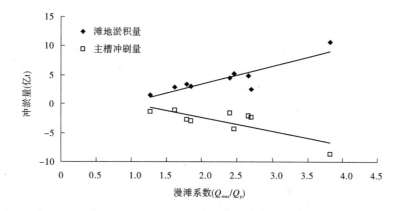

附图 B-86　漫滩系数与滩地冲淤量和主槽冲刷量关系

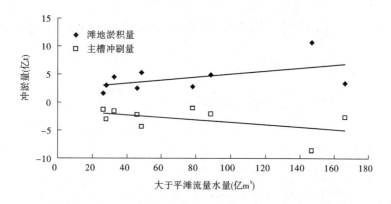

附图 B-87　大于平滩流量水量与滩地冲淤量和主槽冲刷量关系

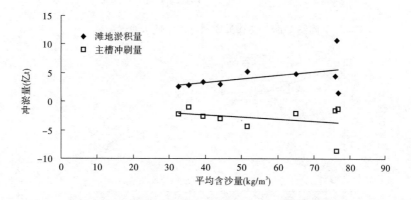

附图 B-88　平均含沙量与滩地冲淤量和主槽冲刷量关系

综合以上各单因子回归得到计算黄河下游滩地淤积量的综合关系式：

$$C_{sn} = 0.11 W_0^{0.25} S^{0.4} \left(\frac{Q_{max}}{Q_p} \right)^{1.13}$$　　　　　（B-24）

式中：C_{sn} 为滩地淤积量，亿 t；S 为洪水期平均含沙量，kg/m³；W_0 为大于平滩流量的水量，亿 m³；Q_{max}/Q_p 为漫滩系数，Q_{max} 为洪峰流量，m³/s；Q_p 为平滩流量，m³/s。

大漫滩洪水的主槽冲刷量主要与洪水期的水量和沙量有关，如附图 B-89 所示，可以看出，随着水量的增加，主槽的冲刷不断增大，当水量相近时，沙量越大，则主槽冲刷量越小。也有个别点据偏离，如 1958 年 7 月的洪水，沙量为 5.6 亿 t，主槽冲刷也较大，说明还有其他因素的影响。分析表明，漫滩洪水主槽冲刷效果之所以较不漫滩洪水好，原因就在于漫滩水流在滩地泥沙落淤后清水回归主槽增大主槽的冲刷量。因此，滩地落淤程度也对主槽冲刷有较大影响。这里把滩地淤积因子用式（B-25）中的 $W_0^{0.25} S^{0.4} \left(\frac{Q_{max}}{Q_0} \right)^{1.13}$ 表示，建立主槽冲刷量与滩地淤积因子的关系如附图 B-90 所示，可以看出，滩地淤积越多，则主槽冲刷越多。

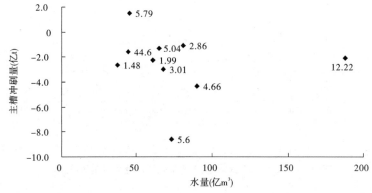

附图 B-89　主槽冲刷量与洪水期水沙量关系

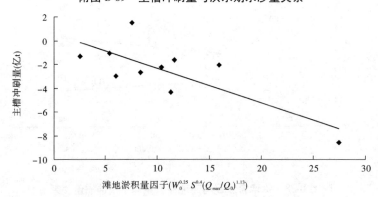

附图 B-90　主槽冲刷量与滩地淤积量因子的关系

综合洪水的水沙量和滩地淤积这三个因子，回归得到了主槽冲刷量的计算公式：

$$C_{sp} = -0.054 - 0.003W + 0.248W_s - 0.103 W_0^{0.25} S^{0.4} \left(\frac{Q_{max}}{Q_0} \right)^{1.13}$$　　　（B-25）

式中: C_{sp} 为主槽冲刷量,亿 t; W 为洪水期水量,亿 m^3; W_s 为洪水期沙量,亿 t。

式(B-24)和式(B-25)的实测值与计算值对比如附图 B-91 和附图 B-92 所示。可以看出,这两个公式均能较好地计算主槽冲刷与滩地淤积,计算值与实测值符合较好。

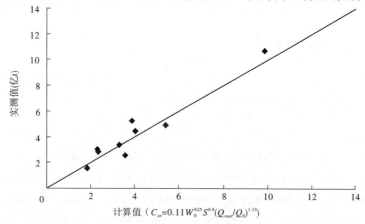

附图 B-91　滩地淤积量计算公式实测值与计算值对比

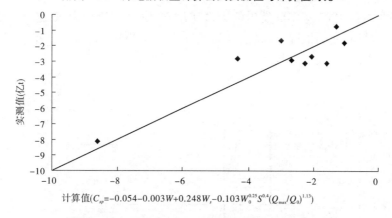

附图 B-92　主槽冲刷量计算公式实测值与计算值对比

为了分析这种非高含沙量漫滩洪水淤滩刷槽效果,以 1982 年洪水为例,假定漫滩系数不断地增加,利用式(B-24)和式(B-25)计算出滩地淤积量和主槽冲刷量的变化示意图,如附图 B-93 所示。可以看出,随着漫滩系数的增大,滩地淤积量在不断地增大,当漫滩系数从 2 增大到 4 时,滩地淤积量增加了 3.581 亿 t,主槽冲刷量多冲了 3.35 亿 t。可见,当洪水水沙量和历时相差不大时,漫滩程度越大,淤滩刷槽效果越好。

B.3.5　实体模型试验成果分析

以上利用实测资料研究了黄河下游大漫滩洪水的滩槽冲淤规律。为研究在洪量、沙量不变条件下,调控洪峰流量的“淤滩刷槽”效果,进行了黄河下游“二级悬河”最严重、滩区面积较大的夹河滩—高村河段的实体模型试验研究。

B.3.5.1　试验河段及边界、水沙条件

模型试验选择黄河下游滩区最宽的夹河滩—高村(约 72 km)河段。模型平面比尺为

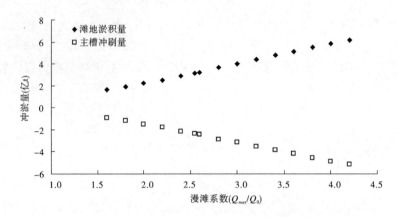

附图 B-93 "82·8"型洪水不同漫滩程度下滩槽冲淤量对比

1 200,垂直比尺为 75。采用 2006 年汛前地形作为初始边界条件(包括 43 个大断面及现状工程、生产堤、村庄等),相应平滩流量约 5 000 m³/s。选定 2006 年小浪底水库调水调沙期的水沙过程对模型进行验证,经各级流量沿程水位验证,沿程水位与原型基本一致,可以满足正式方案试验的要求。

水沙条件选择 1982 年实际发生的大漫滩洪水,洪水总量约为 60 亿 m³,沙量 2.4 亿 t。在洪量和沙量不变的情况下,将洪峰流量概化为 6 000 m³/s、8 000 m³/s、10 000 m³/s 和 14 000 m³/s 4 个方案,含沙量均为 40 kg/m³,其流量概化过程如附图 B-94、附表 B-28 所示。

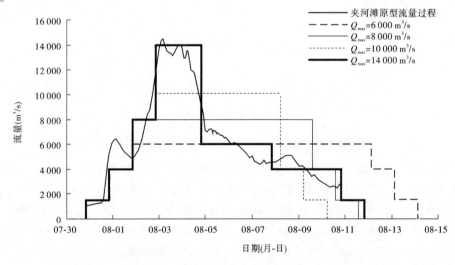

附图 B-94 "82·8"型洪水试验流量概化过程

B.3.5.2 主槽冲刷量与洪峰流量关系

根据试验得出各方案主槽和滩地(包括嫩滩和二滩)的冲淤结果(见附表 B-29),并得出主槽冲刷量、滩地淤积量随流量的变化关系(见附图 B-95)。可以看出,在总洪量、总沙量相同条件下,不同方案主槽冲淤效率也不尽相同(见附表 B-29)。方案 2～4 较方案 1 的主槽冲刷量增幅分别为 8%、49% 和 167%。显然,在试验的水沙条件下,若不计滩地淹

·306·

没损失,则采用方案 4 可使主槽冲淤效率最大。

附表 B-28　进口控制水沙过程

方案 1 (Q_max = 6 000 m³/s)			方案 2 (Q_max = 8 000 m³/s)			方案 3 (Q_max = 10 000 m³/s)			方案 4 (Q_max = 14 000 m³/s)		
历时 (d)	流量 (m³/s)	含沙量 (kg/m³)	历时 (d)	流量 (m³/s)	含沙量 (kg/m³)	历时 (d)	流量 (m³/s)	含沙量 (kg/m³)	历时 (d)	流量 (m³/s)	含沙量 (kg/m³)
1	1 500	20	1.0	1 500	20	1	1 500	20	1	1 500	20
1	4 000	40	1.0	4 000	40	1	4 000	40	1	4 000	40
9	6 000	40	4.5	8 000	40	1	8 000	40	1	8 000	40
3	4 000	40	3.0	6 000	40	3.1	10 000	40	2	14 000	40
1	1 500	20	3.0	4 000	40	3	6 000	40	3	6 000	40
			1.0	1 500	20	2.2	4 000	40	3	4 000	40
						1	1 500	20	1	1 500	20

附表 B-29　试验方案冲淤量统计

方案名称	洪峰流量 (m³/s)	漫滩系数	来沙量 (亿t)	冲淤量(亿t)					主槽冲刷量增幅(%)	淤积比(%)		
				全断面	主槽	滩地	嫩滩	二滩		滩地	嫩滩	二滩
方案 1	6 000	1.2	2.4	−0.57	−0.85	0.28	0.28	0		12	12	0
方案 2	8 000	1.6	2.4	0.10	−0.92	1.02	0.57	0.45	8	43	24	19
方案 3	10 000	2.0	2.4	0.47	−1.27	1.74	0.41	1.33	49	72	17	55
方案 4	14 000	2.8	2.4	0.07	−2.28	2.35	0.69	1.67	167	99	29	70

注:主槽冲刷量增幅表示各方案的主槽冲刷量均相对于方案 1 而言。

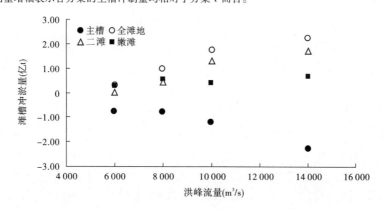

附图 B-95　夹河滩—高村河段滩槽冲淤量与洪峰流量关系

由附图 B-95 看出,滩地淤积量(嫩滩与二滩之和)随洪峰流量的增大而呈明显增加趋势,但是嫩滩和二滩的淤积规律不完全相同。

（1）嫩滩淤积量随洪峰流量的增加不明显,淤积量为 0.28 亿 ~0.69 亿 t;在二滩也发生淤积后,嫩滩的淤积比基本保持在 20% ~30% 。

（2）二滩淤积量随洪峰流量的增加而增大,当洪峰流量达到 10 000 m³/s 时,二滩才有较大的淤积量。

（3）当洪峰流量达到 10 000 m³/s 时,主槽才有较大的冲刷量。

B.3.6 大漫滩洪水淹没风险分析

本部分主要从滩区淹没面积、受灾人口、直接损失等方面分析大漫滩洪水的淹没风险。

利用黄河下游洪水演进及灾情评估模型(YRCC2D),分别在 2004 年汛前、2009 年汛前地形基础上,通过对黄河下游花园口水文站历史洪水实测资料的统计和分析,选出不同洪峰流量的洪水,根据不同流量级下的洪水特点、洪峰过程、洪水持续时间、洪量及沙量进行分析对比,结合小浪底水库运用方式,对各级设计洪水过程的合理性进行分析,提出了花园口站不同流量级下的洪水过程,设计了洪峰流量为 6 000 m³/s、8 000 m³/s、10 000 m³/s、12 500 m³/s、16 500 m³/s 和 22 000 m³/s 的 6 个计算方案(见附表 B-30)。通过计算,得出不同量级洪水的淹没范围、水深分布、流速分布、洪水传播时间及淹没历时等关键要素;结合滩区村庄、耕地等社会经济信息,统计得出滩区不同量级洪水、不同河段的滩区淹没面积(见附图 B-96)和受灾人口及直接经济损失(见附图 B-97)。

附表 B-30　不同量级洪水花园口站洪峰流量

序号	设计洪水 (m³/s)	对应实测洪水 (年-月-日)	洪量 (亿 m³)	重现期	漫滩系数	说明
1	6 000	1965-08-12 ~08-23	37.3	常遇洪水	1.5	
2	8 000	1996-07-28 ~08-09	47.2	常遇洪水	2.0	
3	10 000	1977-08-04 ~08-13	38.0	5 年一遇洪水	2.5	
4	12 500	1957-07-14 ~07-24	48.5	20 年一遇洪水	3.1	
5	16 500	1982-07-30 ~08-09	65.5	100 年一遇洪水	4.1	东平湖分洪
6	22 000	1958-07-14 ~07-24	74.1	1 000 年一遇洪水	5.5	东平湖分洪

由附图 B-96 可以看出,两种前期地形条件下的基本特点为洪峰流量越大滩区淹没面积越大,但淹没面积随洪峰流量的变化过程与河道前期条件关系较大。在河道过流能力较小的 2004 年淹没面积变化分为特点鲜明的两个阶段,从 6 000 m³/s 到 8 000 m³/s 时淹没面积快速增加,其后基本稳定,变化很小;而过流能力较大的 2009 年变化幅度较 2004 年明显缓和,在 15 000 m³/s 以下淹没面积增加比较均匀,但仍是 6 000 m³/s 到 8 000 m³/s 增加幅度较大。

由附图 B-97 可以看出,受灾人口情况基本与滩地淹没特点近似,在 2004 年时 6 000 ~8 000 m³/s 增加最多,2009 年变幅均匀;而直接损失有所不同,2004 年 6 000 m³/s 时已很大,6 000 m³/s 到 10 000 m³/s 均匀增加,10 000 m³/s 以后变化不大,而 2009 年基

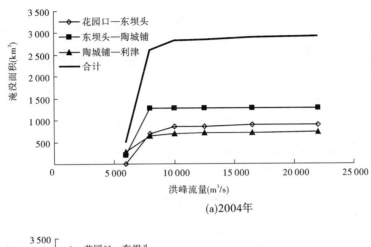

(a)2004年

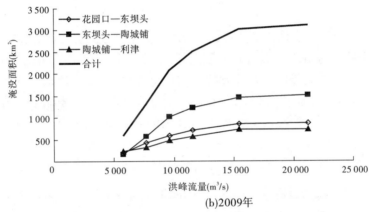

(b)2009年

附图 B-96　汛前地形下花园口不同量级洪水对应的滩区淹没面积

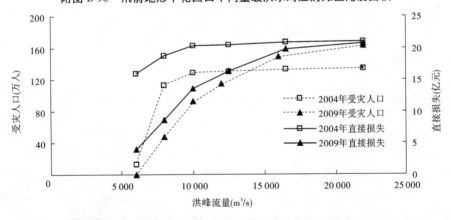

附图 B-97　花园口不同量级洪水对应的受灾人口和直接损失

本是逐流量级增加,增幅越来越小。

　　同时,由上述夹河滩—高村实体模型试验得到的不同量级洪水的滩地淹没面积过程可以看出(见附图 B-98),在前期地形平滩流量为 4 000 m³/s 条件下(大致与 2004 年相近),滩区淹没面积在 10 000 m³/s 以下增幅较大,10 000 m³/s 以后变化不大。

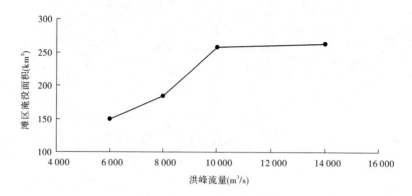

附图 B-98   实体模型试验淹没面积随洪峰流量的变化

B.3.7   小结

通过实测资料分析、实体模型试验和二维水动力学模型计算,对大漫滩洪水的水沙运行模式、淤滩刷槽机制、滩槽冲淤规律、漫滩风险进行了系统分析,得出主要认识如下:

(1)滩槽水沙交换是漫滩洪水冲淤特点的产生原因,挟沙水流通过 3 种形式进入滩地,由于滩地阻力大、流速小、水深小,水流挟沙力非常低(实测资料表明在 5 kg/m³ 以下),因此挟带泥沙大量淤积在滩地,嫩滩含沙量的衰减率约为 40% 、二滩在 90% 以上。清水回归主槽是主槽多冲或少淤的原因,在非高含沙量洪水时即发生淤滩刷槽。

(2)通过公式推导、物理模型和实测资料分析,探讨了滩地淤积的量化规律为 $\eta = 7.8\ln\left(\dfrac{Q_{max}}{Q_p}\right) + 1.98$,说明漫滩程度越大(洪峰流量 Q_{max} 与平滩流量 Q_0 之比),滩地淤积比 η 就越大。

(3)通过实测资料研究了洪水期平均含沙量在 100 kg/m³ 以下的大漫滩洪水的冲淤规律,建立了滩地淤积量、主槽冲刷量与水沙条件的关系,分别如下:

滩地淤积量 $\qquad\qquad C_{sn} = 0.103 W_0^{0.25} S^{0.4} \left(\dfrac{Q_{max}}{Q_0}\right)^{1.13}$

主槽冲刷量 $\quad C_{sp} = -0.054 - 0.003W + 0.248 W_s - 0.103 W_0^{0.25} S^{0.4} \left(\dfrac{Q_{max}}{Q_0}\right)^{1.13}$

利用公式计算"82·8"型洪水不同平滩流量条件下的滩槽冲淤状况表明,漫滩程度越大,滩地淤积越多,主槽冲刷越大。

(4)夹河滩—高村的实体模型试验成果表明,在前期地形平滩流量约为 4 000 m³/s 条件下,当"82·8"型洪水洪峰流量 10 000 m³/s 以下时,淤积以嫩滩为主,二滩淤积量不大;当洪峰流量超过 10 000 m³/s 以后,嫩滩淤积量变化不大,二滩淤积量大幅增加。

(5)二维水动力学数学模型方案计算结果和实体模型试验结果表明,淹没面积、受灾人口、直接损失都随洪峰流量的增大而增大,但同时与河道前期条件密切相关。

在平滩流量较小的 2004 年地形条件下,洪峰流量从 6 000 ~ 10 000 m³/s 时滩地淹没面积、受灾人口增幅较大,其中尤以 6 000 ~ 8 000 m³/s 增幅最大,6 000 m³/s 时直接损失已经较高;而超过 10 000 m³/s 以后上述三因素变化都较小。

在平滩流量较大的 2009 年地形条件下,洪峰流量在 15 000 m³/s 以下淹没面积、受灾人口和直接损失随洪峰流量逐渐增加,但增加比较均匀,增加幅度逐渐变缓。

B.4 主要认识

B.4.1 调水调沙期下游河道控制流量量级河道冲刷效果及嫩滩淹没风险分析

系统研究了黄河下游清水冲刷期不同量级洪水分河段的冲淤规律,根据实测资料建立了冲淤效率与流量、前期累积冲淤量之间的量化关系,给出了不同流量和前期河道条件下的冲淤效率;运用水文学模型和水动力学模型计算了不同调控流量条件下各河段滩槽冲淤状况、主槽平滩流量变化,比较了清水条件下不漫滩和小漫滩洪水的冲淤效果及嫩滩淹没情况。结果表明:艾山以上各河段冲淤效率都随流量增大而增大,但超过一定流量,冲淤效率的增幅明显减小;冲淤效率随前期累积冲刷量的增大而减小,但艾山—利津河段与前期累积冲淤量关系不明显。数模计算结果表明:在 2002 年地形和 2009 年地形条件下,主槽冲刷效果和漫滩淹没损失均随控制流量的增大而增大。但 2002 年地形条件下因河道过流能力相对较小,较大洪水(6 000 m³/s)的漫滩程度较大,水流分散主槽冲淤效率反而下降。综合分析表明:清水冲刷时期漫滩洪水淤滩效果不好,建议按平滩流量控制。

B.4.2 黄河下游河道不同量级洪水控制含沙量量级及风险分析

系统开展了黄河下游河道洪水期分河段冲淤规律的研究,分析了河道冲淤效率与水沙因子的关系,建立了分河段和全下游河道冲淤与水沙因子的关系式。同时,分析了黄河下游分组泥沙冲淤与流量、含沙量及泥沙组成的关系,建立了中、粗颗粒泥沙的冲淤效率与全沙含沙量和细颗粒泥沙含量的关系式。另外,研究了洪水期下游的输沙水量与洪水平均流量和平均含沙量的关系,以及高效输沙洪水特征。同时,计算了不同调控流量、含沙量组合条件下,黄河下游分河段的冲淤效率、淤积比和全下游冲淤效率、冲淤量、淤积比和输沙水量等。结果表明:以输沙水量和河道淤积比为主要排沙控制指标,以实测历史场次洪水的平均情况为适宜标准,计算得出 4 000 m³/s、6 000 m³/s 量级洪水的适宜含沙量范围分别为 41 ~ 53 kg/m³、35 ~ 74 kg/m³;从水库多排沙角度考虑,选取各流量级的最优含沙量分别为 53 kg/m³、74 kg/m³。

B.4.3 黄河下游漫滩洪水淤滩刷槽效果和漫滩淹没风险分析

通过实测资料分析、实体模型试验和二维水动力学模型计算,对大漫滩洪水的水沙运行模式、淤滩刷槽机制、滩槽冲淤规律、漫滩风险进行了系统分析,深化了对漫滩洪水滩槽冲淤规律的认识:滩槽水沙交换是漫滩洪水冲淤特点的产生原因;滩地水流挟沙力非常低,因此挟带泥沙大量淤积在滩地;清水回归主槽是主槽多冲或少淤的原因,在非高含沙量洪水时即发生淤滩刷槽。

公式推导的滩地淤积的量化规律以及通过实测资料建立的洪水期平均含沙量在 100

kg/m³ 以下的大漫滩洪水滩地淤积量、主槽冲刷量与水沙条件的关系都表明,漫滩程度越大,滩地淤积越多、主槽冲刷越大。同时夹河滩—高村的实体模型试验成果表明,在前期地形平滩流量约为 4 000 m³/s 条件下,"82·8"型洪水洪峰流量超过 10 000 m³/s 以后嫩滩淤积量变化不大,二滩淤积量大幅增加。由此说明,漫滩洪水在较大流量时才能同时达到主槽大量冲刷、滩地大量淤积又不致滩唇淤积增大、二级悬河发展的多重作用。

二维水动力学数学模型方案计算结果和实体模型试验结果表明,淹没面积、受灾人口、直接损失都随洪峰流量的增大而增大,但同时与河道前期条件密切相关。在平滩流量较小的条件下,6 000~8 000 m³/s 的综合损失较大,10 000 m³/s 以后增幅很小;在平滩流量较大条件下,洪峰流量在 15 000 m³/s 以下淹没面积、受灾人口和直接损失随洪峰流量逐渐增加,但增加比较均匀,增加幅度逐渐变缓。

附录 C 不同量级洪水淤滩刷槽效果及滩区淹没风险试验研究

C.1 概　述

C.1.1 研究的目的意义

黄河下游漫滩洪水发生机遇不多,但对河道及滩地的塑造作用却极大,一般表现为洪水漫滩后主槽的冲刷及滩地的淤积,对河道的冲淤演变发挥着巨大甚至决定性作用,同时对滩地的淹没形成一定的风险。1950~1999 年,黄河下游 11 场漫滩洪水导致下游(花园口—利津)滩地的淤积量高达 41 亿 t,约占洪水期来沙量的 84%;主槽冲刷量则高达 29 亿 t。漫滩洪水"滩地大量淤积"有利于维持下游滩槽同步抬升、遏制"二级悬河"的过分发展,而"主槽显著冲刷"对减缓主槽抬升幅度、减缓"一级悬河"的发展程度具有极其重要的作用。在自然边界条件下(如 1957 年、1958 年在没有控导工程和生产堤的边界条件下),漫滩洪水进出滩区的水沙量大,滩地淹没范围也较大,多数农作物及村庄受淹,滩地水利设施及道路损毁严重,导致滩地淹没损失很大,同时漫滩水流挟带的大量泥沙在滩地发生严重淤积,且分布不均,一般嫩滩淤积较多,二滩淤积较少,从而加重了二级悬河的危害程度,使得中常漫滩洪水水沙风险加大。

自 20 世纪 70 年代中期以来,黄河下游控导工程和大量生产堤的修建,使河道边界条件发生了明显改变,漫滩洪水"淤滩刷槽"效果也有了相应改变,主要是控导工程、生产堤、滩区道路及渠堤等大量建筑物的存在,使得进入生产堤至大堤之间滩面的水沙量减少,相应的淤积量也大大减少。而两岸控导工程—生产堤范围内的水沙交换仍然频繁,所以嫩滩淤积量较大,从而加速了"二级悬河"的发展。

黄河下游河道多为典型的复式断面,由滩地、河槽两大部分组成。滩地一般由控导工程及与其相连的生产堤保护,相对比较稳定,分布有稳定的村庄。在大堤附近,由于淤积相对较少以及为修建大堤取土等,形成一个 500~1 000 m 的堤河,滩面具有明显的横比降。两岸生产堤以内部分,称为河槽,河槽又可分为主槽和嫩滩,主槽是两岸滩沿之间的河槽,是河道排洪输沙的主要通道;嫩滩是滩沿与生产堤之间的滩面,天然条件下,嫩滩为河槽内经常上水,时冲时淤,杂草难以生存的滩地。

由于下游河道,尤其是滩区边界条件的复杂性,漫滩洪水的演进过程和冲淤演变规律十分复杂。多数漫滩洪水具有"淤滩刷槽"的特性,洪水过后主槽排洪输沙能力明显提高。二滩淤积较大时,可使"二级悬河"程度降低;但也有部分含沙量较高的漫滩洪水,造成主槽严重淤积,主槽排洪输沙能力降低;部分漫滩程度较小的洪水淤积主要集中在滩唇附近的滩区,导致"二级悬河"程度的增大;部分漫滩洪水滩地淤积虽不多,但塌滩严重,从而导致滩地总体上是冲刷的。凡此种种,由于缺乏对漫滩洪水"淤滩刷槽"总体统一性的、规律性的以及机制性层面的认识,造成了认识上的明显分歧。例如,陈立、周宜林等认为淤滩与刷槽有密切的直接的关系,而齐璞等则认为它们之间没有必然的联系。因此,需要对漫滩洪水"淤滩刷槽"特性及其相应机制进行深入的分析和研究。

同时,受人类活动,尤其是 20 世纪 80 年代以后滩区社会经济迅速发展的影响,滩区生产堤及横贯滩区(垂直水流方向)的道路、渠堤、村台等阻水建筑物明显增多,显著改变了滩区的自然边界条件,大大影响了漫滩洪水进、出滩区的方式和洪水运行模式。随着社会经济的进一步发展,滩区行(滞)洪和淤(滞)沙特性的改变将会更加明显。

小浪底水库投入运用前,由于对洪水过程的调节能力不强,无法根据下游河床演变和防洪、输沙的需求去改善水沙过程。小浪底水库运用,尤其进入拦沙运用后期,通过调水调沙,塑造合适的水沙过程,为最大程度地减少洪水灾害,同时最有效地塑造下游较大河槽、减小滩地横比降、缓解"二级悬河"状况提供了可能。

本书将在以往有关漫滩洪水"淤滩刷槽"研究成果的基础上,再通过原型资料的深入分析,对漫滩洪水的"淤滩刷槽"规律得出更进一步的认识。为此,主要采用实体概化模型试验方法,结合相关原型资料分析,对漫滩洪水淤滩刷槽关系及滩地淹没风险进行系统研究。试图回答在小浪底水库即将转入拦沙运用后期以后,一旦发生"82·8"型洪水或其他类型的洪水时,在黄河下游漫滩洪水不可避免的条件下,小浪底水库是按 12 000 m^3/s 流量放 6 d,还是按 6 000 m^3/s 流量放 12 d,哪个综合效果更好?漫滩洪水前后其他时间按 4 000 m^3/s(平滩流量)或是按 800 m^3/s(不发生下游河道上冲下淤的)量级控制较好呢?本书研究成果对滩地淹没风险、治黄生产、河床演变学科的发展具有较大的现实意义和理论价值。

因此,本书主要在对黄河原型以往漫滩洪水"淤滩刷槽"规律统一深入分析的基础上,研究黄河下游的淤滩刷槽特性,为小浪底水库调水调沙调度决策提供一定的技术支撑。

C.1.2 研究的主要内容

C.1.2.1 黄河下游不同类型漫滩洪水的冲淤特点

归纳整理原型河道漫滩洪水类型,对不同洪峰量级、不同含沙量级漫滩洪水滩槽冲淤特性进行系统分析。

C.1.2.2 黄河下游漫滩洪水滩槽水沙交换效果

开展不同边界、不同水沙条件下的概化模型试验(选取滩地最为广阔的夹河滩—高村河段),研究不同流量级、不同含沙量级及不同滩区边界条件等单因子变化对漫滩洪水滩槽水沙交换过程、交换模式的影响,探讨滩槽水沙交换及淤滩刷槽的效果及机制。

C.1.2.3 不同量级漫滩洪水滩地淹没特性分析

通过不同量级洪水试验研究,系统分析滩区淹没程度、淤积程度及相应的风险调控。

C.1.2.4 滩区淹没风险及灾害评估

根据不同量级洪水试验,对滩区淹没灾害指标进行系统分析,并给出各项指标随洪峰流量的变化规律,提出不同量级洪水的淹没风险及灾害控制措施。

C.1.3 研究方法和技术路线

以实体物理模型试验为主要手段,辅以原型漫滩洪水特性分析,研究不同历史时期漫滩洪水冲淤特点,漫滩洪水滩槽冲淤关系及水沙交换规律,并通过综合分析提出典型漫滩洪水的水沙调控指标。

概化物理模型试验,试验河段初步选定黄河下游漫滩洪水滩槽交换较为充分的夹河滩—高村长约 73 km 的河段。河道初始地形(包括河道工程及河道边界)按原型 2006 年汛前进行模拟。水沙过程是以"82·8"型典型洪水过程为基础,在水量、沙量不变的情况下,对洪峰过程进行不同量级概化,以此水沙过程为进口水沙条件进行组次试验。研究漫滩水流滩槽水沙交换的模式,探讨淤滩与刷槽之间的相关关系,分析漫滩洪水淹没风险及风险调控措施,并提出"82·8"型漫滩洪水滩槽交换及风险调控指标。

C.2 黄河下游漫滩洪水分类及冲淤判别

C.2.1 漫滩洪水分类

C.2.1.1 一般漫滩洪水

一般漫滩洪水是指洪水过程中水流漫上嫩滩和小部分二滩,但漫滩范围和漫滩水深都不大的洪水(见附图 C-1),或洪峰流量大于 Q_p 而小于 $1.5Q_p$ 的洪水属于一般漫滩洪水。

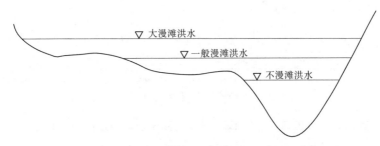

附图 C-1 按漫滩程度划分洪水分类示意图

一般漫滩洪水过程中常发生淤滩刷槽现象,但其漫滩范围较小,滩地淤积范围和数量都不大,主槽冲刷也有限。因此,一般漫滩洪水的淤滩刷槽作用也是有限的。如 1971 年 7 月发生的洪水,花园口的洪峰流量为 5 030 m³/s,略大于该年 40 00 m³/s 的平滩流量,花园口—高村河段滩面只淤积了 0.002 1 亿 m³。1959 年 8 月洪水,花园口洪峰流量 7 680 m³/s,略大于该年 6 000 m³/s 的平滩流量,花园口—高村河段滩面只淤积了 0.003 4 亿 m³。

C.2.1.2 大漫滩洪水

大漫滩洪水是指洪水过程中水流漫上二滩,且漫滩范围和漫滩水深都较大的洪水,或其洪峰流量大于 $1.5Q_p$ 的洪水。

由于黄河下游大漫滩洪水往往挟带较高含沙量,因此大漫滩洪水过程中滩地普遍淤积,淤积范围广,淤积量大,主槽冲刷量也大。如 1958 年 7 月发生的大漫滩洪水,花园口洪峰流量为 22 300 m³/s,最大含沙量为 146 kg/m³。洪水期间,下游河道滩地淤积量达 10.7 亿 t,主槽冲刷量为 8.6 亿 t,其淤滩刷槽效果是非常明显的。再如 1982 年 8 月发生的大漫滩低含沙量洪水,花园口洪峰流量 15 300 m³/s,最大含沙量为 66.6 kg/m³,平均含沙量仅为 40 kg/m³,艾山以上河道普遍漫滩。但因洪水含沙量较低,下游河道滩地淤积量仅 0.379 亿 m³,主槽则冲刷了 1.79 亿 m³。

黄河下游漫滩洪水按漫滩程度分为以下三类:①$B_{max}/B_{汛前} \leqslant 1$,为不漫滩洪水;②$1 < B_{max}/B_{汛前} \leqslant 2$,为一般漫滩洪水;③$B_{max}/B_{汛前} > 2$,为大漫滩洪水。其中,$B_{max}$ 为洪峰最大河宽;$B_{汛前}$ 为汛前平滩河宽。

C.2.2 漫滩洪水主槽冲淤判别条件

经过对实测漫滩洪水资料分析发现,不是所有的漫滩洪水都有淤滩刷槽效果,主槽的冲淤与来沙系数关系密切。点绘原型漫滩洪水花园口—艾山河段主槽冲淤量与花园口站的来沙系数关系(见附图 C-2)和中国水利水电科学研究院"十五"攻关漫滩洪水高村—杨集河段实体模型试验成果(见附图 C-3)得出,漫滩洪水主槽冲淤平衡的来沙系数为 $0.015 \sim 0.017$ kg·s/m⁶,大于不漫滩水流的平衡来沙系数 $0.011 \sim 0.014$ kg·s/m⁶。

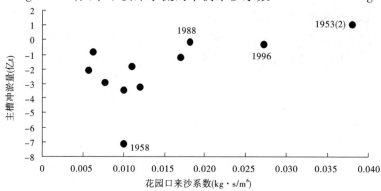

附图 C-2　花园口—艾山河段主槽冲淤量与花园口站的来沙系数关系

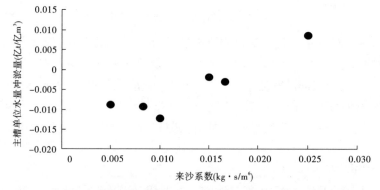

附图 C-3　高村—杨集河段漫滩洪水主槽单位水量冲淤量与来沙系数关系
（中国水利水电科学研究院实体模型成果）

C.3　不同量级洪水"淤滩刷槽"规律试验研究

前面对原型漫滩洪水类型及冲淤特性进行了初步分析,认识到能够产生"淤滩刷槽"作用的洪水,其来沙系数要小于 0.015 kg·s/m⁶,否则主槽会发生淤积。本节研究的洪水过程,其来沙系数均小于 0.015 kg·s/m⁶,在此前提下,试图通过实体模型试验,回答在小浪底水库转入拦沙运用后期,一旦发生"82·8"型洪水时,在洪水漫滩不可避免的条件下,保持水量、沙量不变,小浪底水库按多大洪峰下泄,其淤滩刷槽效果最好,同时对滩区的淹没风险进行系统评估。

C.3.1　试验概况

黄河下游漫滩洪水中淤滩刷槽现象多发生在滩区较大的河段,且洪水对滩区的淹没及灾害效应重点也体现在较大滩区河段。为此,动床物理模型的模拟范围选择黄河下游有较大滩区且边界条件较复杂的夹河滩—高村约 73 km 的河段,进行滩槽水沙交换及滩区淹没风险试验研究。初始地形选取与目前河道地形最为接近为 2006 年汛前地形(该河段有 43 个大断面),河道边界及滩区状况为 2006 年汛前现状工程、生产堤、村庄状况。平面布置图见附图 C-4,2006 年试验河段平滩流量约 5 000 m³/s。

C.3.2　模型设计

模型设计参考黄河水利科学研究院多年来的黄河动床模型设计的成功经验,考虑到模拟河段的基本特性,模型相似率主要遵循以下相似条件:

水流重力相似条件

$$\lambda_v = \lambda_H^{0.5} \tag{C-1}$$

水流阻力相似条件

$$\lambda_n = \frac{\lambda_R^{2/3}}{\lambda_v}\lambda_J^{0.5} \tag{C-2}$$

泥沙悬移相似条件

$$\lambda_\omega = \lambda_v\left(\frac{\lambda_H}{\lambda_L}\right)^{0.75} \tag{C-3}$$

水流挟沙相似条件

$$\lambda_s = \lambda_{s*} \tag{C-4}$$

河床冲淤变形相似条件

$$\lambda_{t_2} = \frac{\lambda_{\gamma_0}\lambda_L}{\lambda_s\lambda_v} \tag{C-5}$$

泥沙起动及扬动相似条件

$$\lambda_{v_c} = \lambda_v = \lambda_{v_f} \tag{C-6}$$

河型相似条件

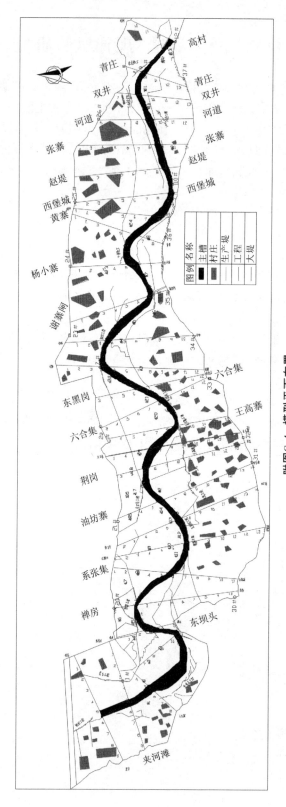

附图C-4 模型平面布置

$$\left[\dfrac{\left(\dfrac{\gamma_s - \gamma}{\gamma} D_{50} H \right)^{1/3}}{J B^{2/3}} \right]_m \approx \left[\dfrac{\left(\dfrac{\gamma_s - \gamma}{\gamma} D_{50} H \right)^{1/3}}{J B^{2/3}} \right]_p \qquad (C-7)$$

式中：λ_L 为水平比尺；λ_H 为垂直比尺；λ_v 为流速比尺；λ_n 为糙率比尺；λ_J 为比降比尺；λ_ω 为泥沙沉速比尺；λ_R 为水力半径比尺；λ_{v_c}、λ_{v_f} 为泥沙起动流速、扬动流速比尺；λ_s、λ_{s_*} 为含沙量及水流挟沙力比尺；λ_{t_2} 为河床变形时间比尺；λ_{γ_0} 为淤积物干容重比尺；B 为造床流量下河宽；H 为造床流量下平均水深；J 为河床比降；γ_s、γ 分别为泥沙、水的容重；D_{50} 为床沙中值粒径。

前述式（C-1）~式（C-3）为水流相似比尺，是保证式（C-4）~式（C-7）泥沙运动相似的前提。

此外，要达到模型与原型的水流流态相似，还需满足如下两个限制条件：

（1）为保证模型水流为充分紊动流，应满足流态限制条件，要求模型水流雷诺数：

$$Re_m > 8\ 000 \qquad (C-8)$$

（2）为保证模型水流不受表面张力的干扰，模型水深应满足表面张力限制条件：

$$h_m > 1.5\ \mathrm{cm} \qquad (C-9)$$

C.3.3　比尺的确定

C.3.3.1　平面比尺

根据试验任务要求及场地限制条件，取模型平面比尺 $\lambda_L = 1\ 200$，垂直比尺 $\lambda_H = 75$，几何变率 $D_t = 16$。

几何变率选择是否恰当对能否保证模型的水流相似性及河床冲淤的相似性影响很大，对于本模拟河段，河道是由游荡型向弯曲型过渡的上段，属于过渡型河段，平均河道纵比降为 1.5‰ ~ 1.6‰，主槽平滩河宽 500 ~ 600 m，水深 1.3 ~ 1.7 m。对所选模型变率是否合适，应结合验证试验作进一步确定。

关于变率的取值问题，不少专家、学者都进行过研究。如张瑞瑾认为，一般来说，原型的宽深比越大，模型所能允许的变率也就越大。J. Knauss 认为，模型变率自由选取的限制性主要涉及窄深的河流。变率的取值取决于横断面的宽深比，而且与横断面的中间流区和受边壁影响的两个岸边区的宽度有关，但不同学者提出的模型变率值标准很大。如坎鲁根据研究认为，在糙率分布均匀，水流位于阻力平方区条件下，边壁影响流速场的宽度约为 2.5 倍的水深。为了使水流不受边壁的影响，模型应满足：

$$\frac{B_m}{h_m} > 5 \qquad (C-10)$$

式中：B_m 和 h_m 分别为模型的河槽宽度和相应宽度下的水深。

冈恰洛夫和洛西耶夫斯基认为，要保证流场相似，模型中

$$\frac{B_m}{h_m} > 8 \sim 10 \qquad (C-11)$$

可见，对模型小河的宽深要求虽有不同，但差别不大。

将原型该河段平滩河宽 $B = 550$ m，平滩水深 $h = 1.5$ m（滩地宽度更大，水深更小，更

能满足要求)按平面比尺换算为模型值,求得 $\dfrac{B_m}{h_m} = \dfrac{550/1\,200}{1.5/75} = \dfrac{0.46}{0.02} = 23 > 10$,可见所选模型变率满足式(C-10)及式(C-11)。

下面分别选取几家具有代表性的判别式对所选变率加以论证:

(1)张瑞瑾等学者认为过水断面水力半径 R 对模型变态十分敏感,建议采用如下形式的方程式表达河道水流二度性的模型变态指标 D_R(变态模型水力半径偏离正态模型水力半径的程度),若取 $D_R \geqslant 0.90$ 为条件,导出如下变率限制式:

$$D_t \leqslant \frac{1}{18}\left(\frac{B}{h} + 20\right) \tag{C-12}$$

根据 2006 年以来夹河滩—高村河段河道断面资料,该河段的主槽宽度平均为 550 m,平滩流量下的平均水深为 1.5 m。将原型 $B = 550$ m,$h = 1.5$ m 代入式(C-12),得到 $D_t \leqslant 21.48$,本模型变率为 16,显然满足式(C-12)变率限制数的要求,说明二度相似程度基本在良好区范围内($D_R = 0.90 \sim 0.95$ 为良好区)。

(2)窦国仁从控制变态模型边壁阻力与河底阻力的比值以保证模型水流与原型相似的概念出发,提出了限制模型变率的关系式:

$$D_t \leqslant \left(\frac{1}{20}\frac{B}{h} + 1\right) \tag{C-13}$$

将有关资料代入,得 $D_t \leqslant 19.3$,可见 $D_t = 16$ 符合这一条件。

(3)张红武根据原型河宽及水深的关系及模型变率等因素,提出了变态模型相对保证率的概念,即

$$P_* = \frac{B - 4.7hD_t}{B - 4.7h} \tag{C-14}$$

将原型资料及 $D_t = 16.0$ 代入式(C-14)求得相对保证率为 $P_* \approx 0.81$,由此说明在本模型过水断面上约有 81% 的流区的流速场与原型基本相似。

通过以上分析初步说明,本模型采用的变率 $D_t = 16$ 基本在各家公式的允许范围之内,几何变率的影响也是有限的。应当指出的是,模型的相似率或相似程度不仅与变率有关,而且与所选的平面几何比尺有关,因为相同的变率,在不同的平面几何比尺条件下,其水流的挟沙力是不一样的,有时还相差甚远。对于黄河下游宽河段,在平面比尺不变的情况下,模型变率能否满足输沙及冲淤相似,还有待于通过验证试验来最终确定。

C.3.3.2 流速及糙率比尺

由水流重力相似条件求得 $\lambda_v = \sqrt{75} = 8.66$,由此求得流量比尺 $\lambda_Q = \lambda_v \lambda_H \lambda_L = 779\,423$;对于黄河下游宽浅河段,取 $\lambda_R = \lambda_H$,由阻力相似条件式(C-3)求得糙率比尺 $\lambda_n = 1.083$,近似取 $\lambda_n = 1$,即要求模型糙率与原型糙率基本一致。对于黄河下游河道模型,主槽及滩区都很重要,所以模型主槽及滩区糙率模拟的正确与否会直接影响河道的输沙特性及冲淤演变。根据黄河下游夹河滩、高村站实测资料,其主槽糙率值一般为 $0.011 \sim 0.016$,滩地糙率一般为 $0.03 \sim 0.045$(嫩滩约 0.03,二滩约 0.045),由此求得模型主槽糙率应为 $n_c = 0.011 \sim 0.016$,滩地糙率 $n_t = 0.03 \sim 0.045$。为分析模型糙率是否满足该设计值,作为初步模型设计,利用文献中的公式及预备试验结果对模型糙率进行分析:

$$n = \frac{\kappa h^{1/6}}{2.3\sqrt{g}\lg\left(\dfrac{12.27h\chi}{0.7h_s - 0.05h}\right)} \quad\quad (\text{C-15})$$

式中:κ 为卡门常数,为简便计,取 $\kappa = 0.4$;χ 为校正参数,对于床面较为粗糙的模型小河,取 $\chi = 1.1$;h_s 为模型的沙波高度,根据预备试验知道主槽 $h_s = 0.008 \sim 0.015$ m。

由式(C-15)可求得模型糙率值 $n_m = 0.0157 \sim 0.018$,与设计值接近且略偏大,其原因是实际模型含有沙粒阻力,因此说该比尺模型基本上可以满足河床阻力相似条件。对于滩地,原型平均水深取 $0.2 \sim 0.5$ m,$h_s = 0.005 \sim 0.015$ m 取 $\chi = 1$,则滩地糙率计算值为 $0.02 \sim 0.042$,与设计值也基本接近,可以模拟漫滩洪水在滩地上的运行特性。

C.3.3.3　悬沙沉速及粒径比尺

由于原型和模型的泥沙均较细,一般都满足 Stokes 定律,由此可确定相应的粒径比尺

$$\lambda_d = \left(\frac{\lambda_\omega \lambda_v}{\lambda_{\gamma_s - \gamma}}\right)^{0.5} \quad\quad (\text{C-16})$$

将模型相应比尺代入式(C-3),求得悬沙沉速比尺 $\lambda_\omega = 1.083$。

根据原型及模型水流温差情况,取 $\lambda_v = 0.718$ 带入式(C-16),得

$$\lambda_d = \left(\frac{\lambda_\omega \lambda_v}{\lambda_{\gamma_s - \gamma}}\right)^{1/2} = \left(\frac{1.083 \times 0.718}{1.5}\right)^{0.5} = 0.63$$

取 $\lambda_d = 0.63$。所选比尺是否恰当,可通过模型验证试验加以论证。

C.3.3.4　模型床沙粒径比尺

黄河水利科学研究院的研究表明,不同种类的模型沙,由于其容重、颗粒形状等方面存在较大差异,尚不能直接由现有的泥沙起动流速公式计算模型沙的起动流速,正因如此,对于黄河沙质河床的模型设计,不能直接采用以泥沙起动流速公式推求比尺关系的办法确定模型床沙的粒径比尺,而不得不采用分别确定原型泥沙的起动流速和不同粒径模型沙的起动流速,然后视两者的比值(即 λ_{v_c})是否满足相似条件式(C-6),若满足,则相应模型沙粒径即为模型床沙的粒径。

黄河水利科学研究院在开展黄河河道模型设计时,根据文献等资料,点绘天然河床不冲流速与床沙质含沙量的关系曲线,一般认为,当水流为清水时,河床不冲流速就等于起动流速。因而原型床沙起动流速可由文献[63]图 3 查得:$v_c \approx 0.74 \sim 0.84$ m/s($h = 1.1 \sim 2$ m,$D_{50p} = 0.03 \sim 0.15$ mm,$\omega = 0.07 \sim 0.3$ cm/s),可以看出,这一起动流速符合本试验河段的河床质,本河段河床质中值粒径范围为 $0.041 \sim 0.065$ mm。起动流速比尺 λ_{v_c} 应满足相似条件式(C-6),即 $\lambda_{v_c} = \lambda_v = 8.66$,原型沙 $v_c \approx 0.74 \sim 0.84$ m/s 按照 $\lambda_{v_c} = 8.66$ 换算,要求模型沙在水深为 2.2 cm 时的起动流速为 $0.09 \sim 0.10$ m/s。通过模型沙起动流速试验,发现中值粒径 $D_{50} = 0.035$ mm 的郑州热电厂粉煤灰可以满足这一要求,即符合床沙起动相似的模型沙中值粒径为 0.035 mm。

根据张红武试验点绘的郑州热电厂粉煤灰在水深为 5 cm 时,起动流速 v_c 与中值粒径 D_{50} 的点群关系来看(见附图 C-5),在 $D_{50} = 0.015 \sim 0.042$ mm 的范围内,即使中值粒径变化了 2 倍,v_c 的变化并没有超出目前水槽起动试验的观测误差。正因为如此,模型沙粗度即使与理论值有一些偏差,也不至于对泥沙起动相似条件有大的影响。因此,可以认

为模型床沙中值粒径在 0.015 ~ 0.042 mm 范围内都可满足起动流速要求。

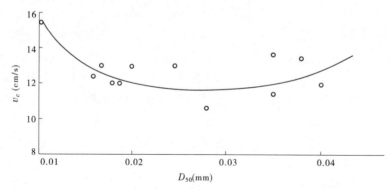

附图 C-5　郑州热电厂粉煤灰起动流速 v_c 与中值粒径 D_{50} 关系($h = 5$ cm)

对于扬动流速,根据窦国仁及黄河水利科学研究院水槽试验结果,黄河下游河槽天然沙扬动流速一般为起动流速的 1.54 ~ 1.75 倍。若取原型扬动流速 $v_f = 1.65v_c$,可求得原型水深为 1.0 ~ 2.0 m 的原型床沙扬动流速 $v_{f_p} = 1.65v_c = 1.65 \times (0.74 \sim 0.84) = 1.22 \sim 1.39$ m/s。当模型床沙中值粒径为 0.035 mm 时,其扬动流速为 0.16 ~ 0.22 m/s(水深为 1.1 ~ 5.5 cm),由此可求出扬动流速比尺 λ_{v_f} 为 5.55 ~ 8.69,与 $\lambda_{v_c} = 8.66$ 相比,二者基本一致。表明模型所选床沙可以近似满足扬动相似条件。

根据以上分析,当原型河床质 D_{50p} 为 0.03 ~ 0.15 mm 时,相应模型河床质 D_{50} 在 0.015 ~ 0.042 mm 范围内时,模型沙均可以满足起动和扬动。2006 年夹河滩、高村河床质中值粒径为 0.12 ~ 0.15 mm,模型沙中值粒径一般采用 0.04 ~ 0.05 mm。因此,其河床质粒径比尺为 $\lambda_D = \dfrac{D_{50p}}{D_{50m}} = \dfrac{0.12 \sim 0.15}{0.04 \sim 0.05} = 2.6 \sim 3.33$,其平均值为 2.965。

由河型相似条件式(C-7)可得出:

$$\lambda_D = \frac{\lambda_H^2}{\lambda_L \lambda_{\gamma_s - \gamma}}$$

将相关比尺代入上式可求得 $\lambda_D = 3.125$。

综合以上两种方法论证,取床沙粒径比尺为 $\lambda_D = 3.0$。

当 $\lambda_D = 3.0$ 时,由河型相似条件式(C-7)分别求算原型、模型的河型相似指数。原型 2006 年夹河滩—高村河段平均主槽宽度 550 m,深度 1.50 m($D_{50y} = 0.13$ mm, $J_y = 0.000\ 16$)的情况下求得该河段原型河型相似指数 $z_{w_p} = 62$;由原型河道断面形态参数求得相应模型小河的主槽宽 0.458 m,深 0.02 m, $D_{50m} = 0.045$ mm, $J_m = 0.002\ 56$,带入式(C-7)计算得 $z_{w_m} = 72$。可以看出,模型与原型的河型相似指标是相近的,所采用的比尺基本上可以满足河型相似条件。

C.3.3.5　含沙量比尺

为保证模型中的冲淤相似,必须满足水流挟沙力相似,即满足式(C-4)要求。含沙量比尺可通过计算水流挟沙力比尺来确定,文献[68]提出了同时适用原型沙及轻质沙的水流挟沙力公式:

$$S_* = 2.5 \left[\frac{\xi(0.002\,2 + S_V)v^3}{\kappa \left[\frac{\gamma_s - \gamma_m}{\gamma_m} \right] gh\omega_s} \ln\left(\frac{h}{6D_{50}} \right) \right]^{0.62} \qquad (\text{C-17})$$

式中:κ 为卡门常数;γ_m 为浑水容重;ω_s 为泥沙在浑水中的沉速;v 为流速;h 为水深;D_{50} 为床沙中值粒径;S_V 为以体积百分比表示的含沙量;ξ 为容重影响系数,可表示为

$$\xi = \left[\frac{1.65}{\gamma_s - \gamma} \right]^{2.25} \qquad (\text{C-18})$$

对于本次选用的模型沙,γ_s 约为 2.1 t/m³,则 $\xi = 2.5$。对于原型沙,$\gamma_s = 2.65$ t/m³,则 $\xi = 1$。

采用式(C-17)计算水流挟沙力,应考虑含沙量对 κ 值及 ω 的影响,两者与含沙量的关系分别为

$$\kappa = \kappa_0 \left[1 - 4.2\sqrt{S_V}(0.365 - S_V) \right] \qquad (\text{C-19})$$

$$\omega_s = \omega_{cp}(1 - 1.25S_V)\left(1 - \frac{S_V}{2.25\sqrt{d_{50}}} \right)^{3.5} \qquad (\text{C-20})$$

式中:κ_0 为清水卡门常数,取为 0.4;ω_{cp} 为泥沙在清水时的平均沉速,cm/s;d_{50} 为悬沙中值粒径,mm。

将原型夹河滩站实测资料代入式(C-17)中,S_{*p} 计算结果见附表 C-1,同时附表 C-1 中列举了按照预备试验结果分析得出的相应条件下的模型水流挟沙力 S_{*m},由 $\lambda_s = \lambda_{s_*} = S_{*p}/S_{*m}$,可求出 $\lambda_{s_*} = 1.76 \sim 2.33$,求得的比值位于 2 附近,表明无论是 1982 年的大水小沙洪水系列还是 1988 年的中水丰沙洪水系列,取 $\lambda_s = 2$ 都是比较合适的。

附表 C-1 黄河下游夹河滩站水流挟沙力比尺计算

原型测验时间 (年-月-日)	Q (m³/s)	v (m/s)	H (m)	S_p (kg/m³)	d_{50} (mm)	S_{*p} (kg/m³)	S_{*m} (kg/m³)	λ_s
1982-06-28	1 280	0.96	0.92	5.5	0.024	4.70	2.50	1.88
1982-07-31	3 560	1.57	1.16	30.2	0.012	29.0	16.5	1.76
1982-08-07	4 520	2.58	1.75	27.9	0.012	46.69	21.0	2.22
1982-08-01	5 090	1.67	1.60	38.5	0.008	52.43	22.5	2.33
1982-08-15	5 360	2.12	2.56	46.0	0.014	50.15	24.0	2.09
1982-08-05	7 270	2.86	2.64	35.2	0.010	57.54	26.0	2.21
1988-07-10	2 060	2.09	1.67	42.7	0.016	58.34	25.0	2.33
1988-07-12	3 180	2.39	2.19	56.0	0.015	84.1	37.0	2.27
1988-08-20	4 420	2.89	2.45	100.0	0.025	88.82	39.5	2.25
1988-08-10	5 720	1.65	1.28	87.5	0.016	103.0	53.0	1.94
1988-08-18	5 980	3.07	3.09	37.6	0.020	108.9	55.0	1.98

C.3.3.6 时间比尺

模型试验时间比尺有两个:一个是水流运动时间比尺 λ_{t_1},它决定了洪水波的传播及水流运动的相似性;另一个是河床变形时间比尺 λ_{t_2},它要满足相似条件式(C-5)的要求。

根据模型相似率可知 $\lambda_{t_1} = \lambda_L/\lambda_v$,代入相关比尺可求得 $\lambda_{t_1} = 138.57$。λ_{t_2}反映河床变形的相似性,即模型小河冲淤变化与原型河道的同步性,因此该比尺至关重要。对于 λ_{t_2},可先求出淤积物干容重比尺 $\lambda_{\gamma 0}$,原型淤积物干容重 γ_{0y} 一般取 1.45 t/m³,模型淤积物干容重 $\lambda_{\gamma 0m}$ 一般取 0.70~0.78 t/m³,故 $\lambda_{\gamma 0} = \lambda_{\gamma 0y}/\lambda_{\gamma 0m} = 1.45/(0.70 \sim 0.78) = 1.86 \sim 2.07$,则

$$\lambda_{t_2} = \frac{\lambda_{\gamma 0}\lambda_L}{\lambda_s\lambda_v} = \frac{1.86 \sim 2.07}{2} \times \frac{1\ 200}{75^{0.5}} = 128.8 \sim 143.5$$

可以看出,λ_{t_2} 的取值范围涵盖了 λ_{t_1},这样就避免了洪水传播时间与河床变形时间不一致而产生的尾门控制出现的时间偏差,从而提高模型试验的精度,试验时可采用 λ_{t_2} 中间值且与 λ_{t_1} 基本一致的 135 作为本次模型试验的时间比尺。

C.3.3.7 模型比尺汇总

综上所述,模型比尺汇总如附表 C-2 所示。

附表 C-2 模型比尺汇总

比尺名称	数值	依据	说明
水平比尺 λ_L	1 200	根据场地条件	
垂直比尺 λ_H	75	参考前期研究成果	$D_t = 16$
流速比尺 λ_v	8.66	式(C-1)	
流量比尺 λ_Q	779 400	水流连续性相似	
糙率比尺	1	满足式(C-3)	
比降比尺 λ_J	0.062 5	$\lambda_J = \lambda_L/\lambda_H$	
比重差比尺 $\lambda_{\gamma_s - \gamma}$	1.5	$\gamma_m = 2.1$ t/m³	模型沙为郑州热电厂粉煤灰
沉速比尺 λ_ω	1.083	式(C-3)	
水流运动时间比尺 λ_{t_1}	138.56	$\lambda_{t_1} = \lambda_L/\lambda_v$	
悬移质泥沙粒径比尺 λ_d	0.63	满足 Stokes 定律	
河床质泥沙粒径比尺 λ_D	3.0	满足式(C-7)相似要求	以原型值及模型值反求
起动流速比尺 λ_{v_c}	8.66	满足式(C-6)相似要求	分别确定原型值及模型值
	5.55~8.68	$\lambda_{v_f} \approx \lambda_v$	分别确定原型值及模型值
含沙量比尺 λ_s	2.0	满足式(C-4)要求	分别确定原型值及模型值,且待验证试验确定
河床变形时间比尺 λ_{t_2}	128.8~143.5	满足式(C-5)要求	分别确定原型值及模型值,且 $\lambda_{\gamma 0} = 1.86 \sim 2.07$

C.3.4 试验水沙条件及模型验证

C.3.4.1 水沙条件

试验水沙条件选择 1982 年实际发生的大漫滩洪水,洪水时段选择 7 月 31 日至 8 月 10 日共 11 d 的历时。该期间夹河滩站(模型进口)洪水总量 60.48 亿 m³,沙量 2.4 亿 t。

在保证 4 000 m³/s 以上洪峰水量、沙量相同条件下,将其概化为 4 个量级洪峰过程,概化后各方案最大洪峰流量分别为 6 000 m³/s、8 000 m³/s、10 000 m³/s 和 14 000 m³/s,含沙量均为 40 kg/m³。概化后的进口夹河滩站洪水过程如附图 C-6 所示,其洪水过程特征值见附表 C-3 所示,平均流量和平均含沙量均为 4 000 m³/s 以上的平均值。

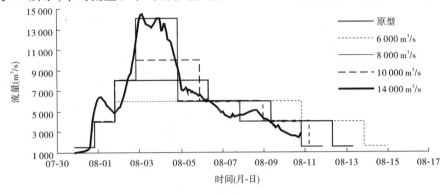

附图 C-6　进口流量概化过程

附表 C-3　各方案洪峰特征值统计

试验方案	洪峰流量 (m³/s)	平均流量 (m³/s)	最大含沙量 (kg/m³)	平均含沙量 (kg/m³)	平均来沙系数 (kg·s/m⁶)	最大输沙率 (t/s)
1	6 000	5 384.6	40	40	0.007 4	240
2	8 000	6 087	40	40	0.006 6	320
3	10 000	6 773.1	40	40	0.005 9	400
4	14 000	7 000	40	40	0.005 7	560

尾门水位的确定对模型试验的结果是非常重要的,其确定原则是参考原型该河段实际发生的不同量级漫滩洪水的水位变化情况,并同时考虑不同量级洪水河道冲淤变化程度、洪水漫滩程度、传播时间及不同洪峰过程的衰减率综合确定的。根据原型大漫滩洪水特性,洪峰流量越大,主槽冲刷量越大,相应主槽的同流量水位降低越多。本次概化的量级洪水皆为低含沙量洪水,河道主槽冲刷幅度也随洪峰流量的增大而增大,对应洪水落峰期的同流量水位降低明显,因此确定不同量级洪水各试验方案高村站(尾门)控制水位流量关系,均为顺时针绳套(下降)关系,且洪峰流量越大,水位下降值越大。不同量级洪水的尾门水位流量关系见附图 C-7。

模型试验采用的床沙和悬沙见附图 C-8 和附图 C-9。可以看出,模型试验河床质中值粒径为 0.14 mm(已用 $\lambda_D = 3.0$ 换算为原型值),与河段夹河滩、高村的床沙中值粒径 0.12 ~ 0.15 mm 比较接近,但没有原型的河床质均匀,根据以往模型沙的相关研究,该粒径范围内模型沙起动流速很接近,因此该模型床沙可作为方案试验的河床质。另外,模型进口悬移质中值粒径为 0.02 mm,按 $\lambda_D = 0.63$ 换算后,与原型夹河滩 1982 年 8 月悬移质中值粒径 0.012 mm 基本一致,级配曲线也很接近,该模型悬沙可用于试验方案之间的比选。

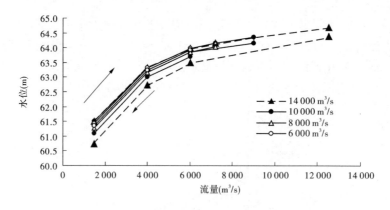

附图 C-7　模型试验尾水控制 (高村站)

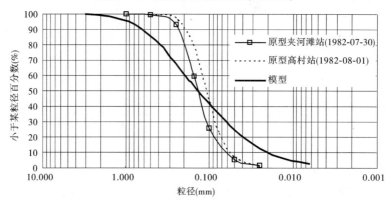

附图 C-8　原型模型床沙级配对比

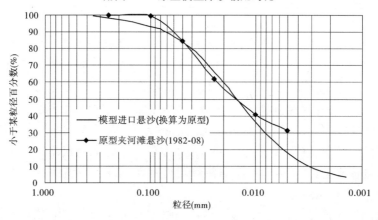

附图 C-9　原型模型悬沙级配对比

C.3.4.2　模型验证试验

为了验证模型的相似性,特选定最近年份的水沙对模型进行验证。验证试验的水沙条件为 2006 年小浪底水库调水调沙期的水沙过程,为满足试验要求,对其进行了流量概化,概化后的水沙过程见附图 C-10。尾门水位按照高村水文站 2006 年水位流量关系控制。验证的沿程水位见附图 C-11,可以看出各级流量沿程水位与原型基本一致,可以满足正式方案试验的要求,模型可以用于不同量级洪水滩槽水沙交换的试验研究。

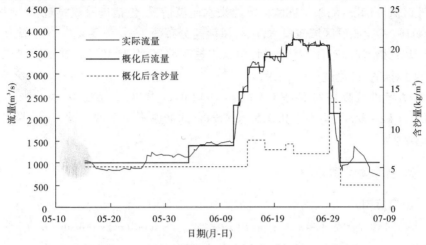

附图 C-10 验证试验夹河滩站水沙过程

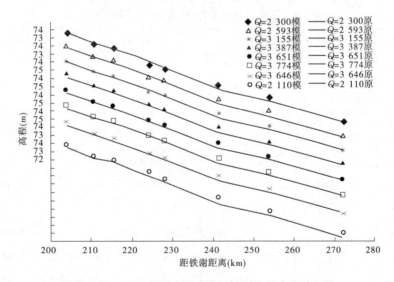

附图 C-11 2006 年调水调沙期间模型沿程水位验证图

C.3.4.3 试验测验内容

根据试验目的及要求,试验方案的观测内容如下:

(1)断面:水前、水后河道布置断面。

(2)洪水过程中断面、流速:放水过程中测验夹河滩、油坊寨、马寨和高村断面的水深、流速。

(3)水位:利用自计水位计和测针测读记录主槽 12 个测站水位,并对上滩水流利用测针测读相应滩区水位。

(4)含沙量:进出口含沙量,主槽沿程含沙量,漫滩水流流路含沙量等。

(5)泥沙颗粒级配:试验过程的主槽、滩区流路悬沙、床沙级配。

（6）滩区流势：生产堤破口位置、宽度，入滩流路，顺堤流速。

（7）滩区淹没情况：测验不同滩区漫滩洪水淹没情况，包括进滩流量过程、滩区水量、滩区淹没范围、不同淹没区域淹没水深、行洪流速分布等。

（8）河势：试验河段整体河势绘制，包括主槽和滩区河势的绘制，并表明滩区分流退水情况；同时对试验过程进行照、录像。

由试验方案洪峰期特征值表（见附表 C-3）可以看出，各方案洪水的来沙系数为 $0.007 \sim 0.014 \ \mathrm{kg \cdot s/m^6}$，均小于 $0.015 \ \mathrm{kg \cdot s/m^6}$ 的冲淤平衡来沙系数，故试验水沙均为河槽刷槽型洪水。

C.3.5 模型试验控制条件

C.3.5.1 进口控制

进口水沙过程见附表 C-4。可以看出，洪峰流量为 $6\,000 \sim 14\,000 \ \mathrm{m^3/s}$ 的 4 个量级洪水过程，$4\,000 \ \mathrm{m^3/s}$ 流量以上洪水过程的含沙量均为 $40 \ \mathrm{kg/m^3}$；涨峰起始流量及落峰结束基流流量均为 $1\,500 \ \mathrm{m^3/s}$，相应含沙量为 $20 \ \mathrm{kg/m^3}$，历时均为 1 d。

附表 C-4　不同量级洪水进口（夹河滩）控制水沙过程

$Q_{\max} = 6\,000 \ \mathrm{m^3/s}$ (2008-02-27)			$Q_{\max} = 8\,000 \ \mathrm{m^3/s}$ (2007-12-29)			$Q_{\max} = 10\,000 \ \mathrm{m^3/s}$ (2007-11-09)			$Q_{\max} = 14\,000 \ \mathrm{m^3/s}$ (2007-10-24)		
历时 (d)	流量 ($\mathrm{m^3/s}$)	含沙量 ($\mathrm{kg/m^3}$)	历时 (d)	流量 ($\mathrm{m^3/s}$)	含沙量 ($\mathrm{kg/m^3}$)	历时 (d)	流量 ($\mathrm{m^3/s}$)	含沙量 ($\mathrm{kg/m^3}$)	历时 (d)	流量 ($\mathrm{m^3/s}$)	含沙量 ($\mathrm{kg/m^3}$)
1	1 500	20	1	1 500	20	1	1 500	20	1	1 500	20
1	4 000	40	1	4 000	40	1	4 000	40	1	4 000	40
9	6 000	40	4.5	8 000	40	1	8 000	40	1	8 000	40
3	4 000	40	3.0	6 000	40	3.11	10 000	40	2	14 000	40
1	1 500	20	3.0	4 000	40	3.0	6 000	40	3	6 000	40
			1	1 500	20	2.225	4 000	40	3	4 000	40
						1	1 500	20	1	1 500	20

C.3.5.2 出口（高村）水位控制

模型出口水位控制非常重要，尾门水位控制偏低，可造成主槽冲刷偏多，滩地淤积偏少；尾门水位控制偏高，可造成主槽冲刷偏少，滩地淤积增多。为此，根据设计的尾门控制水位进行人工专门调节控制，并利用自计水位计进行监测，附图 C-12 展示了高村站洪峰流量为 $8\,000 \ \mathrm{m^3/s}$ 的水位控制过程，其他试验方案尾水控制过程类似，可以看出试验控制数值与要求值非常接近，能够满足淤滩刷槽的试验要求。

C.3.5.3 床沙、悬沙级配控制

动床模型试验模型沙的级配至关重要，床沙粗细程度是决定主槽冲淤的关键因素；在漫滩程度相同情况下，悬沙粗细则直接影响滩地落淤程度。因此，在不同方案试验过程

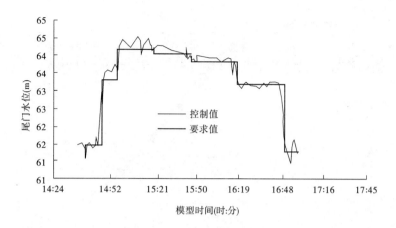

附图 C-12　8 000 m³/s 量级洪水高村水位过程

中,模型所使用的河床质及悬移质基本保持一致。附图 C-13、图 C-14 分别为不同试验方案的河床质及悬移质级配,可以看出,各试验方案的河床质及悬移质是非常接近的,试验方案具有较好的可比性。

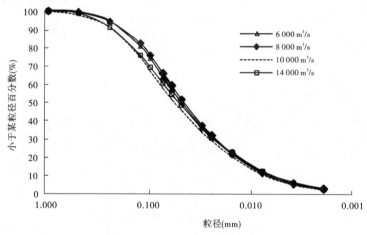

附图 C-13　各方案夹河滩床沙级配

C.3.5.4　主槽床沙干密度控制

主槽床沙干密度是控制试验地形密实程度的重要指标,它的大小直接影响河槽冲淤的特性。通过土力学环刀技术采样来测定试验前床沙干密度。实测表明,模型制作河床密实度基本在 0.85 ~ 0.90 g/cm³,表明试验的初始地形密实度基本一致,满足模型设计的 $\lambda_{\lambda_0} = 1.86 \sim 2.0$ 的要求。

C.3.6　试验结果

C.3.6.1　滩槽水沙交换模式

通过试验过程可以发现,当河道出现小漫滩洪水时,主要是三角形滩区(嫩滩)在进行水沙交换,而当发生大漫滩洪水时,则既有三角形滩水沙交换,又有条形滩区在进行水沙交换,其交换模式见附图 C-15。

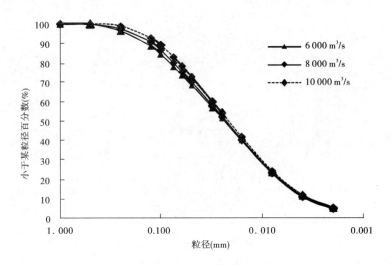

附图 C-14　各方案进口悬沙级配

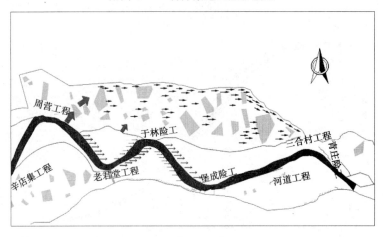

附图 C-15　滩槽水沙交换模式示意图

1. 三角形滩区水沙交换模式

三角形滩区是指同岸两个控导工程与生产堤和主槽围成的滩区,形状基本为三角形。在本试验河段内,这样的滩区共有 10 个,是水沙交换最为频繁的场所,交换模式见附图 C-16。一般是挟沙水流由上一工程下首入滩,通过长为 8～10 km 的嫩滩(三角形滩区),由同岸下一工程上首汇入主槽。

2. 条形滩区水沙交换模式

条形滩区是指生产堤与大堤之间的滩区,形似条形状,长度为 20～30 km。一般在漫滩流量较大时,水流一部分漫过控导工程顶部,更大一部分来自生产堤破口处,大量挟沙水流进入生产堤外滩区,顺堤河行洪,该滩区一般达数十千米长。在试验的夹河滩—高村河段,北岸有两大条形滩区,即禅房—周营上首滩区,长约 20 km;周营—三合村滩区,长约 25 km。南滩有一个条形滩区,即杨庄—老君堂,长约 34 km(见附图 C-17)。

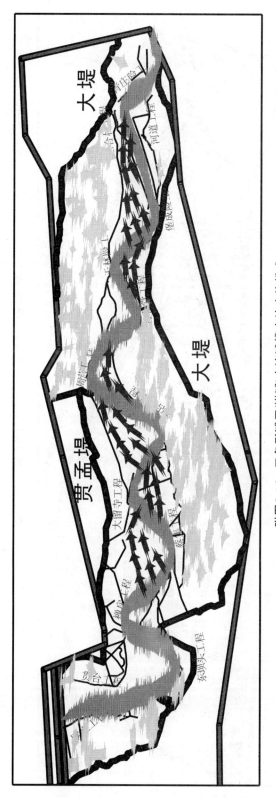

附图C-16　三角形滩区(嫩滩水流)滩槽水沙交换模式

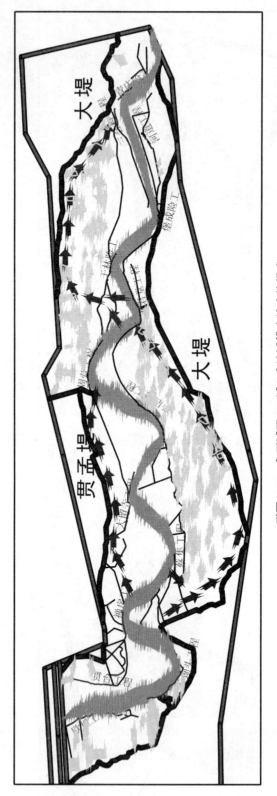

附图 C-17 条形滩区（二滩）水流滩槽水沙交换模式

C.3.6.2　滩槽冲淤关系

根据试验得出各方案主槽和滩地(包括嫩滩和二滩)的冲淤计算结果(见附表 C-5),并得出主槽冲刷量、滩地淤积量随流量的变化关系(见附图 C-18)。可以看出,随着洪峰流量的增大,滩槽冲淤量有很好的对应关系,滩地淤积量与主槽冲刷量呈正相关关系,即滩地的淤积量越多,相应主槽冲刷也越多,主槽冲刷量增幅及滩地淤积比也呈不同程度增大,但二者不呈线性关系。由附图 C-18 还可以看出,随洪峰流量的增大,嫩滩的淤积量变化不大,但二滩淤积量随洪峰流量的增大呈增大趋势,说明洪峰量级对二滩的淤积影响较大,较大的洪峰流量可以增大二滩的淤积量,有利于减缓二级悬河的状况。

由附表 C-5 及附图 C-18 可以看出,在总洪量、总沙量相同的条件下,不同洪峰流量级的试验方案主槽冲淤效率也是不同的。方案 2、方案 3、方案 4 较方案 1 的主槽冲刷量增幅分别为 8%、49% 和 167%,显然在试验的水沙条件下,若仅从冲刷主槽效率考虑,可采用方案 4。

附表 C-5　试验方案冲淤量统计

方案	洪峰流量 (m³/s)	漫滩系数	来沙量 (亿 t)	冲淤量(亿 t)					主槽冲刷量增幅 (%)	全滩地淤积比 (%)
				全断面	主槽	全滩地	嫩滩	二滩		
方案 1	6 000	1.2	2.4	− 0.57	− 0.85	0.28	0.28	0		11.7
方案 2	8 000	1.6	2.4	0.10	− 0.92	1.02	0.57	0.45	8	42.5
方案 3	10 000	2.0	2.4	0.47	− 1.27	1.74	0.41	1.33	49	72.5
方案 4	14 000	2.8	2.4	0.08	− 2.28	2.36	0.69	1.67	167	97.9

注:1. 主槽冲刷量增幅表示各方案的主槽冲刷量均相对于方案 1 而言。

2. 漫滩系数为洪峰流量与 2006 年试验河段平滩流量 5 000 m³/s 的比值。

3. 滩地淤积比为滩地淤积量与来沙量比值。

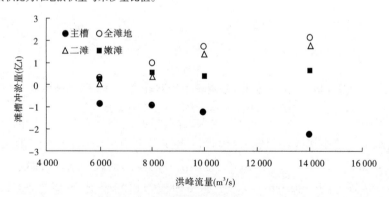

附图 C-18　洪峰流量与滩槽冲淤关系

C.3.6.3　主槽冲刷与洪峰流量关系

中国水利水电科学研究院"十五"攻关也开展了量级洪水实体模型试验,试验采用的是保持试验总历时、洪峰历时相等,但洪量不同的洪水过程。试验选取高村—杨集 108

km 的河段,平面比尺为 1 200,垂直比尺为 80。试验采用 1988 年汛前地形(平滩流量 4 600 m³/s)。试验水沙条件按大漫滩、一般漫滩和不漫滩三种洪水条件,含沙量按高、中、低控制,具体试验方案见表 C-6。

对于各方案,在洪峰流量前,先施放 30 min(相当原型时间为 67 h)流量为 1 500 m³/s、含沙量为 20 kg/m³ 的基流,再调节流量达到峰值流量及其相应的含沙量,历时均为 7 d。峰值流量结束后,再施放基流 1 d(流量及含沙量同峰前基流),这样洪水过程总历时 10.8 d,各方案洪量见附表 C-6。主槽单位水量冲淤量与洪峰流量关系见附图 C-19。

附表 C-6　中国水利水电科学研究院"十五攻关"量级洪水试验方案

流量 (m³/s)	含沙量(kg/m³)				水量 (亿 m³)	说明
10 000	50	100	150		65.394	大漫滩流量
6 000	50	100	150		41.202	一般漫滩流量
3 000	25	50	100	150	23.058	不漫滩流量
1 500	25	50	100	150	13.986	小洪水不漫滩流量

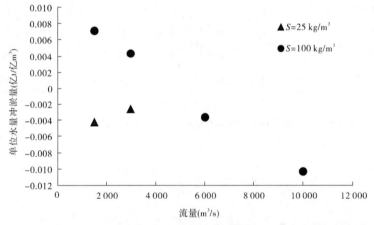

附图 C-19　高村—杨集河段漫滩洪水洪峰流量与主槽冲淤量关系
(中国水利水电科学研究院"十五"试验成果)

由附图 C-19 可以看出,对于不漫滩洪水,含沙量的大小可以改变主槽的冲淤性质,较低含沙量洪水可以使主槽冲刷,较高含沙量洪水使得主槽淤积;对于漫滩洪水(洪峰流量为 6 000 m³/s 和 10 000 m³/s),主槽冲刷量随洪峰流量的增大而增加,即较大的洪峰流量可以形成对主槽较大的冲刷。所以,为了获得河槽的较大冲刷,可以下泄较大量级的洪水。

C.3.6.4　滩地淤积变化

全滩地淤积量(嫩滩加二滩)随洪峰流量的增大而呈明显增加趋势,但是嫩滩和二滩的淤积规律不完全相同(见附图 C-20)。

(1)嫩滩淤积量随洪峰流量增加不明显,基本保持在 0.4 亿 t 左右。

（2）二滩淤积量在大洪峰时增加明显。

当 $Q_{max}=6\ 000\ m^3/s$ 时，由于漫滩程度较弱，二滩几乎没有淤积；当而洪峰流量由 6 000 m^3/s 增加为 8 000 m^3/s 时，二滩淤积量仅增加 0.32 亿 t；当洪峰流量为 10 000 m^3/s 和 14 000 m^3/s 时，二滩淤积量分别为 0.95 亿 t 和 1.19 亿 t，远大于小流量的增幅。二滩的淤积对减小滩地横比降、改善"二级悬河"极其有利。

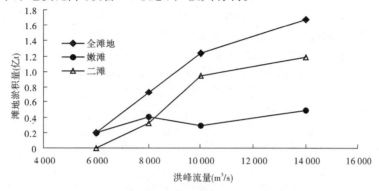

附图 C-20　夹河滩—高村滩地淤积量与洪峰流量关系

由附表 C-5 计算出的为滩地不同部位（嫩滩、二滩）滩地淤积比（滩地淤积量/来沙量）与漫滩系数的关系如附图 C-21 所示，可以看出以下特点：

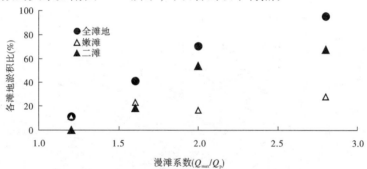

附图 C-21　夹河滩—高村河段漫滩系数与滩地淤积比关系

（1）二滩淤积比随漫滩系数的增大而增大。

当 $Q_{max}=6\ 000\ m^3/s$ 时，由于漫滩程度较弱，二滩几乎没有淤积；当洪峰流量由 6 000 m^3/s 增加为 8 000 m^3/s（对应的漫滩系数为 1.2 和 1.6），二滩淤积比不足 20%；当洪峰流量为 10 000 m^3/s 和 14 000 m^3/s（对应的漫滩系数为 2.0 和 2.8）时，二滩淤积比分别为 50% 和 70%。由此得出，只有当漫滩系数大于 2 时，二滩才有较多的淤积，而此时嫩滩淤积比并没有明显增加，这样对减小滩地横比降、改善"二级悬河"状况极其有利。

（2）嫩滩淤积比随漫滩系数的增加变化不明显，基本保持在 10% ~ 30%。

C.3.6.5　滩区含沙量沿程衰减率

对于禅房—周营滩区（条形滩区），不同量级漫滩水流从禅房工程处进入该滩区，沿贯孟堤由周营上首处入主槽（见附图 C-17）。根据沿程含沙量跟踪测量，刚入滩时的水流含沙量约为主槽含沙量的 80%，随着漫滩水流运行距离的增加，水流含沙量逐渐减小，含沙量衰减率增大。不同试验方案条形滩区沿程含沙量衰减率见附表 C-7 和附图 C-22。可以看出，入滩水流含沙量的衰减率与试验方案的洪峰流量有关，洪峰流量越小，入滩水量就越小，其含沙量衰减就越快；洪峰流量越大，入滩水量就越多，挟沙水流在滩面运行距离就越长，在运行相同距离时，含沙量的衰减率就越小。例如，洪峰流量为 6 000 m³/s（或8 000 m³/s）的试验方案，当水流在滩面运行 5 km 和 10 km 处时，相应含沙量衰减率约为35%和96%（见附图 C-22）；对于 10 000 m³/s 洪峰流量，水流运行 10 km 时含沙量衰减率仅为50%，20 km时含沙量衰减率为90%；对应 14 000 m³/s 试验方案，在滩面运行 10 km 时，含沙量衰减约为13%，运行 20 km 进入主槽时，含沙量仅衰减50%（见附图 C-22）。

附表 C-7　漫滩洪水沿条形滩区含沙量衰减率

洪峰流量 (m³/s)	不同距离(km)衰减率				
	0	5	10	15	20
6 000	0	35	96		
8 000	0	35	95		
10 000	0	10	50	70	90
14 000	0	0	13	30	50

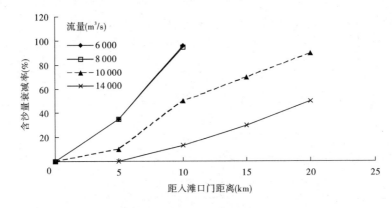

附图 C-22　条形滩区（二滩）含沙量沿程衰减情况

由以上分析可以看出，对于条形滩区，不同量级洪水入滩水流含沙量沿程都有不同程度的衰减，当入滩水流汇入主槽时，水流含沙量降低很多，甚至为清水，这对稀释主槽水流，增大主槽水流挟沙力起到了一定的作用。

三角形滩区含沙量衰减率见附图 C-23。通过对试验过程含沙量跟踪取样发现，刚入滩含沙量约为主槽含沙量的80%，但当水流在滩面运行 4 km 时，无论漫滩流量大小，含沙量衰减幅度最大，衰减30% ~40%。之后衰减率变化不大，含沙量基本保持在入滩时含沙量的42%左右。

总之，对于三角形滩区而言，滩槽存在一定的水沙交换，无论漫滩流量大小，落淤范围基本在 4 km 以内，4 km 以后，含沙量衰减率基本保持在40% ~42%。

C.3.6.6　入滩泥沙级配变化

由附图 C-24 级配曲线看出，刚出槽（进入滩区）的泥沙中值粒径为 0.023 mm，4 km

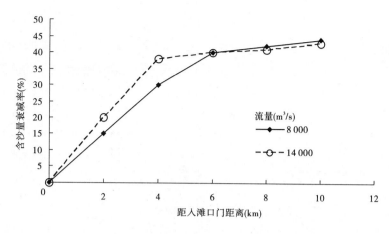

附图 C-23　三角形滩区(嫩滩)含沙量沿程衰减情况

处就细化为中值粒径 0.017 mm 的极细沙,可以看出,洪水漫滩后泥沙粒径的分选作用是比较明显的。

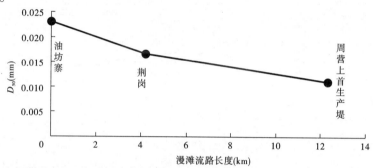

附图 C-24　条形滩区泥沙沿程级配(洪峰流量为 14 000 m³/s)

C.3.6.7　入滩泥沙含沙量、级配综合变化

由以上入滩含沙量、泥沙级配分选变化可知,进入滩区的挟沙水流均存在含沙量衰减、级配分选的特性,对于同一滩区流路,其含沙量、泥沙级配的变化情况又是怎样,通过试验过程给出了如下分析。

附图 C-25 ~ 附图 C-30 分别为试验河段北滩区(长垣一滩、长垣二滩)、南滩区(兰东滩)典型漫滩洪水沿流路含沙量及颗粒级配变化。可以看出,洪水漫滩后,挟沙水流的含沙量随漫滩流路逐步衰减,其衰减幅度在生产堤内最大,约为 50%;然后顺流路到达大堤根,在此期间含沙量继续衰减,其幅度略小于生产堤以内;漫滩洪水在顺堤行进过程中,其含沙量的衰减程度较小。说明洪水漫滩后,挟沙水流逐步落淤于滩面,在遭遇生产堤阻挡后,水流落淤较多,在到达大堤之前,水流仍有较大落淤,但顺堤河下泄时,落淤相对较小。

同样,挟沙水流在落淤的过程中,泥沙颗粒也在不断变化,由附图 C-25 ~ 附图 C-30 的泥沙中值粒径变化可以看出,水流在落淤的过程中,是先落淤较粗的泥沙,然后落淤稍细的泥沙,即泥沙落淤的过程也是泥沙逐步分选的过程,在顺堤根下泄过程中,随含沙量衰减幅度的减小,泥沙颗粒的逐步变细,其泥沙的分选作用降低,在水流到达大堤根时,悬沙的中值粒径 d_{50} 一般在 0.01 mm 以下。

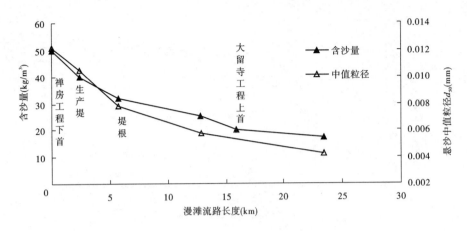

附图 C-25　长垣一滩上部 6 000 m³/s 含沙量、悬沙中值粒径变化

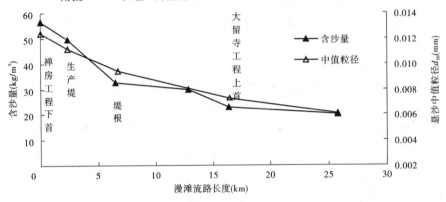

附图 C-26　长垣一滩上部 8 000 m³/s 含沙量、悬沙中值粒径变化

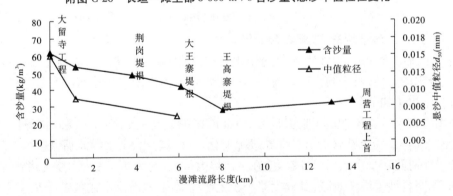

附图 C-27　长垣一滩上部 10 000 m³/s 含沙量、悬沙中值粒径变化

漫滩水流在落淤过程中,含沙量的衰减程度及粒径的分选作用可以用其绝对量(单位长度 5 km 差值)和相对量(单位长度 5 km 的衰减量与入滩时的相应数值之比)来表示。点绘不同试验组次漫滩水流含沙量、粒径的衰减量与洪峰流量关系如附图 C-31、附图 C-32 所示。可以看出,入滩水流含沙量单位长度的减少量及泥沙中值粒径减小量均与洪峰流量成反比。说明较大洪峰流量时,入滩水量较大,相应的水流流速也较大,水流的泥沙含量及粒径的减少量也相应较小,反之则较大。含沙水流在滩面运行时,在其含沙

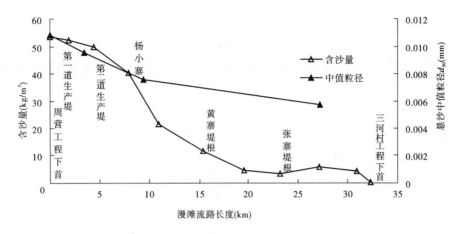

附图 C-28 长垣二滩下部 10 000 m³/s 含沙量、悬沙中值粒径变化

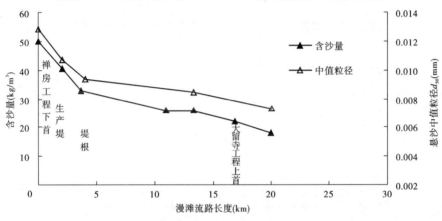

附图 C-29 长垣一滩上部 14 000 m³/s 含沙量中值粒径变化

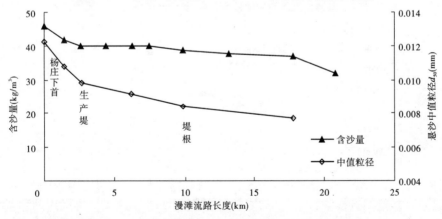

附图 C-30 兰东滩 6 000 m³/s 含沙量及中值粒径变化

浓度不断衰减的同时,泥沙粒径也不断地变细,即含沙量的减少对应泥沙粒径的变细。附图 C-33 为漫滩水流单位长度含沙量的减少量与相应泥沙中值粒径减小量关系,并得出如下经验关系式:

南滩: $$y = 0.000\,08e^{0.149\,6x}$$

北滩: $$y = 0.000\,06e^{0.084\,1x}$$

式中:x 为滩区漫滩水流单位长度含沙量减少量,kg/m^3;y 为挟沙水流泥沙中值粒径,mm。

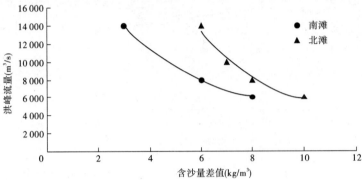

附图 C-31 漫滩水流 5 km 长度含沙量衰减量与洪峰流量关系

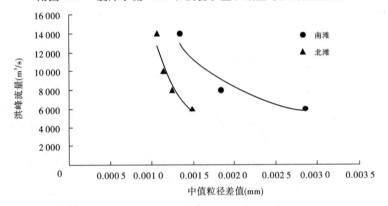

附图 C-32 漫滩水流泥沙中值粒径 5 km 长度分选量与洪峰流量关系

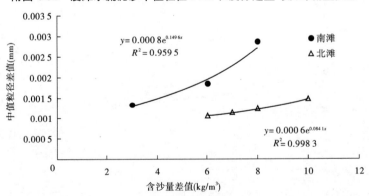

图 C-33 漫滩水流单位长度含沙量衰减量与泥沙中值粒径分选量关系

可以看出它们之间为正相关关系,即滩区挟沙水流含沙量较大的衰减量对应较大泥沙粒径的分选量。

C.3.6.8 滩地淤积与漫滩程度综合比较

根据以上得出了滩地淤积比与漫滩程度关系。根据原型资料分析和实体模型试验，均得出各河段、不同水沙条件下的滩地淤积比，且明显表现出滩地淤积比与漫滩程度有着正相关关系。为检验由各种方法得到的滩地淤积比与漫滩程度关系的吻合性，将1975年以来的5场大漫滩洪水所得资料、两家实体模型试验所得资料与理论线进行套绘（见附图C-34），可以看出，除中国水利水电科学研究院在含沙量较高情况下偏差较大外，其他点据趋势与理论基本一致，偏差原因主要是来沙量计算各有所不同。

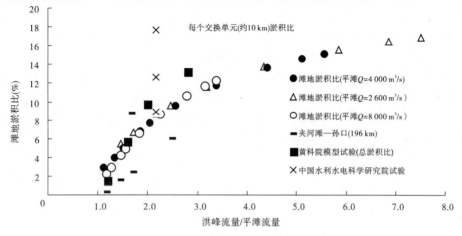

附图 C-34 滩地淤积程度与漫滩程度关系

C.3.7 小结

根据"82·8"洪水过程，在保持洪量、沙量和边界一定的情况下，通过概化不同量级洪水过程（6 000 m³/s、8 000 m³/s、10 000 m³/s、14 000 m³/s）试验，研究物理模型漫滩洪水的淤滩刷槽规律，初步认识如下：

（1）随着量级洪水洪峰流量的增大，淤滩刷槽效果更加明显，滩地淤积量和主槽冲刷量也相应增大。

（2）二滩淤积量在大洪峰时增加更加明显，对二级悬河的改善也最好；嫩滩淤积量总体变化不大，并未因洪峰流量的增大而有明显的增加。

（3）漫滩洪水滩槽水沙交换模式可分为三角形滩区（嫩滩）交换模式和条形滩区交换模式两种。漫滩洪水一般在嫩滩区域和二滩区域进行交换，嫩滩交换区域的滩面淤积比随漫滩系数的增大变化不大，一般在10%～30%；二滩交换区域的滩面淤积比随漫滩系数的增大而增大，滩面淤积比最大不超过70%。

（4）漫滩挟沙水流在滩区运行过程中，其含沙量是沿程衰减的，三角形滩区（嫩滩）衰减幅度为40%左右；条形滩区含沙量衰减幅度随漫滩系数的增大而减小。

（5）漫滩挟沙水流在滩区运行过程中，随着含沙量的衰减，其泥沙粒径也随之分选细化，其细化程度与含沙量衰减程度成正比关系。

C.4 不同量级洪水滩区淹没风险分析

前面已对不同量级洪水滩槽水沙交换模式、滩槽冲淤特性及滩区水流运行过程中含沙量及粒径衰减及分选情况进行了系统分析及总结。本节着重对不同量级洪水滩区淹没风险及洪水演进模式进行系统分析。

C.4.1 漫滩洪水演进模式

由试验过程看,洪水漫滩后的演进模式大致有以下两种:

一是水流在滩区的上首直接漫入滩面,水流经过该滩区落淤后在滩区下部回归主槽,一般这种演进形式多发生在三角形滩区内,且距离较短,因此称这种演进模式为三角形演进(如附图 C-35 所示),该模式类似滩槽水沙交换中的三角形滩区,其演进区域位于生产堤与主槽之间的嫩滩上,与主槽毗邻。例如禅房工程下首的长垣滩区及堡城险工对岸的北滩区上的水流演进均是这种演进模式。

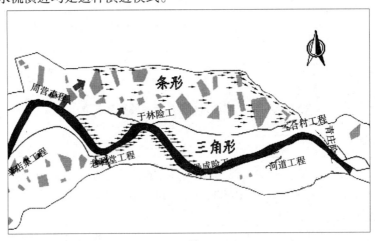

附图 C-35　滩区洪水演进模式示意图

二是水流在河道工程的上首或下首(或工程顶部)与生产堤连接处的破口处逐步流向二滩,一部分入滩水流沿滩面向下行进,一部分顺大堤堤根下泄,在下一个工程的上首或滩面生产堤的薄弱处破生产堤后回归主槽,因这种演进形式水流在滩区行进距离较长,且滩区多为条形,因此暂称这种演进模式为条形演进。该模式类似滩槽水沙交换中的条形滩区,其演进区域位于生产堤与大堤之间的二滩上,与主槽距离较远,滩区水流易滞蓄。例如试验河段禅房工程下首的长垣一滩滩区,杨庄工程下首东明兰考滩区及于林工程上首、下首的长垣二滩滩区均是这种漫滩模式(见附图 C-35)。

C.4.2 滩区洪水的演进特点

附图 C-36 ~ 图 C-39 分别为洪峰流量 6 000 m³/s、8 000 m³/s、10 000 m³/s 及 14 000

m^3/s 洪峰期时漫滩洪水在滩区演进情形。可以看出,无论洪水过程中洪峰流量大小,三角形演进模式均发生,但表现程度有所不同,较大洪峰流量表现充分;条形演进模式在洪峰流量大(例如 10 000 m^3/s、14 000 m^3/s)时表现得较为充分,洪峰流量较小(例如 6 000 m^3/s、8 000 m^3/s)时表现不是很明显。

由不同量级洪水漫滩洪水演进过程试验分析可知,在涨峰阶段,当来流量超过河槽平滩流量时,水流开始漫滩。首先进入的滩区是紧邻主槽的嫩滩,嫩滩开始淹没,其淹没面积逐步扩大至生产堤,至此嫩滩滩区全部过流淹没,三角形演进模式发生。由试验过程看,该滩区淹没程度随洪峰流量的增大而增大,其滩槽水沙交换频率也较高,因漫滩水流流速迅速降低,故滩区的淤积也较多,滩唇淤积尤为严重。

对于条形演进模式,在洪峰流量较小(例如 6 000 m^3/s、8 000 m^3/s)时,因进入条形滩区的水流较小,且持续作用不强,漫滩洪水的条形演进模式发展的不是很充分,只有沿堤河行洪的部分水流或入滩口门不远的滩区水流,水流行进距离都不是很长,有的甚至中途夭折(见附图 C-36、附图 C-37)。

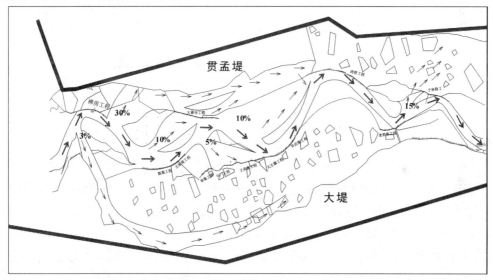

附图 C-36　洪峰流量为 6 000 m^3/s 的水流漫滩模式

较大洪峰流量(例如 10 000 m^3/s、14 000 m^3/s)时,在三角形滩区演进的同时,条形滩区也开始源源不断地进流,条形滩区演进形成。因有较多入滩水流的持续作用,随着进入条形滩区的水流逐步增多,其淹没范围也越来越大,因存在滩面横比降,滩区水流迅速到达堤根,并顺堤行洪,且有较大的堤根流速和水深。因条形滩区较大,该滩区的滞洪沉沙作用也较大(见附图 C-38、附图 C-39)。

由试验过程及附图 C-36～附图 C-39 可以看出,随着不同量级洪水洪峰流量的增大,进入滩区的洪水水量也越多,其相应漫滩淹没范围也越大(尤其是条形滩区),但漫滩洪水的演进模式和滩区水流流路无大的变化。

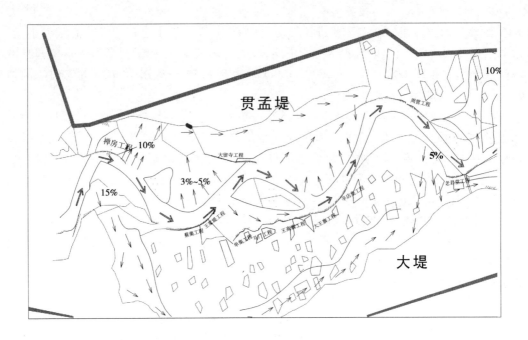

附图 C-37　洪峰流量为 8 000 m³/s 的水流漫滩模式

附图 C-40、附图 C-41 为较小洪峰流量(6 000 m³/s、8 000 m³/s)试验洪峰期过后部分滩区(图为禅房工程下首长垣一滩)淹没后的痕迹照片。可以看出,当洪峰流量较小时,三角形滩区淹没较为明显,条形滩区只出现部分淹没,且淹没程度较轻。

附图 C-42 ~ 附图 C-45 为较大洪峰流量(10 000 m³/s、14 000 m³/s)试验洪峰期及洪峰过后部分滩区(图为长垣一滩)淹没状况及痕迹照片。可以看出,10 000 m³/s 洪峰流量以上时,该滩区可谓"汪洋一片",该滩区不仅全部淹没,且滩面出现了明显行洪流速痕迹及顺堤行洪流速痕迹,滩面生产堤几乎全部淹没及冲毁(生产堤破口时间一般出现在涨峰期,在洪水漫滩后的模型时间 5 min 以后,随流量的增大生产堤破口数量越多,破口位置多发生在与工程的连接处,随后逐步扩大),可见滩区淹没的程度及损失是相当严重的。由图还可看出,洪峰过后,挟沙水流在滩面落淤明显,有的部位还较严重,说明较大的漫滩洪水在形成滩区淹没灾害的同时,还存在大量泥沙落淤、掩埋滩区的风险加大。

C.4.3　滩区淹没风险分析

以上对于不同量级漫滩洪水在滩区的演进模式及特点已作了初步论述,本部分着重对滩区的淹没灾害指标,如淹没面积、水深及流速分布进行统计分析,为滩区淹没风险分析提供依据。

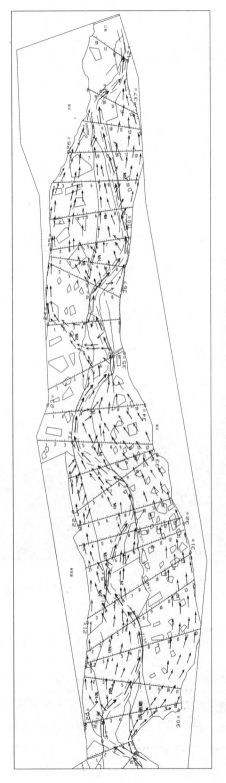

附图C-38　洪峰流量为$10\,000\,\text{m}^3/\text{s}$的水流漫滩模式

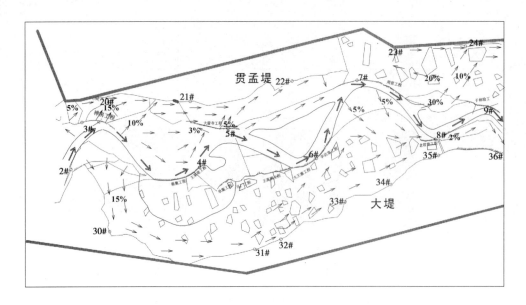

附图 C-39　洪峰流量为 14 000 m³/s 的水流漫滩模式

附图 C-40　6 000 m³/s 洪峰流量过后禅房下首滩区情况

C.4.3.1　滩区淹没情况

由以上分析可知,对于不同量级的漫滩洪水,研究河段滩区均出现了一定程度的淹没,其淹没程度随入滩流量、入滩水量及持续时间的不同而不同,淹没风险可用淹没面积、滞洪量等指标进行评估。不同量级洪水试验主槽冲刷量与滩地淹没面积、水深、流速统计见附表 C-8。可以看出,主槽的冲刷量、滩区不同部位淹没面积、水深、流速均随洪峰流量的增大而增大,但各要素增幅不尽一致。6 000～8 000 m³/s、10 000～14 000 m³/s 各要素增幅均较缓,8 000～10 000 m³/s 各要素增幅较大。

附图 C-46 为滩区淹没面积及主槽冲刷量与洪峰流量关系,附图 C-47 为滩区不同部位滞洪量与洪峰流量关系。可以看出,滩区不同部位淹没面积及滞洪量皆随洪峰流量的

附图 C-41　8 000 m³/s 洪峰流量过后禅房下首滩区情况

附图 C-42　10 000 m³/s 洪峰流量时禅房下首滩区过流情况

附图 C-43　10 000 m³/s 洪峰流量过后禅房下首滩区情况

附图 C-44 14 000 m³/s 洪峰流量时禅房下首滩区过流情况

附图 C-45 14 000 m³/s 洪峰流量过后禅房工程上首滩区过流情况

增大而增大,且增加趋势一致;当洪峰流量为 8 000 ~ 10 000 m³/s 时,滩区淹没面积及滩区滞洪量随主槽冲刷量的增大增幅较为明显;当洪峰流量由 10 000 m³/s 增加到 14 000 m³/s 时,主槽冲刷量虽增大不少,但滩区淹没面积及滞洪量增幅则较缓,从对滩区淹没风险及河道的塑造作用来看,10 000 m³/s 量级洪水较为不利,14000 m³/s 洪水的淹没风险虽然略大,但刷槽效果较好。

附图 C-48 为不同量级洪水滩区淹没面积占总面积百分比。可以看出,洪峰流量从 6 000 m³/s 增加至 10 000 m³/s 时,滩区淹没百分比增幅较快,且 10 000 m³/s 的各滩面淹没面积的百分比基本一致,约占总面积的 90%,洪峰流量从 10 000 m³/s 增加至 14 000 m³/s 时,滩地淹没面积百分比增加很缓,说明洪峰流量大于 10 000 m³/s 以后,滩区的淹没灾害就非常严重了。

附表 C-8　不同量级洪水主槽冲刷量及滩区淹没统计

洪峰流量 (m³/s)	主槽冲刷量 (亿 m³)	滩地淹没面积(km²)			滩地水深(m)			滩地平均流速(m/s)		
		嫩滩	二滩	全滩地	嫩滩	二滩	堤根	嫩滩	二滩	堤根
6 000	-0.85	56.8	93	149.8	0.90	1.65	3.10	1.50	1.11	1.75
8 000	-0.92	75	109	184	1.01	1.78	3.33	1.70	1.16	1.95
10 000	-1.27	97.4	163	260.4	1.31	2.38	4.10	2.12	1.25	2.55
14 000	-2.28	107.1	168	275.1	1.42	2.58	4.5	2.18	2.58	2.89

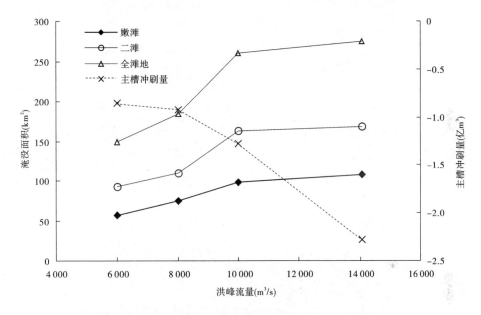

附图 C-46　滩区淹没面积及主槽冲刷量与洪峰流量关系

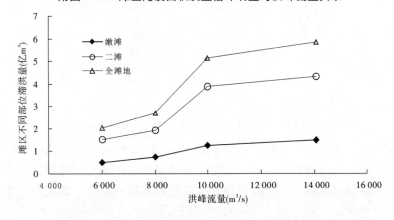

附图 C-47　滩区不同部位滞洪量与洪峰流量关系

附图 C-49 为不同洪峰流量滩区水深、流速分布。可以看出,滩地不同部位水深、流速均随洪峰流量的增大而增大,但当洪峰流量由 8 000 m³/s 增加至 10 000 m³/s 时,水深及

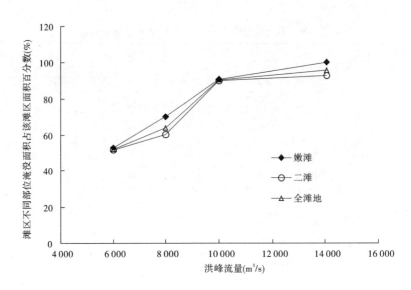

附图 C-48　滩区不同部位淹没面积百分比与洪峰流量关系

流速增幅较大,当洪峰流量为 10 000 ~ 14 000 m³/s 时,增幅很缓,说明 10 000 m³/s 以上洪峰流量时滩区的水深及流速就已经非常大了,其滩区淹没程度及灾害效应也非常明显了。

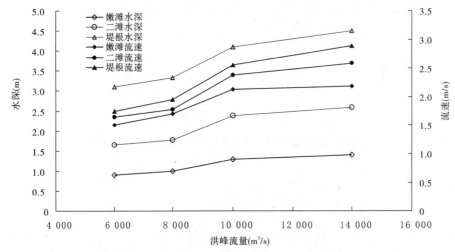

附图 C-49　不同洪峰流量滩区水深、流速分布

　　附图 C-50 为 10 000 m³/s 洪峰流量方案、涨峰期 8 000 m³/s 流量时试验河段流速场图。可以看出,在涨峰阶段 8 000 m³/s 流量时试验河段就出现不同程度的漫滩,漫滩水流的大小因河段部位不同而不同,漫滩水流往往在整治工程下首或上首先行开始,随之逐步加大,一旦冲开生产堤形成流路,在滩面较大横比降的作用下,则会有较大水流涌入滩区(二滩),对滩区形成淹没风险。在水流漫入滩面的同时,其流速迅速降低(见附图 C-50),即水流的挟沙力迅速下降,使得漫入滩面的水流含沙量迅速衰减,形成滩地沉沙淤积,一般是较大粒径的泥沙首先下沉淤积,然后随水流运动而逐步分选。

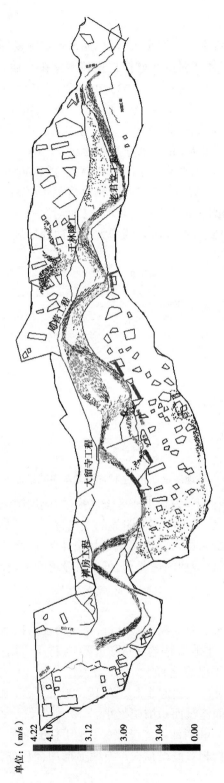

单位：(m/s)

4.22
4.10
3.12
3.09
3.04
0.00

附图 C-50　10 000 m³/s 洪峰流量涨峰期 8 000 m³/s 时试验河段流速场

C.4.3.2 滩区淹没风险分析

漫滩洪水尽管对滩区淹没造成一定损失,但也换来一定程度的刷槽效果,应将滩区淹没风险与刷槽效果结合分析,才能对洪水调控提供技术支撑。通过建立不同量级洪水的主槽冲刷量与滩地淹没面积关系(见附图 C-51)可以看出,主槽的冲刷量、滩区淹没面积均随漫滩系数(洪峰流量/平滩流量)的增大而增大,但各要素增幅不尽一致。滩区淹没面积与漫滩系数成正比,洪峰流量由 6 000 m³/s(漫滩系数为 1.2)增至 10 000 m³/s(漫滩系数为 2.0)时,淹没面积增幅最大;而当洪峰流量超过 10 000 m³/s 之后,淹没面积增幅较小。也就是说,当洪峰流量达到平滩流量的近 2 倍后,滩区近乎全部淹没,洪峰流量的增加只能使淹没水深增大。主槽的冲刷与滩区淹没情况正好相反,当洪峰流量由 6 000 m³/s 增至 8 000 m³/s 时,主槽冲刷量没有显著增大;而当洪峰流量达到 10 000 m³/s 后,主槽冲刷量才有明显增大,且随着洪峰流量的增大主槽冲刷量显著增加。

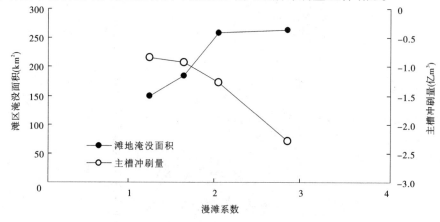

附图 C-51　滩地淹没面积、主槽冲刷量与漫滩系数关系

由此看出,在试验边界条件下,为减少滩区淹没损失,应控制流量在平滩以内,否则小漫滩洪水既淹没了一定的滩区,又不能获得明显的主槽冲刷;若洪峰流量较大(洪水平均来沙系数小于 0.015 kg·s/m⁶),则可将洪峰流量尽量调大至平滩流量 2 倍以上,且越大越好,这样在淹没损失不再明显增加的情况下,可获得显著的主槽冲刷量。

C.4.4　小结

通过对不同量级漫滩洪水试验淹没风险分析,得出初步认识如下:

(1)在 2006 年汛前地形,平滩流量约 5 000 m³/s 条件下,滩区淹没面积、落淤量、水深等随漫滩系数(洪峰流量/平滩流量)的增大而增大。

(2)当漫滩系数小于 2 时(对应洪峰流量为 10 000 m³/s),滩区淹没面积等增幅较大;当漫滩系数大于 2 时,滩面淹没面积增幅很小。

(3)当漫滩系数小于 2 时,相对滩区淹没损失大,但主槽冲刷量随流量增大而无明显增加;但当漫滩系数大于 2 时,相对淹没损失没有明显增加,但主槽冲刷量则显著增大。

C.5 主要认识及建议

C.5.1 主要认识

本书通过物理模型试验及原型资料分析等手段,建立了漫滩洪水演进基本物理图形,对研究漫滩洪水滩槽水沙交换规律及滩区淹没灾害风险等进行了论述,初步获得以下基本认识:

(1)大于平滩流量且小于1.5倍平滩流量的洪水称为一般漫滩洪水(或称为小漫滩洪水),洪峰流量大于平滩流量1.5倍以上的洪水称为大漫滩洪水。

(2)对于来沙系数小于0.015 kg·s/m^{6}的漫滩洪水(称为"淤滩刷槽"型洪水),具有淤滩刷槽效果,滩地淤积越多,相对主槽冲刷越多,滩地淤积量约为主槽冲刷量的1.4倍。

(3)漫滩洪水滩槽水沙交换模式一般分三角形滩区(嫩滩)和条形滩区滩槽水沙交换模式二种,前者演进距离较短,速度较快,后者演进距离较长,速度较慢。三角形滩区交换长度约10 km,淤积比为0.1~0.3;条形滩区交换长度为20~30 km,淤积比最大可达0.7。

(4)漫滩挟沙水流在滩区运行过程中,其含沙量是沿程衰减的,三角形滩区(嫩滩)衰减幅度约为40%;条形滩区含沙量衰减幅度随漫滩系数的增大而减小,含沙量衰减的过程也是泥沙粒径分选的过程。

(5)对于"淤滩刷槽"型小漫滩洪水,滩槽泥沙交换较少,淤滩刷槽效果较弱,槽滩冲淤比最大可达0.4;而大漫滩洪水,滩槽水沙交换剧烈,特别是当漫滩系数达到2倍以上时,槽滩冲淤比可达0.7以上。

(6)滩区淹没风险与漫滩程度关系密切,当漫滩系数小于2时,滩区淹没程度随洪峰流量的增加而显著增大;但当漫滩系数大于2之后,淹没程度没有明显增加。

(7)漫滩水流一般在整治工程的上、下首出槽,冲破生产堤到达二滩,因此需对该部位重点加强防护,从而使滩区的灾害降低。

C.5.2 建议

对于低含沙量洪水,为减少滩区淹没损失,应控制洪峰流量在平滩以内,否则小漫滩洪水既淹没了一定的滩区,又不能获得明显的主槽冲刷量;若洪峰流量较大(冲刷型洪水),则可将洪峰流量尽量调大至平滩流量2倍以上,且越大越好,这样在淹没损失不再有明显增加的情况下,可获得较为显著的主槽冲刷量。

参考文献

[1] 马怀宝,张俊华,陈书奎,等.2006 年小浪底水库运用及库区水沙运动特性分析[R].郑州:黄河水利科学研究院,2007.

[2] 马怀宝,张俊华,张金良,等. 2008 年调水调沙小浪底水库异重流排沙分析[J].人民黄河,2008(11):27-28.

[3] 李书霞,张俊华,陈书奎,等.小浪底水库塑造异重流关键技术及调度方案研究[J].水利学报,2006(5):567-572.

[4] 陕西省水利科学研究所河渠研究室,清华大学水利工程系泥沙研究室.水库泥沙[M].北京:水力电力出版社,1979.

[5] 张启舜,张振秋.水库冲淤形态及其过程的计算[J].泥沙研究,1982(1):1-13.

[6] 韩其为.水库淤积[M].北京:科学出版社,2003.

[7] 中国水利学会泥沙专业委员会.泥沙手册[M].北京:中国环境科学出版社,1992.

[8] 涂启华,杨赉斐.泥沙设计手册[M].北京:中国水利水电出版社,2006.

[9] 齐璞,等.减缓黄河下游河道淤积措施研究[M].郑州:黄河水利出版社,1998.

[10] 麦乔威,赵业安,潘贤娣,等.黄河下游来水来沙特性及河道冲淤规律的研究[C]//麦乔威论文集.郑州:黄河水利出版社,1995.

[11] 钱宁,张仁,周志德.河床演变学[M].北京:科学出版社,1987.

[12] 倪晋仁.黄河下游洪水输沙效率及其调控[J].中国科学:E 辑,2004(增刊Ⅰ):144-154.

[13] 岳德军,侯素珍,赵业安,等.黄河下游输沙水量研究[J].人民黄河,1996(8):32-40.

[14] 李小平,李勇,田勇,等. 基于分组泥沙冲淤规律的小浪底水库减淤调度研究[J].水利水电科技进展,20101(037):24-27.

[15] 李小平,李勇,曲少军.黄河下游洪水冲淤特性及高效输沙研究[J].人民黄河,2010(12):75-77.

[16] 兰华林,梁国亭,等.黄河下游滩区洪水风险图计算与分析[R].郑州:黄河水利科学研究院,2010.

[17] 向立云.河流泥沙灾害损失评估[J].自然灾害学报,2002(2):113-116.

[18] 李义天,张为,孙昭华.河道泥沙淤积对洪灾风险评估的影响[J].安全与环境学报,2002(10):54-58.

[19] 徐乾清.中国防洪减灾对策研究[M].北京:中国水利水电出版社,2002.

[20] 师长兴,章典,等.洪涝灾害与泥沙淤积关系[J].地理学报,2000(05):115-124.

[21] 倪晋仁,李秀霞,薛安,等.泥沙灾害链及其在灾害过程规律研究中的应用[J].自然灾害学报,2004(5):2-10.

[22] 高庆华,马宗晋,张业成,等.自然灾害评估[M].北京:气象出版社,2007.

[23] 国家防汛抗旱总指挥部办公室.中国水旱灾害[M].北京:中国水利水电出版社,1997.

[24] 王丽萍.洪灾风险及经济分析[M].武汉:武汉水利电力大学出版社,1999.

[25] 中华人民共和国水利部.SL 206—98 已成防洪工程经济效益分析计算及评价规范[S].北京:中国水利水电出版社,1998.

[26] 黄河防汛抗旱总指挥部办公室.2009 年黄河中下游洪水调度方案[R].郑州:黄河水利科学研究院,2009.

[27] 赵文林.黄河泥沙[M].郑州:黄河水利出版社,1996.

[28] 赵业安,周文浩,费祥俊,等.黄河下游河道演变基本规律[M].郑州:黄河水利出版社,1998.

[29] 潘贤娣,李勇,张晓华,等.三门峡水库修建后黄河下游河床演变[M].郑州:黄河水利出版社,2006.

[30] 申冠卿,张原峰,尚红霞.黄河下游河道洪水的响应机理与泥沙输移规律研究[M].郑州:黄河水利出版社,2007.

[31] 石伟,王光谦.黄河下游最经济输沙水量及其估算[J].泥沙研究,2003(5):32-36.

[32] 费祥俊.黄河下游低含沙水流挟沙力研究[J].人民黄河,2003,25(9):16-18.

[33] 许炯心.黄河下游游荡河段清水冲刷时期河床调整的复杂响应现象[J].水科学进展,2001,12(3):291-299.

[34] 陈立,詹义正,周宜林,等.漫滩高含沙水流滩槽水沙交换的形式与作用[J].泥沙研究,1996,6(2):45-49.

[35] 赵业安,潘贤娣,樊左英.黄河下游高含沙量洪水来水来沙及河道冲淤特性[R].郑州:黄河水利科学研究所,1978.

[36] 周宜林,陈立,王明甫.漫滩挟沙水流流速横向分布研究[J].泥沙研究,1996,9(3):56-63.

[37] 吉祖稳,胡春宏.漫滩水流水沙运动规律研究[J].水利学报,1998,9(9):1-6.

[38] 吉祖稳,胡春宏.漫滩水流悬移质分布规律的试验研究[J].泥沙研究,1997,6(2):64-68.

[39] 陈长英,张幸农.滩槽复式断面水流特性的试验研究[J].水利水运工程学报,2004,9(3):28-32.

[40] 周宜林.滩槽水流流速横向分布的研究[J].武汉水利电力大学学报,1994,27(6):678-684.

[41] 韩峰,郑艳芬,乔金龙,等.渭河华县水文站漫滩洪水特性探讨[J].黄河水利职业技术学院学报,2001,6(2):14-17.

[42] 屈孟浩.黄河动床模型试验理论和方法[M].郑州:黄河水利出版社,2005.

[43] 姚文艺,李勇,胡春宏,等.维持黄河下游排洪输沙基本功能的关键技术研究[R].郑州:黄河水利科学研究院,2006.

[44] 李保如.我国河流泥沙物理模型的设计方法[J].水动力学研究与进展,1991(增刊):113-122.

[45] 李保如,屈孟浩.黄河动床模型试验[J].人民黄河,1985(6):26-31.

[46] 屈孟浩.黄河动床模型试验相似原理及设计方法[C]//黄河水利科学研究所科学研究论文集(第二集).郑州:河南科技出版社,1990.

[47] 屈孟浩.黄河动床河道模型的相似原理及设计方法[C]//黄科所科学研究论文集(第一集).郑州:河南科学技术出版社,1989.

[48] 张红武,钟绍森,王国栋.黄河花园口至东坝头河道整治模型的设计[R].郑州:黄河水利科学研究院,1990.

[49] 张瑞瑾.关于河道挟沙水流比尺模型相似率问题[C]//第二次河流泥沙国际学术讨论会论文集.北京:水利电力出版社,1983.

[50] Helmut Kobus.水力模拟[M].北京:清华大学出版社,1988.

[51] 张瑞瑾.论河道水流比尺模型变态问题[C]//第二次河流泥沙国际学术讨论会论文集.北京:水利电力出版社,1983.

[52] 窦国仁,柴挺生,等.丁坝回流及其相似律的研究[R].南京:南京水利科学研究所,1977.

[53] 张红武.河流力学选讲[R].郑州:黄河水利科学研究所,1987.

[54] 罗国芳,等.黄河下游不冲流速的初步分析[R].郑州:黄河水利科学研究所,1958.

[55] 徐正凡,梁在潮,李炜,等.水力计算手册[M].北京:水利出版社,1980.

[56] 窦国仁.泥沙运动理论[R].南京:南京水利科学研究所,1964.

[57] 陈俊杰,等.常用模型沙起动流速试验研究[M].郑州:黄河水利出版社,2009.

[58] 张红武,江恩惠,白咏梅,等.黄河高含沙洪水模型的相似律[M].郑州:河南科学技术出版社,

[59] 张俊华. 三门峡库区模型设计报告[R]. 郑州:黄河水利科学研究院,1997.

[60] 侯志军,李勇,王卫红. 漫滩洪水水沙交换模式研究[J]. 人民黄河,2010(10):65-66,69.